U0385645

普通高等院校工程训练系列教材

综合能力实训项目简明教程

主　编　于松章　刘　彬　左义海
副主编　苗丽丽　张淑慧　任　洁

清华大学出版社
北京

内 容 简 介

"综合能力实训"课程是工程训练中心开设的面向全院学生、以项目为导向、体验和实践产品开发全过程的一门实践课程。

《综合能力实训项目简明教程》是专为该课程量身定做的配套教材。该教材以实用性为编写原则，内容涵盖了常用电子元器件认知、C程序入门、单片机入门、常用单片机外围器件原理与应用、单片机应用系统综合设计等电子和控制入门内容，常用机械结构，常用标准件、工具和量具认知，机械制图基础知识，典型零件机械加工工艺等机械设计基础知识，还包括了近年来非常流行的陶艺与热转印技术基本知识，为学生创新项目的开展提供了实用的基础实践知识和指导。

本书可面向高等院校和职业院校各专业学生进行机械设计、电子技术应用等基础入门学习，也可以作为机械设计或电子技术爱好者的入门教材。

图书在版编目(CIP)数据

综合能力实训项目简明教程/于松章，刘彬，左义海主编. —北京：清华大学出版社，2024.3
普通高等院校工程训练系列教材
ISBN 978-7-302-61435-7

Ⅰ. ①综… Ⅱ. ①于… ②刘… ③左… Ⅲ. ①机械工程－高等学校－教材 Ⅳ. ①TH

中国版本图书馆 CIP 数据核字(2022)第 136176 号

责任编辑：冯 昕 苗庆波
封面设计：傅瑞学
责任校对：赵丽敏
责任印制：杨 艳

出版发行：清华大学出版社
网 址：https://www.tup.com.cn，https://www.wqxuetang.com
地 址：北京清华大学学研大厦 A 座 邮 编：100084
社 总 机：010-83470000 邮 购：010-62786544
投稿与读者服务：010-62776969，c-service@tup.tsinghua.edu.cn
质量反馈：010-62772015，zhiliang@tup.tsinghua.edu.cn
印 装 者：三河市科茂嘉荣印务有限公司
经 销：全国新华书店
开 本：185mm×260mm **印 张**：21 **字 数**：505 千字
版 次：2024 年 3 月第 1 版 **印 次**：2024 年 3 月第1 次印刷
定 价：59.80 元

产品编号：092345-01

序言

改革开放以来，我国贯彻科教兴国、可持续发展的伟大战略，坚持科学发展观，国家的科技实力、经济实力和国际影响力大为增强。如今，中国已经发展成为世界制造大国，国际市场上已经离不开物美价廉的中国产品。然而，我国要从制造大国向制造强国和创新强国过渡，要使我国的产品在国际市场上赢得更高的声誉，必须尽快提高产品质量的竞争力和知识产权的竞争力。清华大学出版社和本编审委员会联合推出的“普通高等院校工程训练系列教材”，就是希望通过工程训练这一培养本科生的重要环节，依靠作者们根据当前的科技水平和社会发展需求所精心策划和编写的系列教材，培养出更多视野宽、基础厚、素质高、能力强和富于创造性的人才。

我们知道，大学、大专和高职高专都设有各种各样的实验室。其目的是通过这些教学实验，使学生不仅能比较深入地掌握书本上的理论知识，而且能更好地掌握实验仪器的操作方法，领悟实验中所蕴含的科学方法。但由于教学实验与工程训练存在较大的差别，因此，如果我们的大学生不经过工程训练这样一个重要的实践教学环节，当毕业后步入社会时，就有可能感到难以适应。

对于工程训练，我们认为这是一种与社会、企业及工程技术的接口式训练。在工程训练的整个过程中，学生所使用的各种仪器设备都来自社会企业的产品，有的还是现代企业正在使用的主流产品。这样，学生一旦步入社会，步入工作岗位，就会发现他们在学校所进行的工程训练与社会企业的需求具有很好的一致性。另外，凡是接受过工程训练的学生，不仅为学习其他相关的技术基础课程和专业课程打下了基础，而且同时具有一定的工程技术素养。开始面向工程实际了。这样就为他们进入社会与企业，更好地融入新的工作群体，展示与发挥自己的才能创造了有利的条件。

近20多年来，国家和高校对工程实践教育给予了高度重视，我国的理工科院校普遍建立了工程训练中心，拥有前所未有的、极为丰厚的教学资源，同时面向大量的本科学生群体。这些宝贵的实践教学资源，像数控加工、特种加工、先进的材料成形、表面贴装、机器人、数字化制造、智能制造等硬件和软件基础设施，与国家的企业发展及工程技术发展密切相关。而这些涉及多学科领域的教学基础设施，又可以通过教师和其他知识分子的创造性劳动，转化和衍生出为适应我国社会与企业所迫切需求的课程与教材，使国家投入的宝贵资源发挥其应有的教育教学功能。

为此，本系列教材的编审，将贯彻下列基本原则：

(1) 努力贯彻教育部和财政部有关“质量工程”的文件精神，注重课程改革与教材改革配套进行，为双一流课程建设服务。

(2) 要求符合教育部工程材料及机械制造基础课程教学指导组所制定的课程教学基本要求。

(3) 在整体将注意力投向先进制造技术的同时，要力求把握好常规制造技术与先进制造技术的关联，把握好制造基础知识的取舍。

(4) 先进的工艺技术，是发展我国制造业的关键技术之一。因此，在教材的内涵方面，要着力体现工艺设备、工艺方法、工艺创新、工艺管理、工艺教育和工艺安全的有机结合。

(5) 有助于培养学生独立获取知识的能力，有利于增强学生的工程实践能力、系统思维能力和创新思维能力。

(6) 重视机械制造技术、电子控制技术和信息技术的交叉与融合，使学生的认知能力向综合性、系统性和机电一体化的方向发展。

(7) 融汇实践教学改革的最新成果，体现出知识的基础性和实用性，以及工程训练和创新实践的可操作性。

(8) 慎重选择主编和主审，慎重选择教材内涵，严格遵循和体现国家技术标准。

(9) 注重各章节间的内部逻辑联系，力求做到文字简练，图文并茂，便于自学。

本系列教材的编写和出版，是我国高等教育课程和教材改革中的一种尝试，一定会存在许多不足之处。希望全国同行和广大读者不断提出宝贵意见，使我们编写出的教材更好地为教育教学改革服务，更好地为培养高质量的人才服务。

普通高等院校工程训练系列教材编审委员会

主任委员：傅水根

2022年7月于清华园

当今社会进入智能化发展阶段，无论机器人、无人机、无人车系统还是智能制造系统，均体现了机械、控制、人工智能、视觉计算等多学科的交叉融合。2018年以来，教育部提出了新工科建设，积极推动了现有专业的升级改造，而新工科的一个重要体现就是多学科交叉融合。综合能力实训课程采用一种全新的教学模式，在工程训练中心这一面向全校学生的基础实训平台和创新教育平台上，面向全院各专业学生，突破学科限制，跨越理论与实践的界限，整合教师和工程技术人员，实现了学科交叉融合。本课程可开设32～48学时，设定为综合实践类选修课程或者创新课程。课程开设的目标是通过构思、设计、制作、运行的全过程，让学生体验简单机电工程问题的解决过程；通过设计、加工、装配、编程、调试、项目书撰写、答辩等环节，让学生体会真正的产品制造过程。在完成项目的过程中培养学生的基本工程分析、工程设计和工程实践能力，初步构建学科知识体系，深化、拓展学生的知识面，提高学生的自学能力和团队协作能力。

《综合能力实训项目简明教程》是专为该课程编写的配套教材。该教材以实用性为编写基础，内容涵盖了基础电子器件认知、C程序入门、单片机入门、常用单片机外围器件原理与应用、单片机综合设计等电子和控制入门内容，常用机械结构，常用标准件、工具和量具认知，机械制图基本知识，典型零件基本加工工艺设计等机械设计基础知识，还包括了近年来非常流行的陶艺与热转印技术基本知识，最后介绍了常用的编程、电子电路设计软件和机械设计软件等内容，为大学一、二年级的学生或职业院校学生在入门阶段，接触电子系统设计制作、常用机械结构设计等创新工作，提供了较为完整的指导。

本书各章节编写注重实用性，省略了复杂的基础理论知识，以直观、实用的内容为学生提供机械、电子设计参考内容。教程内容和流程紧密切合工程实践，把书本知识和工程应用有机结合起来，缩小了书本和实践的距离，使学生在今后的工作中能够有矩可循。本书除可作为综合能力实训课程的配套教材外，还适用于大学生创新能力培养、学生自主创新设计过程中的基础入门教材。各章节自测题已实现在线化，并以二维码的形式在书中呈现。需要先扫描封底的防盗刮刮卡获取权限，再扫描自测题二维码即可在线练习。

本书由太原工业学院于松章、太原学院刘彬、太原工业学院左义海主编，太原工业学院苗丽丽、太原工业学院张淑慧、太原工业学院任洁担任副主编，第1章、第2章、第3章由刘彬编写，第4章、第5章、第11章由左义海编写，第6章、第9章由于松章编写，第7章由张淑慧编写，第8章由任洁编写，第10章由苗丽丽编写。

本书力求简单明了，通俗易懂。由于时间紧迫，加之作者水平有限，不足之处在所难免，恳请使用本书的广大师生、读者和同仁多提宝贵意见，以求改进。

编　者

2023年10月于太原工业学院工程训练中心

第1篇 电 子 篇

第 2 篇 机械、软件篇

电子篇

常用电子元器件及其应用

1.1 常用电子元器件

电子元器件是元件和器件的总称。电子元件是指在工厂生产加工时不改变分子成分的成品，如电阻器、电容器、电感器。因为它本身不产生电子，对电压、电流无控制和变换作用，所以又称无源器件。电子器件是指在工厂生产加工时改变了分子结构的成品，如晶体管、电子管、集成电路。因为它本身能产生电子，对电压、电流有控制和变换作用（放大、开关、整流、检波、振荡和调制等），所以又称有源器件。在电子元器件质量方面有欧盟的CE认证、美国的UL认证、德国的VDE和TÜV认证以及中国的CQC认证等国内外认证，以保证元器件质量合格。

无论哪种电子元器件，在使用时都要注意其使用的电压定额、电流定额、精度要求、信号要求、环境要求等，要通过查看其参数进行器件的选择和使用。

本章将简单介绍在电子实训或机器人竞赛中常用的部分电子元器件的识别、基本功能、使用方法、常用电路以及部分电子元器件的检测方法。

1.1.1 电阻器

1. 定义及符号

在物理学中，用电阻（resistance）来表示导体对电流阻碍作用的大小。导体的电阻越大，表示导体对电流的阻碍作用越大。不同的导体，电阻一般不同，电阻是导体本身的一种特性。电阻器（resistor）是对电流呈现阻碍作用的耗能元件，是所有电子电路中使用最多的元件。

导体的电阻通常用字母 R 表示，单位是欧[姆]（ohm），简称欧，符号是 Ω（希腊字母），1Ω=1V/A。比较大的单位有千欧（kΩ，即 10^3Ω）、兆欧（MΩ，即 10^6Ω）、吉欧（GΩ，即 10^9Ω）、太欧（TΩ，即 10^{12}Ω）。电阻器是一个线性元件，通过实验可知，在规定条件下，流经一个电阻器的电流与电阻器两端的电压成正比，即电阻符合欧姆定律：$I=\dfrac{U}{R}$。图1-1所示为电阻器实物照片及其符号。

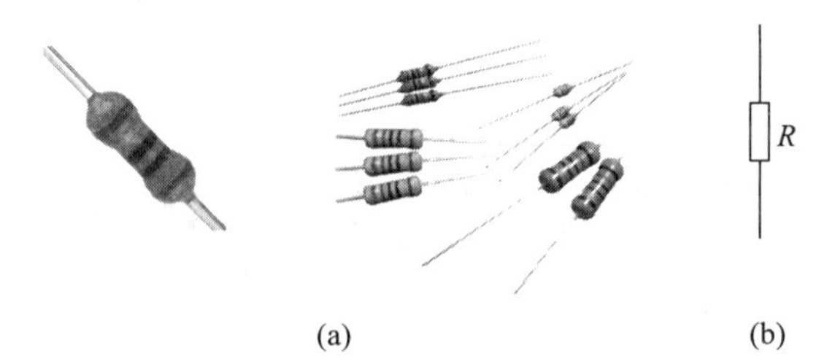

(a) (b)

图 1-1 电阻器实物照片及其符号

(a) 电阻器实物；(b) 电阻符号

2. 电阻器的分类

1）按制造材料分类

电阻器按制造材料不同，可分为碳膜电阻器、金属膜电阻器、线绕电阻器、金属氧化膜电阻器。表 1-1 为不同材料的电阻器分类。

表 1-1 按材料分类的电阻器

名　称	结构及特点	使用场合	实物图
RT 型碳膜电阻器	RT 型碳膜电阻器是气态碳氢化合物在高温和真空中分解，碳沉积在瓷棒或者瓷管上，形成一层结晶碳膜，最后在外层涂上环氧树脂进行密封保护。改变碳膜厚度以及用刻槽的方法变更碳膜的长度，可以得到不同的阻值。其阻值误差较金属膜电阻高，功率较低，一般为 1/8W、1/4W、1/2W，性能一般	一般场合电路	
RJ 型金属膜电阻器	RJ 型金属膜电阻器是在真空中加热合金，合金蒸发，瓷棒表面形成一层导电金属膜（如镍铬）。刻槽以及改变金属膜厚度可以控制其阻值。与碳膜电阻器相比，金属膜电阻体积小、精确度高、噪声低、稳定性好，但成本较高。功率一般较低，常见的有 1/8W、1/4W、1/2W	广泛应用于高级音响器材、计算机、仪表、太空设备中	
RX 型线绕电阻器	RX 型线绕电阻器是用康铜、锰铜或镍铬合金电阻丝在陶瓷骨架上绕制而成，分为固定电阻器和可变电阻器两种。其特点是精度高、电流噪声小、线性度好、工作稳定、耐热性能好、温度系数小于 10^{-6}/℃、误差范围小。但价格较贵，高频特性差	适用于大功率场合，额定功率一般在 1W 以上	
RY 型金属氧化膜电阻器	RY 型金属氧化膜电阻器是以特种金属或合金作电阻材料，采用真空蒸发或溅射的方法，在陶瓷或玻璃基体上形成氧化的电阻膜层。其特点是耐高温，工作温度范围为 140～235℃，在短时间内可超负荷使用。该种电阻器的电阻值较低，小功率电阻器的阻值不超过 100kΩ，因此应用范围受到限制，但可补充金属膜电阻器的低阻部分	适用于高频电路，高增益电路，高湿、高温电路等场合	

2）按阻值特性分类

电阻器按照阻值特性不同，可分为固定电阻器、可调电阻器和敏感电阻器。

阻值在使用过程中不可调节的称为固定电阻器。前述各种不同材质制作的电阻器均提供固定阻值电阻。可调电阻器也称为可变电阻器或电位器，是电阻器的一类，其电阻值大小可以人为调节，以满足电路的需要。可调电阻器的标称值是可以调整到的最大电阻值。理论上，可调电阻器的阻值可以调整到 0 与标称值以内的任意值。表 1-2 为可调电阻器的分类。

表 1-2　可调电阻器的分类

名　　称	特　　点	实物图
电位器	电位器具有 3 个引出端，阻值可按某种变化规律调节。它通常由电阻体和可移动的电刷组成，当电刷沿电阻体移动时，在输出端即可获得与位移量成一定关系的电阻值	
精密电位器	精密电位器是能以较高精度调节自身电阻的可变电阻器，分为带指针和不带指针等形式，调整圈数有 5 圈、10 圈等数种。精密电位器除具有电位器的一般特点外，还具有线性度高、可精细调整等优点。精密电位器广泛应用于对电阻实行精密调整的场合。其主要参数为阻值、容差、额定功率	

敏感电阻器是一种对光照强度、压力、湿度等模拟量敏感的特殊电阻器，其阻值随外界环境的变化而变化。选用时不仅要注意其额定功率、最大工作电压、标称阻值，更要注意最高工作温度和电阻温度系数等参数，并注意阻值的变化方向。敏感电阻器又包括光敏电阻器、热敏电阻器、湿敏电阻器、压敏电阻器等。表 1-3 为常用的敏感电阻器。

表 1-3　常用的敏感电阻器

名　　称	特　　点	使用场合	实物图
压敏电阻器	压敏电阻器是对电压变化很敏感的非线性电阻器。当其两端的电压等于或超出其额定敏感电压时，其阻值会从无穷大迅速减小，产生类似于短路的电流烧断电路前级保险丝，达到保护后级电路不被高电压或高脉冲损坏的目的。当高电压消失后，其阻值将恢复到无穷大	器件过压保护	
热敏电阻器	热敏电阻器对温度敏感，在不同温度下其电阻值不同。正温度系数热敏电阻器（PTC）在温度越高时电阻值越大；负温度系数热敏电阻器（NTC）在温度越高时电阻值越小	电磁炉、测温仪等	
光敏电阻器	光敏电阻器是利用半导体的光电效应制成的一种电阻值随入射光的强弱而改变的电阻器。入射光强时电阻减小，入射光弱时电阻增大	监控摄像机、声光控制器等	

续表

名　　称	特　　点	使用场合	实物图
气敏电阻器	气敏电阻器是一种将检测到的气体的成分和浓度转换为电信号的传感器。它是利用气体的吸附而使半导体本身的电导率发生变化这一机理来进行气体检测的。其主要成分是金属氧化物。它的主要品种有金属氧化物气敏电阻器、复合氧化物气敏电阻器、陶瓷气敏电阻器等	烟雾报警器、酒精检测器等	
磁敏电阻器	磁敏电阻器是利用半导体的磁阻效应制成的，常用 InSb(锑化铟)材料加工而成。在一个长方形半导体 InSb 片中，沿长度方向有电流通过时，若在垂直于电流片的宽度方向上施加一个磁场，半导体 InSb 片在长度方向上就会发生电阻率增大的现象，称为物理磁阻效应	用途广泛，常用于控制元件、计量元件、开关电路、磁敏传感器、无触点电位器等	
湿敏电阻器	湿敏电阻器的特点是在基片上覆盖一层用感湿材料制成的膜，当空气中的水蒸气吸附在感湿膜上时，元件的电阻率和电阻值都会发生变化，利用这一特性即可测量湿度。工业上常用的湿敏电阻器主要有氯化锂湿敏电阻器、有机高分子膜湿敏电阻器	湿度传感器	

3）按照安装方式分类

电阻器按照安装方式不同，可以分为插件电阻器、排阻电阻器和贴片电阻器。

插件电阻器是在贴片电阻出现之前用量最大的电阻器，一般属于薄膜电阻器。图 1-2 所示为一般插件电阻器的安装方式。

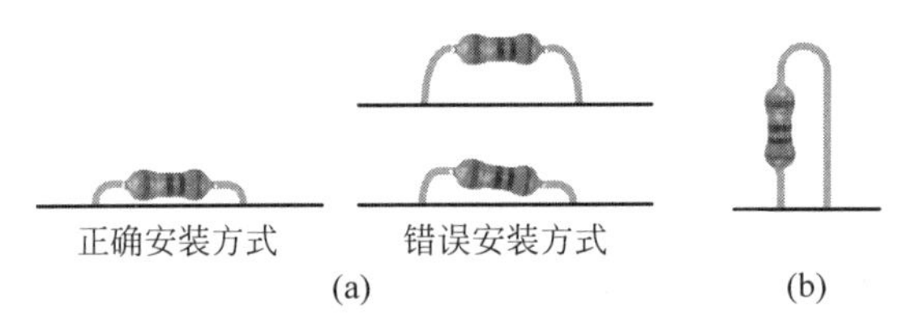

图 1-2　插件电阻器的安装方式

(a) 卧式安装；(b) 立式安装

排阻电阻器是将若干个参数完全相同的电阻器集中封装在一起组合制成的。它们的一个引脚连到一起，作为公共引脚，其余引脚正常引出。所以如果一个排阻电阻器是由 n 个电阻器构成的，那么它就有 $n+1$ 只引脚。图 1-3 所示为常用排阻电阻器实物照片及安装示意图。

贴片电阻器(SMD resistor)是金属玻璃釉电阻器中的一种，是将金属粉和玻璃釉粉混合，采用丝网印刷法印在基板上制成的电阻器。其特点是：体积小、质量轻、安装密度高、耐潮湿、耐高温、温度系数小、抗振性强、抗干扰能力强、高频特性好、机械强度高，可大大节约

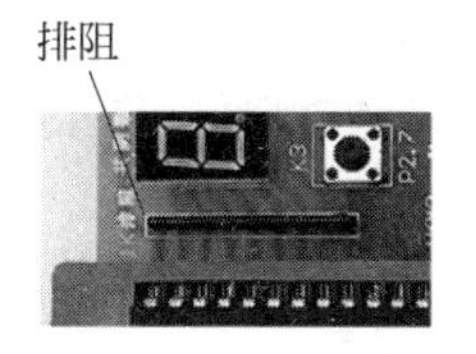

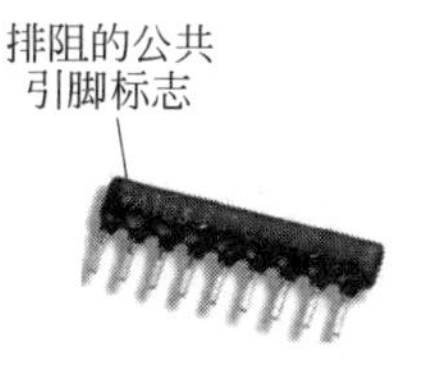

图 1-3　排阻电阻器实物照片及安装示意图

电路空间成本，使设计更精细化。其适用回流焊与波峰焊等焊接技术，装配成本低，能与自动化装贴设备良好匹配。广泛应用于计算机、手机、电子词典、医疗电子产品、摄录机、电子电度表及 VCD 机等。图 1-4 所示为贴片电阻器实物照片及其安装方式。

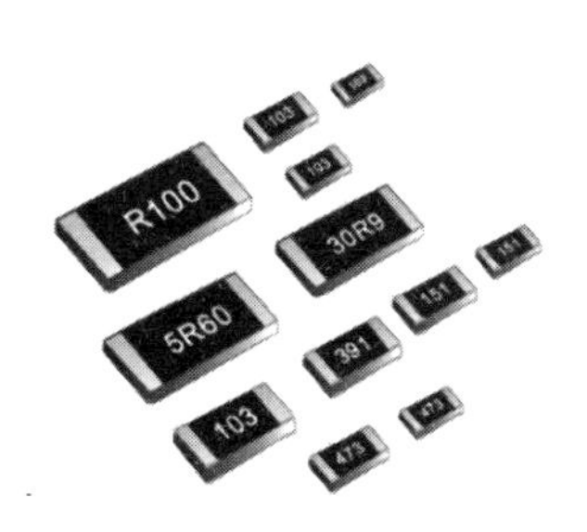

图 1-4　贴片电阻器实物照片及其安装方式

4）按精密度分类

（1）一般精密度电阻器

随着汽车电子、医疗电子、航空航天、仪器仪表、工业控制等技术的不断发展，对高精密电阻器的需求和品质要求也越来越高。不同的使用场合，对于电阻精度的要求也不尽相同。如果不能正确选择电阻精度，将影响整个设备的正常运行。

计量电阻精度的因素主要有 3 个：温度系数、老化系数、阻值误差（精度）。温度系数指温度变化 1℃对应电阻变化百万分之几，一般用 ppm/℃表示（1ppm 为 10^{-6}，下同）。老化系数指电阻的长期稳定性，一般用 ppm/a 来表示。阻值误差指制作精度，一般用下式表示：

$$\text{阻值误差} = \frac{\text{实际阻值} - \text{标称阻值}}{\text{标称阻值}} \times 100\% \tag{1-1}$$

常见的精度有±10%，±5%，±1%，±0.5%，±0.1%，±0.01%。

一般精密度电阻器是指精度在万分之一以上、温度系数在 10ppm/℃以下、老化系数小于 50ppm/a 的电阻器。图 1-5 所示为常用电阻器的精度分布图。

（2）高精密度电阻器

高精密度电阻器又叫金属箔电阻器，多以方形块的形式出现，国外厂家以威世（Vishay）为代表。高精密度电阻器是在陶瓷基片上粘上合金电阻层，然后经无感光刻制作而成。它不仅采用了镍铬电阻合金材料，陶瓷衬底又做了进一步的温度补偿，使得温度系数非常小。块电阻的温度系数一般都在 5ppm/℃以下（很多能做到 1ppm/℃），老化系数一般小于 25ppm/a。由于采用埃佛诺姆镍铬系电阻合金（Evanohm）金属箔，所以其性能优异、噪声也非常低；工艺上采用类似集成电路（integrated circut，IC）制作的光刻工艺，配合良好的封装技术，使得块电阻的分布电容和串联电感非常小。

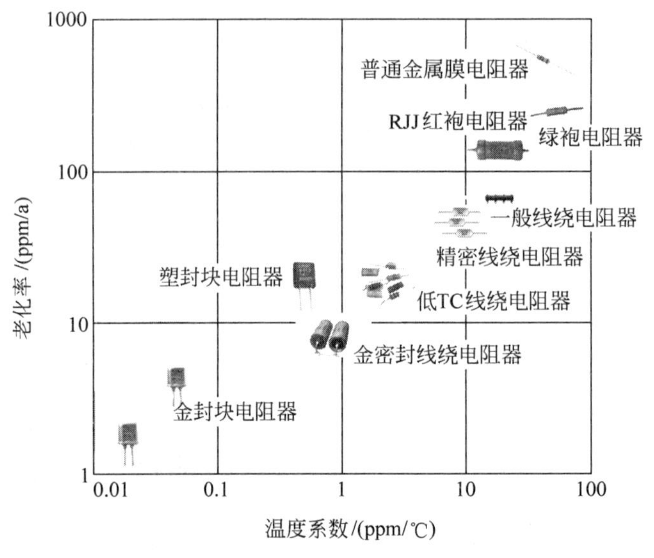

图 1-5 常用电阻器的精度分布

3. 电阻器的标注方式

1）直标法

直标法是将电阻器的类别、标称阻值、允许偏差及额定功率等直接标注在电阻器的外表面上。图 1-6 所示为 RT 型碳膜电阻器的直标法标注示意图，所示功率为 0.5W，标称阻值 2kΩ，精度±5%。

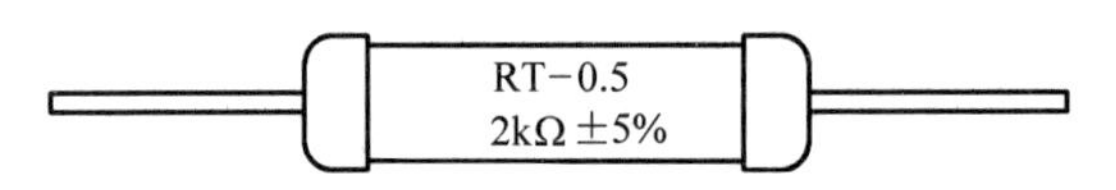

图 1-6 电阻器的直标法标注示意图

2）文字符号法

文字符号法是使用阿拉伯数字和英文符号两者有规律的组合来表示标称阻值，其允许偏差也用英文符号表示。符号前面的数字表示整数阻值，后面的数字依次表示第一位小数阻值和第二位小数阻值。例如：33R2 表示 33.2Ω，3k3 表示 3.3kΩ，1M 表示 1MΩ。

允许误差由英文符号进行标识，常用符号见表 1-4。

表 1-4 常用符号

符号	N	M	K	J	G	F	D	C	B	W/A
偏差(±%)	30	20	10	5	2	1	0.5	0.25	0.1	0.05

例如：6R2J，表示 6.2Ω，允许偏差±5%。

3）数码法

数码法是指在电阻器上用三位数码或四位数码表示标称值的标识方法，贴片电阻表面常用数码法标注。数码从左到右，第一、二位为有效值，第三位为 10 的指数，单位为欧。偏差通常采用英文符号表示。若为四位数码，则前三位为有效值，第四位为 10 的指数。例如：电阻器表面标识 103，则表示 $10\times10^3\Omega=10\text{k}\Omega$；电阻器表面标识 1005，则表示 $100\times10^5\Omega=10\text{M}\Omega$。

4）色标法

色标法也称为色环法，即使用色环表示电阻器的阻值和精度。其特点是标志清晰，从各个角度都容易看清标识。碳膜电阻器常采用四色环表示阻值，金属膜电阻器和精密电阻器常采用五色环表示阻值。色环的标识方法如图 1-7 所示，上部电阻为四环法标注，下部电阻采用五环法标注。

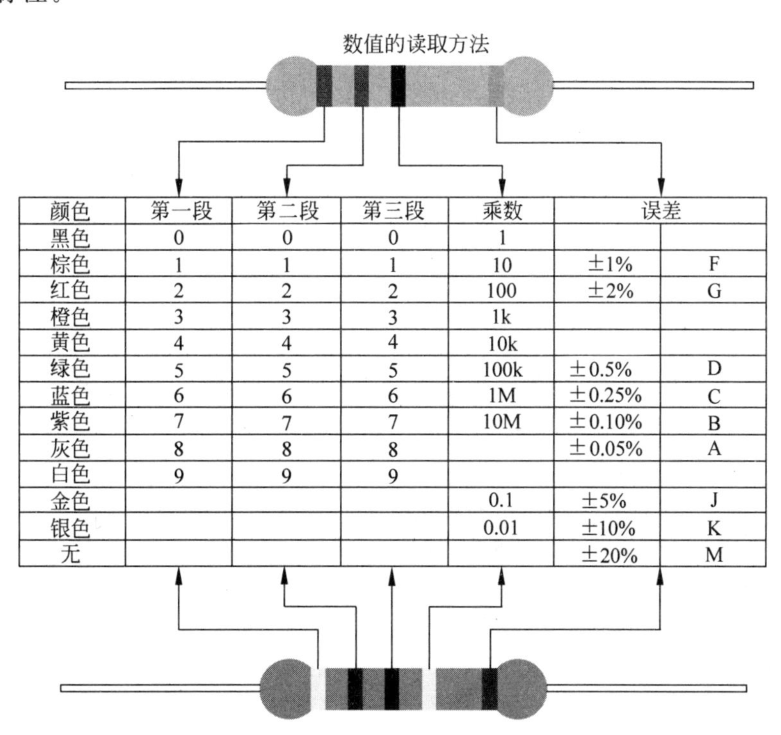

颜色	第一段	第二段	第三段	乘数	误差	
黑色	0	0	0	1		
棕色	1	1	1	10	±1%	F
红色	2	2	2	100	±2%	G
橙色	3	3	3	1k		
黄色	4	4	4	10k		
绿色	5	5	5	100k	±0.5%	D
蓝色	6	6	6	1M	±0.25%	C
紫色	7	7	7	10M	±0.10%	B
灰色	8	8	8		±0.05%	A
白色	9	9	9			
金色				0.1	±5%	J
银色				0.01	±10%	K
无					±20%	M

图 1-7 电阻器色标法示意图

4. 电阻器的主要功能

电阻器的主要功能包括限流、分流、降压、分压、与电容配合做滤波器以及阻值匹配。下面通过一个串联型稳压电路了解一下各电阻器在电路中的作用，如图 1-8 所示。

（1）分流电阻器 R_F：电路在正常工作时，分流电阻器 R_F 两端的压降仅为 4V 左右，实际功耗小于 0.8W。若选用额定功率为 2W 的碳膜电阻器，电路出现故障时可起到保险电阻器的作用。R_F 必须采用碳膜电阻器，因为碳膜电阻器单位面积上的功率负荷小，在额定功率工作时其上限温度也低，在电路过载的情况下容易造成开路失效，起到保护作用。

（2）限流电阻器 R_F：图 1-8 中一旦负载出现短路，则输入电压（16V 左右）将全部加到 R_F 两端，这时 R_F 主要起到限流作用，限制短路电流的增大，使得短路电流小于 1A。

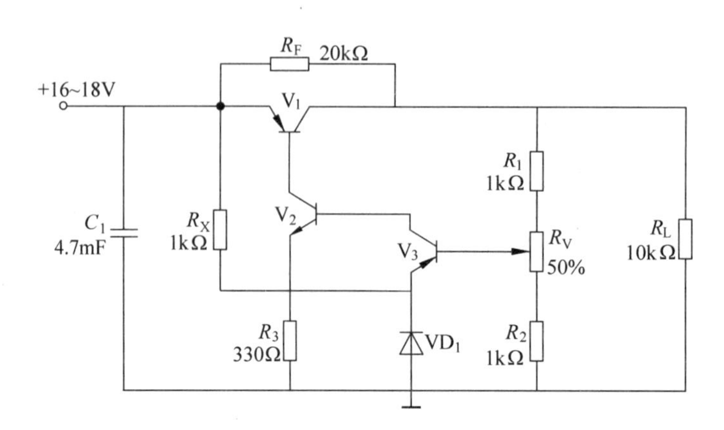

图 1-8 串联型稳压电路

(3) 限流电阻器 R_X：将稳压管的工作电流限制在额定电流范围之内。

(4) 分压电阻器 R_1、R_2 和 R_V：电阻器 R_1、R_2，R_V 构成取样分压电路，其中 R_1 和 R_2 通常为取样分压电阻器，电位器 R_V 称为取样电位器。

5. 检测方法

对于固定在电路板上的电阻器需要查看标志是否清晰，保护漆是否完好，有无烧焦、伤痕、裂痕、腐蚀等现象，观察电阻器与引脚的紧密接触是否牢固，避免出现虚焊、脱焊现象。对于电位器还应检查转轴，看其转动是否灵活，松紧是否适当，转动时手感是否舒适。

使用万用表可以很容易判断出电阻器的好坏。将万用表调节在电阻挡的合适挡位，并将万用表的两个表笔放在电阻器的两端，就可以从万用表上读出电阻器的阻值。应注意的是，测试电阻器时手不能接触表笔的金属部分。

1.1.2 电容器

1. 定义及符号

电容器(capacitor)是一种储能元件，是由两块金属电极之间夹一层绝缘电介质而构成的。当在两金属电极间加上电压时，电极上就会储存电荷，储存的电荷量称为电容，电容通常用 C 表示，电容的国际单位是法[拉](F)，常用的单位还有毫法(mF)、微法(μF)、纳法(nF)和皮法(pF)。各单位之间的换算关系为：$1\text{F}=10^3\text{mF}=10^6\mu\text{F}=10^9\text{nF}=10^{12}\text{pF}$。图 1-9 所示为常见电容器的实物照片及其符号。

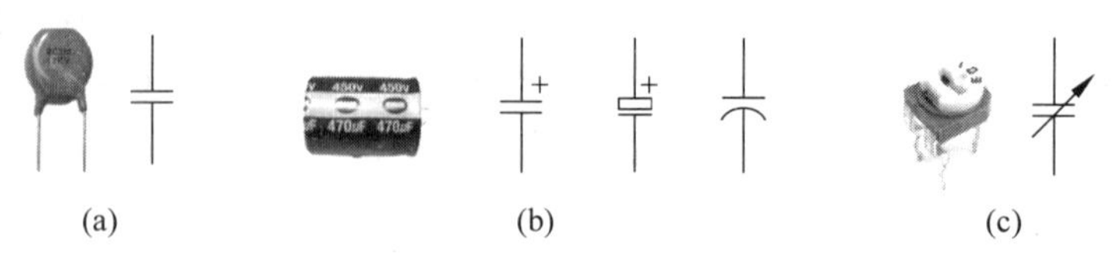

图 1-9 常用电容器的实物照片及其符号

(a) 普通电容器；(b) 电解电容器；(c) 可变电容器

2. 电容器的分类

电容器按绝缘介质材料可分为陶瓷电容器、薄膜(涤纶)电容器、云母电容器、铝电解电容器、钽电解电容器、多层陶瓷(独石)电容器、金属化纸介电容器等。表1-5为按绝缘介质材料划分的电容器类型。

表1-5　不同绝缘介质材料的电容器

名　　称	结构及特点	使用场合	实物图
陶瓷电容器	陶瓷电容器用陶瓷做介质，在陶瓷基体两面喷涂银层，然后烧成银质薄膜作为极板。其特点是体积小、耐热性好、损耗小、绝缘电阻高。另有铁电陶瓷电容器，其容量较大，但是损耗和温度系数较大。静电容量范围为1pF～100μF	陶瓷电容器一般容量小，适用于高频电路。铁电陶瓷电容器则适用于低频电路	
薄膜(涤纶)电容器	薄膜(涤纶)电容器的介质是涤纶或者聚苯乙烯。薄膜(涤纶)电容器的介电常数较高、体积小、容量大、稳定性较好。静电容量范围为10pF～2μF	宜用作旁路电容	
云母电容器	云母电容器用金属箔或在云母片上喷涂银层做电极板，极板和云母一层一层叠合后，再压铸在胶木粉或封固在环氧树脂中制成。其特点是介质损耗小、绝缘电阻大、温度系数小。静电容量范围为10pF～51nF	适用于高频电路	
铝电解电容器	铝电解电容器由铝圆筒做负极，里面装有液体电解质，插入一片弯曲的铝带做正极。介质是正极片面上形成的一层氧化膜。其特点是容量大，但稳定性差，有正负极性之分，因此不能接错正负极。静电容量范围为0.33～10000μF	适用于电源滤波或者低频电路	
钽电解电容器	钽电解电容器用金属钽做正极，用稀硫酸等配液做负极，用钽表面生成的氧化膜做介质。其特点是体积小、容量大、性能稳定、寿命长、绝缘电阻大、温度特性好。有正负极性之分，因此不能接错正负极。静电容量范围为0.1～1000μF	在要求高的电路中可代替铝电解电容	
多层陶瓷(独石)电容器	多层陶瓷(独石)电容器在若干片陶瓷薄膜坯上覆以电极浆材料，叠合后一次烧结成一块不可分割的整体，外面再用树脂包封而成。其特点是体积小、容量大、可靠性高、耐高温。静电容量范围为1pF～1μF	广泛应用于各种电子精密仪器中的谐振、耦合、滤波、旁路电路	

续表

名　　称	结构及特点	使用场合	实物图
金属化纸介电容器	金属化纸介电容器在介质(电容器纸)上被覆盖约 0.01μm 厚的金属膜作为两个电极,卷绕成芯子,装入外壳内加以密封。其特点是体积小、容量大、受高电压击穿后能自愈,但容量稳定性、损耗、绝缘电阻均比陶瓷、薄膜等电容器差。静电容量范围为 6.8nF～30μF	适用于对频率和稳定性要求不高的场合,且价格低廉	

不同介质材料的电容器由于其使用频率范围不同,在使用中也有不同的应用领域。图 1-10 所示为各类电容器大致的频率使用范围。

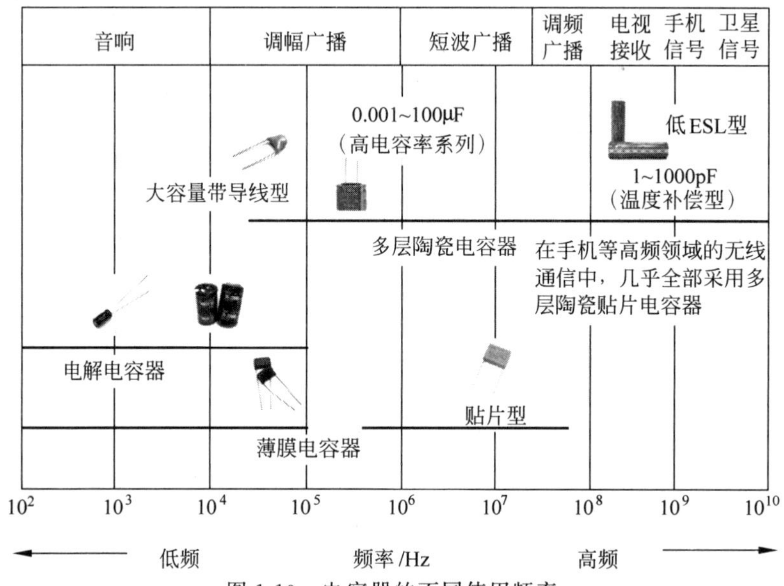

图 1-10　电容器的不同使用频率

除固定容量电容器外,还有可调容量电容器,中间填充的介质有空气、陶瓷、云母薄膜等,主要用来调整谐振频率。其容量可以根据需要进行反复调节,常用于收音机、电子仪器和电子设备中。可调容量电容器实物照片如图 1-11 所示。

图 1-11　各种可调电容器实物照片

3. 电容器的标注方式

1) 直标法

直标法就是将电容器的标称容量、耐压值等直接印在电容器表面。如图 1-12 所示,一个电容器是“400V 10μF”,一个电容器是“25V 100μF”。若电容标称值为零点零几,常把整数位的“0”省去,例如:某电容器标示“.02μF”,表示其电容值为 0.02μF。

2）数字符号法

数字符号法是将电容器的电容值用数字和单位符号按一定规则进行标称值标识的方法。其具体内容包括电容值的整数部分、电容值的单位符号、电容值的小数部分。电容值的单位符号为:F 表示法拉、m 表示 mF、μ 表示 μF、n 表示 nF、p 表示 pF。例如:18p 表示容量是 18pF,5p6 表示容量是 5.6pF,2n2 表示容量是 2.2nF,4m7 表示容量是 4.7mF。

图 1-12　电容器直标法

3）数码法

数码法是用三位数字表示电容量大小的标注方法。第一位和第二位表示有效数字,第三位表示 10 的指数,电容值的单位是 pF。需要另外说明的是,如果第三位数是“9”,则表示倍率为 10^{-1}。例如:101 表示 10×10^1pF = 100pF,103 表示 10×10^3pF = 10000pF = 0.01μF,159 表示 15×10^{-1}pF = 1.5pF。

4）色标法

色标法是指在电容器上用 3 个色环或色点来表示电容量及其允许偏差,标识方法与电阻器相同。使用黑、棕、红、橙、黄、绿、蓝、紫、灰、白分别表示 0～9 的 10 个数字,金色和银色表示偏差。识别的方法是:色环顺序自上而下,沿着引线方向排列,分别是第一、第二和第三道色环,第一、第二道色环的颜色表示电容器的两位有效数字,第三道色环表示 10 的指数,单位规定用 pF。例如:电容器色环分别为棕、黑、橙、金,表示电容量为 0.01μF,允许偏差为±5%。

4. 电容器的主要功能

1）滤波

电容器无论是做旁路还是去耦,总体来讲还是滤波功能,只是使用的位置和滤波的频率有所区别。如图 1-13 所示,旁路电容器利用了电容器的频率阻抗特性,主要功能是将混有高频电流和低频电流的交流输入信号中的高频成分旁路滤掉。去耦电容器也称退耦电容器,是为了保证前后级间传递信号不互相影响各级静态工作点而使用的电容器。在集成电路的电源和地之间接入去耦电容器能够起到蓄能作用,提供局部直流电源;在输出电路中接入去耦电容器,可以减少开关噪声在电路板上的传播,将噪声引导至大地。

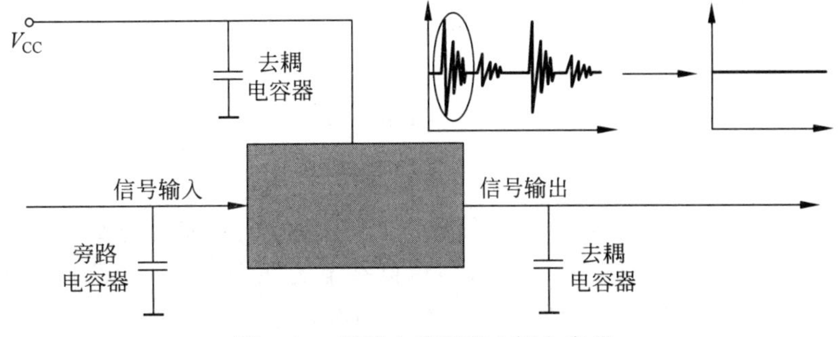

图 1-13　旁路电容器和去耦电容器

2）储能和平滑电压

储能(平滑)型电容器通过整流器收集电荷,并将存储的能量通过变换器引线传送至电源的输出端。电压额定值为 DC40～450V、电容值在 220～150000μF 的铝电解电容器是较为常用的。对于不同的电源,电容器会采用串联、并联或其组合形式,对于功率超过 10kW 的电源,通常采用体积较大的罐形螺旋端子电容器。储能(平滑)型电容器的应用如图 1-14 所示。

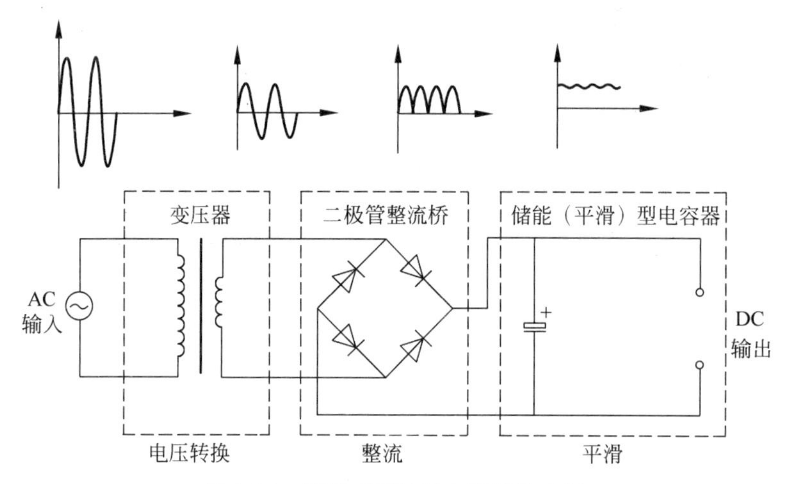

图 1-14 储能(平滑)型电容器的应用

储能(平滑)型电容器主要是根据电容器的额定耐压值、容量值、使用寿命 3 个方面来选择。例如,在 AC-DC 的整流滤波中的电容器耐压值一般选择 1.1～1.3 倍理论直流电压值;在 DC-DC 的应用中,外接输入电容器的耐压值一般选用 1.3～1.4 倍的直流电压值。

3）耦合

在某些应用场合,需要通过电容阻断直流电流,而仅让信号成分(交流电流信号)通过时,可用电容器作为耦合器件,称之为耦合电容器。耦合电容器的应用如图 1-15 所示。

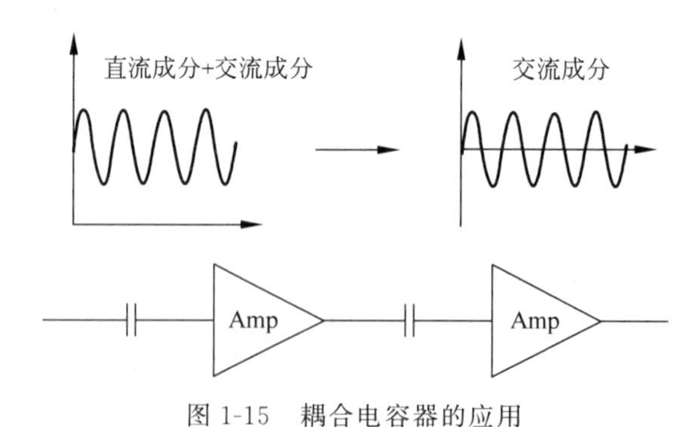

图 1-15 耦合电容器的应用

4）安规电容器

安规电容器是指电容器失效后,不会导致电击,不危及人身安全的安全电容器。它包括 X 电容器和 Y 电容器两种类型:X 电容器是跨接在电力线两线(L-N)之间的电容器,一般选用金属薄膜电容器;Y 电容器是分别跨接在电力线两线和地之间(L-E,N-E)的电容器,一般成对出现。它们主要用于电源滤波器中,对共模和差模干扰起滤波作用。

5. 检测方法

使用数字万用表检测电容器时，可按以下方法进行：

1）用电容挡直接检测

某些数字万用表具有测量电容的功能，其量程分为2000p、20n、200n、2μ和20μ五挡。测量时可将已放电的电容两引脚直接插入万用表板上的C_X插孔，选取适当的量程后即可读取显示数据。

2000p挡，宜于测量小于2000pF的电容；20n挡，宜于测量2000pF～20nF的电容；200n挡，宜于测量20～200nF的电容；2μ挡，宜于测量200nF～2μF的电容；20μ挡，宜于测量2～20μF的电容。

有些型号的数字万用表在测量50pF以下的小容量电容器时误差较大，测量20pF以下的电容几乎没有参考价值。此时可采用串联法测量小值电容。方法是：先找一只220pF左右的电容器，用数字万用表测出其实际容量C_1，然后把待测小电容与之并联，测出其总容量C_2，则两者之差(C_1-C_2)即是待测小电容的容量。用此方法测量1～20pF的小容量电容很准确。

2）用电阻挡检测

利用数字万用表的电阻挡也可以观察电容器的充电过程，这实际上是以离散的数字量反映充电电压的变化情况。假设数字万用表的测量速率为n次每秒，则使用电阻挡可观察电容器的充电过程，即每秒钟可看到n个彼此独立且依次增大的读数。根据数字万用表的这一显示特点，可以检测电容器的好坏和估测电容量的大小。此方法适用于测量0.1μF至几千微法的大容量电容器。

3）用电压挡检测

用数字万用表的直流电压挡检测电容器实际上是一种间接测量法，此方法可测量220pF～1μF的小容量电容器，并且能精确测出电容器漏电流的大小。

4）用万用表确定电解电容器的极性

可使用万用表的电阻挡测量不知道极性的电解电容器的极性。只有电解电容的正极接电源正极（万用表置电阻挡时的红表笔）、负极接电源负极（万用表置电阻挡时的黑表笔）时，电解电容器的漏电流才小（漏电阻大）。反之，则电解电容器的漏电流大（漏电阻小）。测量时，先假定某极为"＋"极，使其与万用表的红表笔相接，另一电极与万用表的黑表笔相接，记录下表针停止的刻度（表针靠左阻值大）；然后将电容器放电（即两根引线碰一下），两只表笔对调，重新进行测量。两次测量中，表针最后停留的位置靠左（阻值大）的那次，黑表笔接的就是电解电容器的正极。测量时最好选用万用表的$R\times100$或$R\times1k$挡。

- **电容器放电小知识**

小功率高压电容器或者其他小功率电容器，如工作于50V以下或者1μF以下的电容器放电，一般采用几十欧的小功率电阻进行放电比较安全彻底；也可以直接用表笔短路一下，这样其实并没有彻底放电，要短路一会儿才能彻底放电。

高压大容量电容器，如整流滤波电容器，用于220V整流电路中，电容器上的电压一般可达310V，这时需要用大功率电阻器进行放电，如大功率电烙铁或大功率白炽灯泡。

1.1.3 电感器

1. 定义及符号

电感是闭合回路的一种属性,是一个物理量。当线圈通过电流后,在线圈中形成感应磁场,感应磁场又会产生感应电流来抵制通过线圈中的电流,这种电流与线圈的相互作用关系称为电的感抗,也就是电感,单位是亨[利](H),即以美国科学家约瑟夫·亨利的名字命名。电感是自感和互感的统称,是描述由于线圈中的电流变化在本线圈中或在另一线圈中引起感应电动势效应的电参数。提供电感的器件称为电感器。电感量常用的单位有亨[利](H)、毫亨(mH)、微亨(μH)和纳亨(nH),它们之间的换算关系是: $1H=10^3mH=10^6\mu H=10^9nH$。通常可以通过增加电感线圈的面积、增加电感线圈的匝数和插入磁芯来增加电感线圈的电感量。电感器实物照片及其符号如图 1-16 所示。

图 1-16 电感器实物照片及其符号

(a) 电感器实物照片; (b) 电感符号

2. 常见的电感器

能够产生电感作用的元件均可称为电感元件,简称电感器。电感器通常是由骨架、绕组、屏蔽罩、封装材料、磁芯或铁芯组成的。由单一线圈组成的称为自感器;两个电感线圈相互靠近,一个电感线圈的磁场变化影响另一个电感线圈的为互感器。电感器种类繁多,按照工作性质可分为高频电感器和低频电感器;按照结构可分为绕线式电感器和非绕线式电感器;按照安装方式可分为插件式电感器和贴片式电感器;按照电感是否能够调节可分为固定式电感器和可调式电感器。这里不再详细分类,由表 1-6 列出常用的电感器形式供大家选择。

表 1-6 常用的电感器及其特点

名　称	结构及特点	使用场合	实物图
磁环电感器	磁环电感器由磁环本体和绕于磁环上的漆包线两部分组成,是电子电路中常用的抗干扰元件,对于高频噪声有很好的屏蔽作用,常被称为吸收磁环。磁环本体常用铁氧体材料或合金磁粉材料制成	广泛应用于电源转换和线路滤波	

续表

名　　称	结构及特点	使用场合	实物图
工字电感器	工字电感器一般由磁芯或铁芯、骨架、绕线组、屏蔽罩、封装材料等组成，具有高功率和高磁饱和特性，阻抗低，体积较小，安装便捷，Q[①]值高，分布电容小，自共振频率较高。采用特殊的导针结构，不易产生闭路现象	常用于电路的匹配以及质量的控制，一般和电源进行连接	
共模电感器	共模电感器也叫共模扼流圈，两个绕组绕在同一铁芯上，线圈直径和圈数一样，但是绕向相反。每组线圈有2个引脚，因此共模电感有4个引脚，常用于计算机的开关电源中过滤共模的电磁干扰信号（差模电感器是绕在1个铁芯上的1个线圈，只有2个引脚）	在板卡设计中，共模电感起电磁干扰（electromagnetic interference，EMI）[②]滤波的作用，用于抑制高速信号线产生的电磁波向外辐射，如USB接口线、数码摄录机（digital video camera，DVC）、机顶盒、液晶显示器面板、低电压差分信号传输（low-voltage differential signaling，LVDS）等场合	
色环电感器	色环电感器的外观与普通色环电阻器类似，使用色环标注电感量，由线圈和磁芯组成，是利用自感作用的器件，主要起储能、滤波的作用	一般用于电路的匹配和信号质量的控制	
磁胶电感器（NR电感器）	磁胶电感器使用全自动化机器制作，所以又称为自动化屏蔽电感器。其特点是：采用磁性胶水涂敷结构，极大地减小了蜂鸣声；直接在铁氧体磁芯上引出金属化电极，抗跌落冲击强，经久耐用；闭合磁路结构设计漏磁少，抗EMI能力强；在同等尺寸条件下，额定电流比传统功率电感高出30%；体积小，侧面低，节省空间，更省电	常用于LED照明、笔记本电脑、多功能手机、个人导航系统、多媒体设备中	
绕线电感器	绕线电感器的特点是电感量范围广（从毫亨到亨），精度高，损耗小，耐电流大，成本低，ESR[③]值较高	适用于电源供电电路，在微型电视、液晶电视、摄影机、汽车音响、薄型收音机中常用	
贴片功率电感器	贴片功率电感器，又称为表面贴装高功率电感器，耐电流大，体积小，属表面黏着类型。其特点是：高品质，高能量储存和低电阻，具有良好的频率特性和抗干扰能力	主要应用于计算机显示板卡、笔记本电脑，以及DC-DC转换器中	

续表

名　　称	结构及特点	使用场合	实物图
贴片式陶瓷电感器	贴片式陶瓷电感器尺寸小，可表面贴装，由陶瓷材料制成，具有高品质因数（Q值高）、高自谐频率、高精度、高可靠性	常用于通信设备的高频线路，如手机、蓝牙、无线网、宽带网等	
穿心磁珠	穿心磁珠即穿心电感器，是一个匝数小于1圈的电感线圈。但穿心电感线圈的分布电容为单圈电感线圈的分布电容的几十分之一到几分之一，因此穿心电感器比单圈电感线圈的工作频率更高	专用于抑制信号线、电源线上的高频噪声和尖峰干扰，还具有吸收静电脉冲的能力	

注：① Q为品质因数，指电感器在某一频率的交流电压下工作时，所呈现的感抗与其等效损耗电阻之比。电感器的Q值越高，其损耗越小，效率越高。

② EMI，即电磁干扰，指电子产品工作时对周边的其他电子产品造成的干扰。

③ ESR，即等效串联电阻。当突然对电容器施加一个电流时，电容器会因自身充电，使电压从0开始上升。但因为电容器具有ESR，电阻自身会产生一个压降，导致电容器两端的电压会产生突变，降低电容的滤波效果。故很多高质量的电源都使用低ESR的电容器。

3. 电感器的标注方式

1）直标法

直标法是直接将电感量、允许误差和额定电流用数字和文字符号直接标在电感器上面，电感量单位后面的字母表示偏差。这种方法一般用于小型电感器，如插件工字电感器多数就是采用这种标注方法。

2）文字符号法

文字符号法是由数字和英文符号组成的，按照一定的规律把标称值和偏差值标示在电感器上面。这种标注方法通常用于小功率电感器，单位一般是μH或nH，分别用“R”和“n”表示小数点。如图1-17所示，6R8表示电感量为6.8μH，R56M表示电感量为0.56μH，误差为±20%（字母表示误差范围，详见图1-7电阻色标法示意图）。

3）数码法

数码法中的前两位为有效数字，第三位为10的幂次，单位为μH。如图1-18中的3个电感量分别为$22\times10^1\mu H=220\mu H$，$47\times10^0\mu H=47\mu H$，$10\times10^1\mu H=100\mu H$。

图1-17　电感器的文字符号标注法

图1-18　电感器的数码标注法

4）色标法

电感器标注的色标法与电阻器标注的色标法类似，都是用不同颜色的色环进行标识。用色环标识的时候，一般露出电感器本色较多的一端为末环，它的另一端就是第一环，单位是微亨(μH)。一般有三环和四环两种表示方法,前2位数字是有效数字,第3位是10的倍率,如果有第4位则是表示误差等级。色环电感器与色环电阻器的外形相近,使用时要注意区分。通常情况下,色环电感器的外形以短粗居多,而色环电阻器通常为细长。电感器色标的色环见表1-7。

表1-7　电感器色标法的色环

颜色	标称电感值/μH			
	第一段	第二段	乘数	误差
黑色	0		1	±20%
棕色	1		10	
红色	2		100	
橙色	3		1000	
黄色	4		10000	
绿色	5		100000	
蓝色	6			
紫色	7			
灰色	8			
白色	9			
金色			0.1	±5%
银色			0.01	±10%

4. 电感器的主要功能

1) 通直流、阻交流

电感器的主要特点就是通直流、阻交流。高频信号通过电感线圈时会遇到很大的阻力,很难通过;而低频信号通过电感时所呈现的阻力则比较小,电感线圈对直流电的电阻几乎为零。

2) 滤波

电感器在电路中经常和电容器一起工作,构成LC滤波器。如图1-19所示,根据电感器和电容器的位置不同,分别组成高通滤波器和低通滤波器。

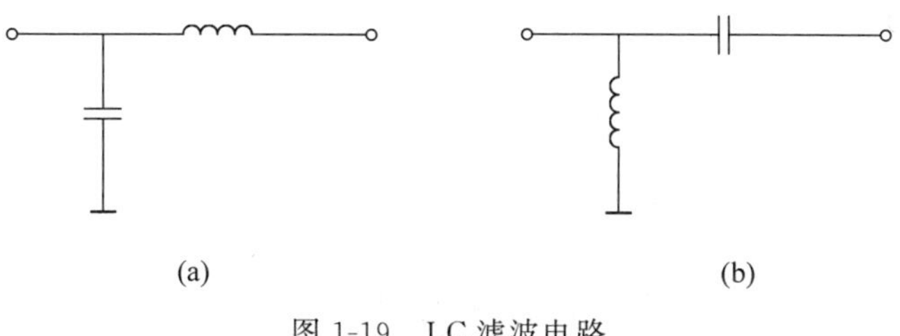

图1-19　LC滤波电路

(a) 低通滤波器;(b) 高通滤波器

3）存储能量

电感器储能主要是利用电磁能量间的互相转换来短暂存储电能。线圈内流动的电流会产生磁场，而该磁场可以再次产生电流。

4）稳定电流

由于电感中电流和电磁能力的相互转换，电感器通常有阻碍电流变化的作用。但该作用与电阻器阻碍电流流通的作用是有区别的，电阻器阻碍电流流通是以消耗电能为标志的，而电感器阻碍电流的变化则主要是抑制电流变化，即当电流增加时电感阻碍电流的增加，当电流减小时电感阻碍电流的减小。

5. 检测方法

在电路中首先应查看电感器的结构，好的电感器线圈绕线应不松散、不变形，引出端要固定牢固，磁芯既可灵活转动，又不会松动，否则电感器可能损坏。其次可用万用表检测电感器是否损坏，如用指针式万用表检测，则先将万用表调到欧姆挡的 $R\times1$ 挡，两表笔与电感器的两引脚相接，正常情况下能测得一个固定的阻值。如果表针不动，说明电感器内部断路；如果表针指示趋向于 0，说明电感器内部存在短路。接着将万用表置于 $R\times10$k 挡，检测电感器的绝缘情况，测量线圈引线与铁芯或金属屏蔽之间的电阻均应为无穷大，否则该电感器绝缘不良。

如果用数字万用表检测电感器，可将量程开关拨至合适的电感挡；然后将电感器两个引脚与两表笔相连即可从显示屏上显示出该电感器的电感量。若显示的电感量与标称电感量相近，则说明该电感器正常；若显示的电感量与标称值相差很多，则说明该电感器损坏。

1.1.4 二极管

1. 定义及符号

二极管(diode)又称晶体二极管，是一种具有单向传导电流能力的电子器件。半导体二极管内部有一个 PN 结，在其界面的两侧形成空间电荷层，构成自建电场。当外加电压等于零时，由于 PN 结两边载流子的浓度差引起扩散电流和由自建电场引起的漂移电流相等而处于电平衡状态，这也是常态下的二极管特性。如果 P 端加正电压，N 端加负电压，则 PN 结将在载流子流动的情况下变薄，其阻值变小(阻值由几欧到几百欧，根据电压、电流有所变化)，则可通较大的电流。如果 P 端加负电压，N 端加正电压，则 PN 结承受负电压，PN 结将变厚，其阻值变大，只能通过较小的漏电流，相当于断开电路。因此，可以把二极管想象为一个由电压控制的单向开关。二极管实物照片及其符号如图 1-20 所示。

2. 常用二极管的分类与特性

二极管种类繁多，按照构造可以分为点接触型二极管、键型二极管、合金型二极管、扩散型二极管、台面型二极管、平面型二极管、外延型二极管、肖特基二极管等。按照用途可分为检波二极管、整流二极管、限幅二极管、混频二极管、放大二极管、开关二极管、变容二极管、频率倍增二极管、稳压二极管、雪崩二极管、江崎二极管、快速二极管、阻尼二极管、瞬变电压

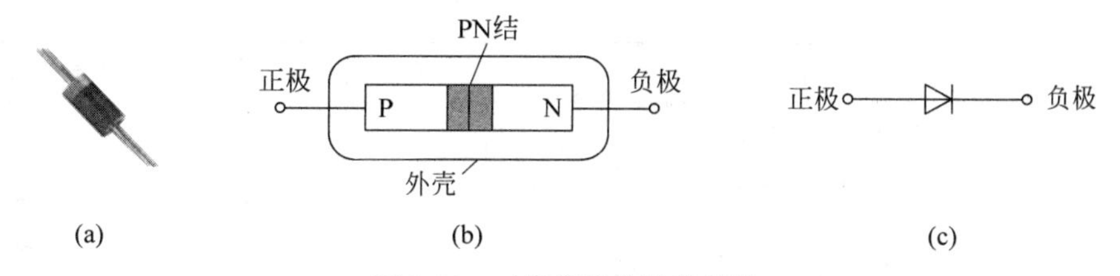

图 1-20　二极管实物及其符号

(a) 二极管实物照片；(b) 二极管结构示意图；(c) 二极管的电气符号

抑制二极管、双基极二极管(单结晶体管)、发光二极管等。而按照特性又可分为一般用点接触型二极管、高反向耐压点接触型二极管、高反向电阻点接触型二极管、高传导点接触型二极管。表 1-8 仅就部分常用的二极管进行了介绍。

表 1-8　部分常用二极管的特点及用途

名　　称	结构特点	用　　途	实物图及符号
整流二极管	整流二极管利用单向导电性将交流电变成脉动的直流电。其最大整流电流和最高反向工作电压应大于实际工作中的电压、电流值,并留有一定的余量。其特点是允许通过的电流比较大,反向击穿电压比较高	PN 结电容比较大,一般广泛应用于频率不高的电路中,如整流电路、保护电路等。常用的有 1N、2CZ 系列,例如 1N4001、2CZ53B 等型号	
开关二极管	开关二极管导通时相当于开关闭合(电路接通),截止时相当于开关打开(电路切断),所以二极管可当作开关使用。其特点是由导通变为截止或由截止变为导通所需时间比一般二极管短,开关速度快、体积小、寿命长、可靠性高	广泛应用于电子计算机、脉冲电路、自动控制电路及仪器仪表电路中。常用的有 1N、2AK、2DK、2CK 等系列,例如 1N4148、2AK6、2CK75 等型号	
稳压二极管	稳压二极管又叫齐纳二极管,是利用 PN 结反向击穿状态中器件电流可在很大范围内变化而电压基本不变的现象,制成的起稳压作用的二极管。稳压二极管是一种直到临界反向击穿电压前都具有很高电阻的半导体器件。超过临界击穿点,反向电阻可以降低到一个很小的数值,在这个低阻区中电流增加而电压则保持恒定。击穿电压是稳压二极管的重要参数	主要作为稳压器或电压基准元件使用。稳压二极管可以串联起来以便在较高的电压下使用,通过串联就可以获得更高的稳定电压,常用的有 1N47 系列	

续表

名　　称	结构特点	用　　途	实物图及符号
肖特基二极管	肖特基二极管也称为肖特基势垒二极管，是以它的发明人肖特基博士的名字命名的。肖特基二极管是利用金属与半导体接触形成的金属-半导体结原理制作的。其特点是正向导通压降小(约0.45V)，反向恢复时间短和开关损耗小，是一种低功耗、超高速半导体器件	广泛应用于开关电源、变频器、驱动器等电路，作为高频、低压、大电流整流二极管，续流二极管，保护二极管使用，或在微波通信等电路中作为整流二极管、小信号检波二极管使用。常用的有1N、MBR等系列，如1N5819、MBR150等型号	
发光二极管	发光二极管简称LED，它是半导体二极管的一种，可以把电能转换成光能。一般用磷化镓、磷砷化镓材料制成，体积小，正向驱动发光。工作电压低，工作电流小，发光均匀，寿命长，可发红、黄、绿单色光。使用时应注意：①用直流电源电压驱动发光二极管时，在电路中一定要串联限流电阻，以防电流过大烧坏二极管。②发光二极管的反向击穿电压比较低，一般仅有几伏。用交流电源驱动LED时，可在LED两端反极性并联整流二极管，使其反向偏压不超过0.7V，以便保护发光二极管	发光二极管的压降一般为1.5～3V，工作电流为10～20mA，常应用于照明和指示灯等场合。发光二极管分为普通单色发光二极管、高亮度单色发光二极管、超高亮度单色发光二极管、电压控制型发光二极管、闪烁发光二极管等类型。常用的有KSS系列	
光电二极管	光电二极管又叫光敏二极管，它是利用PN结施加反向电压时，在特定光谱范围的光线照射下，二极管反向电阻相应变化的原理进行工作的。无光照射时，二极管的反向电流很小；有光照射时，二极管的反向电流很大	结型光电二极管与其他类型的光探测器一样，在诸如光敏电阻、感光耦合元件以及光电倍增管等设备中有着广泛应用，如控制开关、数字信号处理	
快速二极管	快速二极管的工作原理与普通二极管相同，但由于普通二极管工作在开关状态下的反向恢复时间较长，一般4～5ms，不适应高频开关电路的要求。快速二极管主要包括肖特基二极管、快恢复二极管、超快恢复二极管	快速二极管主要应用于高频整流电路、高频开关电源、高频阻容吸收电路、逆变电路等，其反向恢复时间约为10ns。常用的有MBR、KIA系列，如MBR1045、KIA04TB60等型号	1　2　3

续表

名　称	结构特点	用　途	实物图及符号
检波二极管	检波二极管也称解调二极管，它利用其单向导电性将高频或中频无线电信号中的低频信号或音频信号提取出来。若将调幅信号通过检波二极管，调幅信号的负向部分将被截去，仅留下其正向部分，此时如在每个信号周期取平均值(低通滤波)，所得的调幅信号的包络线，即为基带低频信号，可实现了解调(检波)功能。一般选锗材料点接触型，工作频率可达 400MHz。其特点是正向压降小，结电容小，检波效率高，频率特性好	广泛应用于半导体收音机、录像机、电视机及通信设备等的小信号电路中，其工作频率较高，处理信号幅度较弱。常用的有 2AP、2AK、1N34/A、1N60 系列，如 2AP9、2AK2 等型号	
变容二极管	变容二极管又称压控变容器，是根据电压变化而改变结电容的半导体，工作在反向偏压状态，多以硅材料制作。其特点是结电容随反向电压的变化而变化，在一定范围内，反向偏压越小，结电容越大；反向偏压越大，结电容越小	变容二极管可取代可变电容器，用于调谐回路、振荡电路、锁相环路、电视机高频头的频道转换和调谐电路。常用的有 BB、2CC、1N 系列，如 BB910、2CC12D、1N5439 等型号	
硅整流桥	硅整流桥就是将整流二极管封装在一个壳内，构成全桥或半桥形式。全桥是 4 个二极管按桥式整流电路连接并封装在一起构成的。半桥是两个二极管按桥式整流的一半封装在一起构成的，用两个半桥可组成一个全桥整流电路	全桥的硅整流桥有 4 个引脚，其中两个直流输出端标有“+”或“−”，两个交流输入端有“～”标记。常用的有 3N、QL 系列，如 3N246	AC DC

另外，各类二极管均有贴片形式，如贴片整流二极管、贴片开关二极管、贴片快恢复二极管、贴片稳压二极管等，各实物照片如图 1-21 所示。

3. 普通二极管的常见功能与电路

1）整流

二极管可构成半桥或全桥，应用其单向导电功能可将交流电整流为脉动的直流电。其电路如图 1-22 所示。

2）限幅

如图 1-23 所示，可利用二极管正向导通时 0.7V 的压降组成限幅电路，超过 0.7V 的电压均被限制。

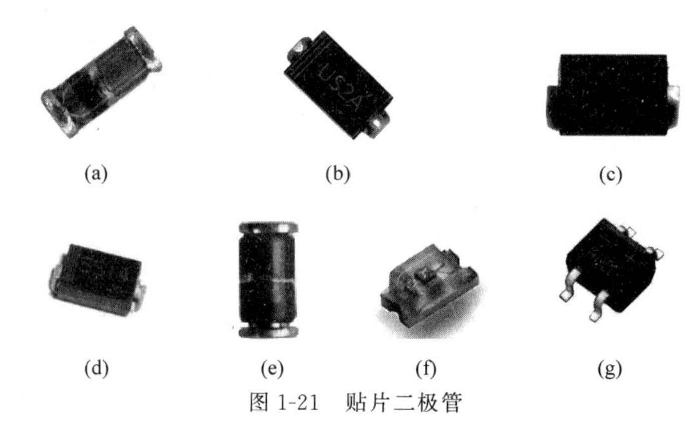

图 1-21 贴片二极管

(a)贴片开关二极管；(b) 贴片快恢复二极管；(c) 贴片整流二极管；(d) 贴片肖特基二极管；(e) 贴片稳压二极管；(f) 贴片发光二极管；(g) 贴片桥堆

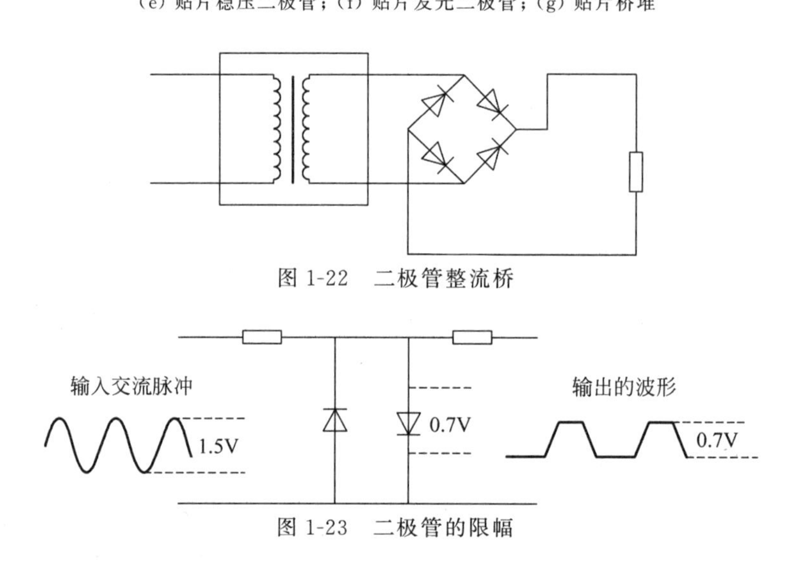

图 1-22 二极管整流桥

图 1-23 二极管的限幅

3）续流

如图 1-24 所示，以继电器或变压器这类线圈作为负载时，当电流从流通状态突变为截止状态时，由于电感对电流变化的阻碍作用，将在电感两端产生较大的感应电动势。这时，反并联二极管可以提供该能量的续流回路，在二极管的支路中还可以串联电阻，用以消耗能量。

4）稳压

如图 1-25 所示，可以利用二极管正向导通时 0.7V 的压降，在要求不高时组成简单的稳压电路，此时二极管会损耗一定的电能。

5）单向导电

如图 1-26 所示，将按钮 A 按下，继电器 A 动作，由于二极管受到正向电压导通，所以继电器 B 同时动作。而将按钮 B 按下，继电器 B 动作，二极管受到反向电压截止，继电器 A 不动作。这体现了二极管的单向导电性。

4. 二极管的检测方法

无论检测哪种二极管，若检测的二极管未接入电路，可直接测量。若二极管已接入电路，则要保证电路处于断电状态。

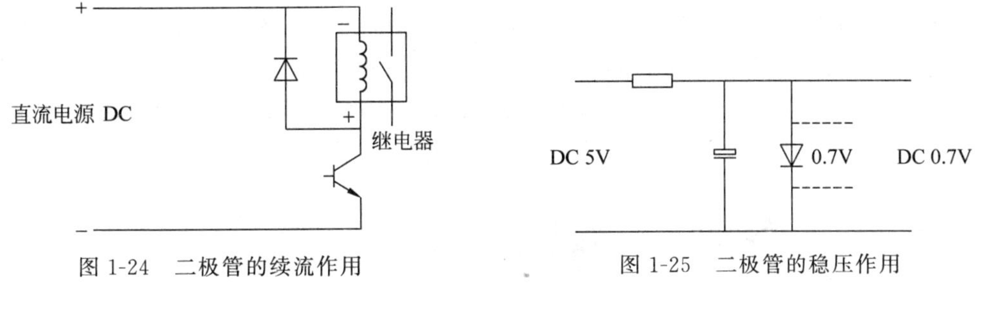

图 1-24　二极管的续流作用

图 1-25　二极管的稳压作用

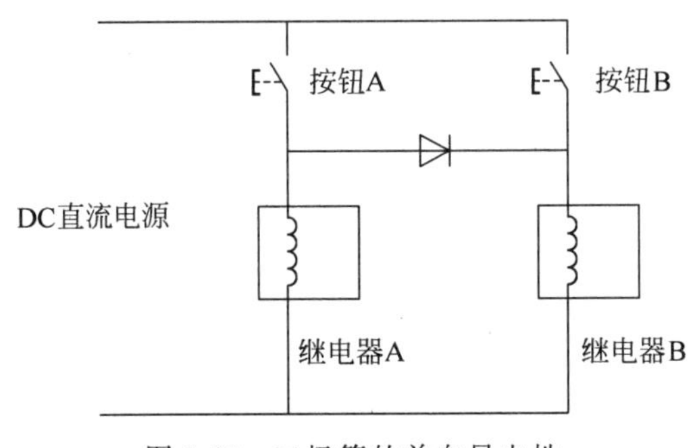

图 1-26　二极管的单向导电性

1）普通二极管的检测

（1）损坏的判别：可根据二极管的单向导电性这一特点判别二极管的好坏。性能良好的二极管，其正向电阻小，反向电阻大，这两个数值相差越大越好。若阻值相差不多，则说明二极管的性能不好或已经损坏。测量时，可选用指针万用表的 $R\times100$ 或 $R\times1\text{k}$ 挡；因为 $R\times1$ 挡的电流太大，容易烧坏二极管，而 $R\times10\text{k}$ 挡的内电源电压太大，易击穿二极管，所以不用 $R\times1$ 或 $R\times10\text{k}$ 挡。若用数字万用表，可选择其二极管挡。

（2）极性的判别：将万用表置于 $R\times100$ 挡或 $R\times1\text{k}$ 挡。两表笔分别接二极管的两个电极，若测量出的阻值较小（为正向电阻），则红色表笔接的是二极管的正极，黑色表笔接的是二极管的负极。

2）发光二极管的检测

一般观测时，发光二极管长脚为正、短脚为负。测量时可用数字万用表的二极管挡，红、黑表笔分别接二极管的两个引脚。若万用表有读数，且发光二极管发光则表示二极管正常，且红色表笔所测端为正极。

3）稳压二极管

一般稳压二极管有黑圈的一端为负。用数字万用表的二极管挡测量时，若有读数，红色表笔所测端为正；若无读数，则红、黑表笔对调后再测一次；若两次都没有读数，则表示该稳压二极管已经损坏。

1.1.5　三极管

1. 定义及符号

三极管的全称为半导体三极管、双极型晶体管、晶体三极管，是半导体基本元器件之一。

三极管具有电流放大作用，是电子电路的核心元件，其作用是把微弱信号放大成幅度值较大的电信号。图 1-27 所示为三极管的实物照片及其电气符号。如图 1-27(b)、(c)所示，三极管是在一块半导体基片上制作两个相距很近的 PN 结，两个 PN 结把整块半导体分成三部分，中间部分是基区，两侧部分是发射区和集电区，排列方式有 PNP 和 NPN 两种。

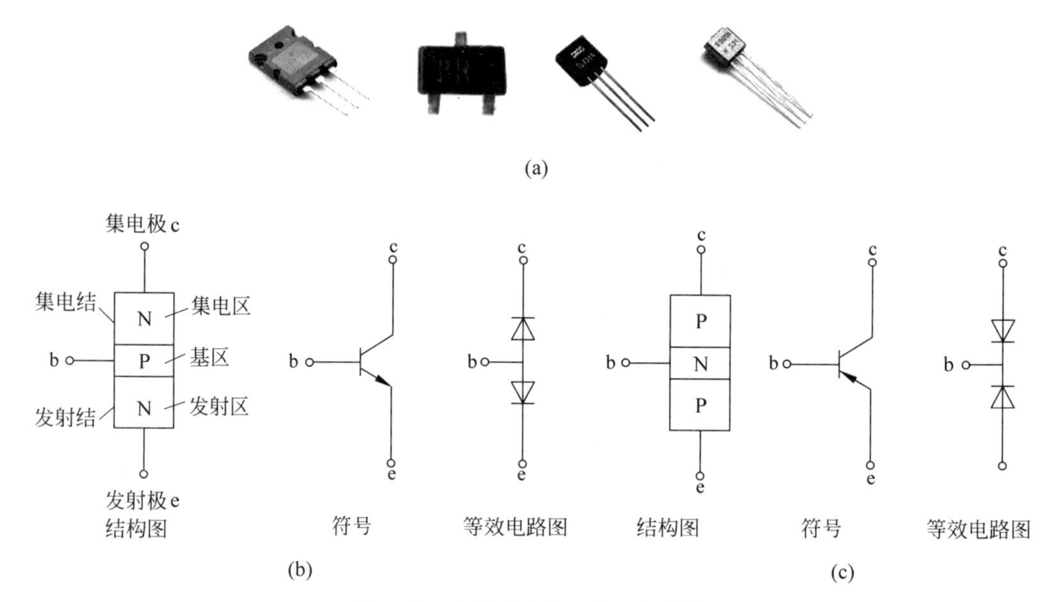

图 1-27　三极管实物及其电气符号

(a) 三极管实物照片；(b) NPN 型三极管；(c) PNP 型三极管

2. 常用三极管的特性

三极管可按照材料、结构、功能等方面进行分类。表 1-9 为不同分类中三极管的特性及其应用领域。

表 1-9　各类三极管的特性及型号

分类方法	名　称	特　性	主要型号或形式
按材料分类	硅三极管	硅三极管的正向压降一般为 0.65～0.75V，正向电阻较大，一般为几千欧，热稳定性好，反向漏电流小，适用于大功率器件和高反压器件	—
	锗三极管	锗三极管的正向压降一般为 0.2～0.3V，正向电阻为几百欧，热稳定性较差，适合在低压大电流器件中使用	—
按功能分类	开关三极管	开关三极管通过控制三极管交替工作于饱和区和截止区，将三极管作为电路开关使用。开关三极管的开关过程需要一定的响应时间，开关响应时间的长短标志着开关三极管特性的好坏。其特点是寿命长、安全可靠、没有机械磨损、开关速度快、体积小等	小功率开关管：9011～9018、8550、8050 系列；大功率开关管：2SD 系列

续表

分类方法	名　　称	特　　性	主要型号或形式
按功能分类	功率三极管	功率三极管主要利用三极管的电流放大作用，驱动后级设备在大电流下工作，又分为低频小功率管、高频小功率管、低频大功率管、高频大功率管几类，常用于功率放大电路中。大功率三极管一般指耗散功率大于 1W 的三极管，工作电流较大，其 PN 结面积较大，极间电阻较小	开关小功率晶体管：3DK 系列；低频大功率晶体管：3DD、3CD 系列；高频小功率晶体管：3DG、3CG 系列；大功率晶体管：2N 系列
	达林顿三极管	达林顿三极管又称复合三极管，是将两个三极管串联组成一只等效的三极管。该等效三极管的放大倍数是原来两个三极管的放大倍数之积。因此，它的特点是放大倍数非常高。达林顿管常用于高灵敏的放大电路中放大非常微小的信号，如大功率开关电路、电动机调速电路、逆变电路等	大功率达林顿管的型号有 BD67、BD678、BDX63A、KP1110A、MJ10016、MJ11032、MJ11033、2N6027、DDL150 等
	光敏三极管	光敏三极管又称光电三极管，是一种光电转换器件。其基本原理是光照到 PN 结上时吸收光能并转变为电能。当光敏三极管加上反向电压时，管子中的反向电流随着光照强度的改变而改变，光照强度越大，反向电流越大。一些光敏三极管的基极有引出，用于温度补偿和附加控制等作用	常用光敏三极管的型号有 2CU、2DU、3DU、PT 系列，如 3DU511D、PT5A850AC
按频率分类	低频三极管	低频三极管多采用合金型结构，它的 PN 结反向击穿电压较高，使用频率在 3MHz 以下	常用低频三极管的型号有 9012、9013、9014、9015、9018、8050、8550 等
	高频三极管	高频三极管的结构多为扩散型，它的 PN 结反向击穿电压较低。高频三极管一般应用在 VHF、UHF、CATV、无线遥控、射频模块等高频宽、低噪声的放大器上，使用频率在 3MHz 以上	大功率高频三极管的型号有 3DG6、3DG8、3CG21、2SA1015、S9011～S9015、2N5551、2N540、BC337、BC338 等
按安装方式分类	插件三极管	插件三极管采用 TO 封装，应用于电路板插接方式。右图为常用小功率插件三极管。中大功率三极管的集电极明显较粗大甚至以大面积金属电极相连，多处于基极和发射极之间	E B C TO封装
	贴片三极管	贴片三极管采用 SOT 封装，适应电路板的表面贴装工艺。从面向标识时的方向看，左为基极，右为发射极，集电极在另一边	C E C B SOT封装 常用贴片三极管的型号有 S9013～S9015、S8050、2SA812、2SA1015、2SC1815 等

3. 三极管的常见电路

1）三极管开关电路

如图 1-28 所示为常用的三极管开关电路，也称为三极管反相器电路，可用于 NPN 和 PNP 型三极管。该电路中，V_{in} 为低电平时，V_1 截止，V_2 基极得到低电平，V_2 导通；V_{in} 为高电平时，V_1 导通，V_2 基极得到高电平，V_2 截止。

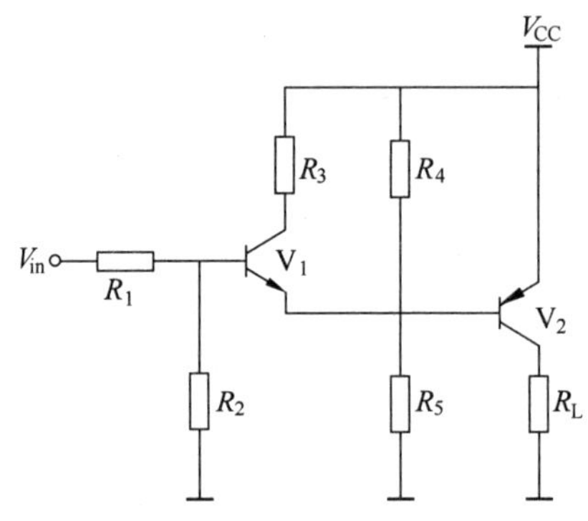

图 1-28　三极管开关电路

2）三极管驱动电路

图 1-29 所示为三极管对蜂鸣器的驱动电路。图 1-29(a)使用 NPN 型三极管，蜂鸣器接在三极管的集电极，驱动信号可以是 3.3V 或 5V 的 TTL 电平，基极电阻可选 4.7kΩ，高电平时 V_1 导通，蜂鸣器发声；低电平时 V_1 截止，蜂鸣器停止发声。图 1-29(b)使用 PNP 型三极管，同样把蜂鸣器接在三极管的集电极，驱动信号为 5V 的 TTL 电平，低电平时蜂鸣器通电开通。两个电路均可正常工作，驱动信号以 PWM 波的形式工作在适当的频率时，蜂鸣器均会发出最大的声音。

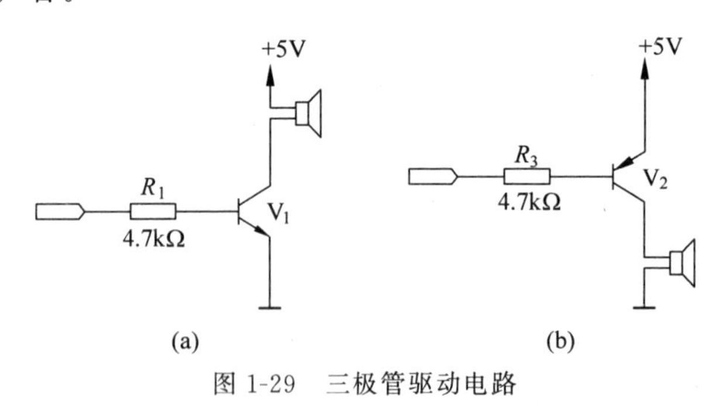

图 1-29　三极管驱动电路

3）共基极放大电路

图 1-30 所示为效果较好的基于 NPN 型三极管的共基极放大电路，其基极接电容，为交流接地，不存在密勒效应，频率特性好。

4）射极跟随器

图 1-31 所示的射极跟随器，是一种典型的负反馈放大器。从晶体管的连接方法来看，它实际上是共集电极放大器，不仅输出电压与输入电压大小相等，而且相位也相同，输出电压紧紧跟随输入电压而变化。但射极跟随器以很小的输入电流 i_b 却可以得到很大的输出

电流 i_e，$i_e=(1+\beta)i_b$（β 为三极管放大系数）。因此具有电流放大及功率放大作用。射极跟随器的最大好处是输入阻抗很高，因而其带负载能力也很强。

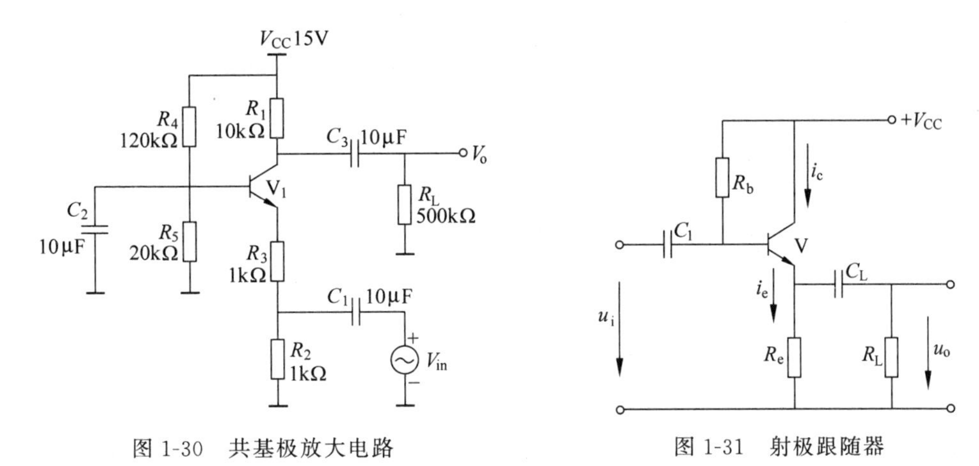

图 1-30　共基极放大电路　　　　图 1-31　射极跟随器

5）达林顿三极管

达林顿三极管可以是两个 NPN 型三极管串联、两个 PNP 型三极管串联，或者将 NPN 和 PNP 型三极管交叉配置，组成推挽式达林顿三极管。图 1-32 所示为两个 NPN 型三极管串联的模式。达林顿三极管的电流增益近似等于组成它的两个三极管电流放大倍数的乘积。第一个三极管工作在射极跟随器工作模式，对输入电流进行放大，提高了输入阻抗，所以达林顿三极管可被普通的 TTL、CMOS 门电路驱动。但为了使达林顿三极管达到饱和状态，基极输入电压需要较高的电压（高于 2 倍的 V_{be}）。另外，达林顿三极管达到饱和时，其 c、e 极之间的电压需要维持第一级三极管的工作电压，所以其饱和电压比普通的三极管饱和电压（大约 0.2V）要高得多，一般大于 0.65V。在大电流下，大大增加了达林顿三极管在开关状态下的功耗。

6）光信号放大电路

如图 1-33 所示为利用光敏三极管的特性构建的三极管放大电路。在没有光照射时，V_1 不导通，V_2 基极受到低电压，V_2 为截止状态；有光照射时，V_1 导通，V_2 基极变为高电压，V_2 三极管导通。

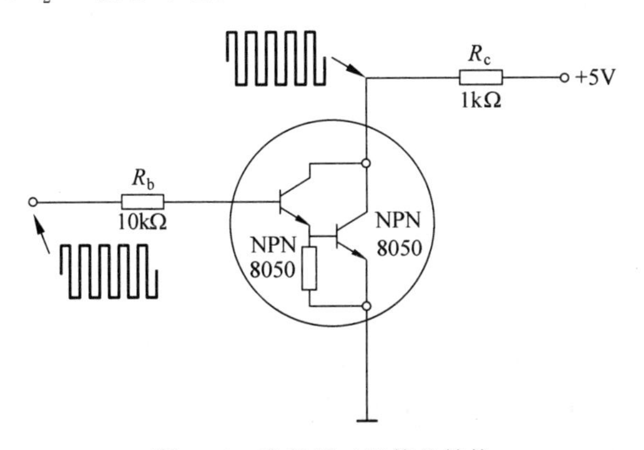

图 1-32　达林顿三极管的结构

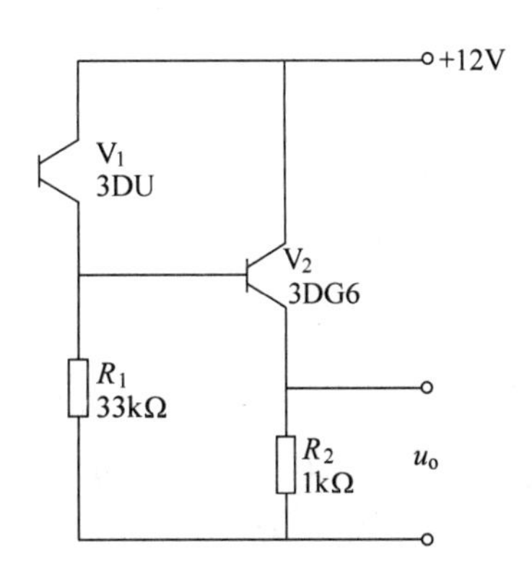

图 1-33　光信号放大电路

4. 三极管的测试

1）三极管引脚的识别

（1）基极 b 的判定。用万用表的 $R\times100$ 或 $R\times1k$ 挡测量三极管 3 个电极中每两个极之间的正、反向电阻值。当用第一支表笔接某一电极，而第二支表笔先后接触另外两个电极，均测得低阻值时，则第一支表笔所接的那个电极即为基极 b。这时，要注意万用表表笔的极性，如果红表笔接的是基极 b，黑表笔分别接在其他两极时，测得的阻值都较小，则可判定被测三极管为 NPN 型三极管；如果黑表笔接的是基极 b，红表笔分别接触其他两极时，测得的阻值较小，则被测三极管为 PNP 型三极管。

（2）三极管集电极 c 和发射极 e 的确定（以 PNP 型三极管为例）。将万用表置于 $R\times100$ 或 $R\times1k$ 挡，用手捏住基极和假定的集电极，以人体电阻作为较大的偏置电阻，黑表笔接触假定的集电极（假定剩下的两极中任意一个为集电极、一个为发射极），红表笔接触假定的发射极，若阻值较大则假定正确，反之则错误。还应进一步验证，替换假定的集电极和发射极，重复操作，若两次测量中阻值较大则假定正确。NPN 型三极管的红黑表笔相反。

2）不拆卸三极管判断三极管的好坏

实际应用中，小功率三极管多直接焊接在印刷电路板上，由于元件的安装密度大，拆卸比较麻烦，所以在检测时常常通过用万用表直流电压挡测量被测三极管各引脚的电压值，以推断其工作是否正常，进而判断三极管的好坏。

3）光敏三极管的测试方法

（1）指针式万用表使用 1kΩ 挡测试。黑表笔接集电极 c，红表笔接发射极 e，无光照时指针微动（接近∞），随着光照的增强电阻变小，光线较强时其阻值可降到几千欧甚至 1kΩ 以下。再将黑表笔接发射极 e，红表笔接集电极 c，有无光照指针均为∞（或微动），则表明三极管是好的。

（2）数字式万用表使用 20kΩ 挡测试。红表笔接集电极 c，黑表笔接发射极 e，完全黑暗时显示 1，光线增强时阻值随之降低，最小可达 1kΩ 左右，则表明三极管完好。

1.2 单片机系统常用芯片简介

1.2.1 运算放大器

1. 定义及符号

运算放大器简称“运放”，是具有很高放大倍数的电路单元，是一种带有特殊耦合电路及反馈的放大器。它通常结合反馈网络共同组成输入信号的加、减或微分、积分等数学运算结果，故得名运算放大器。早期可以由分立器件实现，随着半导体技术的发展，大部分运算放大器是以单芯片的形式存在。运算放大器的种类繁多，广泛应用于电子行业中。图 1-34 所示为 LM324 运算放大器的实物照片及其符号。

一般可将运算放大器简单视为具有一个信号输出端口（OUT）和同相（IN＋）、反相（IN－）

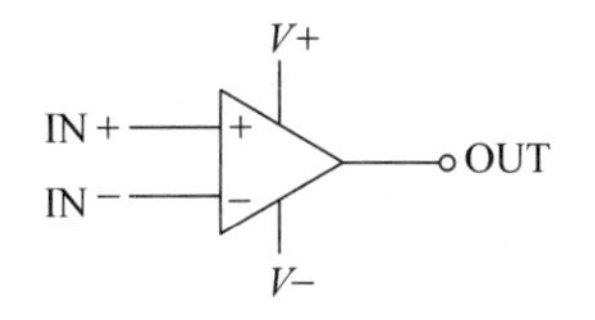

图 1-34 LM324 运算放大器实物照片及其符号

两个高阻抗输入端的高增益直接耦合电压放大单元，因此可采用运算放大器制作同相、反相及差分放大器。

2. 运算放大器的分类

常用运算放大器的类型见表 1-10。

表 1-10 常用运算放大器的类型

分　类	特　性	常见芯片型号
通用型运算放大器	通用型运算放大器价格低廉，产品量大、面广，其性能指标适用于一般场合	常用的型号有 μA741(单运放)、LM358(双运放)、LM321(单运放)、LM324(四运放)
高阻型运算放大器	高阻型运算放大器的差模输入阻抗非常高，输入偏置电流非常小，主要是利用场效应管高输入阻抗的特点，用场效应管组成运算放大器的差分输入级。具有输入阻抗高，输入偏置电流低，高速、宽带和低噪声等优点，但输入失调电压较大	常用的型号有 LF355、LF356(单运放)、LF347(四运放)及 CA3130、CA3140 等
低温漂型运算放大器	低温漂型运算放大器的失调电压小，且不随温度的变化而变化，常用于精密仪器、弱信号检测等自动控制仪表中	常用的型号有 OP07、OP27、AD508 及由 MOSFET 组成的斩波稳零型低漂移器件 ICL7650 等
高速型运算放大器	高速型运算放大器要求集成运算放大器的转换速率 SR 高，单位增益带宽 BWG 足够大，主要特点是具有高的转换速率和宽的频率响应	常见的型号有 LM318、μA715 等
高压大功率型运算放大器	在普通运算放大器中，输出电压的最大值一般仅几十伏，输出电流仅几十毫安。而高压大功率运算放大器外部无须附加任何电路即可输出高电压和大电流	PA85(集成运放的电源电压可达±225V)，PA46(集成运放的输出电流可达 5A)

3. 常用的运算放大器及放大电路

1) LMV3××型运算放大器

LMV321(单运放)、LMV358(双运放)、LMV324(四运放)是 LMV3××系列运算放大器中的三种集成运算放大器。LMV321A(单运放)、LMV358A(双运放)、LMV324A(四运放)是其升级版。LMV324 的引脚分配及内部电路如图 1-35 所示。

LMV324 是一个四路低电压输出运算放大器，是专门为低电压(2.7～5V)工作而设计的，其性能规格达到或超过了 LM358 和 LM324，体积小，成本低，适用于各种场合。

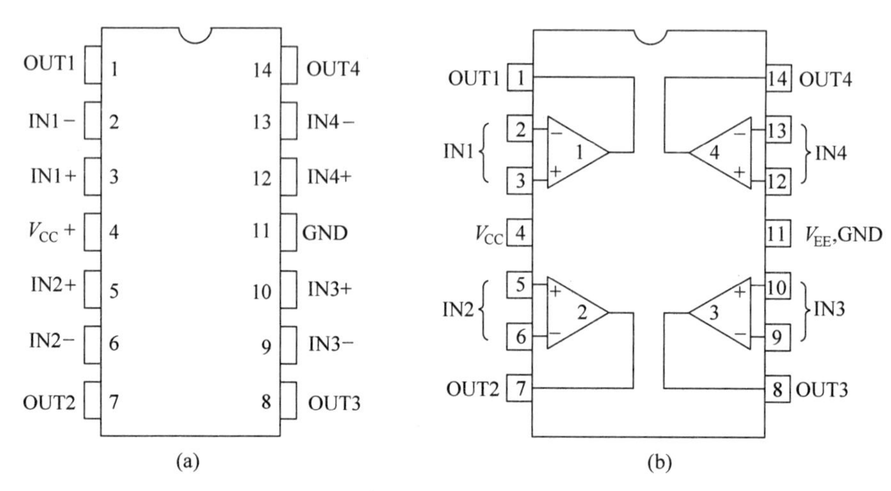

图 1-35 LMV324 的引脚分配及内部电路

(a) 引脚分配；(b) 内部电路

2）常用放大电路

（1）反相位放大电路。图 1-36 所示为反相位放大电路，其放大倍数为 $A_v = R_2/R_1$；B+端提供电流源，$R_3 = R_4$ 提供 1/2 的电源偏压；C_3 为电源去耦合滤波电容；C_1、C_2 为输入及输出端隔直流电容，此时输出端信号相位与输入端相反。

（2）同相位放大电路。图 1-37 所示为同相位放大电路，其放大倍数 $A_v = R_2/R_1$；$R_3 = R_4$ 提供 1/2 的电源偏压；C_1、C_2、C_3 为隔直流电容，此时输出端信号相位与输入端相同。

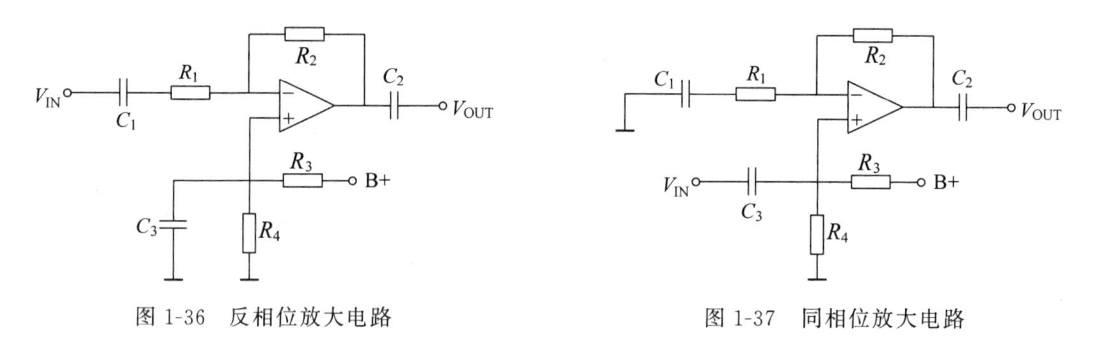

图 1-36 反相位放大电路　　图 1-37 同相位放大电路

（3）缓冲放大电路。图 1-38 所示为缓冲放大器，其中 V_{OUT} 输出端电位与 V_{IN} 端输入端电位相同，单、双电源皆可工作。

（4）比较器电路。图 1-39 所示为比较器电路，其中电压 V_{IN} 高于 V_{REF} 时，V_{OUT} 输出端为逻辑低电位；电压 V_{IN} 低于 V_{REF} 时，V_{OUT} 输出端为逻辑高电位；$R_1 = 10\text{k}\Omega$，$R_2 = 1\text{M}\Omega$，所以 $R_2 = 100 \times R_1$，可强化 V_{OUT} 输出端逻辑高、低电位的差距，以提高比较器的灵敏度，单、双电源皆可工作。

（5）差分电路。某些应用中需要差分信号，图 1-40 所示中为一个简单的差分电路。电路可以在一个 2.7V 的电源上将一个 0.5～2V 的单端输入信号转换成±1.5V 的差动输出，

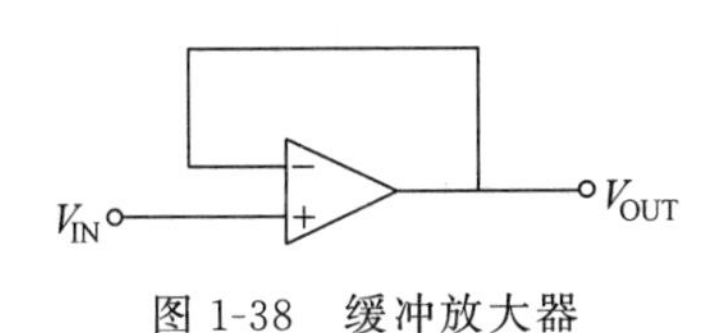

图 1-38　缓冲放大器

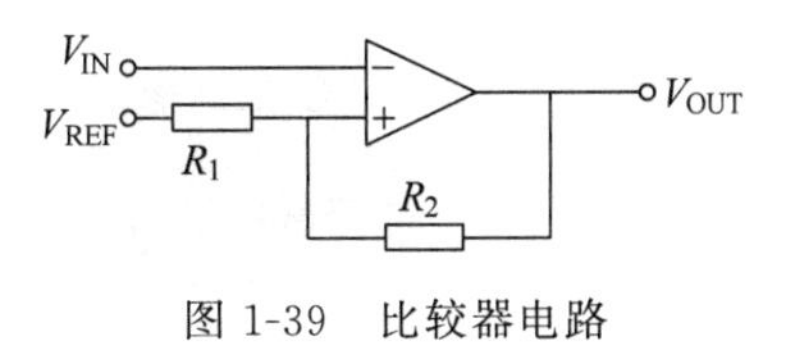

图 1-39　比较器电路

输出范围最大限度地保持线性。电路由两个放大器组成：一个放大器作为缓冲器，并创建一个电压 V_{OUT+}；另一个放大器反转输入并增加一个参考电压来产生 V_{OUT-}。V_{OUT+} 和 V_{OUT-} 的值都在 0.5～2V。V_{DIFF} 是 V_{OUT+} 与 V_{OUT-} 的压差。

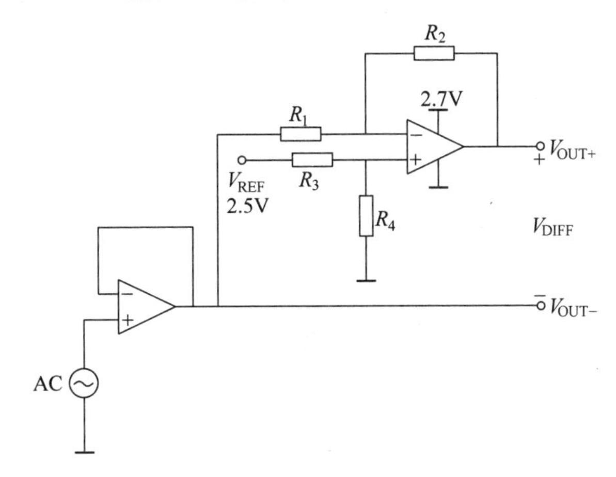

图 1-40　差分电路

1.2.2　存储芯片

EEPROM(带电可擦可编程只读存储器)是用户可更改的只读存储器(read-only memory,ROM),可通过高于普通电压的作用来擦除和重编程。与 EPROM(紫外线可擦可编程只读存储器)芯片不同,EEPROM 无须从计算机中取出即可修改。当计算机在使用的时候 EEPROM 可频繁地反复编程,因此 EEPROM 的寿命是一个很重要的设计参数。EEPROM 是一种特殊形式的闪存,其通常是应用个人计算机(personal computer,PC)中的电压来擦写和重编程。常用的 EEPROM 芯片有 AT24C02、AT24C04、AT24C08、AT24C16、AT24C32、AT24C64 等。

其中 AT24C02 是一个 2kbit 的串行 EEPROM 存储芯片,可存储 256B 的数据。工作电压范围为 1.8～6.0V,具有低功耗 CMOS 技术,自定时擦写周期,1000000 次编程/擦除周期,可保存数据 100 年。AT24C02 有一个 16B 的页写缓冲器和一个写保护功能。通过 I^2C 总线通信读写芯片数据,通信时钟频率可达 400kHz。

可以通过存储 IC 的型号来计算芯片的存储容量,比如 AT24C02 后面的 02 表示的是可存储 2kbit 的数据,转换为字节的存储量为(2×1024/8)B=256B;又如 AT24C04 后面的 04 表示的是可存储 4kbit 的数据,转换为字节的储存量为(4×1024/8)B=512B,以此可类推其他型号的存储空间。AT24C02 的实物照片及其引脚如图 1-41 所示。

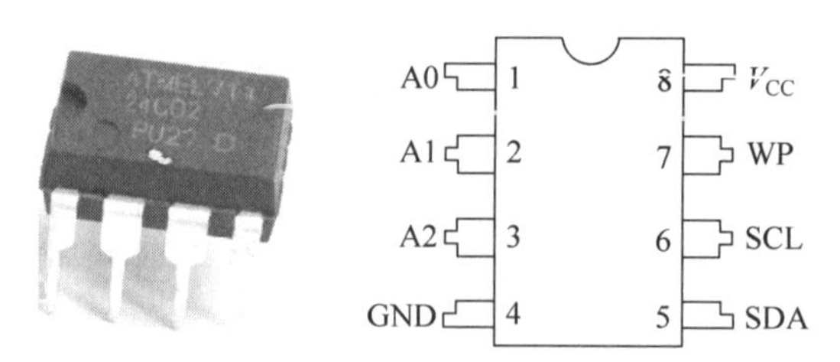

图 1-41　AT24C02 芯片实物照片及其引脚示意图

(1) V_{CC} 和 GND 是芯片的电源和地,电压的工作范围为 1.8～6.0V。

(2) A0、A1、A2 是 IC 的地址选择脚。

(3) WP 是写保护使能脚,即具有用于硬件数据写保护功能的引脚。当该引脚接 GND 时,允许正常的读写操作。当该引脚接 V_{CC} 时,芯片进入写保护功能。

(4) SCL 是 I^2C 通信时钟引脚,在 SCL 输入时钟信号的上升沿将数据送入 EEPROM 中,并在时钟的下降沿将数据读出。

(5) SDA 是串行数据输入/输出引脚,该引脚可实现双向串行数据传输,为开漏输出,可与其他多个开漏输出器件或开集电极器件连接。

图 1-42 所示为 AT24C02 的应用电路原理图。

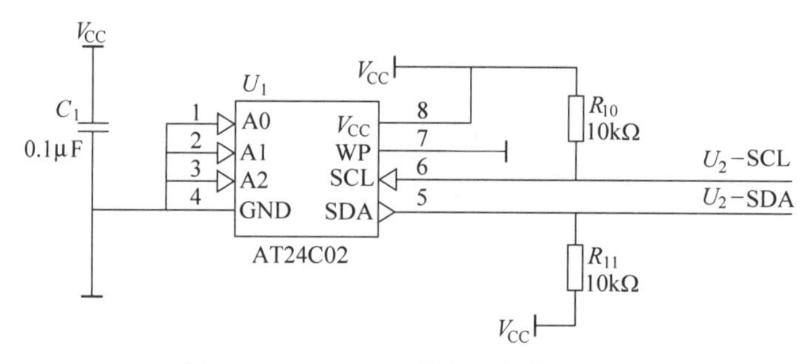

图 1-42　AT24C02 的应用电路原理图

1.2.3　串口通信芯片

串口通信(serial communication)是指外设和计算机间通过数据信号线、地线、控制线等,按位进行数据传输的一种通信方式。这种通信方式使用的数据线少,在远距离通信中可以节约通信成本,但其传输速度比并行传输低。

1. MAX232 芯片

51 单片机有 4 个并行口,其中还包含 1 个串行口。当接口不够用的时候,可以通过串口通信来扩展功能。当用单片机和 PC 通过串口进行通信时,由于单片机输出为 TTL 电平,计算机使用 232 电平,因此要通过 MAX232 芯片进行电平转换才能实现通信。MAX232 芯片的作用是将单片机输出的 TTL 电平转换成 PC 机能接收的 232 电平或将 PC 机输出的 232 电平转换成单片机能接收的 TTL 电平。图 1-43 所示为 MAX232 芯片实物照片及其引脚示意图。

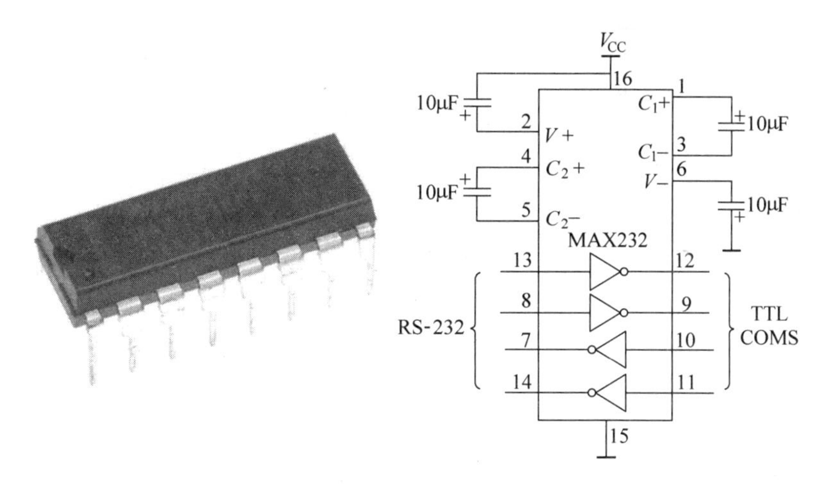

图 1-43　MAX232 芯片实物及其引脚示意图

1）芯片引脚

第一部分是电荷泵电路，由 1～6 脚和 4 个电容构成，用于产生＋10V 和－10V 两个电源，为 RS-232 串口提供所需的电平。

第二部分是数据转换通道，由 7～14 脚构成两个数据通道。其中 13 脚（R_{IN1}）、12 脚（R_{OUT1}）、11 脚（T_{IN1}）、14 脚（T_{OUT1}）为第一数据通道。8 脚（R_{IN2}）、9 脚（R_{OUT2}）、10 脚（T_{IN2}）、7 脚（T_{OUT2}）为第二数据通道。TTL/CMOS 数据从 T_{IN1}、T_{IN2} 输入，转换成 RS-232 数据后从 T_{OUT1}、T_{OUT2} 送到计算机 DB9 串口插头；DB9 串口插头的 RS-232 数据从 R_{IN1}、R_{IN2} 输入，转换成 TTL/CMOS 数据后从 R_{OUT1}、R_{OUT2} 输出。

第三部分是供电引脚，15 脚为地（GND）、16 脚为＋5V 电源（V_{CC}）。

2）芯片的主要特点

（1）符合所有的 RS-232C 技术标准。

（2）只需要提供单一的＋5V 电源。

（3）片载电荷泵具有升压、电压极性反转能力，能够产生＋10V 和－10V 电压 $V+$、$V-$。

（4）功耗低，典型供电电流为 5mA。

（5）内部集成符合 RS-232C 标准的两个驱动器和两个接收器。

3）常用电路原理图

图 1-44 所示为 MAX232 双串口的连接图，可以分别接单片机的串行通信口或者实验板的其他串行通信接口。

2. USB 接口芯片 PDIUSBD12

PDIUSBD12 是 Philips 公司推出的一个性能优化的低价位 USB 接口芯片，使用 8 位并行数据线连接到 MCU，1 位地址线用来区分写命令或读写数据，支持三个 USB 端点，一个端点能保存 128B 数据，另两个端点能保存 32B 数据。通常用于微控制器的系统，并与微控制器通过高速通用并行接口进行通信，也支持本地 DMA。图 1-45 所示为芯片实物照片及

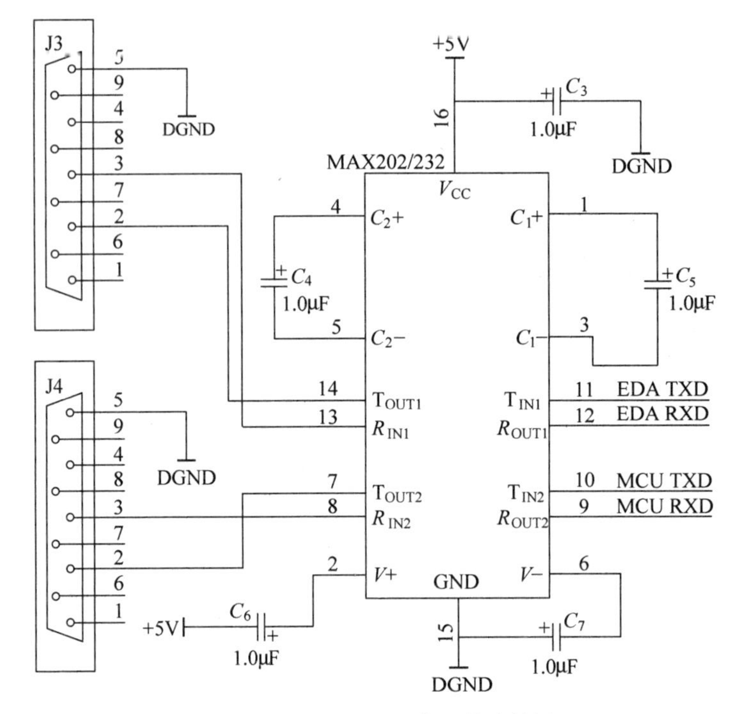

图 1-44　MAX232 双串口的连接图

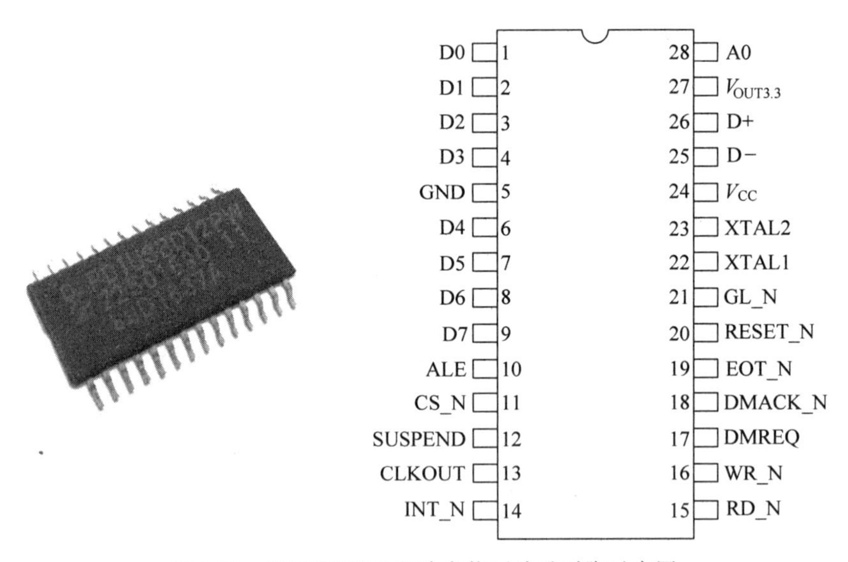

图 1-45　PDIUSBD12 芯片实物照片及引脚示意图

引脚示意图。

1）芯片引脚说明

PDIUSBD12 芯片引脚说明见表 1-11。

表 1-11　PDIUSBD12 芯片引脚说明

引脚号	符　　号	说　　明
1～4、6～9	D0～D3、D4～D7	8 位双向数据
5	GND	数字地
10	ALE	地址锁存使能端口。在多路地址/数据总线中，ALE 下降沿关闭地址信息锁存。ALE 固定接地时用于单地址/数据总线配置
11	CS_N	片选信号(低电平有效)
12	SUSPEND	芯片进入挂起状态
13	CLKOUT	可编程时钟输出
14	INT_N	中断输出(低电平有效)
15	RD_N	读选通(低电平有效)
16	WR_N	写选通(低电平有效)
17	DMREQ	DMA 请求
18	DMACK_N	DMA 响应(低电平有效)
19	EOT_N	DMA 传输结束(低电平有效)，EOT_N 仅当 DMACK_N 和 RD_N 或 WR_N 一起激活时才有效
20	RESET_N	复位(低电平有效、异步)，片内上电复位电路，该引脚可固定接 V_{CC}
21	GL_N	GoodLink 发光二极管指示器(低电平有效)
22	XTAL1	晶振连接端口 1(6MHz)
23	XTAL2	晶振连接端口 2(6MHz)
24	V_{CC}	正电源 4.0～5.5V。若要让芯片工作在 3.3V，须将 3.3V 电压加到 V_{CC} 和 $V_{OUT3.3}$ 两个引脚上
25	D—	USB D—数据线
26	D+	USB D+数据线
27	$V_{OUT3.3}$	3.3V 调整输出
28	A0	地址位，A0 为 1 时选择命令，A0 为 0 时选择数据。在多路复用地址和数据总线配置时，这一位将不考虑，直接接高电平

2) 芯片特点

PDIUSBD12 芯片完全遵从 USB 1.1 协议，采用 28 脚 SSOP(缩小性表面贴装)封装。对外部微控制器没有任何限制，开发者可以选用自己熟悉的微控制器(micro controller unit，MCU)来控制。适合大多数 USB 设备类的设计，如图像设备类、大容量存储设备类、通信设备类、打印设备类、人机接口设备类等。芯片的特点如下：

(1) 高性能 USB 接口器件，内部集成有串行接口引擎(serial interface engine，SIE)、320B 多结构 FIFO 存储器、收发器和电压调节器。

(2) 可与任何外部微控制器/微处理器实现高速并行接口(2MB/s)。

(3) 完全自治的直接内存存取(dierct memory access，DMA)操作。

(4) 主端点的双缓冲配置增加了数据吞吐量，并轻松实现实时数据传输。

(5) 在批量模式和同步模式下均可实现 1MB/s 的数据传输速率。

(6) 具有良好 EMI 特性的总线供电能力。

(7) 在挂起时可控制 LazyClock 输出。

(8) 可通过软件控制与 USB 的连接。

(9) 采用 GoodLink 技术的连接指示器,方便通信调试。

(10) 可编程的时钟频率输出。

(11) 符合 ACPI、OnNOW 和 USB 电源管理的要求。

(12) 采用内部上电复位和低电压复位电路。

(13) 有 SO28 和 TSSOP28 封装。

(14) 工业级操作温度:−40～+85℃。

(15) 高于 8kV 的片内静电防护电路,减少了额外元件的费用。

(16) 具有高错误恢复率(>99%)的全扫描设计确保了其高品质。

(17) 双电源操作:3.3V±0.3V 或扩展的 5V 电源,范围为 3.6～5.5V。

(18) 多中断模式实现批量和同步传输。

3) 常用电路原理图

图 1-46 所示为 PDIUSBD12 与单片机的连接原理图。

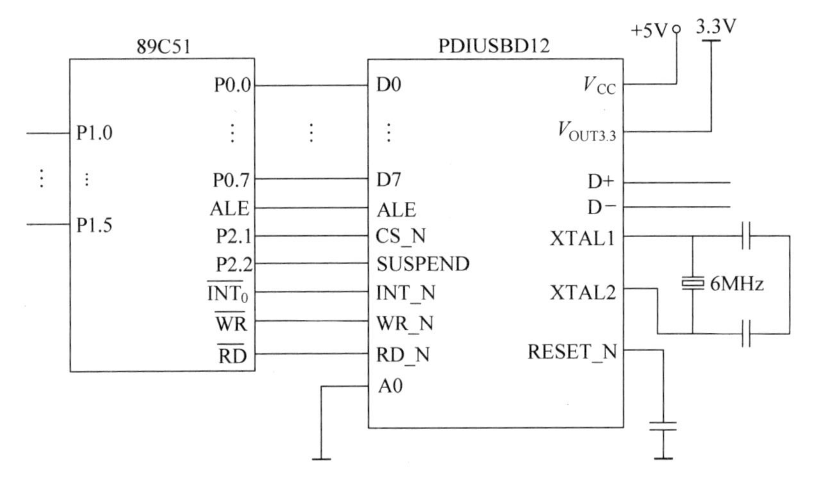

图 1-46 PDIUSBD12 与单片机的连接原理图

1.2.4 模拟量转换芯片

1. AD 转换芯片 ADC0804

AD 转换是把模拟信号转换成数字信号,主要包括积分型、逐次逼近型、并行比较型/串并行型、Σ-Δ 调制型、电容阵列逐次比较型及压频变换型。AD 转换器是通过一定的电路将模拟量转变为数字量的电子芯片。模拟量可以是电压、电流等电信号,也可以是压力、温度、湿度、位移、声音等非电信号。但在 AD 转换前,输入到 AD 转换器的输入信号必须经各种传感器把各种物理量转换成电压信号。

ADC0804 是一款 8 位、单通道、低价格的 AD 转换器,其主要特点是:模数转换时间大约为 100μs,方便 TTL 或 CMOS 标准接口,可以满足差分电压输入,具有参考电压输入端,内含时钟发生器,单电源工作时输入电压的范围是 0～5V,不需要调零等。ADC0804 是一款早期的 AD 转换器,其因价格低廉在要求不高的场合得到广泛应用。图 1-47 所示为 ADC0804 实物照片及引脚示意图。

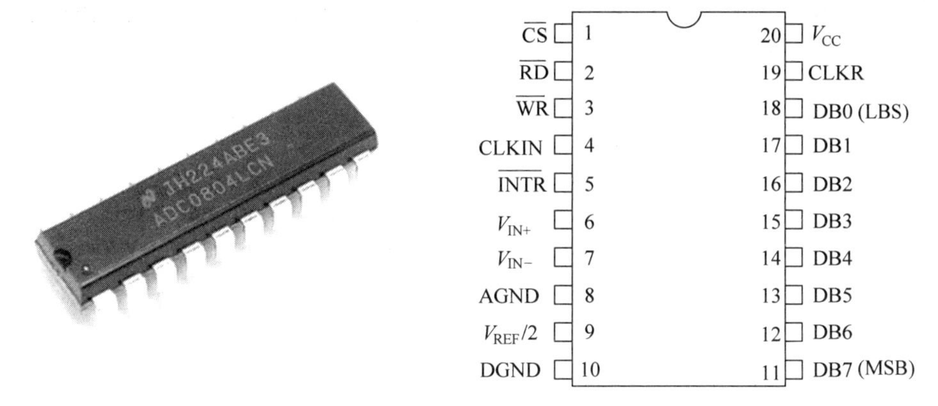

图 1-47　ADC0804 实物照片及引脚示意图

1）芯片引脚说明

ADC0804 芯片引脚说明见表 1-12。

表 1-12　ADC0804 芯片引脚说明

引脚号	符　　号	说　　明
1	$\overline{CS}$	芯片选择信号
2	$\overline{RD}$	外部读取转换结果的控制输出信号。$\overline{RD}$ 为高时，DB0～DB7 处理高阻抗；$\overline{RD}$ 为低时，数字数据才会输出
3	$\overline{WR}$	用来启动转换的控制输入，相当于 ADC 的转换开始（$\overline{CS}$=0 时）。当 $\overline{WR}$ 由高变为低时，转换器被清除；当 $\overline{WR}$ 由低到高时，转换正式开始
4、19	CLKIN、CLKR	时钟输入或接振荡元件（R、C）频率，一般限制在 100～1460kHz 范围内，如果使用 RC 电路，则其振荡频率为 1/(1.1×RC)
5	$\overline{INTR}$	中断请求信号输出，低电平动作
6、7	V_{IN+}、V_{IN-}	差动模拟电压输入：输入单端正电压时，V_{IN-} 接地；而差动输入时，直接接入 V_{IN+}、V_{IN-}
8、10	AGND、DGND	模拟信号以及数字信号接地
9	$V_{REF}/2$	辅助参考电压
11～18	DB7～DB0	8 位数字输出
20	V_{CC}	电源供应以及作为电路的参考电压

2）芯片工作参数

（1）工作电压：+5V，即 $V_{CC}=+5V$。

（2）模拟转换电压范围：0～5V，即 $0\leqslant V_{IN}\leqslant 5V$。

（3）分辨率：8bit，即分辨率为 1/(256−1)，转换值介于 0～255。

（4）转换时间：100μs（$f_{CK}=640kHz$ 时）。

（5）转换误差：±1LSB。

（6）参考电压：2.5V，即 $V_{REF}/2=2.5V$。

3）芯片常用电路

图 1-48 所示为 ADC0804 的常用接口电路原理图。P1.0～P1.7 与单片机的对应端口相连。

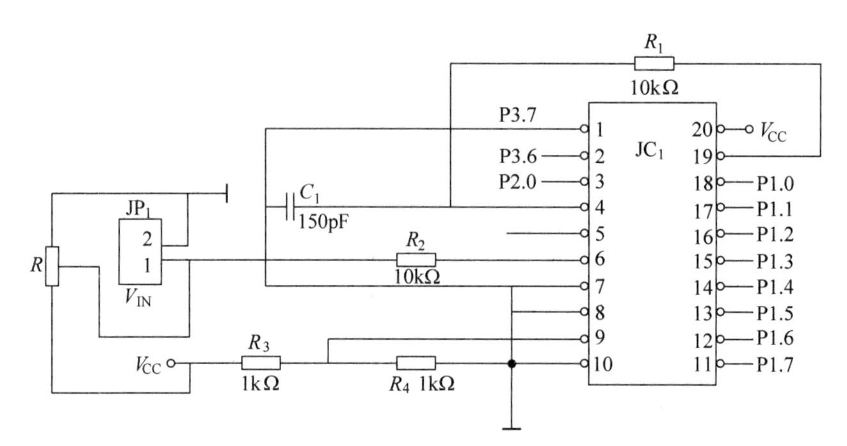

图 1-48 ADC0804 常用接口电路原理图

2. DA 转换芯片 DAC0832

DA 转换即数模转换，就是将离散的数字量转换为连续变化的模拟量。DA 转换器的内部电路构成差异不大，大多数 DA 转换器由电阻阵列和 n 个电流开关（或电压开关）构成。按数字输入值切换开关可以产生同比例的输出电流（或电压）。

DAC0832 是 8 位的 DA 转换集成芯片，与单片机完全兼容。这个 DA 芯片以其价格低廉、接口简单、转换控制容易等优点，在单片机应用系统中得到广泛应用。图 1-49 所示为其实物照片及引脚图。

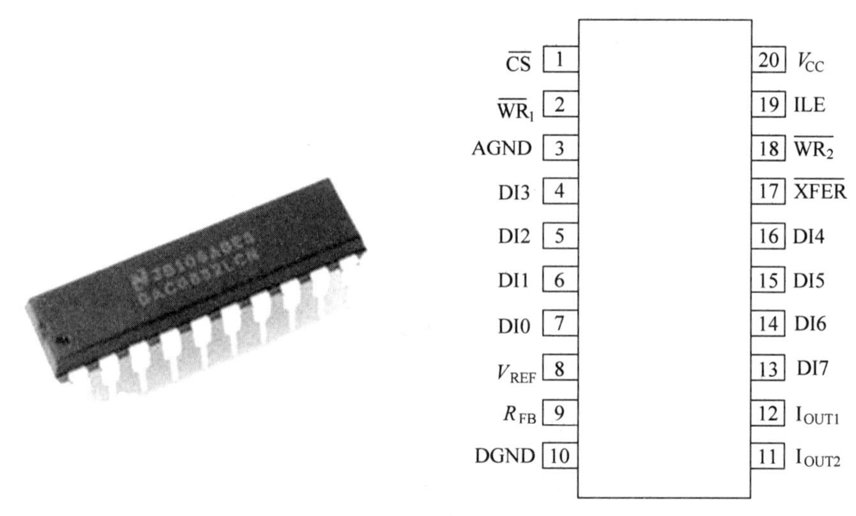

图 1-49 DAC0832 实物照片及引脚图

1）芯片引脚说明

DAC0832 的引脚说明见表 1-13。

表 1-13　DAC0832 引脚说明

引脚号	符　号	说　明
1	$\overline{CS}$	芯片片选信号输入线(选通数据锁存器),低电平有效
2	$\overline{WR_1}$	数据锁存器写选通输入线,负脉冲(脉宽应大于 500ns)有效。由 ILE、$\overline{CS}$、$\overline{WR_1}$ 的逻辑组合产生 LE_1,当 LE_1 为高电平时,数据锁存器的状态随输入数据线变换,LE_1 负跳变时将输入数据锁存
3、10	AGND、DGND	模拟信号接地,数字信号接地
4～7、13～16	DI3～DI0、DI7～DI4	8 位的数字输出。TTL 电平有效时间应大于 90ns(否则锁存器的数据会出错)
8	V_{REF}	辅助参考电压,基准电压输入线,V_{REF} 的范围为－10～＋10V
9	R_{FB}	反馈信号输入线,改变 R_{FB} 端外接电阻值可调整转换满量程精度
11	I_{OUT2}	电流输出端 2,其值与 I_{OUT1} 值之和为一常数
12	I_{OUT1}	电流输出端 1,其值随 DAC 寄存器的内容线性变化
17	$\overline{XFER}$	数据传输控制信号输入线,低电平有效,负脉冲(脉宽应大于 500ns)有效
18	$\overline{WR_2}$	DAC 寄存器选通输入线,负脉冲(脉宽应大于 500ns)有效。由 $\overline{WR_2}$、$\overline{XFER}$ 的逻辑组合产生 LE_2,当 LE_2 为高电平时,DAC 寄存器的输出随寄存器的输入而变化,LE_2 负跳变时将数据锁存器的内容打入 DAC 寄存器并开始 DA 转换
19	ILE	数据锁存允许控制信号输入线,高电平有效
20	V_{CC}	电源供应以及作为电路的参考电压,电源输入端 V_{CC} 的范围为 5～15V

2) 芯片工作参数

(1) 分辨率为 8bit。

(2) 电流稳定时间 1μs。

(3) 可单缓冲、双缓冲或直接数字输入。

(4) 只需在满量程下调整其线性度即可。

(5) 由 5～15V 单一电源供电。

(6) 20mW 低功耗。

3) 芯片常用电路

图 1-50 所示为常用的 DAC0832 接口电路原理图。

1.2.5　电压转换芯片

1. 三端固定式集成稳压模块 CYT78L05

集成稳压器又叫集成稳压电路,可将不稳定的直流电压转换成稳定的直流电压。用分立元件组成的稳压电源,固有输出功率大,适应性较广,但因体积大、焊点多,可靠性较差。集成稳压电源具有电路简单、电压稳定、波动小、干扰小等优点,已得到广泛应用。小功率的稳压电源以三端式串联型稳压器应用最多。电路中常用的集成稳压器主要有 CYT78××

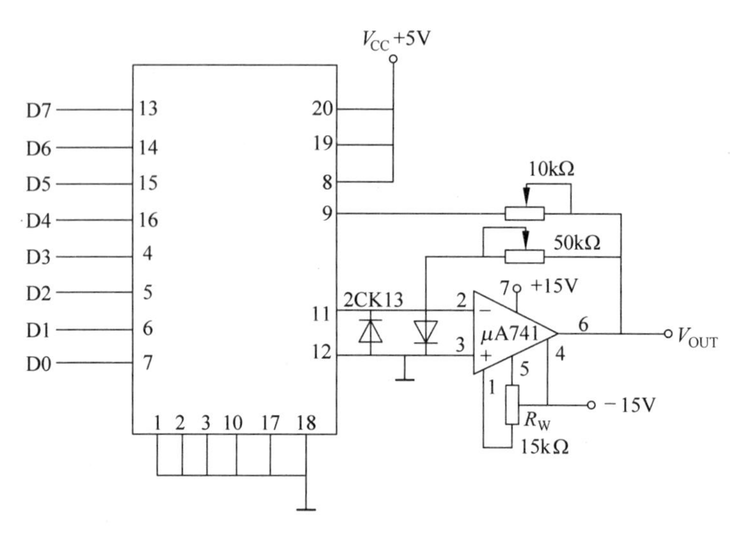

图 1-50　DAC0832 接口电路原理图

系列稳压器、CYT79××系列稳压器、可调集成稳压器、精密电压基准集成稳压器等。有时在数字“78”或“79”后面还加一个字母“M”或“L”，如 CYT78M05 或 CYT78L05，用以区分电流和封装。如：CYT7805 多为 TO-220 封装，CYT78L05 多为 TO-92 封装，CYT7805 的输出电流最大为 1.5A，CYT78M05 的输出电流最大为 0.5A，CYT78L05 的输出电流最大为 0.1A。

CYT78L05 是一种三端稳压电源调整器，可作为齐纳二极管/电阻器组合替换使用。它提供了两个数量级的有效产品改进阻抗和低静态电流，这些特性使得稳压器能够很好地解决噪声干扰问题。图 1-51 所示为 3 种不同封装的 CYT78L05 的封装形式及其引脚。

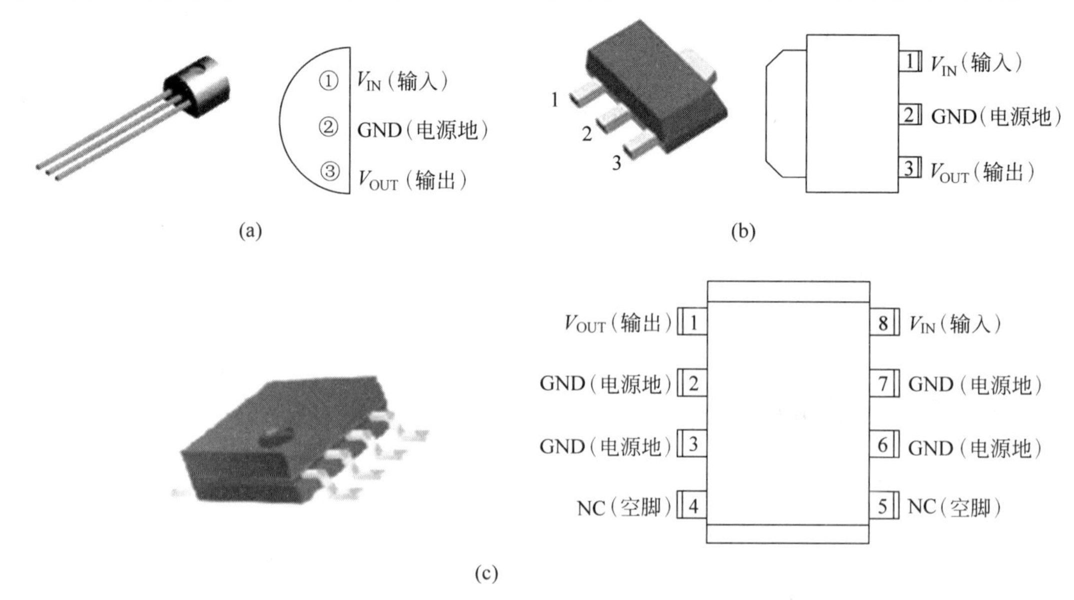

图 1-51　CYT78L05 的三种不同封装形式及其引脚图

(a) TO-92 封装；(b) SOT-89 封装；(c) SOP-8 封装

1）芯片特点

（1）输出电流可达 150mA。

（2）输出电压 5.0V。

（3）输出精度可达±4%。

（4）外围电路简单。

（5）静电防护 ESD 可达 2.7kV。

2）典型电路

图 1-52 所示为 CYT78L05 芯片的典型应用电路图。其具有以下特点：

（1）输入端为平滑电容，起滤波作用，可提高 IC 工作的稳定性。输出端为储能电容，为本地器件提供能量，能使稳压器的输出均匀化，稳定负载需求。

（2）CYT78L05 是线性稳压电源，其输出波形杂波比较严重，且输出会复制输入的波形，所以前后都要滤波。

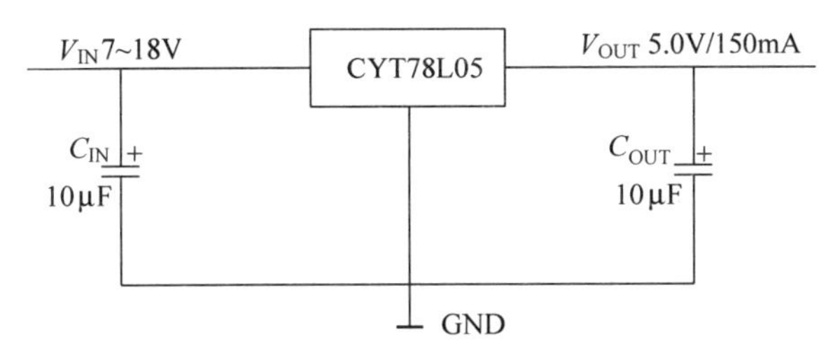

图 1-52　CYT78L05 芯片的典型应用电路原理图

2. 三端可调式集成稳压模块 LM2596

LM2596 系列是德州仪器（TI）公司生产的 3A 电流输出降压开关型集成稳压芯片，它内含 150kHz 固定频率振荡器和 1.23V 基准稳压器，具有完善的保护电路、电流限制电路、热关断电路等。利用该器件只需较少的外围器件便可构成高效稳压电路。图 1-53 所示为 LM2596 实物照片及引脚示意图。

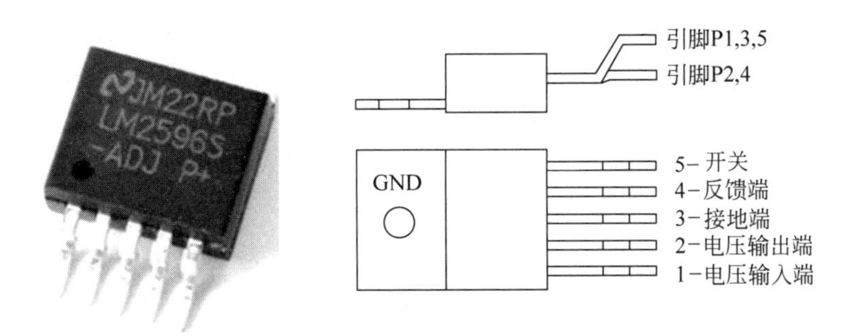

图 1-53　LM2596 实物照片及引脚示意图

1）芯片特点

（1）3.3V、5V、12V 的固定电压输出和可调电压输出。

（2）可调输出电压范围为 1.2～37V，精度±4%。

（3）输出线性度好且负载可调节。

(4) 输出电流可高达3A。

(5) 输入电压可高达40V。

(6) 采用150kHz的内部振荡频率,属于第二代开关电压调节器,功耗小、效率高。

(7) 低功耗待机模式,I_Q 的典型值为 $80\mu A$。

(8) TTL断电能力。

(9) 具有过热保护和限流保护功能。

(10) 封装形式为TO-220(T)和TO-263(S)。

(11) 外围电路简单,仅需4个外接元件,且使用容易购买的标准电感。

2) 典型电路

图1-54所示为LM2596的典型电路原理图。

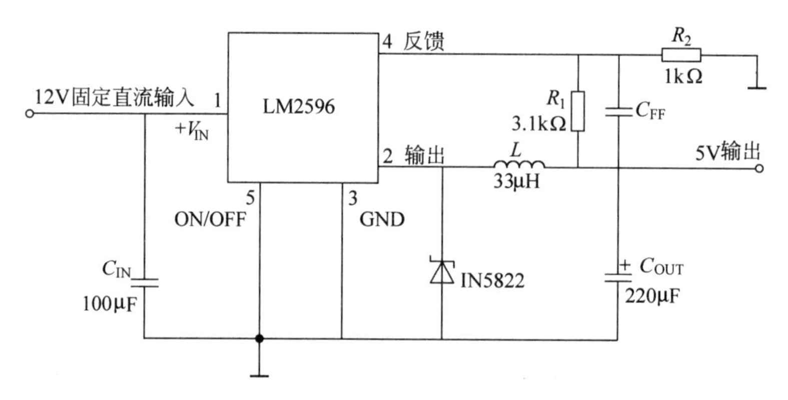

图1-54 LM2596的典型电路原理图

1.2.6 AD8210电流检测芯片

AD8210是一种双向电流检测放大器,能够将输出电压偏移至0V与电源电压之间,用户能够双向监控流经分流电阻的电流,同时仍采用单5V供电。其输入共模电压范围是−2~+65V,采用小外形集成电路封装(small outline intergerated circuit,SOIC)。工作温度范围是−40~+125℃,在整个温度范围内具有出色的交流和直流性能,使得测量环路中的误差最小。图1-55所示为AD8210引脚示意图。

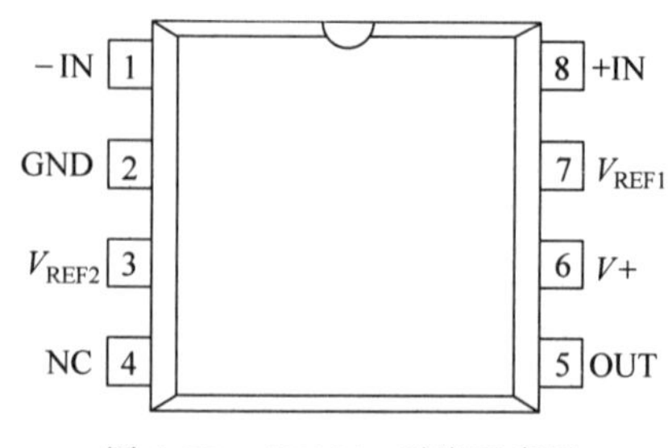

图1-55 AD8210引脚示意图

如图1-56所示,AD8210芯片可以实现双向电流检测。

实现双向操作是通过将一个 V_{REF} 引脚与电源相连,而将另一个 V_{REF} 引脚与GND相连。在此模式下,AD8210的输出从 $\frac{V_S}{2}$ 开始,根据输入端电流方向上升或下降。AD8210输出也可使用电压范围为 $0 \leqslant V_{REF} \leqslant V_S$ 的外部基准电压来偏移。如图1-56所示,通过将 V_{REF1} 引脚与AD电源相连,将 V_{REF2} 引脚与GND相连,AD8210的输出被偏移至3.3V基准电压的一半,即1.65V。

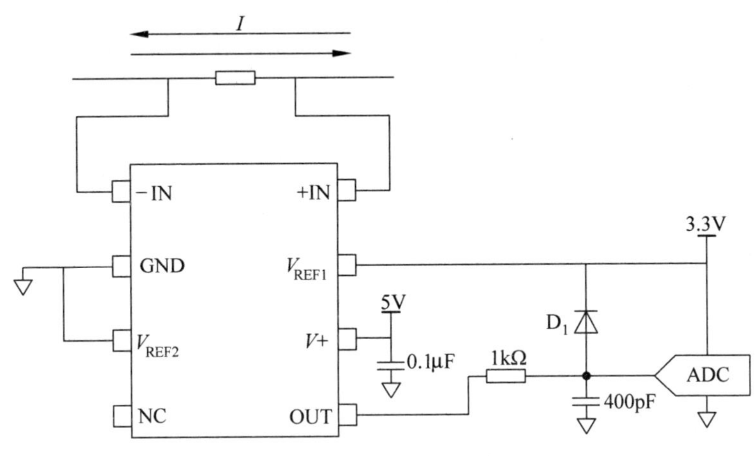

图 1-56　AD8210 的典型电路原理图

1.2.7　隔离芯片

光电耦合器(optical coupler)亦称光电隔离器,简称光耦,由发光源和受光器两部分组成。把发光源和受光器组装在同一密闭的壳体内,彼此间用透明绝缘体隔离。发光源的引脚为输入端,受光器的引脚为输出端,常见的发光源为如图 1-57 所示的发光二极管,受光器为光敏二极管、光敏三极管等。

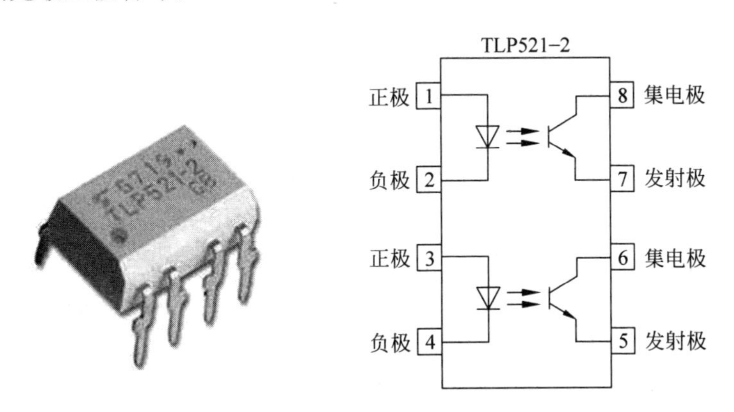

图 1-57　光电耦合器 TLP521-2 的实物照片和原理图

光电耦合器一般分为两种：非线性光耦和线性光耦。非线性光耦的电流传输特性曲线是非线性的,这类光耦适合开关信号的传输,不适用于传输模拟量。常用的 4N 系列为非线性光耦。线性光耦的电流传输特性曲线接近直线,并且小信号时性能较好,能以线性特性进行隔离控制。TLP 是线性光耦,适合做一些连续变化的数据的传输与隔离,适用于开关电源。

1. 光电耦合器的特点

光电耦合器以光为媒介传输电信号,在传输信号的同时能有效抑制尖脉冲和各种杂讯干扰，对输入、输出电信号有良好的隔离作用。其主要特点有：

（1）光电耦合器的输入阻抗很小，只有几百欧，而干扰源的阻抗较大，通常为 $10^5 \sim 10^6\,\Omega$。根据分压原理，即便干扰电压的幅度较大，但馈送到光电耦合器输入端的电压较小，只能形成微弱的电流，所以干扰电压被抑制。

（2）光电耦合器的输入回路与输出回路之间没有电气联系，也没有共地，其间的分布电容极小，而绝缘电阻又很大，因此回路一边的各种干扰很难通过光电耦合器馈送到另一边，避免了共阻抗耦合的干扰信号产生。

（3）光电耦合器的输入回路和输出回路之间靠光传递信号，可以承受几千伏的高压，可以起到很好的安全保障作用，即使输入信号线短接，也不会对输出信号的后级设备造成损坏。

（4）光电耦合器的信号延迟时间只有 $10\mu s$ 左右，适用于速度要求很高的场合。

2. 常用电路

图 1-58 所示为 TLP521 典型电路，图 1-59 所示为 TLP521 线性光电耦合器在串口通信中的隔离电路原理图。

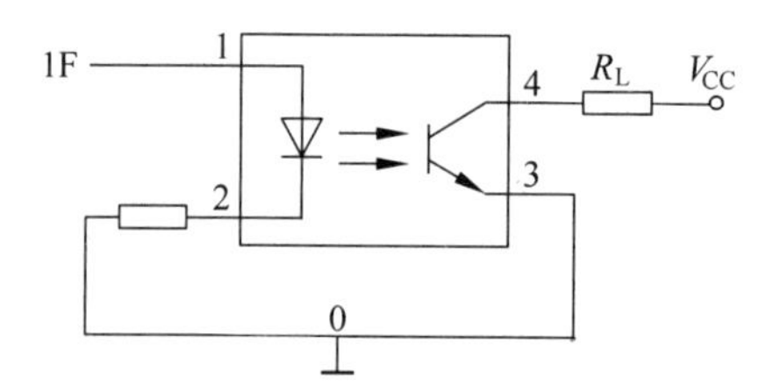

图 1-58 TLP521 典型电路

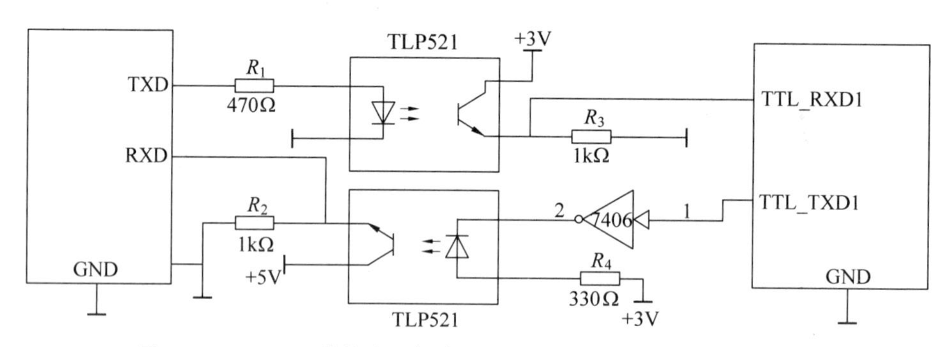

图 1-59 TLP521 线性光电耦合器在串口通信中的隔离电路原理图

1.2.8 电动机驱动芯片

电动机驱动芯片集成有 CMOS 控制电路和 DMOS 功率器件，利用它可以与主处理器、电动机和增量型编码器构成一个完整的运动控制系统。该系统可以用来驱动直流电动机、步进电动机和继电器等感性负载。

图 1-60 所示为一种常用的电动机驱动芯片 L298N。其内部包含 4 通道逻辑驱动电路，

可以方便地驱动两台直流电动机或一台两相步进电动机。

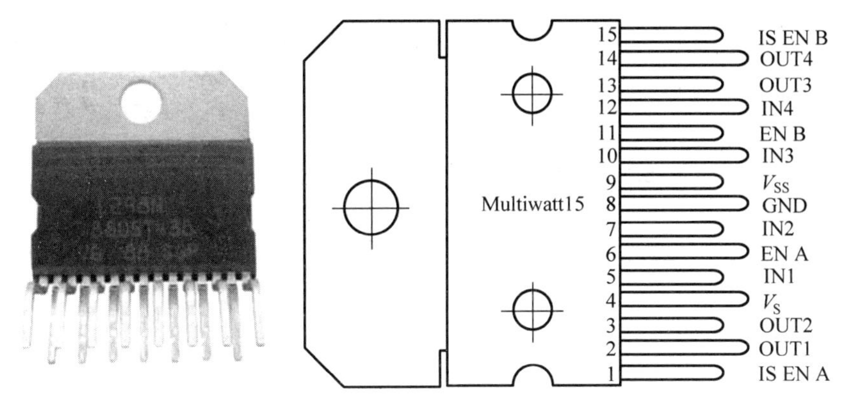

图 1-60　电动机驱动芯片 L298N

1. L298N 引脚

电动机驱动芯片 L298N 的引脚说明见表 1-14。

表 1-14　L298N 芯片引脚说明

引脚号	符　号	说　明
1、15	IS EN A、IS EN B	发射极分别单独引出以接入电流采样电阻，形成电流传感信号，亦可接地不使用
2、3、13、14	OUT1～OUT4	OUT1、OUT2 和 OUT3、OUT4 之间可分别接直流电动机
4	V_S	接电动机供电电源电压，电压范围为 2.5～46V
5、7、10、12	IN1～IN4	IN1、IN2 和 IN3、IN4 两对引脚分别接高电平和低电平
6、11	EN A、EN B	芯片使能端(高电平有效，常态下用跳线帽接于 V_{SS})，可通过这两个端口实现 PWM 调速
8	GND	接地端
9	V_{SS}	标准 TTL 逻辑电平信号，可接 4.5～7V 电压

2. 芯片特点

(1) 可实现电动机的正反转及调速。

(2) 启动性能好，启动转矩大。

(3) 工作电压可达到 36V，电流可达 4A。

(4) 可同时驱动两台直流电动机。

(5) 适用于机器人及智能小车的设计。

3. 常用电路

图 1-61 所示为 L298N 芯片在单片机信号控制下的常用直流电动机驱动电路，图中，IN1～IN4 为逻辑输入，其中 IN1、IN2 控制直流电动机 M_1；IN3、IN4 控制直流电动机 M_2。在 IN1 输入高电平，IN2 输入低电平时，对应电动机 M_1 正转；反之，对应电动机 M_1 反转。如

需调速，可改变高低电平的占空比。

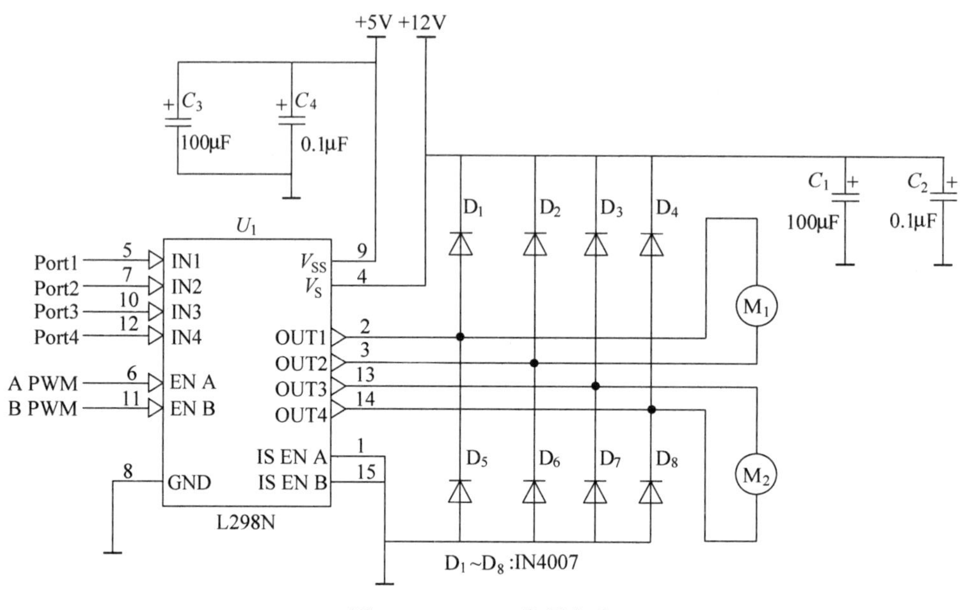

图 1-61 L298N 常用电路

A PWM、B PWM 对应 L298N 的使能端，可通过这两个端口实现 PWM 调速。V_S 为电动机供电电源接口，如果电动机采用 9V 供电，那么电源正极接 V_S，负极接 GND 即可。L298N 芯片供电需要在 V_{SS} 端提供 5V 电源。$D_1 \sim D_8$ 为续流二极管 IN4007。OUT1～OUT4 接两台直流电动机，没有正负之分，如果发现电动机转向不对，将电动机两线调换即可。C_1、C_2、C_3、C_4 为滤波电容。

注意：若 L298N 的供电电压 5V 不是与单片机的电源共用，而是单独供电，则需将单片机的 GND 和模块上的 GND 连接在一起，使逻辑信号同为一个参考零点，以保证信号的准确传输。

1.2.9 MOSFET 功率管

MOSFET(metal-oxide-semiconductor field-effect transistor)即金属-氧化物半导体场效应晶体管，是一种在模拟电路与数字电路中广泛使用的场效应晶体管(field-effect transistor)。依照其“通道”的极性不同，可分为“N 沟道型”与“P 沟道型”，通常又分别称为 NMOSFET 功率管和 PMOSFET 功率管，或者 NMOS 功率管和 PMOS 功率管。

MOSFET 的特点是用栅极电压来控制漏极电流。其驱动电路简单，需要的驱动功率小，开关速度快，工作频率高，热稳定性优于 GTR(巨型晶体管)，但其电流容量小、耐压低，一般只适用于功率不超过 10kW 的电力电子装置。

图 1-62 所示为 MOSFET 功率管的实物照片及其符号。MOSFET 功率管共有 3 个引脚，分别是 G(栅极)、S(源级)、D(漏级)。图中所示 N 沟道型和 P 沟道型的 MOSFET 功率管均为 3 段不连接的线段，表示该 MOSFET 为增强型，即在不施加栅源电压时，导电沟道是不存在的。对应的还有一种耗尽型 MOSFET，不施加外部栅源电压时，导电沟道就已存

在。在功率管符号中,导电沟道是一条直线。目前,MOSFET 多为增强型。

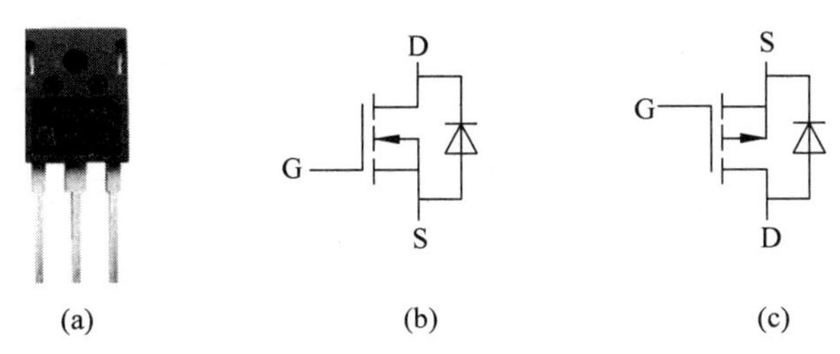

图 1-62　MOSFET 功率管实物照片及其符号

(a) MOSFET 功率管;(b) NMOSFET;(c) PMOSFET

1. MOSFET 功率管的特点

(1) 电压驱动型 MOSFET 功率管的驱动电路比较简单,驱动功率小。

(2) MOSFET 功率管具有少数载流子存储效应,温度对其影响小,开关工作频率可达 150kHz 以上。

(3) MOSFET 功率管属于高通态压降,导通电压较高,有正温度系数,宜并联。

(4) MOSFET 功率管在开关电源中用作开关时,在启动和稳态工作时,峰值电流较低。

(5) MOSFET 功率管无热击穿效应。

(6) MOSFET 功率管的开关损耗很小。

2. 典型电路

图 1-63 所示为 MOSFET 功率管的典型工作电路,分为 NMOS 型和 PMOS 型,二者的电压、电流方向正好相反。

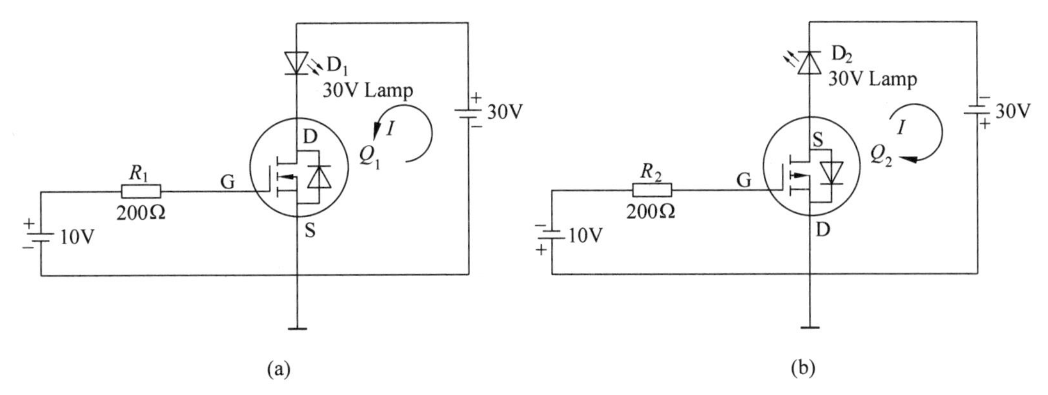

图 1-63　MOSFET 功率管工作电路

(a) NMOS 功率管工作电路;(b) PMOS 功率管工作电路

图 1-64 所示为单片机输出端口驱动 MOSFET 功率管进行开关的典型电路。

3. MOSFET 功率管的测量方法

MOSFET 功率管的输入电阻很高,而栅源之间的电容较小,所以易受外检电磁场或静

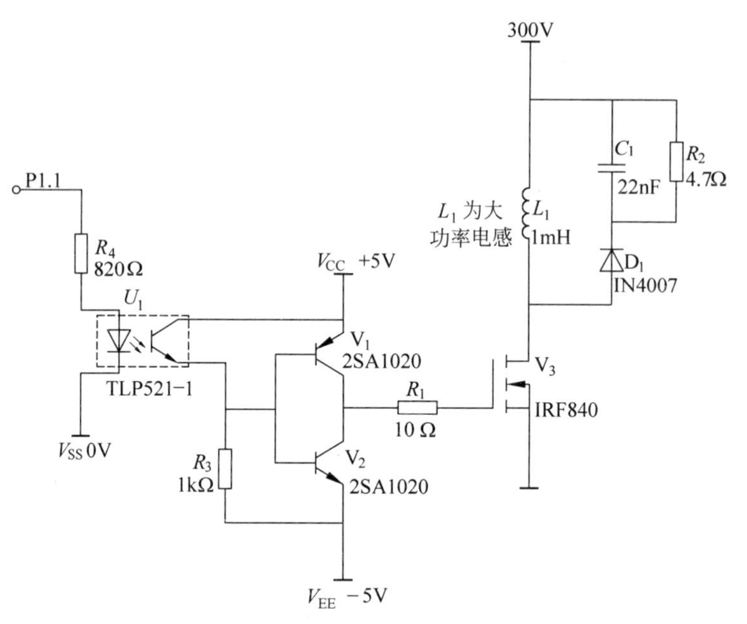

图 1-64　单片机驱动 MOSFET 功率管电路

电感应而带电，在静电较强的场合难以泄放电荷，易引起静电击穿现象。因此，在测量前，手和设备需要去除静电。另外需将 MOS 管的 3 个引脚短接在一起，放一下电。数字万用表则置于二极管挡进行测量。

（1）栅极 G 的确定方法：由于 G 极与另外两个极都是绝缘的，若发现某引脚与其他两个引脚之间的电阻均为无限大，并且交换表笔后仍为无限大，则证实此引脚为 G 极。

（2）数字万用表的红表笔接正极，黑表笔接负极，测量除栅极 G 外的另外两个引脚，若测出两个引脚导通，则红表笔接的是 S 引脚，黑表笔接的是 D 引脚。

（3）放电后，用黑表笔接 S 引脚，红表笔接 G 引脚，对 MOSFET 功率管的结电容进行充电。之后红、黑表笔分表接 D 引脚和 S 引脚，若测量结果都是接近于零点几伏的电压，则 MOSFET 功率管正常。

注意： 若 MOSFET 功率管损坏，则测量时多为导通状态。

C51 基　础

2.1　C51 语言简介

C51 语言是一种计算机程序设计语言，既具有高级语言的特点，又具有汇编语言的特点。它可作为工作系统设计语言，编写系统应用程序；也可以作为应用程序设计语言，编写不依赖计算机硬件的应用程序。

C51 语言是由 C 语言继承而来的。它区别于 C 语言运行于计算机中。C51 语言主要运行于单片机平台，既具有 C 语言结构清晰的特点，又具有汇编语言对硬件的操作能力。针对 51 单片机的 C51 语言日趋成熟，已成为专业化的实用高级语言。

C51 语言的特点如下：

(1) 语法结构和标准 C 语言基本一致，语言简洁，便于学习。

(2) 具有高级语言的特点，尽量减少底层硬件寄存器的操作。

(3) 支持的微处理器种类繁多，可移植性好。对于兼容的 8051 系列单片机，只需稍加修改，甚至不加改变，就可移植到不同型号的单片机中运行。

(4) 提供了完备的数据类型、运算符及函数供用户使用，支持浮点运算，开发效率高，故可缩短开发时间，增加程序可读性和可维护性。

单片机的 C51 编程与汇编 ASM-51 编程相比，有如下优点：

(1) 寄存器分配、不同存储器的寻址及数据类型等细节完全由编译器自动管理。

(2) 程序有规范的结构，可分成不同的函数，易于实现结构化。

(3) 函数库中包含许多标准子程序，具有较强的数据处理能力，使用方便。

(4) 具有方便的模块化编程技术，已编好的程序很容易移植。

(5) 对单片机的指令系统不要求有任何了解，就可以用 C51 语言直接编程操作单片机。

初学者只需要大致了解 C51 语言的基础知识和书写规则，在遇到困难时，停下来查阅 C51 语言数据中的对应内容就能很容易掌握并马上应用到具体实例中。

2.2 数据结构

2.2.1 基本数据类型

在程序运行过程中，其值不能改变的量称为常量，其值可以改变的量称为变量。定义变量时，应给变量分配存储单元，变量名对应一段存储空间。为了合理利用单片机的内存空间，应在编程时设定合适的数据类型。

C51 语言中最常见的基本数据类型分为 3 类：整数型（定点型）、实数型（浮点型）和字符型。除了基本数据类型，还有构造类型（数组、结构体、共用体、枚举类型）、指针类型、空类型（void）。表 2-1 为 C51 常用的数据类型。

表 2-1 C51 常用的数据类型

数据类型	关键字	所占位数	表示数的范围
无符号字符型	unsigned char	8	0～255
有符号字符型	char	8	—128～127
无符号整型	unsigned int	16	0～65535
有符号整型	int	16	—32768～32767
无符号长整型	unsigned long	32	$0\sim(2^{32}-1)$
有符号长整型	long	32	$-2^{31}\sim(2^{31}-1)$
单精度实型	float	32	$3.4e^{-38}\sim3.4e^{38}$
双精度实型	double	64	$1.7e^{-308}\sim1.7e^{308}$
位类型	bit	1	0～1

在编程中，以二进制、十进制、八进制、十六进制表示的数据，在单片机中均以二进制形式存储在存储器中。二进制只有两个数：0 和 1，这两个数每一个所占的空间就是 1 位（bit），位也是单片机存储器中的最小单位。比位大的单位是字节（Byte，简写为 B），一个字节等于 8 位，即 1B＝8bit。

单片机内部有许多特殊功能寄存器，每个寄存器在单片机内部均分配有唯一的地址，当需要在程序中操作这些特殊功能寄存器时，必须在程序的最前面对其对应的名称加以声明，此时就需要用到 C51 数据类型扩充定义。表 2-2 即为扩充数据类型表。

表 2-2 C51 扩充数据类型

类型	长　度	值　域	说　明
bit	位	0 或 1	位变量声明
sbit	位	0 或 1	特殊功能位声明
sfr	8bit＝1B	0～225	特殊功能寄存器声明
sfr16	16bit＝1B	0～65535	sfr 的 16bit 数据声明
*	1～3B	—	对象地址

2.2.2 进制转换

进制是计算机中数据的一种表示方法。N 进制的数可以用 0～(N－1)的数表示逢 N 进一,超过 9 的用字母表示。

我们最熟悉的十进制,就是用 0～9 的数表示,逢十进一。二进制由 0 和 1 组成,逢二进一。八进制由 0～7 组成,逢八进一。十六进制由 0～9 及 A～F 组成,其与十进制的对应关系是:0～9 对应 0～9;A～F 对应 10～15,字母不区分大小写。

常用的进制转化对应关系见表 2-3。

表 2-3 常用的数字进制转化

十进制	十六进制	二进制	十进制	十六进制	二进制
0	0	0	8	8	1000
1	1	1	9	9	1001
2	2	10	10	A	1010
3	3	11	11	B	1011
4	4	100	12	C	1100
5	5	101	13	D	1101
6	6	110	14	E	1110
7	7	111	15	F	1111

1) 十进制到二进制的转换

十进制到二进制的转换方法:将十进制数的整数部分除以 2,得到的商再除以 2,以此类推,直到商等于 1 或 0 时为止,由下至上倒取除得的余数,即为整数部分十进制到二进制的换算结果。对小数部分乘以 2,取其整数部分(0 或 1)作为二进制小数部分,继续取其小数部分,再乘以 2,又取其整数部分作为二进制小数部分,直到小数部分为 0 或者已经取到了足够位数。每次取的整数部分,按先后次序排列,就构成了二进制小数的序列。图 2-1 所示为十进制数 123.125 转化为二进制数的转换过程。

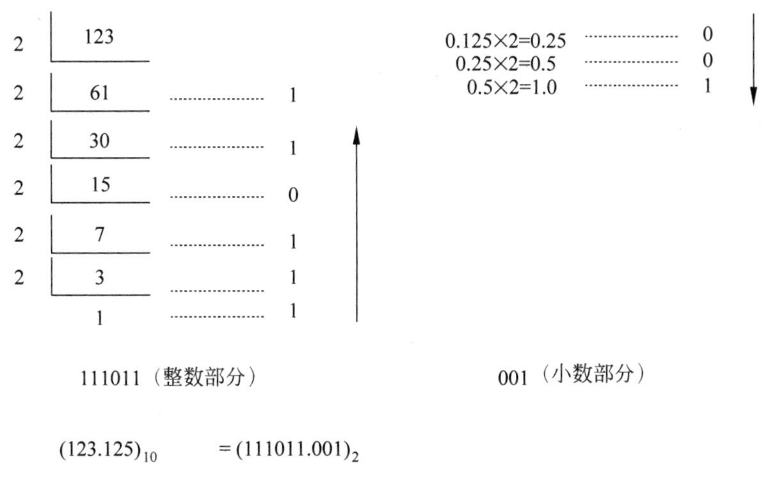

图 2-1 十进制转化为二进制举例

2）二进制到十进制的转换

二进制到十进制的转换方法：二进制整数部分用数值乘以 2 的 n 次幂依次相加，二进制小数部分用数值乘以 2 的负 n 次幂然后依次相加，这里的 n 表示从最低位起的第 n 位二进制数，n 从 0 算起。图 2-2 所示为二进制数 101100100，转化为十进制数的计算方法。

$$1\times2^8+0\times2^7+1\times2^6+1\times2^5+0\times2^4+0\times2^3+1\times2^2+0\times2^1+0\times2^0=356$$

$$(101100100)_2=(356)_{10}$$

图 2-2　二进制转化为十进制举例

3）八进制到十进制的转换

八进制到十进制的转换方法：用八进制整数部分的数值乘以 8 的 n 次幂依次相加。这里的 n 表示从最低位起的第 n 位八进制数，n 从 0 算起。图 2-3 所示为八进制数 1504，转换为十进制数的过程。

$$1\times8^3+5\times8^2+0\times8^1+4\times8^0=836$$

$$(1504)_8=(836)_{10}$$

图 2-3　八进制转化为十进制举例

4）十六进制到十进制的转换

十六进制到十进制的转换方法：用十六进制整数部分的数值乘以 16 的 n 次幂依次相加。这里的 n 表示从最低位起的第 n 位十六进制数，n 从 0 算起。图 2-4 所示为十六进制数 2AF5，转化为十进制数的过程。

$$2\times16^3+A\times16^2+F\times16^1+5\times16^0=10997$$

$$(2AF5)_{16}=(10997)_{10}$$

图 2-4　十六进制转化为十进制举例

5）二进制数到十六进制的转换

可以 4 位二进制数为一段，分别转换为十六进制。

2.2.3 算术表达式

C51 语言使用运算符来代表算术运算。C51 的运算符与 C 语言大致相同，常用的运算符见表 2-4。

表 2-4　C51 常用的运算符

算术运算符	＋（加）、－（减）、*（乘）、/（除）、%（取余）
关系运算符	＜（小于）、＞（大于）、＜＝（小于或等于）、＞＝（大于或等于）、＝＝（测试等于）、!＝（测试不等于）
逻辑运算符	&&（与）、||（或）、!（非）
位运算符	&（按位与）、^（按位异或）、|（按位或）、～（按位取反）、＜＜（位左移）、＞＞（位右移）
赋值运算符	＝
自增自减运算符	＋＋（自增）、－－（自减）
复合赋值运算符	＋＝、－＝、*＝、/＝、%＝

C51 语言提供了 6 种位运算符,其操作对象只能是整型或字符型数据,不能是实型数据。

按位与运算符“&”:参加运算的两个对象,若两者相应的位都为 1,则该位的结果为 1,否则为 0。

按位或运算符“|”:参加运算的两个对象,只要两者相应的位有一个为 1,则该位的结果为 1,否则为 0。

按位异或运算符“^”:参加运算的两个对象,若两者相应的位值相同,则结果为 0;若两者相应的位值不同,则结果为 1。

按位取反运算符“~”:这是一个单目运算符,用来对一个二进制数按位进行取反,即 0 变 1,1 变 0。

位左移运算符“<<”和位右移运算符“>>”:用来将一个数各二进制位全部左移或右移若干位,移位后的空白位补 0,而溢出的位则舍弃。

自增运算符“++”的形式有“++i”和“i++”,在单独使用时,就是 $i=i+1$。++i 表示,i 自增 1 后再参与其他运算;而 i++则是 i 参与运算后,i 的值再自增 1。自减运算符“--”与之类似,只不过是变加为减,这里不赘述。

在 C51 语言中,可以将算术运算符与赋值运算符组合在一起组成复合赋值运算符,它们是+=、-=、*=、/=,其使用方法及运算规则如下:表达式 n+=10 等价于表达式 $n=n+10$;表达式 n-=2*n 等价于表达式 $n=n-2*n$;表达式 n*=m+1 等价于表达式 $n=n*(m+1)$;表达式 n/=m+1 等价于表达式 $n=n/(m+1)$。

2.3 C51 语句与程序控制结构

2.3.1 C51 的流程控制结构

C51 程序支持多种流程控制结构,比较常见的是顺序结构、选择结构和循环结构 3 种。

1. 顺序结构

顺序结构的程序按代码顺序自上而下执行,没有代码的跳跃。这种结构比较简单,常用于实现不是很复杂的任务。顺序结构如图 2-5 所示。

2. 选择结构

选择结构的程序通过判断表达式的值来决定执行哪一段程序,一般采用条件语句 if、开关语句 switch 等来构成。这种结构常用于判断、决策等代码中。选择结构如图 2-6 所示。

3. 循环结构

循环结构的程序循环重复执行同一段代码,可由 while、do-while、for 以及 goto 等构成,其中 goto 语句应用较少。这种结构常用于需要多次执行某项任务处理的场合,可以简化代码。循环结构如图 2-7 所示。

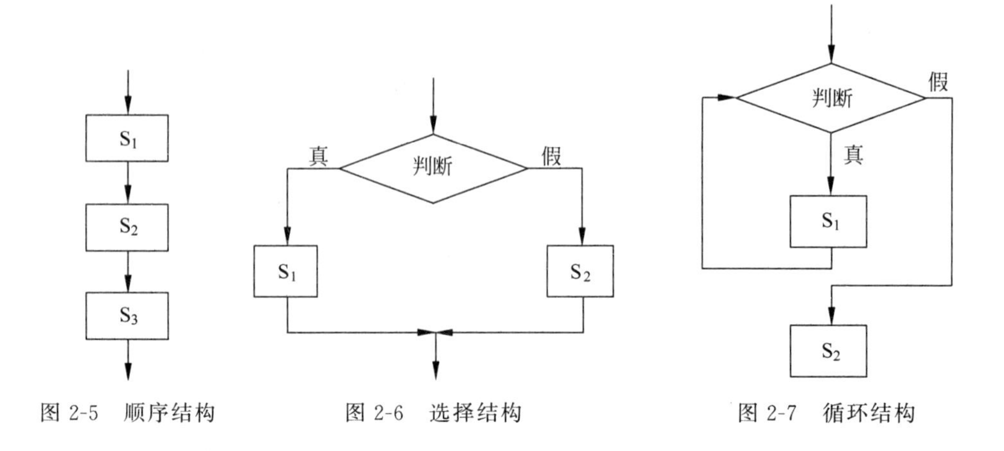

图 2-5　顺序结构　　　图 2-6　选择结构　　　图 2-7　循环结构

2.3.2 表达式及语句

C51 语句，即 C51 语言中的操作命令，用于使单片机完成特定的功能。C51 的源程序是由一系列的语句组成的，这些语句可以完成变量声明、赋值和控制输入/输出等操作。一条完整的语句必须以英文的“;”结束。由于单片机能识别的是机器指令，因此一条语句须经过编译后生成若干条机器指令来执行。

C51 语言中的语句包括说明语句、表达式语句、复合语句、循环语句、条件语句、开关语句、跳转语句、函数调用语句、空语句和返回语句等，下面分别进行说明。

1. 说明语句

说明语句一般用来定义声明变量，即说明变量的类型和初始值。其一般形式如下：

```
类型说明符 变量名( = 初始值);
```

典型的说明语句示例如下：

```
int a = 1;                  //声明并初始化整型变量
float b;                    //声明浮点型变量
sfr P1 = 0x80;              //声明并初始化寄存器
bit c;                      //声明位变量
```

2. 表达式语句

表达式语句是用来描述算术运算、逻辑运算或使单片机产生特定操作的语句形式，由表达式加上分号“;”组成。一般来说，任何表达式在末尾加上分号“;”，就可以构成语句。示例如下：

```
a = a * 20 - 3;
count++;
```

3. 复合语句

复合语句是用花括号“{}”将一组语句组合在一起而构成的语句。在 C51 语言中，复合语句是可以嵌套的。复合语句在程序运行时，“{}”中的各行单语句是依次顺序执行的。

注意：在复合语句中所定义的变量称为“局部变量”。所谓局部变量是指该变量的有效范围只在复合语句中，不能在该复合语句之外使用。对于一个函数而言，函数体就是一个复合语句，函数内定义的变量有效范围只在函数内部。

4. 循环语句

循环语句常用于需要多次重复执行的操作。C51 语言中有 3 种基本的循环语句：while 语句、do-while 语句和 for 语句。下面分别加以介绍。

1）while 语句

while 语句的一般使用形式如下：

```
while(条件表达式)
{语句(内部也可以为空)}
```

当条件表达式为真时，才执行下面“{}”中的语句，执行完后再次回到 while 执行条件判断，为真时重复执行语句，为假时退出循环体。当条件一开始就为假时，那么 while 后面的循环体(语句或复合语句)将一次都不执行就退出循环。while 语句的循环过程如图 2-8 所示。

2）do-while 语句

do-while 语句的一般使用形式如下：

```
do
{语句(内部也可以为空); }
while(表达式);
```

先执行一次 do 后面的语句，再根据条件判断表达式是否为真，若表达式为真，返回再次执行 do 后面的语句，直到表达式为假时，结束循环。这样就决定了循环体无论在任何条件下都会至少被执行一次。do-while 语句的循环过程如图 2-9 所示。

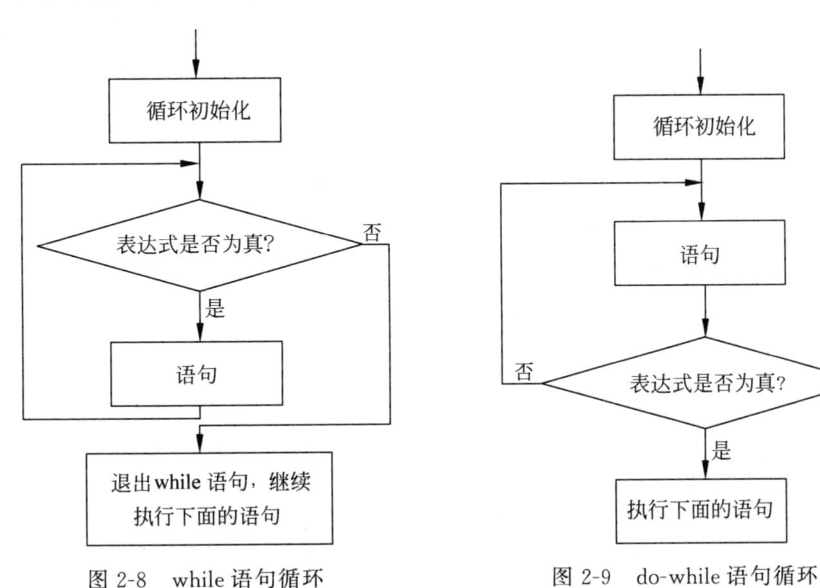

图 2-8　while 语句循环　　　图 2-9　do-while 语句循环

3）for 语句

for 语句的一般使用形式如下：

```
for(表达式 1; 表达式 2; 表达式 3)
{语句(内部可为空)}
```

表达式 1 为赋值语句，给循环变量进行初始化赋值；表达式 2 是一个关系逻辑表达式，判断循环条件的真假；表达式 3 定义循环变量每次循环后按什么方式变化。由表达式 2 和表达式 3 可以确定循环次数。

求解完表达式 1 后，判断表达式 2 的真假，若条件为真，则执行下面的循环语句和表达式 3，直到条件为假时，不再执行循环语句，跳出循环后继续执行循环外的后续语句。for 语句的循环过程如图 2-10 所示。

5. 条件语句

条件语句由关键字 if 构成，即 if 条件语句，又被称为“分支语句”，用于需要根据某些条件来决定执行流向的程序中。常用的条件语句有 3 种形式，分别为单分支结构、双分支结构、多分支结构，下面分别加以介绍。

1）单分支结构

单分支结构的条件语句只有一个语句分支或语句块分支，其一般形式如下：

```
if(表达式)语句;
```

当 if 条件语句表达式的结果为真时，执行分支语句，执行完后继续执行后续程序；当表达式为假时，跳过分支语句，直接执行后续程序。单分支语句流程如图 2-11 所示。

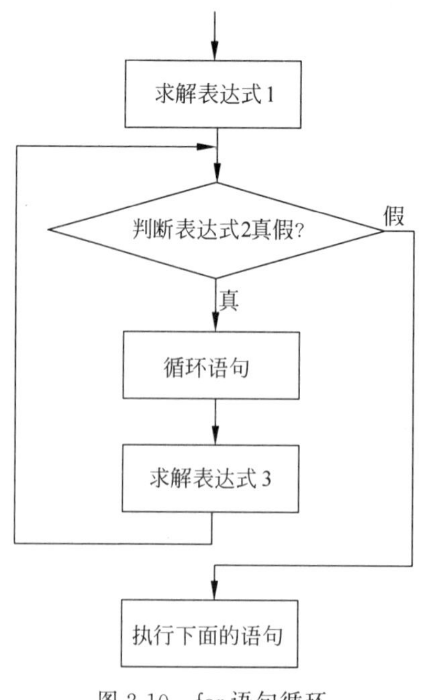

图 2-10　for 语句循环

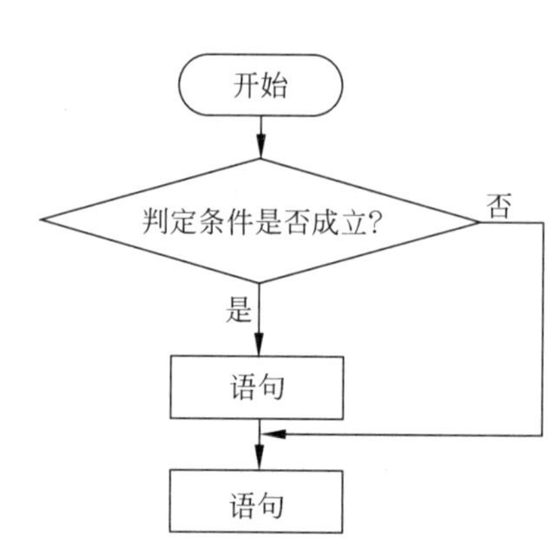

图 2-11　if 语句单分支结构

代码示例如下：

```
#include<stdio.h>                //导入标准头文件
void main()                      //主函数
{
    int a,b,c;                   //变量声明
    a=2;                         //变量初始化
    b=5;
    if(a<b) c=a+b;               //if 语句单分支结构
    printf("a=%d\n",c);          //输出结果
}
```

2）双分支结构

双分支结构的条件语句包含两个语句分支，其一般形式如下：

```
if(表达式) 语句 1;
    else 语句 2;
```

当 if 条件语句表达式的结果为真时，执行分支语句 1，执行完后继续执行 if 语句后面的语句；当表达式为假时，就执行语句 2，执行完后继续执行 if 语句后面的语句。双分支语句流程如图 2-12 所示。

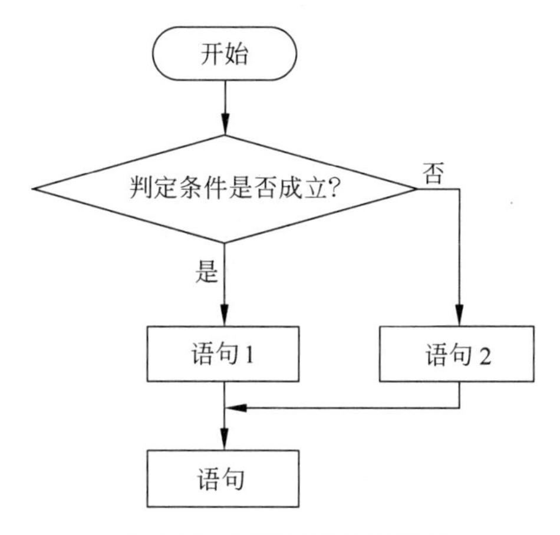

图 2-12　if 语句双分支结构

代码示例如下：

```
#include<stdio.h>                //导入标准头文件
void main()                      //主函数
{
    int a,b,c;                   //变量声明
    a=21;                        //变量初始化
    b=36;
    if(a<=b)                     //if 语句双分支结构
        c=a+b;
    else
        c=b-a;
    printf("a=%d\n",c);          //输出结果
    }
```

3）多分支结构

多分支结构在这里为阶梯式 if-else-if 结构，其一般形式如下：

```
if(表达式 1) 语句 1;
else if(表达式 2) 语句 2;
else if(表达式 3) 语句 3;
…
else if(表达式 n) 语句 n;
else 语句 n+1;
```

这是由 if-else 语句组成的嵌套，可以实现多方向条件分支。该语句从上至下逐个对条件进行判断，一旦条件为真，就执行与其相关的分支语句，并跳过剩余的阶梯；若没有一个条件为真，则执行最后一个 else 分支语句 $n+1$。多分支结构流程如图 2-13 所示。

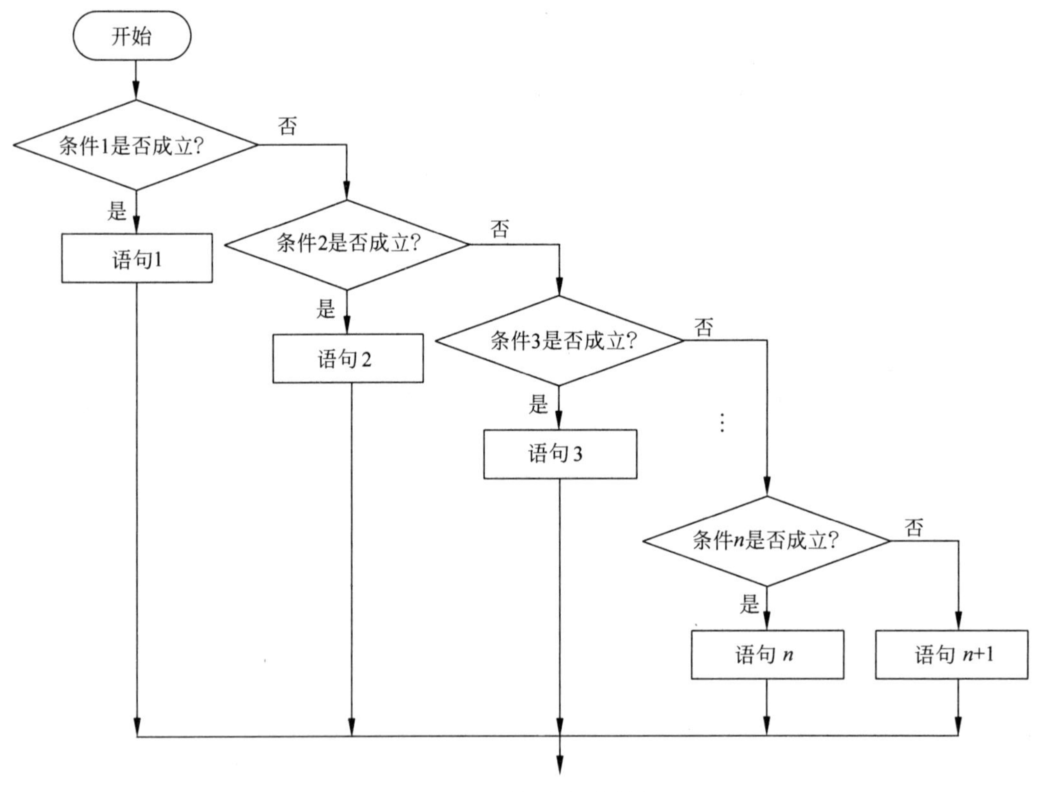

图 2-13 if 语句多分支结构

递归求 n 的阶乘代码示例如下：

```
#include < stdio.h >
#include < stdlib.h >
int factorials (int n)                          //定义函数阶乘
{
    int f;
    if (n < 0)                                  //多分支结构
        printf("数据错误\n");
    else if (n == 0 || n == 1)
```

```
        f = 1;
    else
        f = n* factorials (n - 1);                //n!= n* (n-1)
    return f;                                     //返回主函数
}

int main()
{
    int n, y;
    printf("请输入 n 的值\n");
    scanf(" %d", &n);
    y = factorials (n);                           //这里 n 为实参
    printf(" %d!= %d\n", n, y);
    system("pause");                              //消除窗口闪退
    return 0;
}
```

6. 开关语句

开关语句用于在程序中实现多个语句的分支处理，一般形式如下：

```
switch(表达式)
{
    case 常量表达式 1:
        语句 1;break;
    case 常量表达式 2:
        语句 2;break;
    …
    case 常量表达式 n:
        语句 n;break;
    default:
        语句 n+1;
}
```

switch 后括号里的“表达式”的值与某个 case 后面的“常量表达式”的值相同时，就执行它后面的语句(可以是复合语句)，遇到 break 则退出 switch 语句。若所有的 case 中的“常量表达式”的值都没有与“表达式”的值相匹配时，就执行 default 后面的语句。开关语句流程图如图 2-14 所示。

7. 跳转语句

在 C51 语言中，跳转语句用于程序执行顺序的跳转和转移。跳转语句主要有 3 种：goto 语句、break 语句、continue 语句。下面分别加以介绍。

1）goto 语句

goto 语句是一个无条件的转向语句，在 C51 程序执行到这个语句时，程序指针就会无条件地跳转到 goto 后的标号所在的程序段。此语句不常用。

2）break 语句

break 语句通常用在循环语句和开关语句中，用来跳出循环程序块。

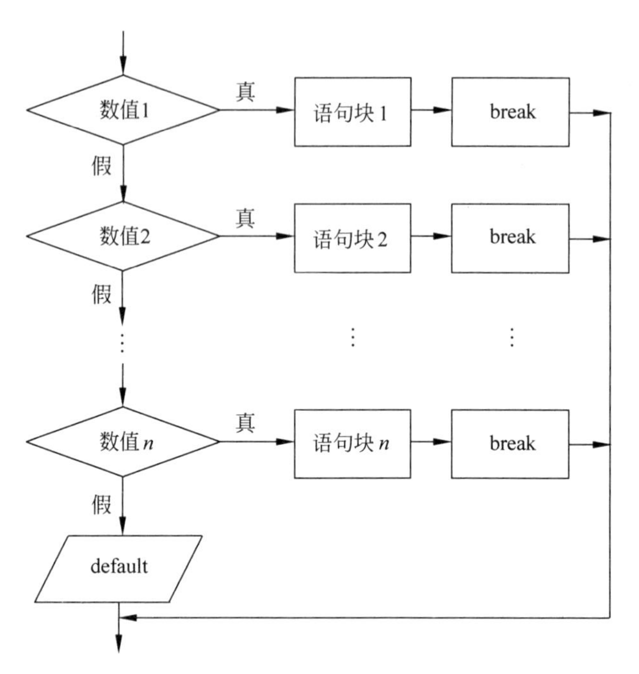

图 2-14 开关语句

3）continue 语句

continue 语句用来跳过循环体中剩余的语句而强行执行下一次循环。在 C51 语言中，continue 语句只用在 for、while、do-while 等循环体中，常与 if 条件语句一起使用，可以提前结束本次循环。

8. 函数调用语句

函数调用语句用于调用系统函数或用户自定义函数。在 C51 语言中，函数调用语句比较简单，在函数名后面加上分号便可构成函数调用语句。汉诺塔问题的程序示例如下：

```
void move(char x,char y)                    //输出移盘方案
{
    printf("%c->%c\n",x,y);
}

void hanoi(int n,char one,char two,char three) //移盘
{
    if(n==1)
        move(one,three);                    //如果是1个盘,直接从第一个座移到第三个座上
    else{
        hanoi(n-1,one,three,two);
        move(one,three);
        hanoi(n-1,two,one,three);
    }
}

int main()                                  //主函数
```

```
{
    int m;
    printf("请输入块数:");
    scanf("%d",&m);
    printf("需要移动%d块\n",m);
    hanoi(m,'A','B','C');
}
```

9. 空语句

空语句是C51语言中一个特殊的表达式语句，其仅由一个分号“;”组成。在实际程序设计时，有时为了语法的正确，要求有一个语句，但这个语句又没有实际的运行效果，那么这时就要有一个空语句。

在C51程序中，while、for构成的循环语句后面加一个分号，可以形成一个不执行其他操作的空循环体。常用来编写等待事件发生以及延时的程序。

10. 返回语句

返回语句用于终止当前函数的执行，并强制返回程序调用该函数的位置。在C51语言中，返回语句主要有以下两种形式：

```
return 表达式;
```

或者

```
return;
```

其中，对于带有返回值的函数，则使用第一种返回语句，表达式的值便是函数的返回值。如果函数没有返回值，则可以缺省表达式，而采用第二种返回语句。

2.4 C51基本函数

2.4.1 函数的分类及定义

函数是能够实现特定功能的代码段。使用者只需要用外部程序调用函数，知道要给函数输入什么，以及函数输出什么即可。至于函数内部是如何工作的，外部程序可以不知道。函数提供了编制程序的手段，使程序容易读写、理解、修改和维护。

从C51语言结构上划分，C51语言函数分为主函数main()和普通函数两种。普通函数又可分为标准库函数和用户自定义函数。在C51程序中，由主函数调用其他函数，其他函数之间也可以相互调用。同一个函数可以被一个或多个函数调用任意次。

1. 标准库函数

标准库函数由C51系统提供，用户无须定义，只需在主程序前用include语句包含含有该函数原型的头文件即可在程序中直接调用。这些库函数又可以从功能角度分为字符类型分类函数、转换函数、输入/输出函数、字符串函数、数学函数和其他函数。

2. 用户自定义函数

用户自定义函数是用户根据自己的需要而编写的函数。从函数定义的形式上可以分为有参函数、无参函数和空函数。

在函数调用过程中，函数的参数分为形式参数和实际参数两种。在函数定义及函数说明时使用的参数，称为“形式参数”(简称“形参”)。在主调函数(即调用者)中进行函数调用时必须给出的参数，称为“实际参数”(简称“实参”)。发生函数调用时，主调函数把实参的值传送给被调函数(即被调用者)的形参，从而实现主调函数向被调函数的数据传送。

实参和形参在数量、类型、顺序上应保持严格一致，否则会因类型不匹配而导致错误。实参可以是常量、变量、表达式等。形参只在函数内部有效，函数调用结束并返回主调函数后，则不能再使用该形参变量。实参对形参的数据传递是单向的，即只能将实参传递给形参。

1）有参函数

主调函数和被调函数之间存在参数传送，因此在函数定义及函数说明时都需要有参数。有参函数可以带有返回值，也可以没有返回值。有参函数的定义形式如下：

```
返回值类型标识符   函数名(形式函数列表)
形式参数说明
{
  函数体;
}
```

程序示例如下：

```
#include <stdio.h>
float f1(float x)                           //定义一个有参函数
{
    float y;                                //定义变量 y
    y = 3 * x * x * x + 2 * x * x - 1;
    return y;                               //将计算结果返回变量 y
}

int main()                                  //定义主函数
{
    float x,y;
    scanf("%f", &x);                        //从键盘输入 x 的值
    y = f1(x);                              //调用定义过的有参函数
    printf("x =  %.3f, y =  %.3f\n", x, y); //输出 x,y 的值
    return 0;                               //程序正常退出
}
```

2）无参函数

主调函数和被调函数之间不进行参数传送，因此在函数定义、函数说明及函数调用中也可以不带参数。此类函数通常用来完成一组指定的功能，可以带有返回值，也可以没有返回值。无参函数的定义形式如下：

```
返回值类型标识符  函数名()
{
  函数体;
}
```

程序示例如下：

```
#include<stdio.h>
void function ();                                 //声明被调用的函数

void function()                                   //定义无参函数
{
    printf("Function is a parameterless function\n");
}

void main()                                       //定义主函数
{
    function();                                   //调用之前定义过的无参函数
}
```

3）空函数

此种函数体内无语句。定义空函数的目的并不是为了执行某种操作，而是为了以后程序的扩充。空函数的定义形式如下：

```
返回值类型标识符  函数名()
{    }
```

2.4.2 函数的调用

在一个函数中需要用到某个函数的功能时，就调用该函数。在C51语言中，函数调用的一般形式如下：

```
函数名(实参列表)
```

其中，函数名即被调用的函数，实参列表是主调函数传递给被调函数的数据。若被调函数是有参函数，则主调函数必须把被调函数所需的参数传递给被调函数。

通常，函数可以有以下3种调用方式。

(1) 函数语句，即把函数作为一个语句，主要用于无返回值的函数。示例如下：

```
delay();
```

(2) 函数表达式，即函数出现在表达式中，主要用于有返回值的函数，将返回值赋值给变量。示例如下：

```
a = min(x,y);
```

(3) 函数参数，即函数作为另一个函数的实参，主要用于函数的嵌套调用。示例如下：

```
b = min(x,min(y,z));
```

2.4.3 C51 常用函数

1. main 函数

main 函数是 C51 程序中的特殊函数，是整个程序的入口。一般来说，每个 C51 程序都要有一个主函数 main()，而且只能有一个。C51 程序的执行总是从 main 函数开始的，如果有其他函数，则完成对其他函数的调用后再返回 main 函数，最后由 main 函数结束整个程序。

一个 C51 程序常由一个主函数和若干个函数构成。由主函数调用其他函数，其他函数之间也可以相互调用。main 函数作为主调函数允许在 main 函数中调用其他函数并传递参数。main 函数既可以是无参函数，也可以是有参函数。

2. 内部函数

内部函数的原型声明包含在头文件 intrins.h 中。下面介绍一些常用的函数。

1）循环左移函数

循环左移函数主要用于将数据按照二进制循环左移 n 位。按照操作数据类型的不同，其函数原型有如下几种形式：

```
unsigned char_crol_(unsigned char val,unsigned char n);
unsigned int_irol_(unsigned int val,unsigned char n);
unsigned long_lrol_(unsigned long val,unsigned char n);
```

其中，val 为待移位的变量，n 为循环移位的次数。

程序示例如下：

```
//8 盏流水灯,间隔 500ms 从左亮到右
#include<reg51.h>                          //导入头文件
#include<intrins.h>
#define uchar unsigned char                //宏定义
#define uint unsigned int
uchar temp;                                //定义变量
uint x,i,j;
void delay();

void main()
{
    temp = 0xfe;
    P1 = temp;                             //P1 端口输出 0xfe
    for(x = 0;x<7;x++)
    {
        delay();
        temp = _crol_(temp,1);             //调用左移函数
        P1 = temp;
    }
}
```

```
void delay()                            //自定义延时函数
{   for(i = 1;i < = 500;i++)
    {
        for(j = 1;j < = 110;j++);
    }
}
```

2）循环右移函数

循环右移函数主要用于将数据按照二进制循环右移 n 位。按照操作数据类型的不同，其函数原型有如下几种形式：

```
unsigned char_cror_(unsigned char val,unsigned char n);
unsigned int_iror_(unsigned int val,unsigned char n);
unsigned long_lror_(unsigned long val,unsigned char n);
```

其中，val 为待移位的变量，n 为循环移位的次数。函数的调用方法与循环左移函数相同。

3）延时函数

延时函数用于使单片机的程序产生延时，其函数示例如下：

```
void_nop_(void);
```

程序示例如下：

```
#include < reg51.h >
#include < intrins.h >                //头文件
void main()                            //主函数
{
    P1 = 0xfe;                         //P1 端口输出 0xfe
    _nop_();                           //延时一个机器周期
    P1 = 0x00;                         //P1 端口输出 0x00
}
```

3. 中断函数

C51 编译器允许用 C51 创建中断服务程序，操作者仅需要对中断号和寄存器组进行选择，编译器就会自动产生中断向量和程序的入栈及出栈代码。若在函数声明时包括 interrupt，将把所声明的函数定义为一个中断服务程序。另外，可以用 using 定义此中断服务程序所使用的寄存器组。定义中断函数的格式如下：

```
函数类型  函数名 interrupt n, using n
```

其中，Interrupt 后面的 n 是中断号。关键字 using 后面的 n 是所选择的寄存器组，取值范围是 0～3。定义中断函数时，using 是一个选项，可以省略不用。如果不用则由编译器选择一个寄存器组作为绝对寄存器组。

注意：中断函数没有参数、没有返回值，由系统自动调用，无须手动。

程序示例如下：

```
//用中断函数定时器 0 做 1 秒流水灯
#include < reg51.h >
```

```
#include <intrins.h>
#define uchar unsigned char
uchar time,temp;
void main()
{
    time = 0;
    TMOD = 0x01;                              //设置定时器 0 为工作方式
    TH0 = (65536 - 50000)/256;                //装初值,晶振定时 50ms 的数值约为 50000
    TL0 = (65536 - 50000) % 256;
    EA = 1;                                   //开总中断
    ET0 = 1;                                  //开定时器 0 中断
    TR0 = 1;                                  //启动定时器 0
    temp = 0xfe;
    P1 = temp;
    while(1)
    {
        if(time == 20)
        {
            time = 0;
            temp = _crol_(temp,1);
            P1 = temp;
        }
    }
}
void timer0() interrupt 1                     //定义中断函数定时器 0
{
    TH0 = (65536 - 50000)/256;
    TL0 = (65536 - 50000) % 256;
    time++;
}
```

2.5 数　　组

2.5.1 C51 的一维数组

1. 一维数组的定义

由具有一个下标的数组元素组成的数组称为一维数组。定义一维数组的一般形式如下：

类型说明符　数组名[整型表达式];

例：char ch[5]；

注意：“[ ]”内只能是确定的数据(整型数据或整型表达式)，不能是变量。

2. 一维数组的初始化

1）定义时初始化

例：int a[5]={1,2,3,4,5}；等价于：a[0]=1；a[1]=2；a[2]=3；a[3]=4；a[4]=5；

注意：全部赋值可省略长度。

例：int a[]={1,2,3,4,5,6}；

2）定义时部分初始化

例：int a[5]={1,2,3}；等价于：a[0]=1；a[1]=2；a[2]=3；a[3]=0；a[4]=0；

3. 一维数组的引用

一维数组的引用形式如下：

```
数组名[下标]
```

例：b[0],b[1],b[2],b[3],b[4]；

注意：下标从0开始到 $n-1$，不能越界，下标可以是变量。例如：b[i]；

2.5.2 C51的二维或多维数组

1. 二维或多维数组的定义

具有两个或两个以上下标的数组称为二维数组或多维数组。定义二维数组的一般形式如下：

```
类型说明符  数组名[行数][列数];
```

例：char ch[3][2]；

元素个数=行数×列数，char ch[3][2]即定义了3行2列的数组，共6个数组元素。

2. 二维数组的初始化

二维数组初始化是在类型说明时给各下标变量赋以初值。二维数组可按行分段赋值，也可按行连续赋值。例如：

```
数组 a[5][3];
```

(1) 按行分段赋值，可写为：

```
int a[5][3] = { {80,75,92},{61,65,71},{59,63,70},{85,87,90},{76,77,85} };
```

(2) 按行连续赋值，可写为：

```
int a[5][3] = { 80,75,92,61,65,71,59,63,70,85,87,90,76,77,85 };
```

3. 二维数组的引用

二维数组的引用形式如下：

数组名[下标1][下标2]

由于存储器是一维的,数组元素在存储器中的存放顺序按行序优先,即“先行后列”。

2.5.3 C51的字符数组

若一个数组的元素是字符型的,则该数组就是一个字符数组。例如:

```
char a[10];
```

用字符串的方式对数组作初始化赋值。例如:

```
char a[] = {'c',' ','p','r','o','g','r','a','m'};
```

可写为:char a[]={"C program"};或去掉“{}”,写为:char a[]="C program"。

用字符串的方式赋值比用字符逐个赋值要多占一个字节,用于存放字符串的结束标志“'\0'”。由于采用了“'\0'”标志,所以在用字符串赋初值时一般无须指定数组的长度,而是由系统自行处理。

程序示例如下:

```
//利用字符数组实现数码管显示数字
#include <reg52.h>
#define uchar unsigned char
uchar temp;
uchar code table[] = {0xc0,0xf9,0xa4,0xb0,0x99,0x92,0x82,0xf8,
0x80,0x90,0x88,0x83,0xc6,0xa1,0x86,0x8e};
void main()
{
    temp = 3;
    while(1)
    {
        P2 = 0xfc;
        P1 = table[temp];
    }
}
```

2.6 C51 指针

指针是指变量或数据所在的存储区地址。如一个字符型的变量STR存放在内存单元DATA区的51H这个地址中,那么DATA区的51H地址就是变量STR的指针。存放地址的变量称为指针变量。

1. 指针分类

C51中的指针分为基于存储器的指针和一般指针两种类型。当定义一个指针变量时,若未给出它所指向对象的存储类型,则该指针变量被认为是一般指针;若给出了它所指向对象的存储类型，则该指针被认为是基于存储器的指针。

1）一般指针

一般指针的定义方式如下：

```
char * ptr;
```

该方式与标准C51语言的定义方式相同。一般指针占3个字节，第1个字节标识存储类型，是指针指向的变量的数据类型；第2个字节是指针存储地址的高位字节；第3个字节是指针存储地址的低位字节。

2）基于存储器的指针

基于存储器的指针的定义方式如下：

```
char xdata * ptr;
```

这个指针存储时所占的字节数是不一定的，占一个字节的变量类型为idata，data，pdata，bdata；占两个字节的变量类型为code，xdata。

2. 指针转换

指针转换即指针在上述两种类型之间转换：

（1）当基于存储器的指针作为一个实参传递给需要一般指针的函数时，指针自动转换。

（2）如果不说明外部函数原形，基于存储器的指针自动转化为一般指针，导致错误，因而应用“#include”说明所有函数的原形。

（3）指针转换能强行改变指针类型。

51单片机基础

3.1 单片机简介

单片机是指在一块集成电路芯片上集成了中央处理器(CPU)、存储器(ROM和RAM)、输入输出(I/O)接口电路和相应的实时控制器件,从而构成一个小而完善的微型计算机系统,因此称为单芯片微型计算机,简称单片机(single chip microcomputer),也叫微控制器(micro control unit,MCU)。

中央处理器(central processing unit,CPU),由运算和控制逻辑组成,同时还包括中断系统和部分外部特殊功能寄存器。

只读存储器(read-only memory,ROM),用以存放只能读取、不能重新改写的程序以及一些原始数据和表格。

随机存储器(random-access memory,RAM),用以存放可以读写的数据,如运算的中间结果、最终结果及欲显示的数据。

单片机通常根据其内部的CPU来分类,如51内核的单片机、AVR内核的单片机、430内核的单片机、ARM内核的单片机等。

51单片机因其使用量大、资料齐全、内部结构简单,非常适合初学者学习。80C51是MCS-51系列中的一个典型品种,其他厂商以80C51为基核开发的CMOS工艺单片机产品统称为80C51系列。当前常用的80C51系列单片机产品主要有ATMEL公司的AT89C51、AT89C52、AT89C53、AT89S51、AT89S52等;STC公司的STC89C51,STC89C52,STC90C52,STC12C5A60S2等;华邦公司的W78C54、W78C58、W78E54、W78E58等。其他还有Philips、Siemens等公司的许多产品。

本章我们以STC公司生产的STC89C51为例阐述51单片机的原理与使用方法。

3.1.1 51单片机的结构特点

图3-1所示为51单片机的内部结构图,其采用哈佛结构体系,与冯·诺依曼体系不同的是程序存储器和数据存储器(RAM)是区分开的,而现代计算机采用的是冯·诺依曼体系。

80C51单片机的基本结构包括:

(1) 1个8位算术逻辑控制单元。

(2) 128B的RAM。

(3) 4KB 的 ROM。

(4) 4 个 8 位并行 I/O 口(P0,P1,P2,P3),既可用作输入,也可用作输出,可单独寻址。

(5) 2 个 16 位的定时/计数器,可实现定时或计数功能。

(6) 1 个全双工异步串行口。

(7) 5 个中断源,分为高级和低级两个中断优先级。

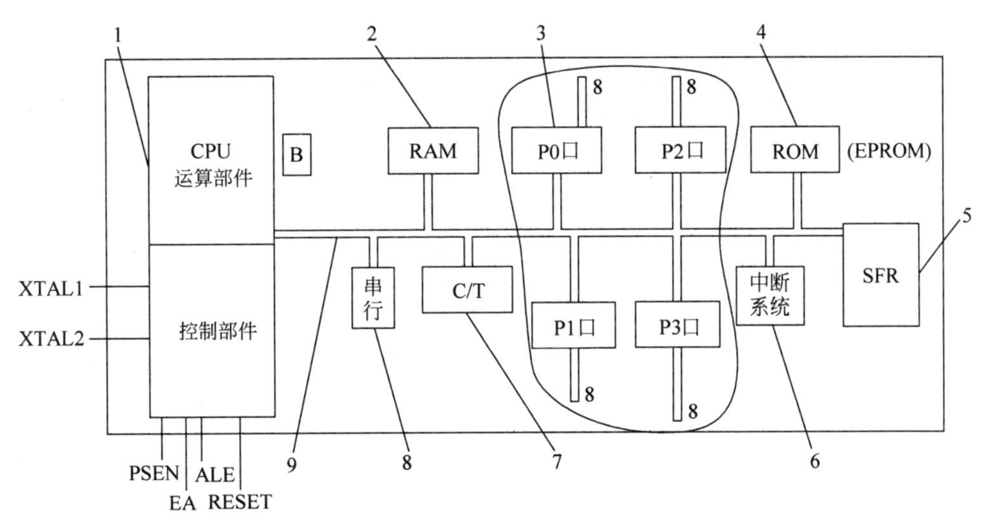

1—微处理器;2—数据存储器;3—I/O 口;4—程序存储器;5—特殊功能寄存器;
6—中断系统;7—定时/计数器;8—串行口;9—片内总线。

图 3-1 51 单片机内部结构图

3.1.2 51 单片机外部引脚介绍

51 单片机根据封装形式和引脚数量不同,有多种不同的外形结构。常见的 51 单片机封装有 PDIP、PLCC、TQFP 3 种形式,引脚数量多为 20、28、32、40、44 等。图 3-2 和图 3-3 所示分别为 PDIP 和 PQFP/LQFP 两种常见封装的 40 引脚和 44 引脚 51 单片机引脚图和实物照片。

下面以 PDIP40 封装单片机为例介绍各个引脚的功能。40 个引脚可以分为 4 类:电源、时钟、控制和 I/O 引脚。

1. 电源引脚

电源引脚包括 V_{CC}(40 引脚)、GND(20 引脚)。V_{CC} 根据不同型号的单片机连接不同的电压,常压芯片为 5V,低压芯片为 3.3V。GND 接电源地。

2. 时钟引脚

时钟引脚包括 XTAL1(19 引脚)、XTAL2(18 引脚)。XTAL1 为反向振荡放大器的输入端及内部时钟工作电路的输入端,XTAL2 为反向振荡放大器的输出端。

3. 控制引脚

控制引脚包括 RST、$\overline{\text{PSEN}}$、ALE/$\overline{\text{PROG}}$、$\overline{\text{EA}}$/V_{PP}。

(1) RST(9 引脚),即复位引脚。当振荡器复位器件时,要保持 RST 脚 2 个机器周期的

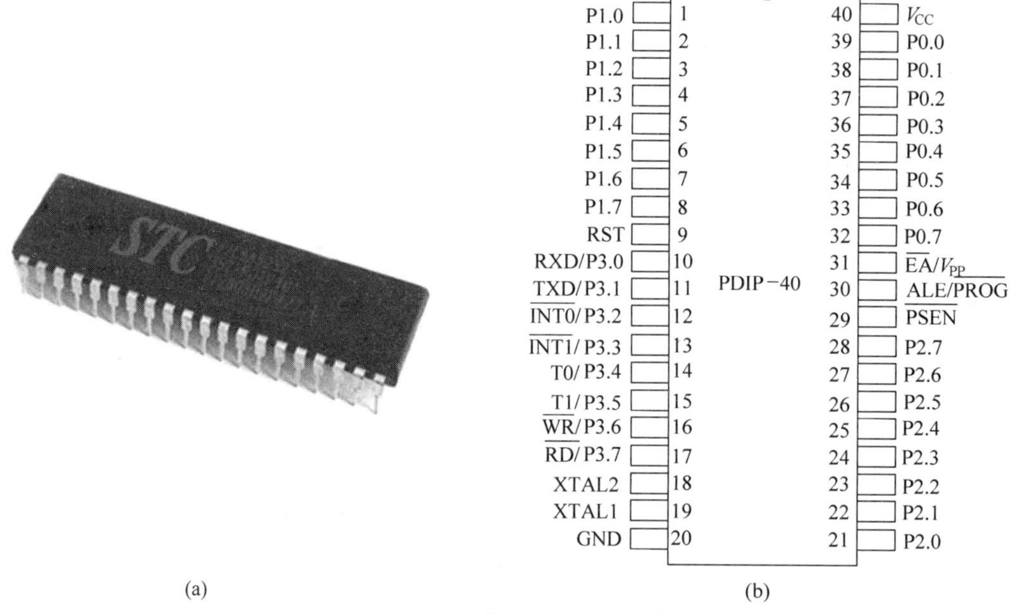

图 3-2 PDIP 封装实物照片和引脚图

(a) PDIP 封装实物照片；(b) PDIP 封装引脚图

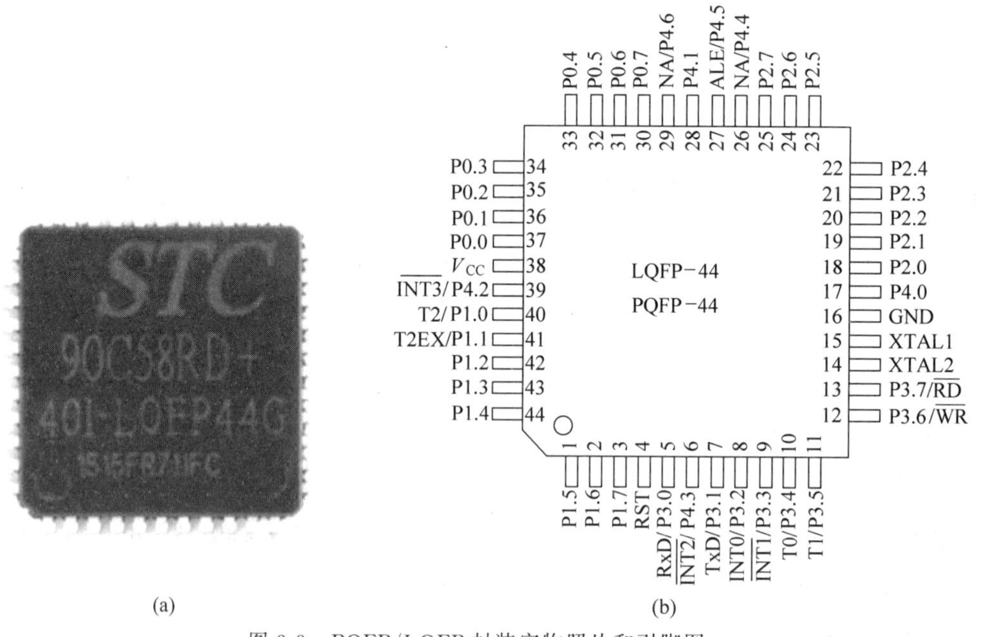

图 3-3 PQFP/LQFP 封装实物照片和引脚图

(a) PQFP/LQFP 封装实物照片；(b) PQFP/LQFP 封装引脚图

高电平时间。复位后单片机从第一条语句开始执行程序。

(2) $\overline{\text{PSEN}}$(29 引脚)，即外部程序存储器的选通信号。在读外部程序存储器时 $\overline{\text{PSEN}}$ 低电平有效。

(3) ALE/$\overline{\text{PROG}}$(30 引脚)，即当访问外部存储器时，地址锁存允许的输出电平用于锁存地址的低位字节。在 Flash 编程期间，此引脚用于输入编程脉冲。在平时，ALE 端以不变的频率周期输出正脉冲信号，此频率为振荡器频率的 1/6。因此，它可用作对外部输出的脉冲或用于定时目的。

(4) $\overline{EA}/V_{PP}$(31 引脚)。在 $\overline{EA}$ 接高电平时，单片机读取内部程序存储器，如果有扩展外部 ROM，则读取完内部 ROM 后自动读取外部 ROM；当 $\overline{EA}$ 接低电平时，单片机直接读取外部 ROM。在 Flash 编程期间，此引脚施加 12V 编程电源(V_{PP})。

4. I/O 引脚

单片机有 4 组 8 位并行的 I/O 口，每组端口都包括 1 个锁存器专用寄存器(P0～P3)、1 个输出驱动器和输入缓冲器。通常把 4 个端口笼统地表示为 P0～P3。

(1) P0 口(32～39 引脚)。P0 口为一个 8 位双向 I/O 口，可独立寻址，每个引脚可吸收 8TTL 门电流。P0 口没有外接上拉电阻，为高阻态。在用 P0 口输出时，P0 外部须接上拉电阻，因为 P0 口本身内部驱动能力较弱，需要用上拉电阻注入电流，以增大驱动能力。上拉电阻的阻值一般为 10kΩ。

(2) P1 口(1～8 引脚)。P1 口是内部提供上拉电阻的 8 位准双向 I/O 口，可独立寻址，P1 口缓冲器能接收、输出 4TTL 门电流。P1 口引脚写入“1”后，被内部上拉为高，可用作输入，P1 口被外部下拉为低电平时，将输出电流，这是由于内部上拉的缘故。

(3) P2 口(21～28 引脚)。P2 口是内部提供上拉电阻的 8 位准双向 I/O 口，可独立寻址。其原理与 P1 口相似。

(4) P3 口(10～17 引脚)。P3 口是一个内部提供上拉电阻的 8 位准双向 I/O 口，可独立寻址。在作为普通 I/O 口时，其原理与 P1 口相似。P3 口除作为普通 I/O 口外，还可作为一些特殊功能口，其第二功能见表 3-1。

表 3-1　P3 引脚第二功能的定义

引脚名称	引脚序号	第二功能	功能说明
P3.0	10	RXD	串行输入口
P3.1	11	TXD	串行输出口
P3.2	12	$\overline{INT0}$	外部中断 0
P3.3	13	$\overline{INT1}$	外部中断 1
P3.4	14	T0	定时器/计时器 0 外部输入
P3.5	15	T1	定时器/计时器 1 外部输入
P3.6	16	$\overline{WR}$	外部数据存储器写选通
P3.7	17	$\overline{RD}$	外部数据存储器读选通

3.2　80C51 单片机的内部功能

学习 51 单片机内部功能的使用，就是要能对 51 单片机的 I/O 口进行任意操作。本章将以 80C51 为内核的单片机为例，详细介绍 51 单片机各部分的工作原理和使用方法。

3.2.1　单片机的最小系统

单片机的最小系统是指单片机工作时需要的最少电路，包括电源电路、晶振电路和复位电路。

1. 电源电路

电源电路用以为单片机提供稳定的工作电源。STC89C51 的工作电压为 5V，可通过 USB 接口、电源模块(7805,2596)等方式供电。单片机的 40 引脚 V_{CC} 接＋5V 电压，20 引脚 GND 接 0V 电压。

2. 晶振电路

晶振是晶体振荡器的简称，它能够产生 CPU 执行指令所必需的时钟频率信号，CPU 一切指令的执行都是建立在这个基础上的。晶振提供的时钟频率越高，单片机的运行速度就越快。51 单片机的晶振电路如图 3-4 所示。

3. 复位电路

单片机的复位电路就好比计算机的重启部分，当计算机在使用中出现死机时，按下重启按钮，计算机内部程序便从头开始执行。单片机也一样，当单片机系统在运行中受到环境干扰出现程序跑飞的时候，按下复位按钮，则内部的程序便自动从头开始执行。51 单片机为高电平复位，即当 RST 引脚接收到 2μs 以上的高电平信号时即可实现复位，所以电路中的电容值是可以改变的。复位电路如图 3-5 所示。

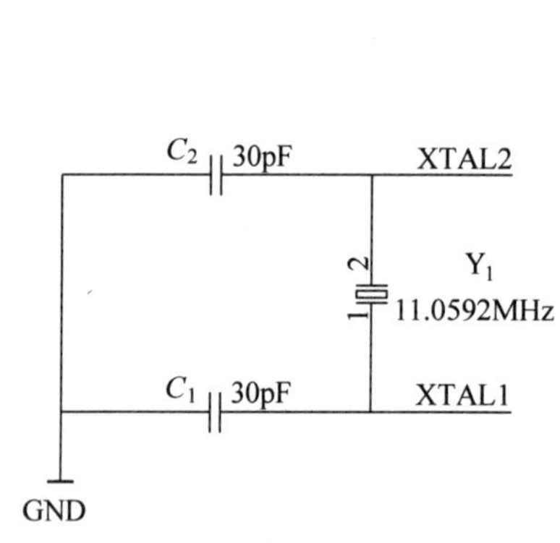

图 3-4　51 单片机的晶振电路

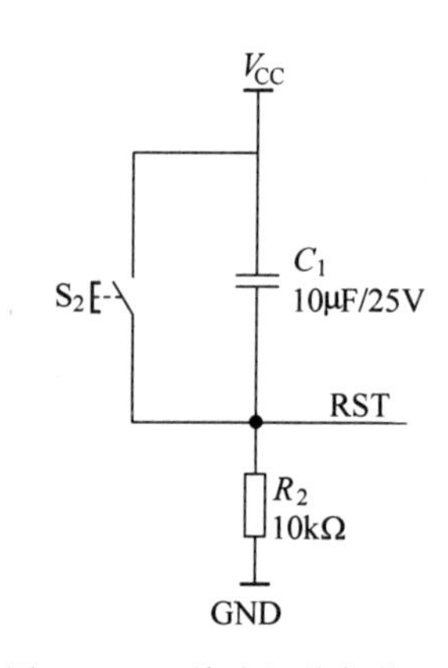

图 3-5　51 单片机的复位电路

知识点：单片机的几个周期

时钟周期：为单片机提供时钟脉冲信号的振荡周期，即单片机外接晶振频率的倒数。它是单片机中最基本的时间单位。

状态周期：每个状态周期为时钟周期的 2 倍，是振荡周期经二分频后得到的。

机器周期：一个机器周期包含 6 个状态周期 $S_1 \sim S_6$，也就是 12 个时钟周期。在 1 个机器周期内，CPU 可以完成一个独立的操作。

指令周期：CPU 完成一条操作所需的时间。每条指令执行的时间都由 1 个或几个机器周期组成。MCS-51 系统中有单周期指令、双周期指令和四周期指令。

3.2.2 单片机I/O口的使用

单片机最基础的使用是对I/O口的直接操作。80C51单片机有P0、P1、P2、P3共4个8位双向I/O口，每个口都有锁存器、输出驱动器和输入缓冲器。其中，P0和P2通常用于对外部存储器的访问，在具有片外扩展存储器的系统中，P2口作为高8位地址线，P0口分时作为低8位地址线和双向数据总线；P3口除具有普通I/O口的功能外，还具有表3-1所列的第二功能。

下面以单片机对指示灯、数码管和按键的控制和检测为例，介绍I/O口的基本操作。

1. LED灯的闪烁

发光二极管(LED)的内容已在第1章中介绍过。LED的作用是把电能转换成光能，在电路及仪器中作为指示灯或组成文字或数字显示。发光二极管主要由镓(Ga)与砷(As)、磷(P)的化合物制成，其中磷砷化镓二极管发红光，磷化镓二极管发绿光，碳化硅二极管发黄光。

发光二极管的内阻很小，长时间使用时必须串联限流电阻以控制通过管子的电流。限流电阻R的计算式为

$$R=(E-V_F)/I \tag{3-1}$$

式中，E为电源电压，V；V_F为LED的正向电压，V；I为LED的工作电流，A。

由于不同颜色LED的合成材料不同，因此压降也有所不同，其中红色的压降为2.0～2.2V，黄色的压降为1.8～2.0V，绿色的压降为3.0～3.2V。正常发光时的额定电流均为20mA。所以在5V的数字逻辑电路中，可使用220Ω的电阻作为限流电阻。

单片机控制LED灯有两种连线方法：

(1) LED的阳极端通过限流电阻连接到51单片机的P1.0端口，阴极端接地。当P1.0端口输出高电平时，LED导通，发光二极管点亮；P1.0端口输出低电平时，LED截止，发光二极管熄灭。其电路如图3-6所示。

(2) LED的阳极端通过限流电阻连接到电源V_{CC}，阴极端接51单片机的P1.0端口。当P1.0端口输出高电平时，LED截止，发光二极管熄灭；P1.0端口输出低电平时，LED导通，发光二极管点亮。其电路如图3-7所示。

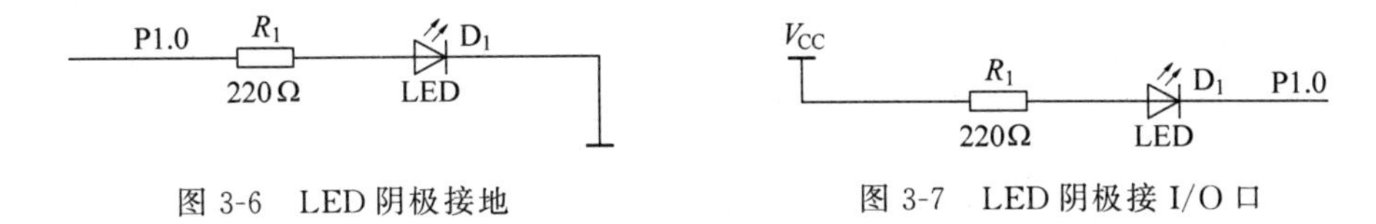

图3-6 LED阴极接地　　　图3-7 LED阴极接I/O口

由于51单片机灌电流(端口接收电流)能力强，而输出电流能力相对较弱，因此通常采用图3-7的接线方式。

以图3-7的接线方式为例，控制LED灯D_1闪烁的程序代码如下：

```
/**************************************************/
#include<reg51.h>            //51系列单片机头文件
```

```
sbit D1 = P1^0;                  //声明 D1 接到单片机 P1.0 端口
unsigned int a;                  //定义一个无符号整型变量 a
void main()                      //主函数
{
    a = 5000;
    while(1)                     //大循环
    {
        D1 = 0;                  // 点亮 LED
        while(a - - );           // 延时
        D1 = 1;                  // 关闭 LED
        while(a - - );           // 延时
    }
}
/ ************************************************ /
```

2. 数码管的显示

1）数码管的工作原理

数码管实际上是由 7 个组成 8 字形的 LED 发光二极管构成的，加上小数点就是 8 个 LED，所以有 7 段数码管和 8 段数码管之称。8 段共阳数码管共有 10 个引脚，其数码管引脚与 8 个 LED 灯的对应关系如图 3-8(a)所示。按发光二极管的单元连接方式，数码管分为共阳极数码管和共阴极数码管两种。如图 3-8(b)所示，共阳极数码管是指将所有发光二极管的阳极接到一起形成公共阳极(COM)；如图 3-8(c)所示，共阴极数码管是指将所有发光二极管的阴极接到一起形成公共阴极(COM)。共阳极数码管在应用时应将公共端接到正极上，当某一字段发光二极管的阴极为低电平时，相应的字段就点亮；当某一字段的阴极为高电平时，相应的字段就不亮。共阴极数码管在应用时应将公共端接到负极上(GND)，当某一字段发光二极管的阳极为高电平时，相应的字段就点亮；当某一字段的阳极为低电平时，相应的字段就不亮。

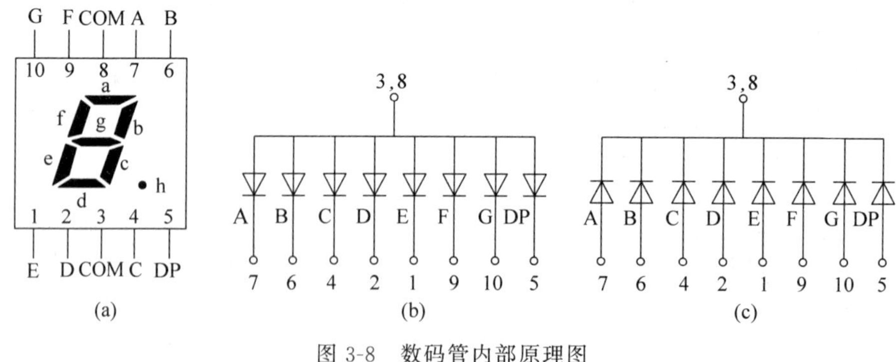

图 3-8 数码管内部原理图

(a) 引脚；(b) 共阳极；(c) 共阴极

2）数码管的编码

根据数码管的显示原理，数码管的 8 段中某些段亮/某些段不亮就可以显示不同的字符。当将数码管的 8 段按 A、B、C、D、E、F、G、DP 的顺序依次连接到单片机的一组 I/O 端口(如 P1 端口的 P1.0～P1.7)，要求数码管显示一定的数值时，则可以对该组数进行编码。

数码管通常用来显示数字 0～9 和字母 A～F 的 16 个字符，对应的共阴极和共阳极编码见表 3-2 和表 3-3。

表 3-2　共阴极数码管编码表

显示字符	0	1	2	3	4	5	6	7	8	9
共阴极编码	0X3f	0X06	0X5b	0X4f	0X66	0X6d	0X7d	0X07	0X7f	0X6f
显示字符	A	B	C	D	E	F	—	—	—	—
共阴极编码	0X77	0X7c	0X39	0X5e	0X79	0X71	—	—	—	—

表 3-3　共阳极数码管编码表

显示字符	0	1	2	3	4	5	6	7	8	9
共阳极编码	0Xc0	0Xf9	0Xa4	0Xb0	0X99	0X92	0X82	0Xf8	0X80	0X90
显示字符	A	B	C	D	E	F	—	—	—	—
共阳极编码	0X88	0X83	0Xc6	0Xa1	0X84	0X8e	—	—	—	—

3）数码管的静态显示

数码管的静态显示是指当显示某一字符时，数码管的位选端始终被选通，在这种方式下，每个数码管的段选端都需要一个 8 位的输出口进行控制，占用的 I/O 引脚较多。

以 1 位(1P)共阳极数码管为例，将数码管的 8 段 A、B、C、D、E、F、G、DP 分别按顺序连接到单片机 P1 端口的 P1.0～P1.7 引脚，公共端 3，8 引脚串联一个 1kΩ 的电阻接到 V_{CC} 引脚上，让数码管循环显示 0～F 的 16 个数值，时间间隔为 1s。程序代码如下：

```
/****************************************************/
#include<reg51.h>
unsigned char num;
unsigned char code table[] = {0xc0,0xf9,0xa4,0xb0,0x99,
0x92,0x82,0xf8,0x80,0x90,0x88,0x83,0xc6,0xa1,0x84,0x8e};  //8 段共阳极数码管段码表
void delayms(unsigned int z):                             //延时函数
{
    unsigned int x,y;
    for(x = z;x > 0;x--)
        for(y = 110;y > 0;y--);
}
void main()                                               //主函数
{
    num = 0;                                              //num 清零
    while(1)                                              //大循环
    {
        P1 = table[num];                                  //将数码管的段码送到 P1 口
        delayms(1000);
        num++;
        if(num == 16)
        {
            num = 0;
        }
    }
}
/****************************************************/
```

4）数码管的动态显示

数码管的动态显示是单片机中应用最广泛的显示方式之一。动态显示是将所有数码管的8段即A、B、C、D、E、F、G、DP中的同名端连在一起，位选端分别用两个端口控制，通过循环扫描的方式显示数值。动态显示程序较静态显示程序相对复杂，但使用的引脚数少，可节约单片机的引脚资源。

以两位(2P)共阳极数码管为例，将数码管的8段即A、B、C、D、E、F、G、DP分别按顺序连接到单片机P0端口的P1.0～P1.7引脚，两个位选端分别通过三极管接到单片机的P2.0和P2.1引脚，让数码管动态显示数值12。程序代码如下：

```
/***************************************************/
#include <reg51.h>
sbit w1 = P2^0;                                    //定义个位位选端
sbit w2 = P2^1;                                    //定义十位位选端
unsigned char num,shi,ge;                          //num为显示数值
unsigned char code table[] = {0xc0,0xf9,0xa4,0xb0,0x99,
0x92,0x82,0xf8,0x80,0x90,0x88,0x83,0xc6,0xa1,0x84,0x8e};
void delayms(unsigned int z)                       //延时函数,1ms
{
    unsigned int x,y;
    for(x = z;x > 0;x--)
        for(y = 110;y > 0;y--);
}
void main()                                        //主函数
{
    num = 0;
    ge = 0;
    shi = 0;
    while(1)
    {
        shi = num/10;                              //取十位数值
        ge = num % 10;                             //取个位数值
        w1 = 0;                                    //显示个位数
        P1 = table[ge];
        delayms(5);
        w1 = 1;
        w2 = 0;                                    //显示十位数
        P1 = table[shi];
        delayms(5);
        w2 = 1;
    }
}
/***************************************************/
```

3. 按键检测

1）按键检测的原理

基于单片机的按键检测电路原理图如图3-9所示。按键断开时，P1.0端口为高电平（与V_{CC}电平一致）；当按键闭合时，P1.0端口与GND导通，为低电平。

2）按键防抖

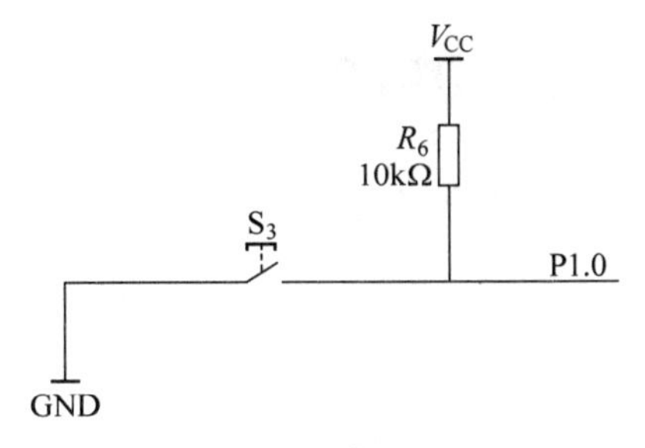

图 3-9　按键检测原理图

键盘在闭合和断开时，触点会存在抖动现象，按一次键盘单片机可能检测到多次。按键防抖就是使按键在正常反应时间内单片机只检测一次，防止误操作。按键防抖分为软件防抖和硬件防抖两种。

硬件防抖可采用滤波防抖电路，利用 RC 积分电路对干扰脉冲进行吸收，选择好电路的时间常数就可以将按键抖动信号通过滤波电路过滤掉，从而消除抖动的影响。

软件防抖是将反应时间通过软件延时来忽略，以起到防抖的作用。下面以按键按下控制一个 LED 点亮 5s 为例，来展示软件防抖的程序。示例程序如下：

```
/*****************************************************/
#include <reg52.h>
sbit led = P1^0;
sbit key = P1^1;
void delayms(unsigned int z)                    //延时函数,1ms
{
    unsigned int x,y;
    for(x = z;x > 0;x--)
        for(y = 110;y > 0;y--);
}
void main()                                     //主函数
{
    while(1)
    {
        if(key == 0)                            //检测是否有按键按下
        {
            delayms(5);                         //延时 5ms,按下防抖
            if(key == 0)                        //再次检测是否有按键按下
            {
                while(!key)                     //检测是否松手
                delayms(5);                     //延时 5ms,松手防抖
                while(!key);                    //再次检测是否松手
                led = 0;                        //点亮 LED 灯
                delayms(5000);                  //延时 5s
                led = 1;                        //关闭 LED 灯
            }
        }
    }
}
/*****************************************************/
```

3.2.3 中断系统

1. 中断的概念

CPU 在处理某一事件 A 时，又发生了另一事件 B 并请求 CPU 迅速处理（中断发生）；CPU 暂时中断当前的工作，转而处理事件 B（中断响应和中断服务）；待 CPU 将事件 B 处理完毕，再回到原来事件 A 被中断的地方继续处理事件 A（中断返回）。这一过程称为中断。

2. 80C51 单片机中断系统的结构

80C51 单片机的中断系统共有 5 个中断源、2 个中断优先级，可实现二级嵌套。中断系统的结构如图 3-10 所示。

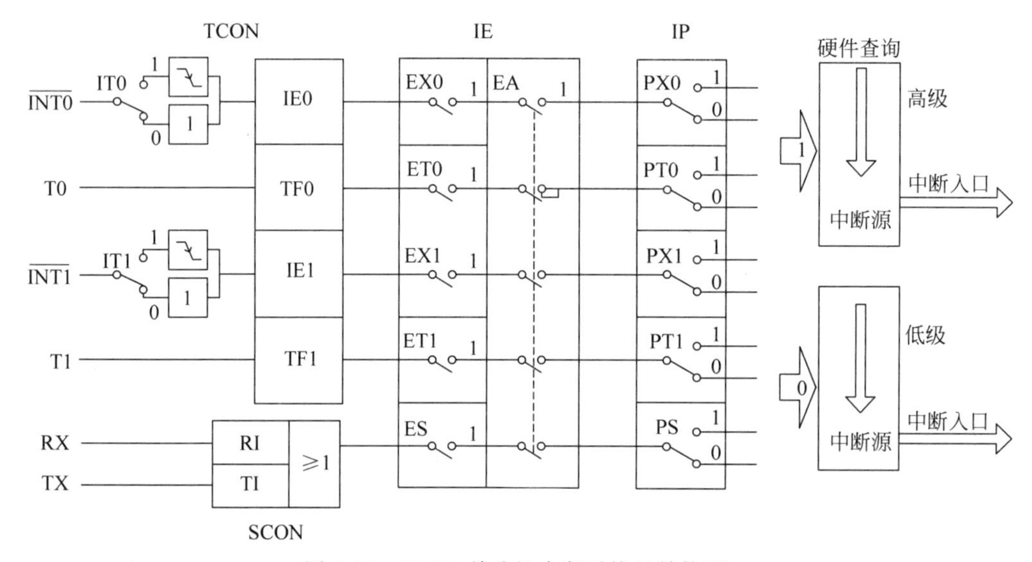

图 3-10 80C51 单片机中断系统的结构图

TCON 为定时器/计数器控制寄存器，SCON 为串行口控制寄存器，IE 为中断允许控制寄存器，IP 为中断优先级。单片机要实现中断，必须对以上寄存器进行配置（即控制图 3-10 中寄存器开关的选通）。80C51 单片机中各中断的优先级见表 3-4。

表 3-4 中断优先级

中断源	中断标志	优先级顺序
外部中断 0（$\overline{\text{INT0}}$）	IE0	高
定时/计数器 0（T0）	TF0	↓
外部中断 1（$\overline{\text{INT1}}$）	IE1	↓
定时/计数器 1（T1）	TF1	↓
串行口	RI 或 TI	低

CPU 同时接收到几个中断请求时，首先响应优先级高的中断请求；有优先级别为同一优先级的中断申请时，由表 3-4 中的中断系统硬件确定的优先级执行中断；正在进行的中

断不能被新的同级或低优先级中断请求中断；正在进行的低优先级中断能被高优先级中断请求中断。

CPU 中断的开启和执行需要通过配置中断允许控制寄存器 IE 和 TCON 的中断标志来实现。

3. 中断允许控制寄存器

CPU 对中断系统的所有中断以及某个中断源的开放和屏蔽是由中断允许寄存器 IE 控制的，见表 3-5。

表 3-5 中断寄存器的中断标志

位	7	6	5	4	3	2	1	0	—
字节地址：A8H	EA	—	—	ES	ET1	EX1	ET0	EX0	IE

表 3-5 中的端口说明：

(1) EX0(IE.0)表示外部中断 0 允许位；

(2) ET0(IE.1)表示定时/计数器 T0 中断允许位；

(3) EX1(IE.2)表示外部中断 0 允许位；

(4) ET1(IE.3)表示定时/计数器 T1 中断允许位；

(5) ES(IE.4)表示串行口中断允许位；

(6) EA(IE.7)表示 CPU 中断允许(总允许)位。

4. TCON 的中断标志

TCON 的中断标志见表 3-6。

表 3-6 TCON 寄存器的中断标志

位	7	6	5	4	3	2	1	0	—
字节地址：88H	TF1	TR1	TF0	TR0	IE1	IT1	IE0	IT0	TCON

表 3-6 中的端口说明：

IT0(TCON.0)表示外部中断 0 触发方式控制位。当 IT0=0 时，为电平触发方式；当 IT0=1 时，为边沿触发方式(下降沿有效)。

(1) IE0(TCON.1)表示外部中断 0 中断请求标志位。

(2) IT1(TCON.2)表示外部中断 1 触发方式控制位。

(3) IE1(TCON.3)表示外部中断 1 中断请求标志位。

(4) TF0(TCON.5)表示定时/计数器 T0 溢出中断请求标志位。

(5) TF1(TCON.7)表示定时/计数器 T1 溢出中断请求标志位。

根据 80C51 单片机中断系统的结构，CPU 要实现中断响应要同时满足以下 3 个条件：

(1) CPU 开中断(即 EA=1)；

(2) 此中断源的中断允许位为 1；

(3) 中断源有中断请求。

例如，外部中断 0 的初始化程序如下：

```
EA = 1;                        //开总中断
EX0 = 1;                       //开外部中断 0
IT0 = 1;                       //设置中断触发方式为下降沿触发
```

知识点：

IT0=0 时，进入中断后，外部中断为低电平时一直处于中断状态，主函数停止运行。

IT0=1 时，下降沿时刻触发进入中断，中断结束后退出中断。可提高 CPU 的响应速度。

3.2.4 定时/计数器

1. 定时/计数器的结构

80C51 单片机内部有两个 16 位定时/计数器，简称定时器 0 和定时器 1，分别用 T0 和 T1 表示。定时/计数器的实质是加 1 计数器(16 位)，由高 8 位和低 8 位两个寄存器组成。80C51 单片机定时/计数器的工作由两个特殊功能寄存器 TMOD 和 TCON 控制。

2. 定时/计数器的工作原理

定时/计数器可工作于定时或计数模式，两种模式下的计数脉冲来源不同。定时模式下，计数脉冲是由系统的时钟振荡器输出脉冲经 12 分频后送出的；计数模式下，计数脉冲是 T0 或 T1 引脚输入的外部脉冲源。每来一个脉冲计数器便加 1，当加到计数器的 16 位寄存器全部为 1 时，再输入一个脉冲就使计数器回零，且计数器的溢出使 TCON 中的 TF0 或 TF1 置 1，向 CPU 发出中断请求(定时/计数器中断允许时)。如果定时/计数器工作于定时模式，则表示定时时间已到；如果工作于计数模式，则表示计数值已满。

3. 定时/计数器的控制

80C51 单片机定时/计数器工作时需要设置两个寄存器：TMOD 用于设置其工作方式，TCON 用于控制其启动和中断申请。TMOD、TCON 的设置方式如下。

1) 工作方式寄存器 TMOD

工作方式寄存器 TMOD 用于设置定时/计数器的工作方式，低 4 位用于设置 T0，高 4 位用于设置 T1。其格式见表 3-7。

表 3-7 TMOD 寄存器的工作方式

位	7	6	5	4	3	2	1	0	—
字节地址：89H	GATE	$C/\overline{T}$	M1	M0	GATE	$C/\overline{T}$	M1	M0	TMOD

表 3-7 中的端口说明：

(1) GATE 表示门控位。GATE=0 时，只要用软件使 TCON 中的 TR0 或 TR1 置 1，就可以启动定时/计数器；GATE=1 时，要用软件使 TR0 或 TR1 置 1，同时外部中断引脚或也为高电平，才能启动定时/计数器。

(2) C/$\overline{T}$ 表示定时/计数模式选择位，其中 C/$\overline{T}$=0 为定时模式，C/T =1 为计数模式。

(3) M1、M0：工作方式设置位。定时/计数器有 4 种工作方式，由 M1、M0 的值进行设定，其工作方式设定值见表 3-8。

表 3-8　定时器的工作方式

M1,M0	工作方式	说　明
00	方式 0	13 位定时/计数器
01	方式 1	16 位定时/计数器
10	方式 2	8 位自动重装定时/计数器
11	方式 3	仅适用于 T0,T0 分成两个独立的 8 位计数器；此方式时 T1 停止计数

2) 控制寄存器 TCON

TCON 的低 4 位用于控制外部中断(前面已介绍过)，高 4 位用于控制定时/计数器的启动和中断申请。其控制方式见表 3-9。

表 3-9　TCON 寄存器的控制方式

位	7	6	5	4	3	2	1	0	—
字节地址：88H	TF1	TR1	TF0	TR0	IE1	IT1	IE0	IT0	TCON

表 3-9 中的端口说明：

(1) TF1(TCON.7)表示 T1 溢出中断请求标志位。T1 计数溢出时；由硬件自动置 1；CPU 响应中断后 TF1，由硬件自动清零。

(2) TR1(TCON.6)表示 T1 运行控制位。TR1 置 0 时，T1 停止工作；TR1 置 1 时，T1 开始工作。TR1 由软件置 1 或清零，即由软件控制定时/计数器的启动和停止。

(3) TF0(TCON.5)表示 T0 溢出中断请求标志位，功能与 TF1 类同。

(4) TR0(TCON.4)表示 T0 运行控制位，功能与 TR1 类同。

根据定时/计数器的系统结构，定时/计数器初始化程序应完成以下工作：

(1) 中断方式时，对 IE 赋值，开放中断。

(2) 对 TMOD 赋值，以确定 T0 和 T1 的工作方式。

(3) 计算初值，并将初值写入 TH0、TL0 或 TH1、TL1。

(4) TR0 或 TR1 置位，启动定时/计数器进行定时或计数。

定时器的工作方式为方式 1 时，计数器计数个数与计数初值的关系为

$$\text{定时器计数初值 } X = \text{最大计数值 } M - \text{计数初值 } N$$

其中，计数个数 N=定时时间/机器周期 I_{cy}。

例如，设置定时器 0 为工作方式 1，初值为 50000，其初始化程序如下：

```
EA = 1;                       //开总中断
ET0 = 1;                      //开定时器 0 中断
TMOD = 0x01;                  //设置定时器 0 为工作方式 1
TH0 = (65536 - 10000)/256;    //定时器 0 装初值
TL0 = (65536 - 10000) % 256;
TR0 = 1;                      //启动定时器 0
```

3.2.5 串口通信

随着多微机系统的广泛应用和计算机网络技术的普及,计算机的通信功能显得愈来愈重要。计算机通信是指计算机与外部设备或计算机与计算机之间的信息交换。

计算机通信是将计算机技术和通信技术相结合,完成计算机与外部设备或计算机与计算机之间的信息交换。它可以分为两大类:并行通信与串行通信。图 3-11 所示为并行数据传输示意图。并行通信通常是将数据字节的各位用多条数据线同时进行传送,所以控制简单、传输速度快,但由于传输线较多,长距离传送时成本高且接收方的各位同时接收存在困难。

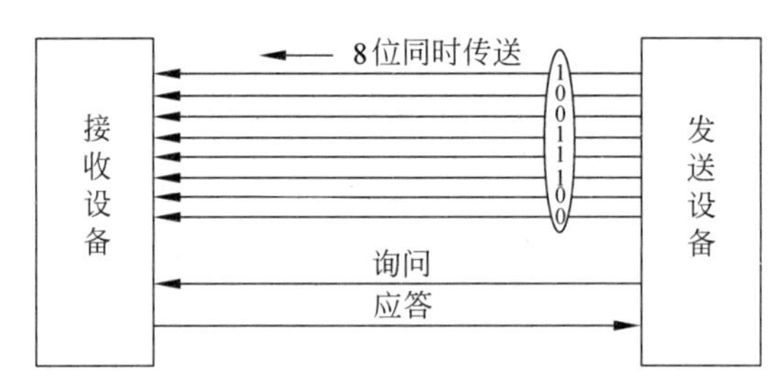

图 3-11　并行数据传输示意图

图 3-12 所示为串行数据传输示意图。串行通信是将数据字节分成一位一位的形式在一条传输线上逐个传送。其特点是传输线少,长距离传送时成本低,且可以利用电话网等现成的设备,但数据的传送控制比并行通信复杂。在多微机系统以及现代测控系统中,信息的交换多采用串行通信方式。

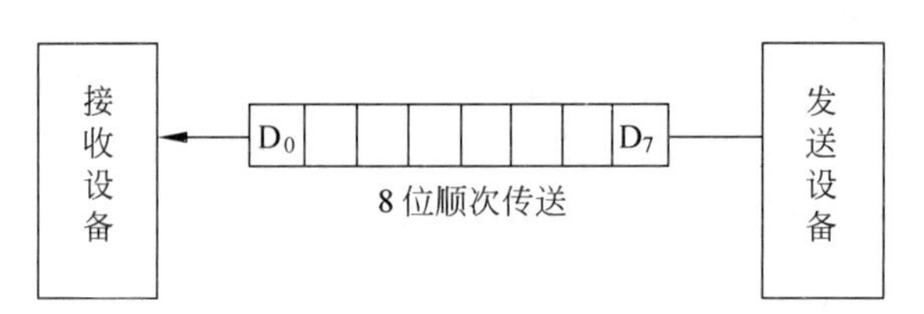

图 3-12　串行数据传输示意图

80C51 单片机串行口的控制寄存器 SCON 是一个特殊功能寄存器,用以设定串行口的工作方式、接收/发送控制以及设置状态标志,见表 3-10。

表 3-10　SCON 寄存器的工作方式

位	7	6	5	4	3	2	1	0	—
字节地址:98H	SM0	SM1	SM2	REN	TB8	RB8	T1	R1	SCON

SM0 和 SM1 为工作方式选择位,可选择 4 种工作方式:

(1) SM2 为多机通信控制位,主要用于串行口工作方式 2 和方式 3。当接收设备的 SM2=1 时可利用收到的 RB8 来控制是否激活 R1(RB8=0 时不激活 R1,收到的信息丢弃;RB8=1 时收到的数据进入 SBUF,并激活 R1,进而在中断服务中将数据从 SBUF 读走)。

当 SM2=0 时，不论收到的 RB8 为 0 或 1，均可以使收到的数据进入 SBUF，并激活 R1（即此时 RB8 不具有控制 R1 激活的功能）。因此，通过控制 SM2 可以实现多机通信。在串行口工作方式 0 时，SM2 必须是 0。在串行口工作方式 1 时，若 SM2=1，则只有接收到有效停止位时，R1 才置 1。

（2）REN 为允许串行接收位。由软件置 REN=1，启动串行口接收数据；若软件置 REN=0，则禁止接收。

（3）T1 为发送中断标志位。在串行口工作方式 0 时，当串行发送第 8 位数据结束时，或在其他方式串行发送停止位开始时，由内部硬件使 T1 置 1，向 CPU 发出中断申请。在中断服务程序中，必须用软件将其清零，才能取消此中断申请。

（4）R1 为接收中断标志位。在串行口工作方式 0 时，当串行接收第 8 位数据结束时，或在其他方式串行接收停止位的中间时，由内部硬件使 R1 置 1，向 CPU 发出中断申请。也必须在中断服务程序中，用软件将其清零，才能取消此中断申请。

串行口工作方式见表 3-11；PCON 寄存器的工作方式见表 3-12。

表 3-11 串行口的工作方式

SM0	SM1	方式	说 明	波特率
0	0	0	移位寄存器	$f_{osc}/12$
0	1	1	10 位异步收发器（8 位数据）	可变
1	0	2	11 位异步收发器（9 位数据）	$f_{osc}/64$ 或 $f_{osc}/32$
1	1	3	11 位异步收发器（9 位数据）	可变

PCON 中只有 1 位 SMOD 与串行口工作有关。

表 3-12 PCON 寄存器的工作方式

位	7	6	5	4	3	2	1	0	—
字节地址：97H	SMOD	—	—	—	—	—	—	—	PCON

表 3-12 中的端口说明：

SMOD（PCON.7）表示波特率倍增位。在串行口方式 1、方式 2、方式 3 时，波特率与 SMOD 有关，当 SMOD=1 时，波特率提高 1 倍；复位时，SMOD=0。串口通信的应用详见第 4 章中的通信模块。

第4章 常用单片机外围器件原理及应用实例

单片机外围器件主要包括传感器、通信部件、执行部件等，与单片机配合构成各种实用电路。经过多年的发展，单片机外围器件多数已发展成为成熟的模块，经过简单的连接即可与单片机组成所需的系统。本章主要介绍常用的外围器件原理及其应用。

4.1 传　感　器

传感器(transducer/senor)能感受到被测物理量的信息，并能将感受到的信息，按一定规律转换为电信号或其他所需形式的信息输出，以满足信息的传输、处理、存储、显示、记录和控制等要求。通常把传感器作为一个将被测非电量转换成电量的装置。传感器的种类多种多样，作用也各不相同，接下来将介绍不同功能的传感器原理及其应用。

传感器一般由敏感元件、转换元件、转换电路、辅助电源 4 部分构成，其功能见表 4-1。

表 4-1　传感器组成的结构功能

组成类型	结构功能
敏感元件	直接感受被测量，输出量与被测量呈某种确定关系
转换元件	敏感元件的输出通过转换元件转换成电量信号
转换电路	把转换元件输出的电量信号转换为便于处理、显示、记录的标准电信号的电路
辅助电源	其作用是提供信号转换能源。有些传感器需要外部电源供电；有些传感器则不需要外部电源供电，如压电传感器

4.1.1 光敏传感器

1. 功能介绍

光敏传感器是对外界光信号或光辐射有响应或转换功能的敏感装置。图 4-1 所示为市场中常见的光敏传感器模块，其特点如下：

(1) 具有信号输出指示。

(2) 单路信号输出。

(3) 输出的有效信号为低电平。

(4) 能感应光的强弱(精调)。

(5) 可用于光控场合。

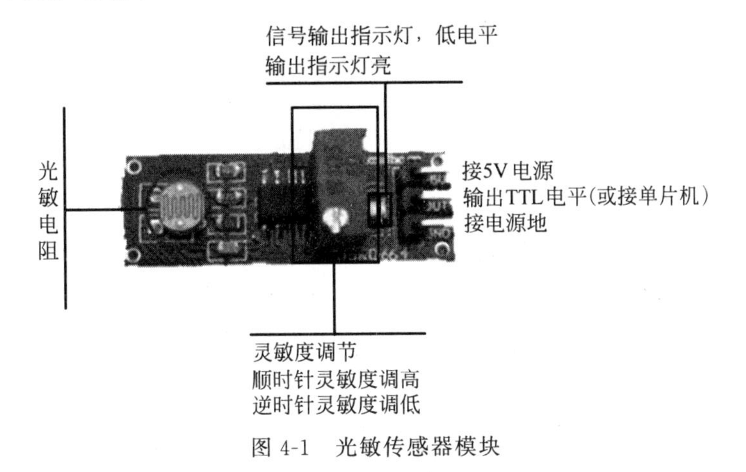

图 4-1　光敏传感器模块

2. 工作原理

光敏传感器是利用光敏元件将光信号转换为电信号的传感器，它的敏感波长在可见光波长附近，包括红外线和紫外线波长。光敏传感器不只局限于对光的探测，还可以作为探测元件组成其他传感器，对许多非电量进行检测，只要将这些非电量转换为光信号的变化即可。图 4-2 所示为光敏传感器的内部电路图。

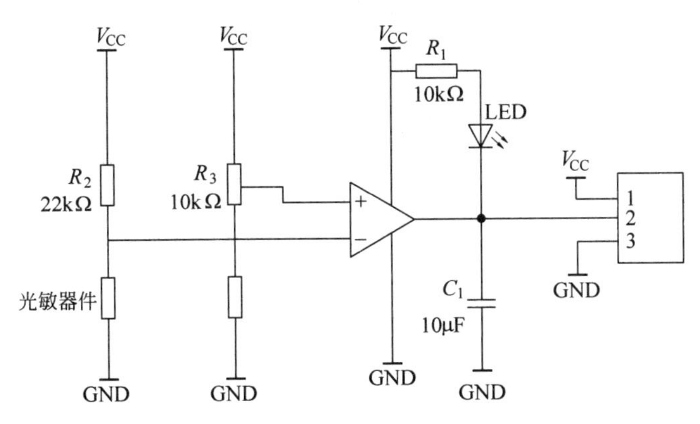

图 4-2　光敏传感器的内部电路图

3. 应用实例

光敏传感器的核心器件是光敏电阻，它能感应光线的明暗变化，输出微弱的电信号，通过电子线路放大处理，可以控制输出点的通断变化，因此在自动控制、家用电器中得到广泛应用。例如：在电视机中做亮度自动调节，在照相机中用于自动曝光，也可以用于路灯、航标、卷带自停装置及防盗报警装置中。

下面以光线的明暗控制 LED 灯的亮灭为例，设计一种由 51 单片机控制的简单的光控 LED 灯。其控制原理图如图 4-3 所示。

图 4-3 中的光敏传感器通过三端插座与单片机相连，单片机通过 P2.0 端口接光敏传感

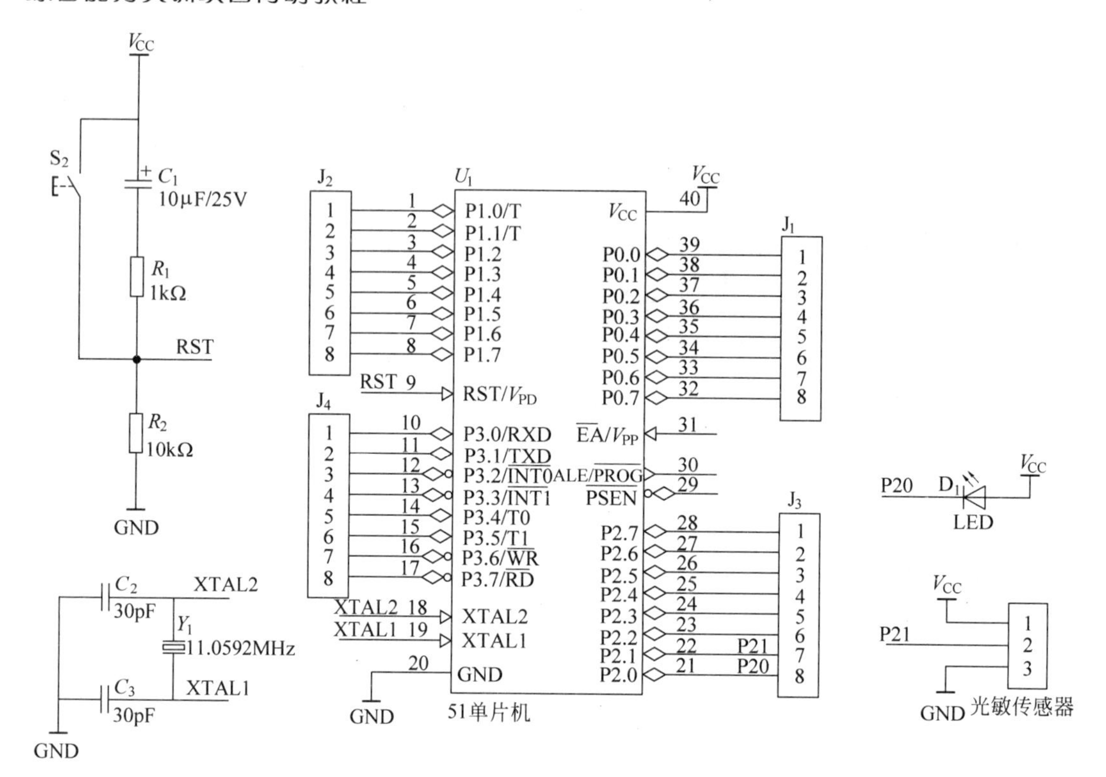

图 4-3　光控 LED 灯电路原理图

器的输出端以采集光敏传感器的信号，感知外界光线的变化，从而控制接在 P2.1 引脚上的 LED 灯 D_1 的亮灭。具体控制程序如下：

```
#include <reg52.h>
typedef unsigned char u8;
typedef unsigned int u16;
sbit led = P2^1;                //控制 LED 灯的亮灭
sbit K1 = P2^0;                 //光控开关
void delay(u16 i)
{
    while(i--);
}
void main()
{
    while(1)
    {
    if(K1 == 1)
    {
        led = 1;
        delay(500);
        }else if(K1 == 0)
        {
            led = 0;
            delay(500);
        }
    }
}
```

4.1.2　循迹传感器

1. 功能介绍

如图 4-4 所示，循迹传感器模块具有一对红外线发射管与接收管，发射管发射出一定频率的红外线，当检测方向遇到障碍物（反射面）时，红外线反射回来被接收管接收，经过比较器电路处理之后，指示灯会亮起，同时信号输出接口输出数字信号（一个低电平信号）。电路中的电位器旋钮用于调节检测距离，有效距离范围为 2～30cm，工作电压为 3.3～5V。该传感器的探测距离可以通过电位器调节，具有干扰小、便于装配、使用方便等特点。

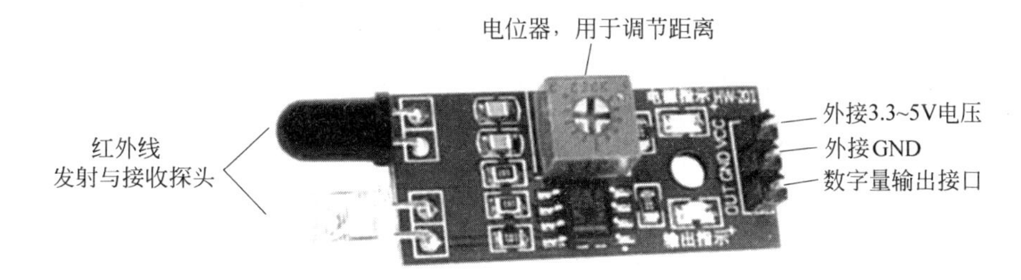

图 4-4　循迹传感器

2. 工作原理

传感器的红外线发射二极管不断发射红外线，当发射出的红外线没有被反射回来或被反射回来但强度不够大时，红外线接收管一直处于关断状态，此时模块的输出端为高电平，指示二极管一直处于熄灭状态；被检测物体出现在检测范围内时，红外线被反射回来且强度足够大，红外接收管饱和导通，此时模块的输出端变为低电平，指示二极管被点亮。图 4-5 所示为循迹传感器的内部电路图。

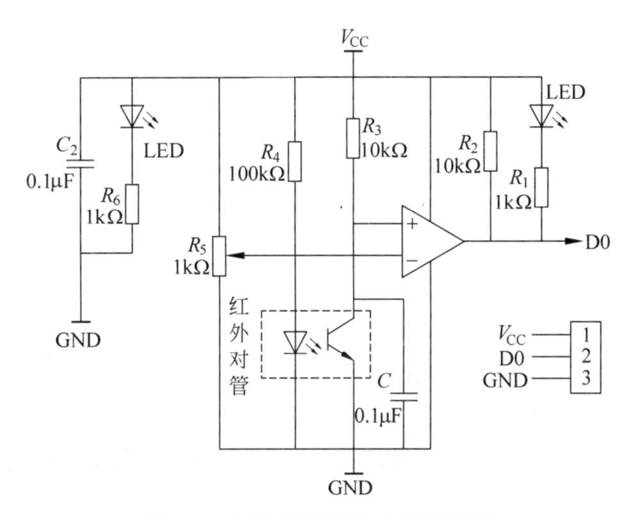

图 4-5　循迹传感器的内部电路图

3. 应用实例

循迹传感器可以广泛应用于黑白线循迹、机器人避障、避障小车、流水线计数等众多场合。下面以寻找黑线为例说明循迹传感器的应用。控制要求：通过 LED 灯的亮灭来判断循迹传感器是否检测到黑线。

黑线检测电路的控制原理图如图 4-6 所示。图中，循迹传感器通过三端插座与单片机相连，单片机通过 P2.0 接循迹传感器的输出端采集是否有黑线的信号，检测到黑线时，信号控制接在 P2.1 引脚上的 LED 灯 D_1 点亮，未检测到黑线时则 LED 灯 D_1 熄灭。具体控制程序如下：

```
#include <reg52.h>
typedef unsigned char u8;
typedef unsigned int u16;
sbit led = P2^1;                //控制 LED 灯的亮灭
sbit K1 = P2^0;                 //循迹传感器
void delay(u16 i)
{
    while(i--);
}
void main()
{
    while(1)
    {
        if(K1 == 1)
        {
            led = 1;
            delay(500);
        }else if(K1 == 0)
        {
            led = 0;
            delay(500);
        }
    }
}
```

4.1.3 光电传感器

1. 功能介绍

光电传感器是将光信号转换为电信号的一种器件。常见的有反射式光电传感器和对射式光电传感器，也可以分为槽型光电传感器、对射式光电传感器、反光板式光电传感器和扩散反射型光电传感器。它们都是把发射端和接收端之间光的强弱变化转化为电流的变化来达到探测障碍物的目的。

图 4-7 所示为扩散反射型光电传感器实物照片，它具有体积小，功能多，寿命长，精度高，响应速度快，检测距离远以及抗光、电、磁干扰能力强的优点。

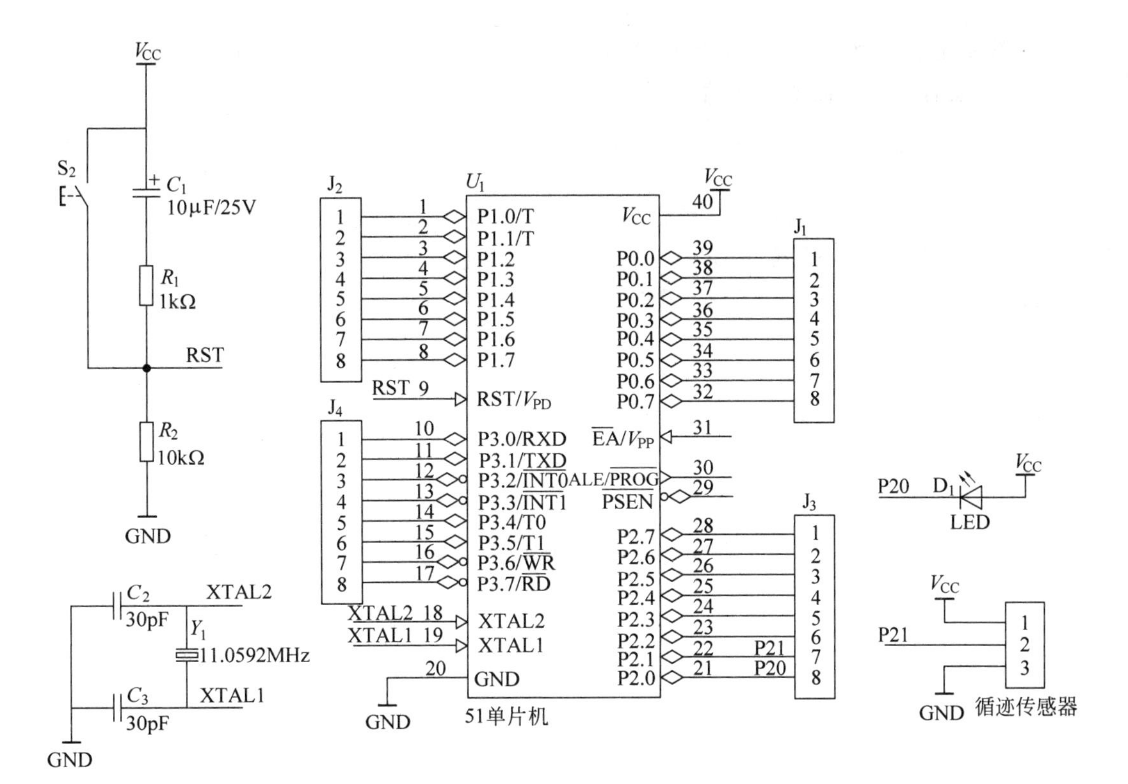

图 4-6 黑线检测电路的控制原理图

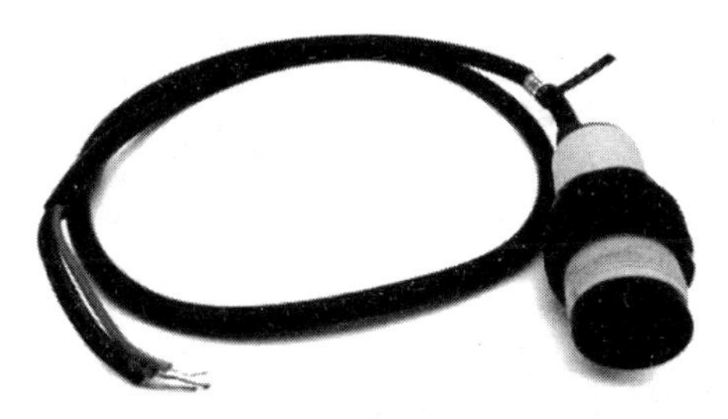

图 4-7 扩散反射型光电传感器

2. 工作原理

图 4-8 所示为光电传感器的工作原理图。图中，由光源产生的光信号经传感元件后，传回接收端，再经光电转换输出电信号以反馈给单片机一个电信号。

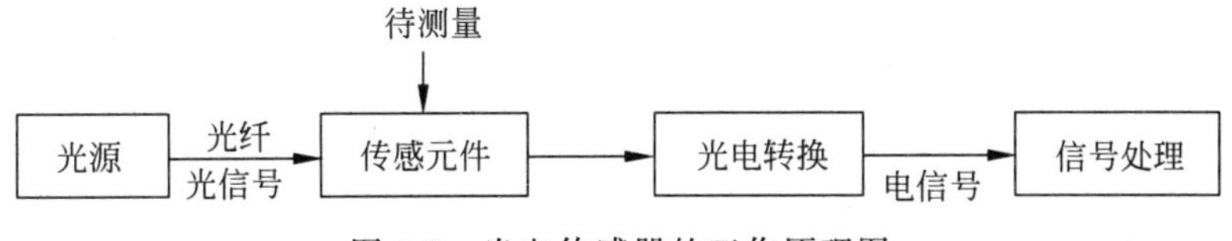

图 4-8 光电传感器的工作原理图

光电传感器一般由发射器、接收器和检测电路三部分组成。发射器对准目标发射光束，发射的光束一般来源于发光二极管(LED)或激光二极管。光束不间断地发射，接收器由光电二极管或光电三极管组成。在接收器的前面装有光学元件，如透镜和光圈等。其后是检测电路，它能有效滤出需要的光信号，并应用之。

3. 应用实例

光电传感器常用于物位检测、液位控制、产品计数、宽度判别、速度检测、定长剪切、孔洞识别、信号延时、自动门传感、色标检出、冲床和剪切机以及安全防护等诸多领域。此外，利用红外线的隐蔽性，还可以在银行、仓库、商店、办公室以及其他需要的场合作为防盗警戒之用。

下面以扩散反射型光电传感器检测障碍物为例，说明光电传感器的应用。控制要求：使用扩散反射型光电开关检测前方是否有障碍物，如果有，则 LED 灯点亮，若没有，则熄灭 LED 灯。

光电传感器检测电路的控制原理图如图 4-9 所示。图中，光电传感器通过三端插座与单片机相连，单片机通过 P2.0 接光电传感器的输出端，采集光电传感器前方是否有障碍物。检测到障碍物时，信号控制接在 P2.1 引脚上的 LED 灯 D_1 点亮；未检测到障碍物时，则 LED 灯 D_1 熄灭。具体控制程序如下：

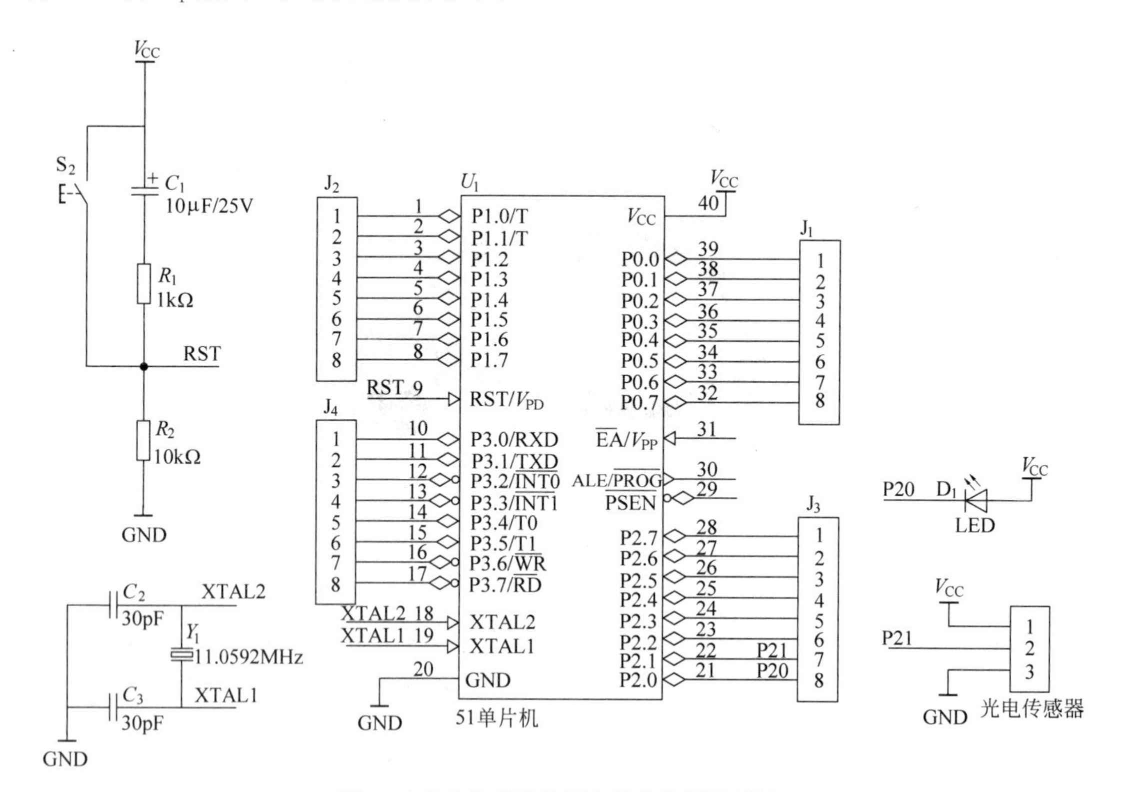

图 4-9 光电传感器检测电路的控制原理图

```
#include <reg52.h>
typedef unsigned char u8;
typedef unsigned int u16;
sbit led = P2^1;                //控制 LED 灯的亮灭
sbit K1 = P2^0;                 //光电开关
```

```
void delay(u16 i)
{
    while(i--);
}
void main()
{
    while(1)
    {
        if(K1 == 1)
        {
            led = 1;
            delay(500);
        }else if(K1 == 0)
        {
            led = 0;
            delay(500);
        }
    }
}
```

4.1.4　超声波传感器

1. 功能介绍

超声波是振动频率高于20kHz的机械波。超声波传感器是将超声波信号转换成其他能量信号(通常是电信号)的传感器。常用的超声波传感器是由压电晶片组成的,压电晶片既可以发射超声波,也可以接收超声波。

图4-10所示为常用的HC-SR04超声波传感器,它包括两个压电晶片和一个共振板。当其两电极外加触发脉冲信号,且频率等于压电晶片的固有振荡频率时,压电晶片便会发生共振,并带动共振板振动,从而产生超声波。反之,如果两电极间未外加电压,当共振板接收到超声波压迫压电晶片振动时,就将机械能转换为电信号,成为超声波接收器。

2. 工作原理

如图4-11所示为超声波传感器的工作原理图。超声波发射器向某一方向发射超声波,在发射超声波的同时开始计时,超声波在空气中传播时,若途中碰到障碍物则立即被反射回来,超声波接收器收到反射波就立即停止计时。

图4-10　HC-SR04超声波传感器

超声波测距的原理是利用超声波在空气中的传播速度已知,测量声波在发射后遇到障碍物反射回来的时间,然后根据发射和接收的时间差计算出发射点到障碍物的实际距离。由此可见,超声波的测距原理与雷达是一样的。

测距公式为

$$s = ct \tag{4-1}$$

式中，s 为测量距离的长度，m；c 为超声波在空气中的传播速度，m/s；t 为测量距离传播的时间差（t 为从发射到接收时间数值的一半），s。

如：超声波在空气中的传播速度为 340m/s，根据计时器记录的时间 t，就可以计算出发射点与障碍物的距离 s，即 $s=340\times t/2$。

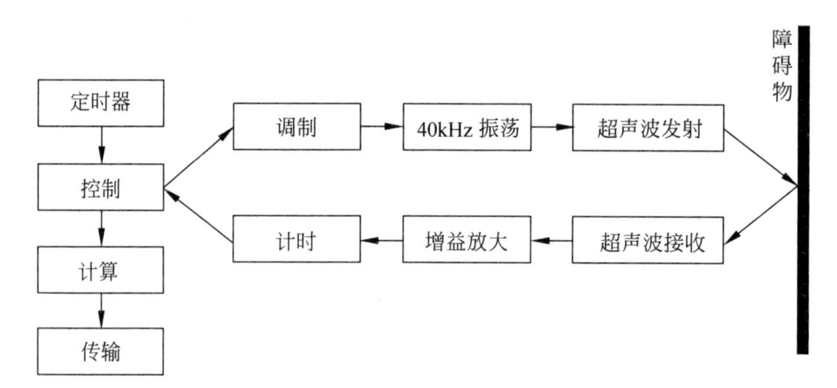

图 4-11　超声波传感器的工作原理图

由于超声波具有易于定向发射、方向性好、强度易控制、与被测量的物体不需要直接接触等优点，所以它是作为液体高度测量的理想手段。在精密的液位测量中需要达到毫米级的测量精度，但是目前国内的超声波测距专用集成电路都只有厘米级的测量精度。

3. 应用实例

与我们生活最贴近的超声波应用是测距，如泊车辅助系统、智能导盲系统、移动机器人等在进行距离测量时都会用到超声波。在超声波传感器应用中要注意以下几点：

(1) 采用 I/O 触发测距，需要给超声波传感器至少 10μs 的高电平信号。

(2) 超声波模块会自动发送 8 个 40kHz 的方波，同时自动检测是否有信号返回。

(3) 有信号返回时，通过输出引脚输出一高电平，高电平持续的时间就是超声波从发射到返回的时间。测试距离可根据式(4-1)计算。

以下为超声波传感器在单片机中的应用实例和程序。控制要求：当回波引脚检测到信号时，LED 灯被点亮。

超声波传感器检测控制原理图如图 4-12 所示。图中，超声波传感器通过四端插座与单片机相连，单片机通过 P1.0 接 LED 灯 D_1，通过 P1.1 引脚发送激活超声波传感器的脉冲，通过 P3.1 引脚检测超声波传感器回波。在检测到超声波回波时，控制接在 P1.0 引脚上的 LED 灯 D_1 点亮。具体控制程序如下：

```
#include <reg52.h>
typedef unsigned char u8;
typedef unsigned int u16;
sbit LED = P1^0;                    //测试用引脚
sbit Trig = P1^1;                   //产生脉冲引脚
```

```
sbit Echo = P3^2;                    //回波引脚
void delay(u16 i)
{
    while(i--);
}
void main()
{
Trig = 1;
    while(1)
    {
        if(Echo == 1)
        {
            led = 1;
            delay(500);
        }else if(Echo == 0)
        {
            led = 0;
            delay(500);
        }
    }
}
```

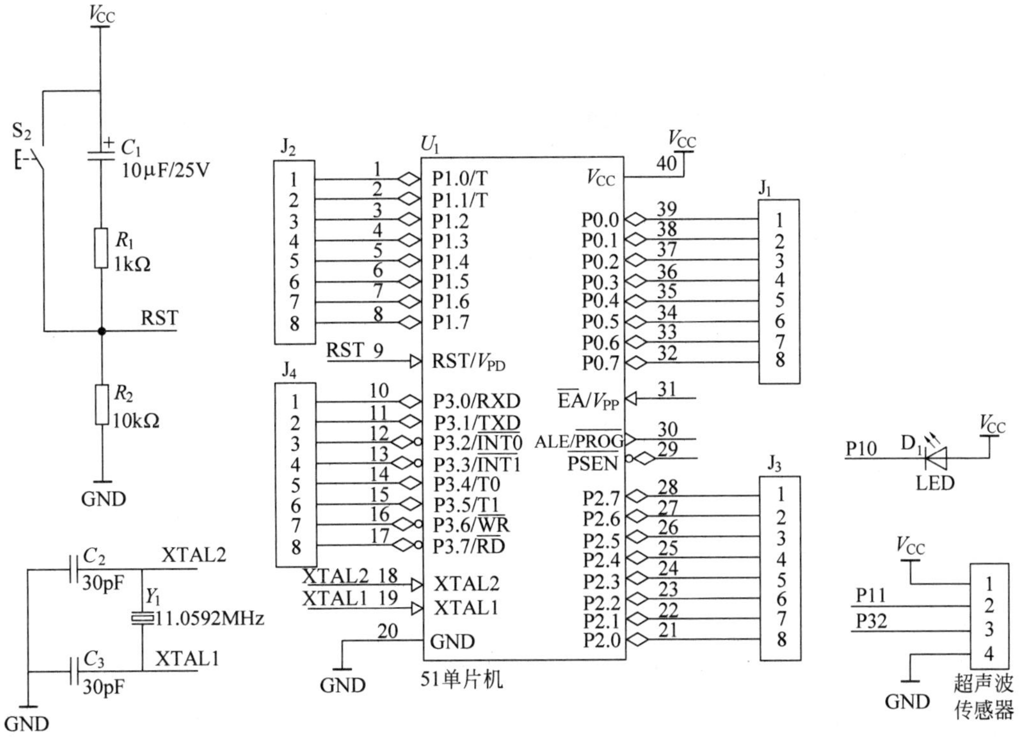

图 4-12　超声波传感器检测电路原理图

4.1.5 电子秤专用模数转换器(A/D 转换器)

1. 功能介绍

HX711 称重模块采用了海芯科技集成电路专利技术，是一款专为高精度电子秤设计的 24 位 A/D 转换器模块，如图 4-13 所示。作为称重的集成模块，其集成了包括稳压电源、片内时钟振荡器等其他同类型芯片所需要的外围电路，具有集成度高、响应速度快、抗干扰性强等优点，降低了电子秤的整机成本，提高了整机的性能和可靠性。该芯片与后端 MCU 芯片的接口和编程非常简单，所有控制信号由引脚驱动，无须对芯片内部的寄存器编程。

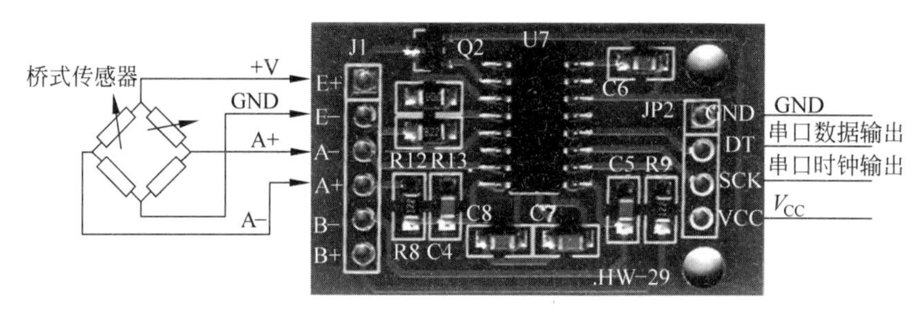

图 4-13 HX711 称重模块

2. 特点

图 4-14 所示为 HX711 称重模块的芯片引脚图，各引脚的功能见表 4-2。该模块使用时任意选取通道 A 或通道 B，与其内部的低噪声可编程放大器相连。通道 A 的可编程增益为 128 或 64，对应的满额度差分输入信号幅值分别为±20mV 或±40mV。通道 B 则为固定的 32 增益，用于系统参数检测。芯片内提供的稳压电源可以直接向外部传感器和芯片内的 A/D 转换器提供电源，系统板上无须另外的模拟电源。芯片内的时钟振荡器不需要任何外接器件。上电自动复位功能简化了开机的初始化过程。该模块的特点如下：

(1) 两路可选择差分输入。

(2) 片内低噪声可编程放大器可选增益为 32、64 和 128。

(3) 片内稳压电路可直接向外部传感器和芯片内的 A/D 转换器提供电源。

(4) 片内时钟振荡器无须任何外接器件，必要时也可以使用外接晶振或时钟。

(5) 上电自动复位电路。

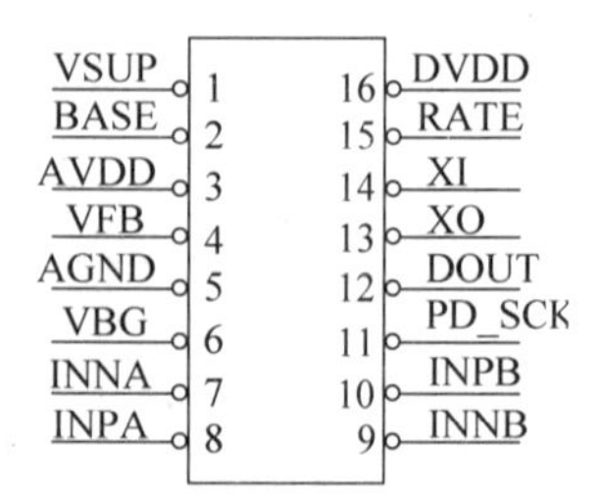

图 4-14 HX711 称重模块的芯片引脚图

(6) 简单的数字控制和串口通信，即所有控制由引脚输入，芯片内的寄存器无须编程。

(7) 可选择 10Hz 或 80Hz 的频率输出数据。

(8) 同步抑制 50Hz 和 60Hz 的电源干扰。

(9) 耗电量(含稳压电源电路)低。典型工作电流<1.6mA，断电电流<1μA。

(10) 工作电压范围为 2.6～5.5V。

(11) 工作温度范围为－40～＋85℃。

表 4-2 HX711 称重模块的引脚功能列表

引脚	名称	功 能
1	VSUP	电源：稳压电路供电电源 2.6～5.5V(不用稳压电路时应接 AVDD)
2	BASE	模拟输出：稳压电路控制输出(不用稳压电路时为无连接)
3	AVDD	电源：模拟电源 2.6～5.5V
4	VFB	模拟输入：稳压电路控制输入(不用稳压电路时应接地)
5	AGND	模拟地
6	VBG	模拟输出：参考电源输出
7	INNA	模拟输入：通道 A 负输入端
8	INPA	模拟输入：通道 A 正输入端
9	INNB	模拟输入：通道 B 负输入端
10	INPB	模拟输入：通道 B 正输入端
11	PD_SCK	数字输入：断电控制(高电平有效)和串口时钟输入
12	DOUT	数字输出：串口数据输出
13	XO	数字输出：晶振输出(不用晶振时为无连接)
14	XI	数字输入：外部时钟或晶振输入，“0”表示使用片内振荡器
15	RATE	数字输入：输出数据的速率控制在 0：10Hz，1：80Hz
16	DVDD	电源：数字电源 2.6～5.5V

3. 应用实例

HX711 称重模块主要应用于计价秤及称重。下面以一种体重秤为例说明该模块的用法。控制要求：使用 HX711 称重模块对物体进行称重。

HX711 称重模块的控制系统原理图如图 4-13 所示。将串口数据输出接单片机的 P3.0 端口，将串口时钟输入接单片机的 P3.1 端口。具体控制程序如下：

```
#include "main.h"
#include "HX711.h"
#include "uart.h"

unsigned long HX711_Buffer = 0;
unsigned long Weight_Maopi = 0;
long Weight_Shiwu = 0;

unsigned char flag = 0;
bit Flag_ERROR = 0;

//校准参数
//因为不同的传感器特性曲线不是很一致,因此,每一个传感器都需要矫正这个参数才能使测量值
  准确
//当发现测试出来的质量偏大时,增加该数值
//如果测试出来的质量偏小时,减小该数值
//该值可以为小数
#define GapValue 430

//****************************************************
```

```
//主函数
//**************************************************
void main()
{
    Uart_Init();
    Send_Word("Welcome to use!\n");
    Send_Word("Made by Beetle Electronic Technology!\n");
    Delay_ms(3000);                     //延时,等待传感器稳定

    Get_Maopi();                        //称毛皮质量

    while(1)
    {
        EA = 0;
        Get_Weight();                   //称重
        EA = 1;

        Scan_Key();

        //显示当前质量
        if( Flag_ERROR == 1)
        {
            Send_Word("ERROR\n");
        }
        else
        {
            Send_ASCII(Weight_Shiwu/1000 + 0X30);
            Send_ASCII(Weight_Shiwu%1000/100 + 0X30);
            Send_ASCII(Weight_Shiwu%100/10 + 0X30);
            Send_ASCII(Weight_Shiwu%10 + 0X30);
            Send_Word(" g\n");
        }
    }
}
//扫描按键
void Scan_Key()
{
    if(KEY1 == 0)
    {
        Delay_ms(5);
        if(KEY1 == 0)
        {
            while(KEY1 == 0);
            Get_Maopi();                //去皮
        }
    }
}
//**************************************************
//称重
//**************************************************
void Get_Weight()
```

```
{
    Weight_Shiwu = HX711_Read();
    Weight_Shiwu = Weight_Shiwu - Weight_Maopi;                      //获取净重
    if(Weight_Shiwu > 0)
    {
        Weight_Shiwu = (unsigned int)((float)Weight_Shiwu/GapValue);  //计算实物的实际质量
        if(Weight_Shiwu > 5000)                                       //超重报警
        {
            Flag_ERROR = 1;
        }
        else
        {
            Flag_ERROR = 0;
        }
    }
    else
    {
        Weight_Shiwu = 0;
        Flag_ERROR = 1;                                               //负重报警
    }
}
//*************************************************
//获取毛皮质量
//*************************************************
void Get_Maopi()
{
    Weight_Maopi = HX711_Read();
}
//*************************************************
//MS延时函数(12M晶振下测试)
//*************************************************
void Delay_ms(unsigned int n)
{
    unsigned int i,j;
    for(i = 0;i < n;i++)
        for(j = 0;j < 123;j++);
}
```

4.2　执行模块

单片机在通过传感器或通信模块接收外围信息后，经过程序处理，将给出相关的运行结果，指挥外围执行器件完成一定的信号输出或者动作输出，以完成预定的功能。目前常用的输出执行器件包括指示灯、LCD显示屏、蜂鸣器、舵机、直流电动机等。

4.2.1　舵机模块

1. 功能介绍

舵机是一种位置（角度）伺服的驱动器，其实是一种伺服电动机。如图4-15所示，舵机适用于那些需要角度不断变化并且可以保持的控制系统。目前在高档遥控玩具,如飞机模型、潜艇模型、遥控机器人中已普遍使用。舵机可以在机电系统和航模中作为基本的输出执行机构,其简单的控制和输出使得单片机系统非常容易与之接口。舵机的控制效果是影响动作性能的重要因素。

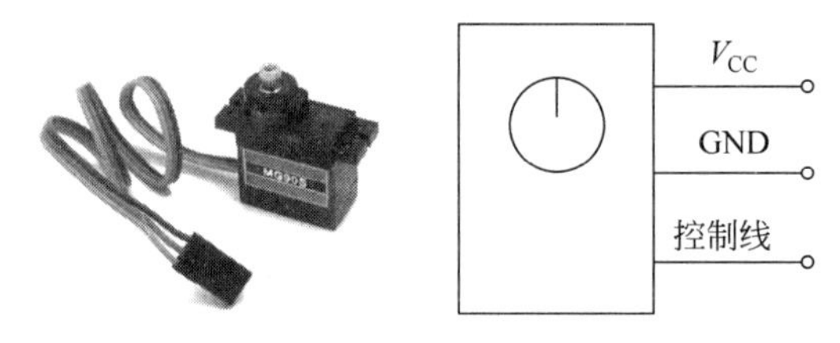

图 4-15 舵机实物照片及引脚图

2. 工作原理

如图 4-15 所示,一般向舵机提供 3 个信号:电源、地和控制信号。控制信号为周期 20ms、脉冲宽度变化的脉冲信号,其由单片机的某一通道进入舵机控制板的信号调制芯片,以获得直流偏置电压。舵机控制板内部将获得的直流偏置电压与电位器的电压比较,以获得电压差输出。最后,正、负电压差输出至电动机驱动芯片以决定电动机的正、反转。电动机转速一定时,通过级联减速齿轮带动电位器旋转,使电压差为 0,则电动机停止转动。

如图 4-16 所示为控制舵机所需的 20ms 左右的时基脉冲,该脉冲的高电平部分一般为 0.5～2.5ms 范围内的角度控制脉冲部分。以 180°伺服为例,其对应的控制关系如下:0.5ms 对应 0°,1.0ms 对应 45°,1.5ms 对应 90°,2.0ms 对应 135°,2.5ms 对应 180°。

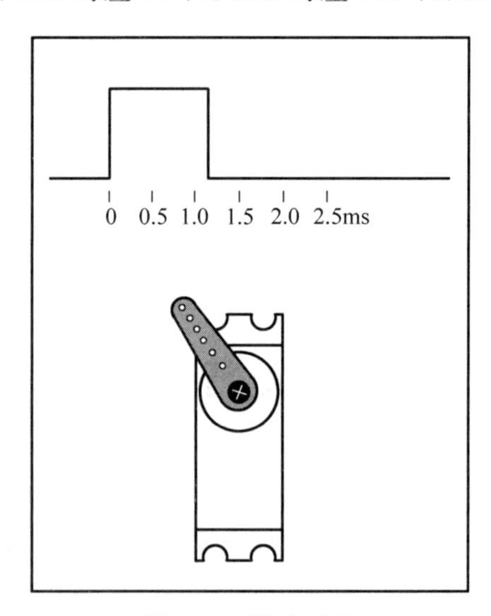

图 4-16 脉冲时间

3. 应用实例

舵机可应用于高档遥控仿真车、多自由度机器人、多路伺服航模、电动遥控飞机、油动遥控飞机、航海模型等。它一般包括左转、右转功能,可实现高精度的角度控制。以下实例是利用按键来实现舵机的正、反转。控制要求：3个按键分别代表舵机左转、舵机右转以及舵机停止，按下不同的按键，可以控制舵机左转45°、右转45°和恢复初始位置。其控制原理图如图4-17所示，3个按键分别接入单片机的P2.1、P2.2和P2.3端口。舵机控制信号通过P2.0端口给出。控制程序如下：

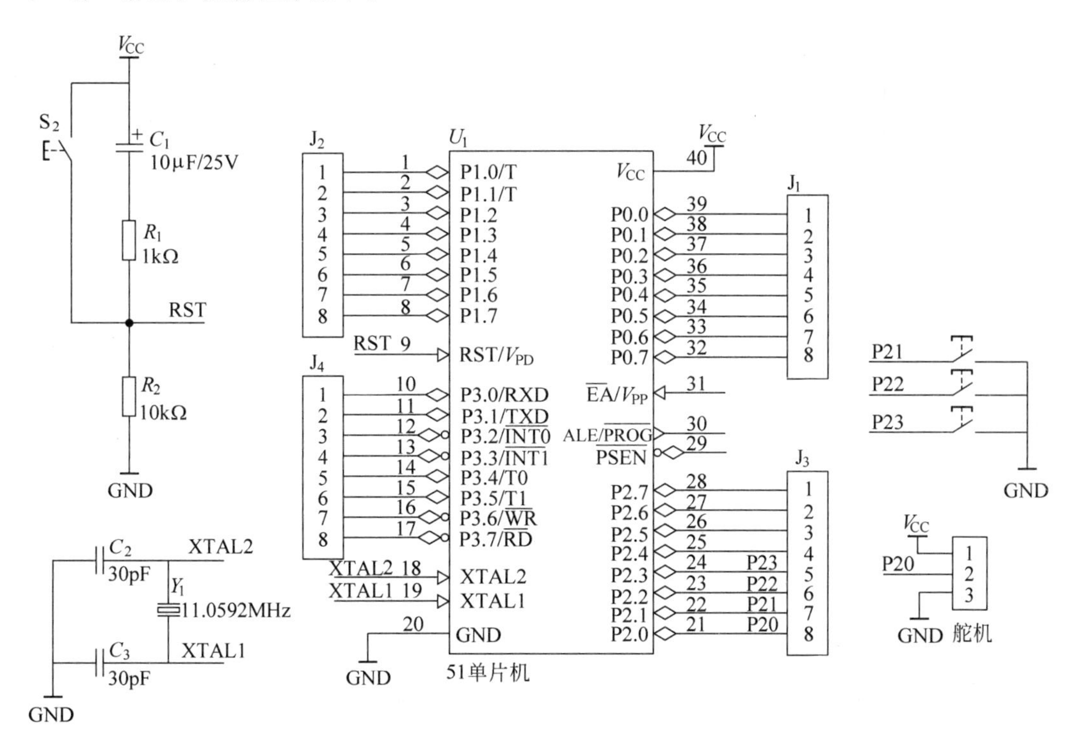

图4-17　舵机电路控制原理图

```
#include <reg52.h>
#define Stop 0                                        //宏定义,停止
#define Left 1                                        //宏定义,左转
#define Right 2                                       //宏定义,右转
sbit ControlPort = P2^0;
sbit KeyLeft = P2^1;
sbit KeyRight = P2^2;
sbit KeyStop = P2^3;
unsigned char TimeOutCounter = 0,LeftOrRight = 0;
void InitialTimer(void)
{
    TMOD = 0x10;
    TH1 = (65535 - 500)/256;
    TL1 = (65535 - 500)/256;
    EA = 1;
    ET1 = 1;
    TR1 = 1;
}
void ControlLeftOrRight(void)
{
    if(KeyStop == 0)
```

```
            {
            LeftOrRight = Stop;
            }
        if(KeyLeft == 0)
        {
            LeftOrRight = Left;
        }
        if(KeyRight == 0)
        {
            LeftOrRight = Right;
        }
    }
    void main(void)
    {
        InitialTimer();
        While(1)
        {
            ControlLeftOrRight();
        }
    }
    void Timer1 ( void ) interrupt 3
    {
        TH1 = ( 65535 - 500 ) / 256;
        TL1 = ( 65535 - 500 ) % 256;
        TimeOutCounter ++;
        }
        switch(LeftOrRight)
        {
            case0:                          //为 0 时,舵机归位,脉宽 1.5ms
            {
                if(TimeOutCounter <= 6)
                {
                    ControlPort = 1;
                }
                else
                {
                    ControlPort = 0;
                }
                break;
            }
            case1:                          //为 1 时,舵机左转,脉宽 1ms
            {
                if(TimeOutCounter <= 2)
                {
                    ControlPort = 1;
                }
                else
                {
                    ControlPort = 0;
                }
                break;
            }
            case2:                          //为 2 时,舵机右转,脉宽 2ms
            {
```

```
            if(TimeOutCounter <= 10)
            {
                ControlPort = 1;
            }
            else
            {
                ControlPort = 0;
            }
            break;
        }
}
```

4.2.2　蜂鸣器模块

1. 功能介绍

蜂鸣器(buzzer)是一种一体化结构的电子讯响器,采用直流电压供电,广泛应用于计算机、打印机、复印机、报警器、电子玩具、汽车电子设备、电话机、定时器等电子产品中作为发声器件。蜂鸣器主要分为压电式蜂鸣器和电磁式蜂鸣器两种类型。蜂鸣器在电路中用字母"H"或"HA"(旧用"FM""ZZG""LB""JD"等)表示。蜂鸣器实物照片如图 4-18 所示。

2. 工作原理

图 4-18　蜂鸣器实物照片

蜂鸣器由振动装置和谐振装置组成,而蜂鸣器又分为无源他激型与有源自激型两种。

无源他激型蜂鸣器的工作发声原理是:方波信号输入谐振装置转换为声音信号输出,如图 4-19 所示。

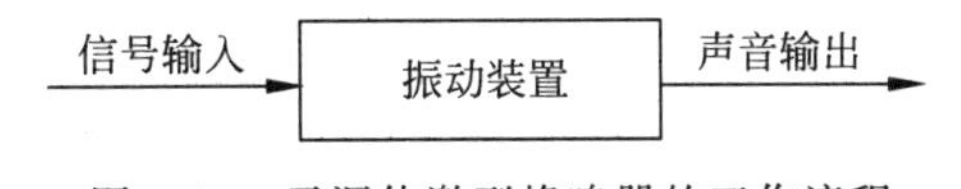

图 4-19　无源他激型蜂鸣器的工作流程

有源自激型蜂鸣器的工作发声原理是直流电源输入经过振荡系统的放大取样电路在谐振装置作用下产生声音信号,如图 4-20 所示。

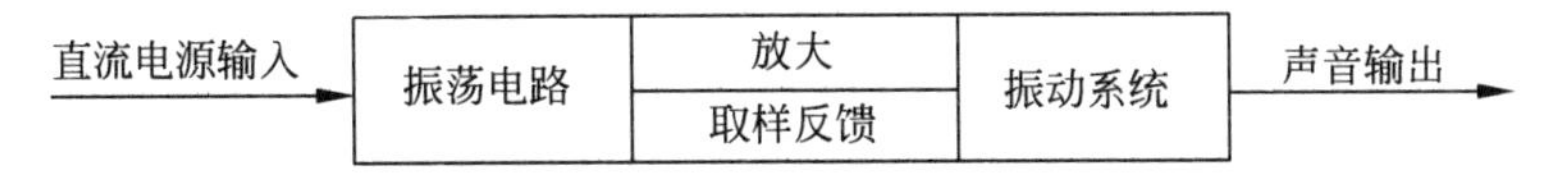

图 4-20　有源自激型蜂鸣器的工作流程

3. 应用实例

下面以单片机控制蜂鸣器发声报警为例来介绍蜂鸣器的应用。控制要求:利用单片机改变高低电平使蜂鸣器发声。控制原理图如图 4-21 所示。通过单片机 P1.5 端口控制蜂鸣器持续发声。控制程序如下:

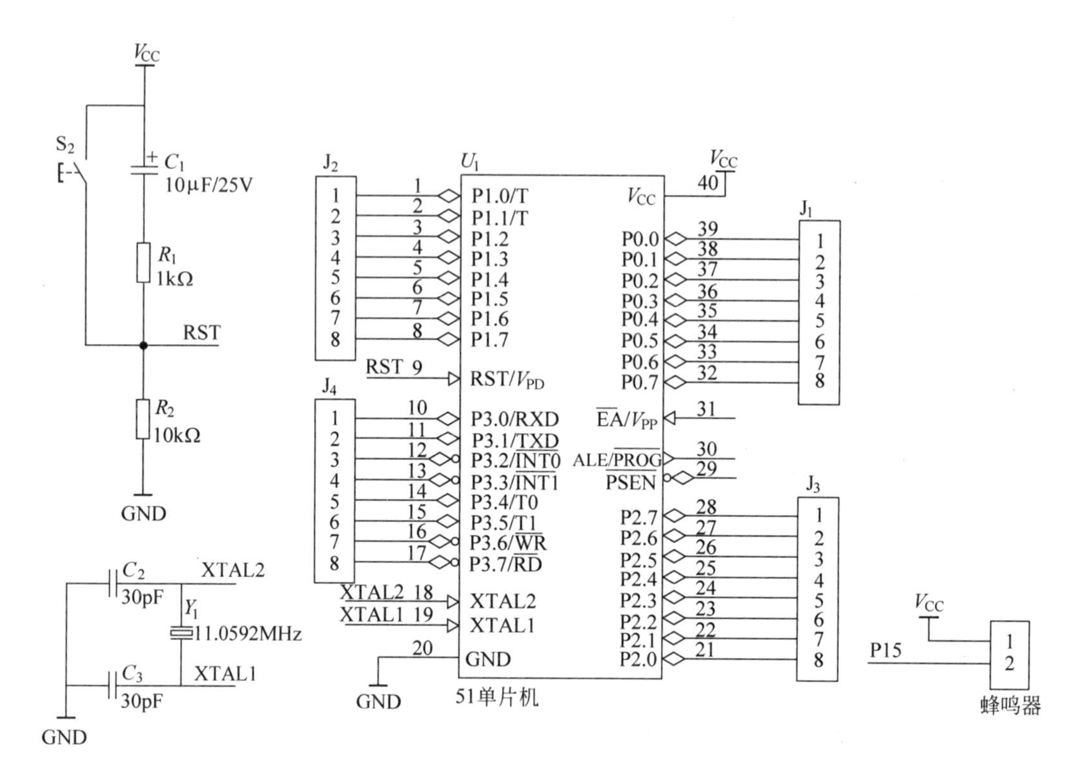

图 4-21　蜂鸣器电路控制原理图

```
#include <reg52.h>
typedef unsigned char u8;
typedef unsigned int u16;
sbit beep = P1^5;
void delay(u16 i)
{
    while(i--);
}
void main()                            //主函数
{
    while(1)
    {
        beep = ~beep;                  //改变高低电平
        delay(100);
    }
}
```

4.2.3 电动机驱动模块 L298N

1. 功能介绍

电动机驱动模块 L298N 是专用驱动集成电路，属于 H 桥集成电路，如图 4-22 所示，其输出电流为 2A，最高电流 4A，最高工作电压 50V，可以驱动感性负载，如大功率直流电动机、步进电动机、电磁阀等，特别是其输入端可以与单片机直接相连，从而很方便地受单片机控制。当驱动直流电动机时，可以直接控制步进电动机，实现电动机的正转和反转，实现此功能只需要改变输入端的逻辑电平即可。为了避免电动机对单片机的干扰，本模块在输入、输出通道加入了光耦，进行光电隔离，从而使系统能够稳定可靠地工作。

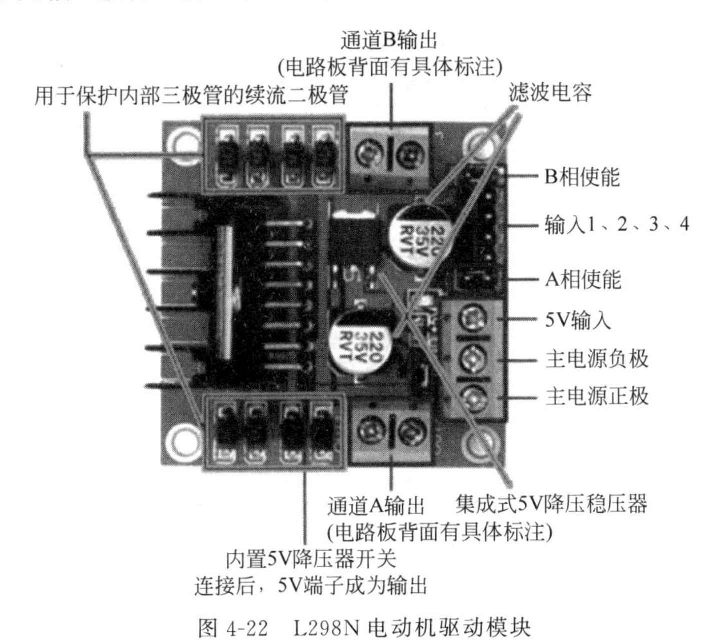

图 4-22　L298N 电动机驱动模块

2. 工作原理

通过单片机的 I/O 口输入改变芯片控制端的电平即可以对电动机进行正、反转及停止的操作。表 4-3 为单片机输入引脚与输出引脚的逻辑关系。

表 4-3　输入引脚与输出引脚的逻辑关系

ENA	IN1	IN2	直流电动机状态
0	X	X	停止
1	0	0	制动
1	0	1	正转
1	1	0	反转
1	1	1	制动

3. 应用实例

下面以 L298N 驱动两台直流电动机为例，说明单片机与电动机驱动模块的连接与控制。控制要求：使用 51 单片机连接驱动两台直流电动机，从而控制小车直行。控制原理图如图 4-23 所示。通过单片机的 P1.0、P1.1、P1.2、P1.3 端口对两台直流电动机进行驱动。

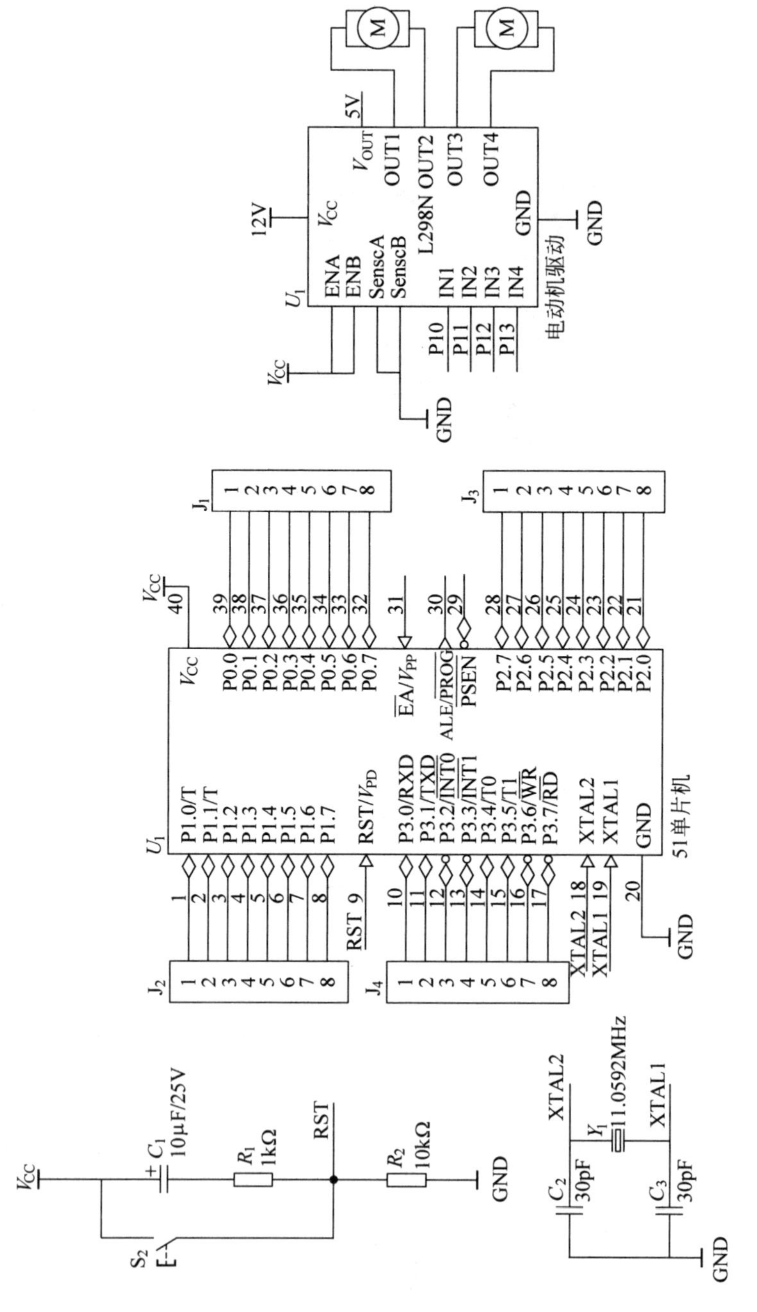

图 4-23 电动机驱动模块电路控制原理图

控制程序如下：

```
#include <reg52.h>
typedef unsigned char u8;
typedef unsigned int u16;
sbit IN1 = P1^0;
sbit IN2 = P1^1;
sbit IN3 = P1^2;
sbit IN4 = P1^3;
void delay(u16 i)
{
    while(i--);
}
void zhixing()
{
    IN1 = 1;
    IN2 = 0;
    IN3 = 1;
    IN4 = 0;
}
void main()
{
    while(1)
    {
        delay(1000);
        zhixing();
    }
}
```

4.3 通信模块

51单片机本身自带一个全双工的串行通信口，可以实现常用的串口通信，也可连接USB通信芯片，实现USB的通信。下面以蓝牙通信模块为例，介绍51单片机的蓝牙通信应用。

1. 功能介绍

蓝牙通信模块是一种集成蓝牙功能的PCBA板，一般由芯片、PCB板、外围器件构成，用于短距离2.4G无线通信。它采用蓝牙无线通信协议，可将现场数据通过无线的方式传送到其他蓝牙设备中。常用的蓝牙通信模块如图4-24所示。

2. 工作原理

图4-24　蓝牙通信模块实物照片

如图4-25所示，HC-08蓝牙通信模块用于代替串口全双工通信时的物理连线。两边的设备均可通过TXD端口向蓝牙通信模块发送串口数据，蓝牙通信模块的 RXD 端口收到串口数据后，自动将数据以无线电波的方式发送到空中。另一边的蓝牙通信模块接收到信息后，从 TXD 端口输出信息，由单片机或 MCU 设备接收。

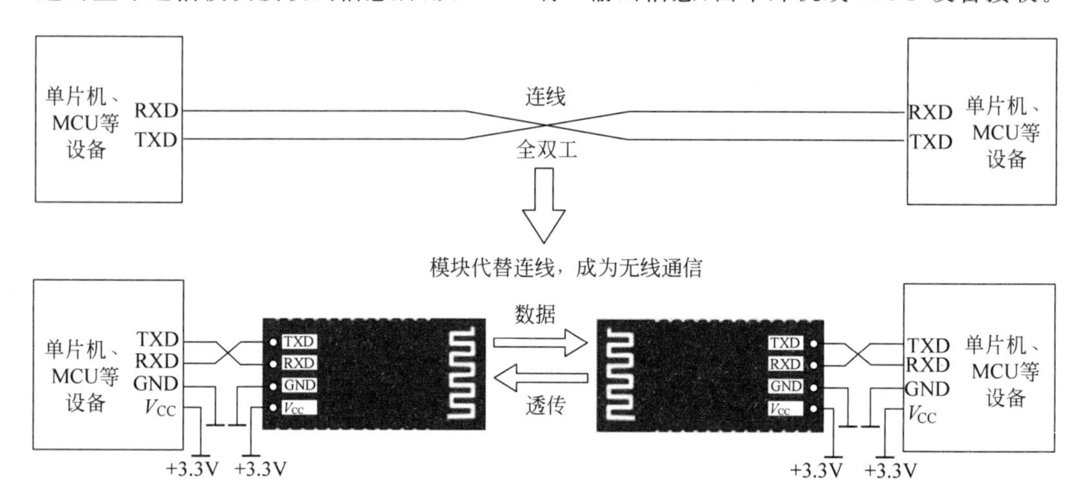

图 4-25　蓝牙通信模块工作原理图

3. 应用实例

蓝牙通信模块大量应用于无线数据采集，仪器、仪表向上位机传送测试结果，GPS 数据发送，条码扫描仪数据发送等各种情况。例如：两台设备之间利用蓝牙通信模块，实现一对一串口通信；一台主设备与多台从设备之间分时进行蓝牙串口通信；单片机、串口设备与 PC 及笔记本上位机利用蓝牙通信模块，实现串口通信；单片机、串口设备与手机的蓝牙通信。下面以单片机为例说明蓝牙通信模块的应用。

控制要求：串口接收实验，若单片机通过蓝牙从计算机接收到数据，则 LED 灯点亮。系统原理图如图 4-26 所示。蓝牙通信模块的 TXD 和 RXD 与单片机的复用端 P3.0 和 P3.1 连接，进行串口通信。LED 灯 D_1 通过 P1.0 端口进行控制。

控制程序如下：

```
#include <reg52.h>                        //51 头文件
sbit LED1 = P1^0;                         //位定义 LED1 硬件接口
void delay(unsigned int z)                //毫秒级延时
{
    unsigned int x,y;
    for(x = z; x > 0; x--)
        for(y = 114; y > 0 ; y--);
}
/*****************************************************************/
/* 串口中断程序 */
/*****************************************************************/
void UART_SER () interrupt 4
{
    unsigned int n;                       //定义临时变量

    if(RI)                                //判断是否接收中断产生
    {
```

```
            RI = 0;                                         //标志位清零
            n = SBUF;                                       //读入缓冲区的值
            switch(n)
            {
                case 1:LED1  =  0;break;                    //亮灯
                case 2:LED1  =  1;break;                    //灭灯
            }
        }
}
                                                            //蓝牙初始化
void boothint(void)
{
        SCON  =  0x50;                                      // SCON: 模式 1,8bit UART,使之能接收
        TMOD |=  0x20;
        TH1 = 0xfd;                                         //波特率 9600 初值
        TL1 = 0xfd;
        TR1 =  1;
        EA  =  1;                                           //打开总中断
        ES =  1;                                            //打开串口中断
}
void main()
{
        boothint();
        while(1)
        {
        }
}
```

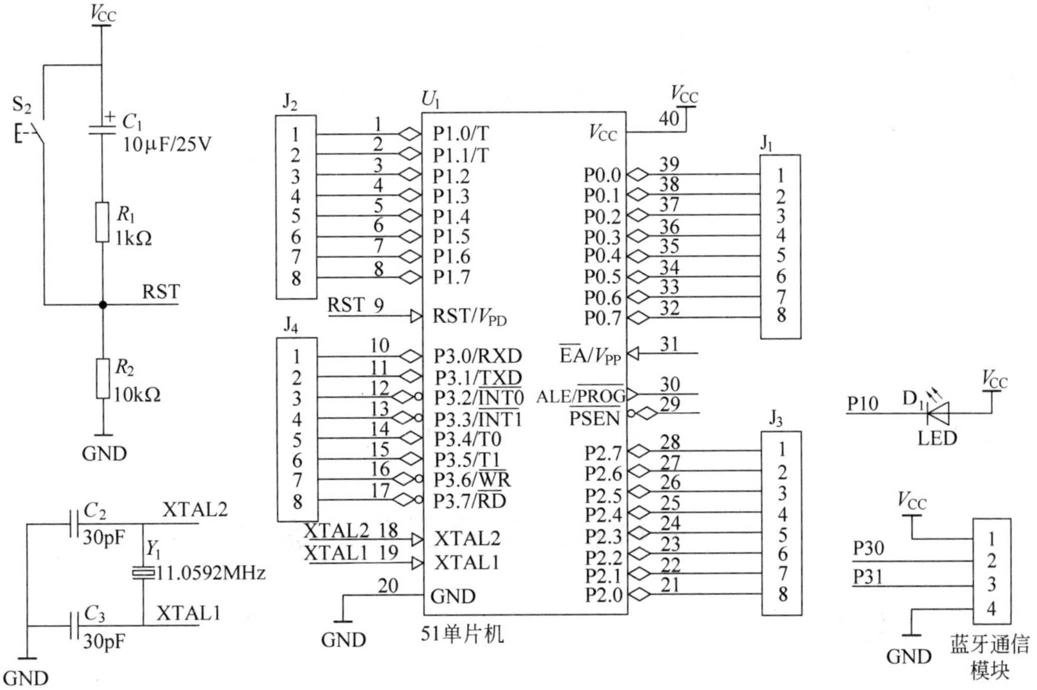

图 4-26　蓝牙通信模块电路原理图

第5章 51单片机应用系统综合设计

通过前面的学习，大家基本掌握了常用电子元器件、51单片机、C51编程、常用传感器及输出器件的使用。在具备了上述知识的基础上，下面将进入单片机应用系统的综合设计。

进行单片机应用系统的设计，首先要了解系统设计流程和常用工具，其对应关系如图5-1所示。

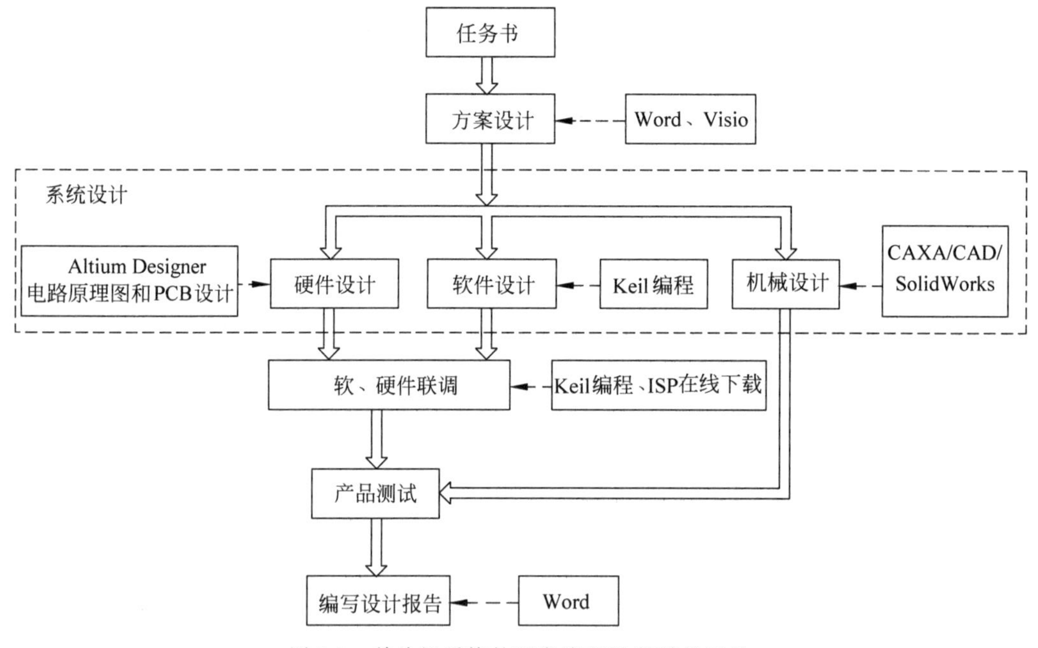

图5-1 单片机系统的开发流程及所需的工具

本章主要介绍51单片机应用系统的设计流程，并通过典型实例进行系统的综合设计。

5.1 单片机应用系统设计流程

5.1.1 任务书

任务书即项目需求说明，用以明确项目“做什么”“做到什么程度”等问题。也就是对项目进行功能描述，设定项目性能指标，并且能够满足可测性要求。

5.1.2 方案设计

方案设计是解决“怎么做”的问题。以对项目需求分析为依据，通过全面分析项目需求，提出解决方案的设想，明确关键技术及其难度。方案设计中主要包含硬件设计、软件设计和机械设计等内容。

1. 硬件方案设计

硬件方案设计要把项目设计中涉及的模块功能和性能进行详细描述，并层层分析下去，直到熟悉的典型器件或电路。当系统扩展的各类接口芯片较多时，还要充分考虑总线驱动能力。因此，硬件方案设计阶段主要完成两部分内容：

(1) 绘制系统框图(使用 Visio 进行绘制)，并对系统框图进行简单说明。

(2) 对系统中用到的主要模块进行详细的性能和功能描述。

2. 软件方案设计

软件方案设计是单片机系统设计的灵魂，一款性能良好的软件可以有效提高系统性能、规避系统运行中的风险。而软件架构的设计又是软件方案设计中的重中之重。因此在软件方案设计阶段，要采用自顶向下的程序设计方法描述各模块的软件功能，直到最基本的功能模块，并根据系统功能绘制软件流程图。

3. 机械方案设计

机械方案设计是指完成产品构思后，按照设计方案的要求，进行机械工程图纸的绘制，以便根据图纸进行生产加工。通俗来讲，机械设计的最终目的是将机械师在脑海中形成的抽象思路变成具体的、直观的图纸。而机械方案设计就是根据产品的具体功能和使用的主要器件完成产品结构及整体布局设计，并手绘基本的机械结构图。

5.1.3 硬件设计

硬件设计是单片机系统设计的基础，主要是根据方案设计中确定的主控芯片及外围器件型号，完成单片机最小系统、外围扩展芯片、存储器、I/O 电路、显示电路、驱动电路等的设计，完成系统的电路原理图和 PCB 图，并在设计报告中对各部分电路原理进行详细说明。

5.1.4 软件设计

软件设计主要是进行系统资源的合理分配，根据方案设计阶段的总体流程图，将总任务分成若干个子任务，并将子任务细化为子程序流程图，再将流程图代码化。

5.1.5 机械设计

根据机械方案设计，绘制零件的三维模型图，并将三维图转换为二维图，完成爆炸图和机械装配图的绘制。

5.1.6 软、硬件联调

硬件和软件设计完成后，将软件下载到硬件电路中进行调试。一般系统可能不按设计要求正常工作，需要查错和调试。调试时可先将系统分为若干个小模块，每个模块逐步进行测试，然后再进行系统整机联调。

5.1.7 产品测试

将产品装配好进行整机调试，并在实际使用环境中进行现场测试。因为实际使用环境和开发环境往往有较大的差异，所以系统完成联调之后一定要进行现场调试，消除因环境变化而带来的系统不稳定性。

5.1.8 编写设计报告

设计报告是设计工作的总结，也是日后查阅的依据。完整的设计报告包括任务书、方案设计（软件方案设计和硬件方案设计）、软件设计（函数使用、程序代码）和硬件设计（原理图、PCB 图）详细说明、成本核算、个人总结等内容。

从总体来看，单片机系统由软件、硬件共同组成。软件可以减少硬件的数量，提高系统的可靠性，增加控制系统的灵活性，但同时也会降低系统的工作速度；硬件可以减少软件设计的工作量，增加系统的快速性，但硬连接增多时也会增加系统的故障点，降低系统的可靠性。对于一些既可用硬件实现又可用软件实现的功能，在进行设计时，应充分考虑软、硬件的特点，合理分配和协调软、硬件的功能，选择最佳的设计方案，可使系统尽可能达到最佳的性价比。

后面两节将按照单片机系统设计流程，通过触摸调光台灯和蓝牙遥控小车两个实例详细介绍典型 51 单片机系统的开发，以方便大家参考。

5.2 触摸调光台灯

5.2.1 任务书

项目要求：以 51 单片机为主控芯片，通过接触触摸传感器来控制台灯的亮度。系统上电后，第一次接触触摸模块，灯光处于最暗状态；第二次接触触摸模块，灯光调整到中间亮度；第三次接触触摸模块，灯光调到最亮；第四次接触触摸模块，台灯关灯，回到原始状态。

5.2.2 方案设计

1. 硬件方案设计

本设计选用 STC89C52RC 芯片作为主控制器，通过接触电容式点动型触摸模块来控制单片机的 I/O 口输出可控制的 PWM 信号，实现灯光的三级可调。

由于 51 单片机系统和触摸模块工作电压均为 5V，而系统外接稳压电源为 12V 电源，因此需要通过 LM2596 降压模块将 12V 稳压电源降至 5V 为控制系统供电。系统结构框图如图 5-2 所示。

2. 软件方案设计

本设计是采用 51 单片机输出一个 PWM 脉宽调制信号来控制台灯上的 LED 发光二极

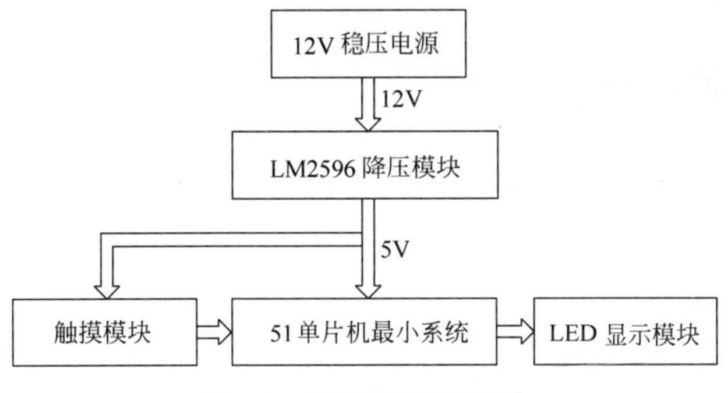

图5-2 触摸台灯系统框图

管的亮度。第一次接触触摸模块时，台灯最暗；第二次接触触摸模块，台灯中等亮度；第三次接触触摸模块台灯调整到最高亮度；第四次接触触摸模块，台灯熄灭。触摸台灯的软件流程如图5-3所示。

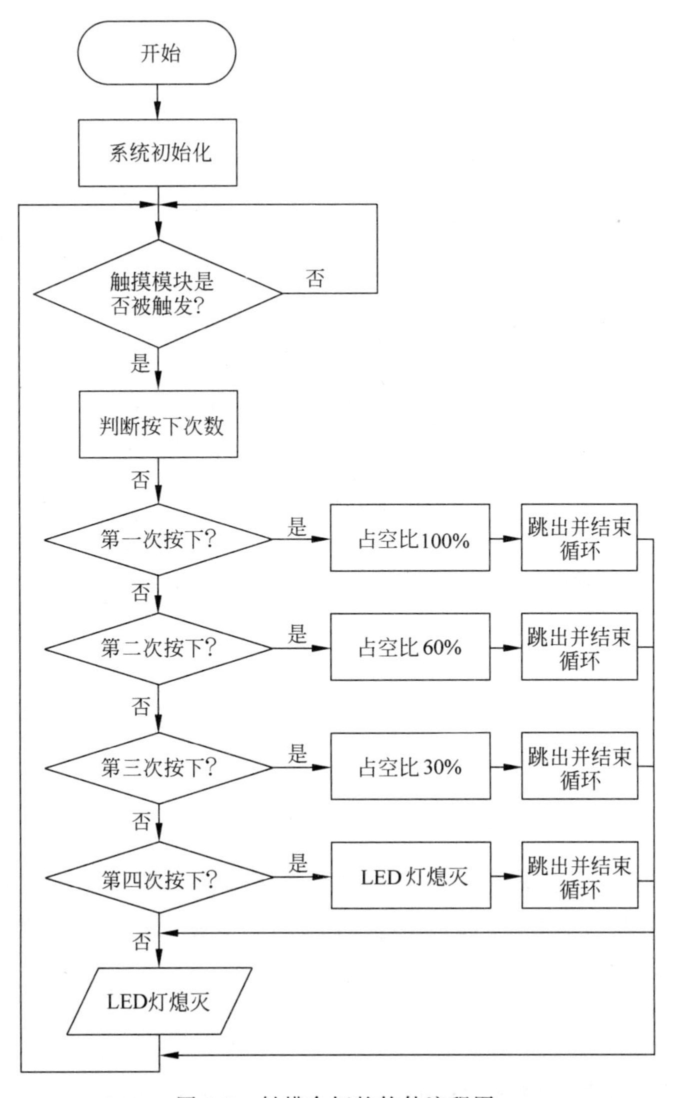

图5-3 触摸台灯的软件流程图

5.2.3 硬件电路设计

系统硬件设计包括51单片机最小系统、电源电路、触摸模块和LED显示模块四部分电路。

1. 单片机最小系统

单片机最小系统，即单片机系统能够工作所需要的最少的电路，主要包括电源电路、晶振电路和复位电路。其中，晶振电路(即时钟电路)为单片机工作提供标准时钟。复位电路确保单片机从程序存储器的第一条指令开始执行，本系统采用了上电自动复位和手动复位两种方式。

最小系统电路原理图如图5-4所示。

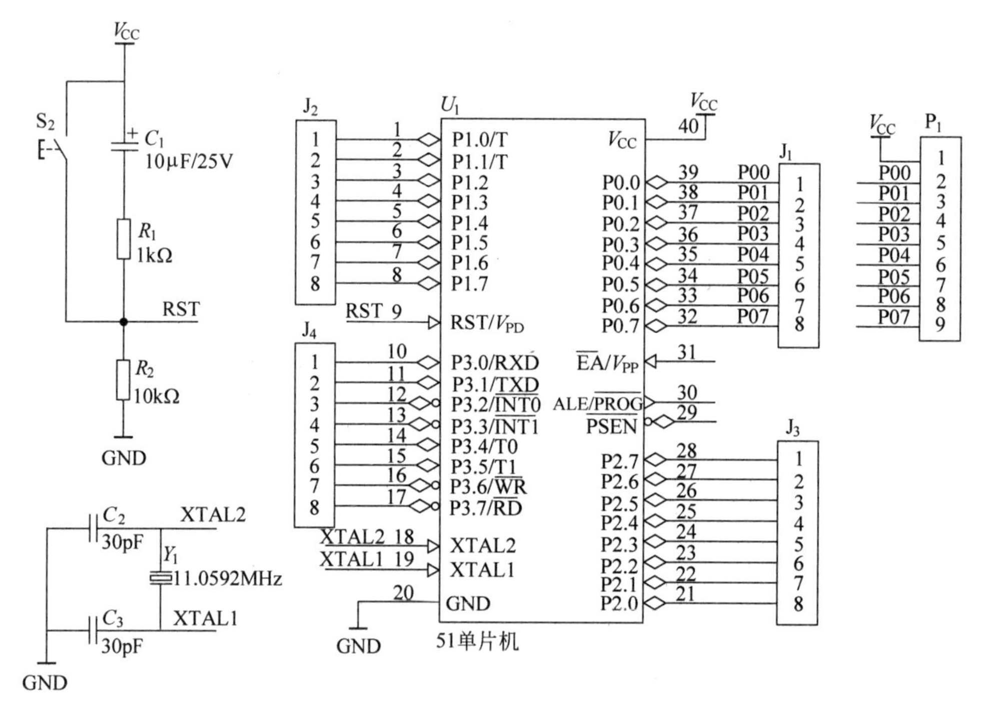

图5-4 单片机最小系统电路原理图

2. 电源电路

系统采用12V转5V电源供电，为方便使用和调试，在5V稳压电源接口后面添加了一个开关。另外，在电源电路中设计了电源指示电路，当电源开关S_1闭合时，D_0点亮，提示系统上电。电源电路如图5-5所示。

3. 触摸模块

触摸模块的有3个接线端子，分别是电源V_{CC}、地GND和信号touch端。图5 5中信号端与51单片机的P1.0引脚相连,当触摸模块被触发时信号端电压从高电平变为低电平,并将变化的电压信号传输给单片机。其硬件电路原理图如图5-6所示。

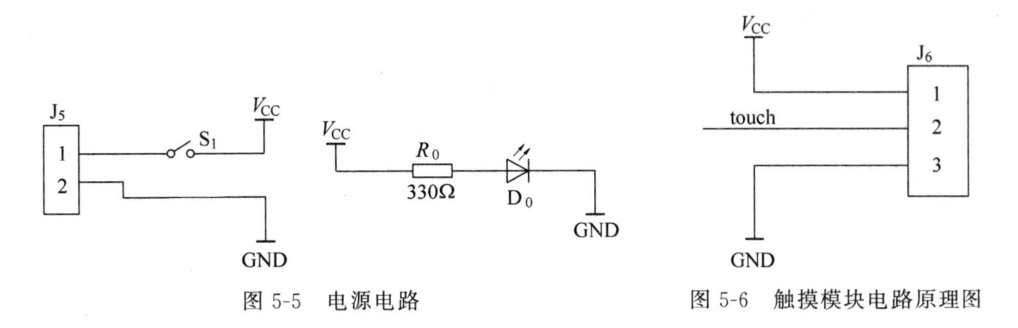

图5-5　电源电路　　　图5-6　触摸模块电路原理图

4. LED显示模块

LED显示模块由8个高亮白色LED灯并联组成。LED灯的工作电压为3V,额定工作电流为20mA。由于51单片机P0口最大电流不能超过40mA,无法同时驱动8个LED灯点亮,因此设计一个三极管放大电路来驱动LED灯点亮。电路原理图如图5-7所示。

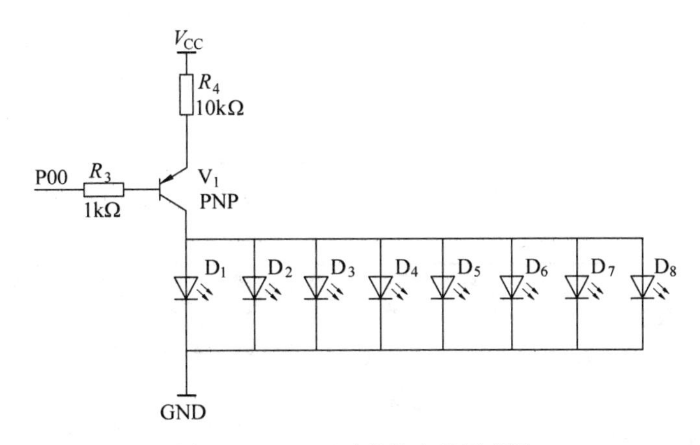

图5-7　LED显示模块电路原理图

以上为系统主要电路模块介绍。系统硬件设计的整体电路原理图如图5-8所示。

5.2.4　电路板PCB图

根据系统电路原理图,绘制系统电路板PCB顶层、低层图,如图5-9、图5-10所示。

5.2.5　软件设计

根据如图5-8所示的系统硬件整体原理图中对各管脚的定义以及控制要求,编写程序源代码如下。

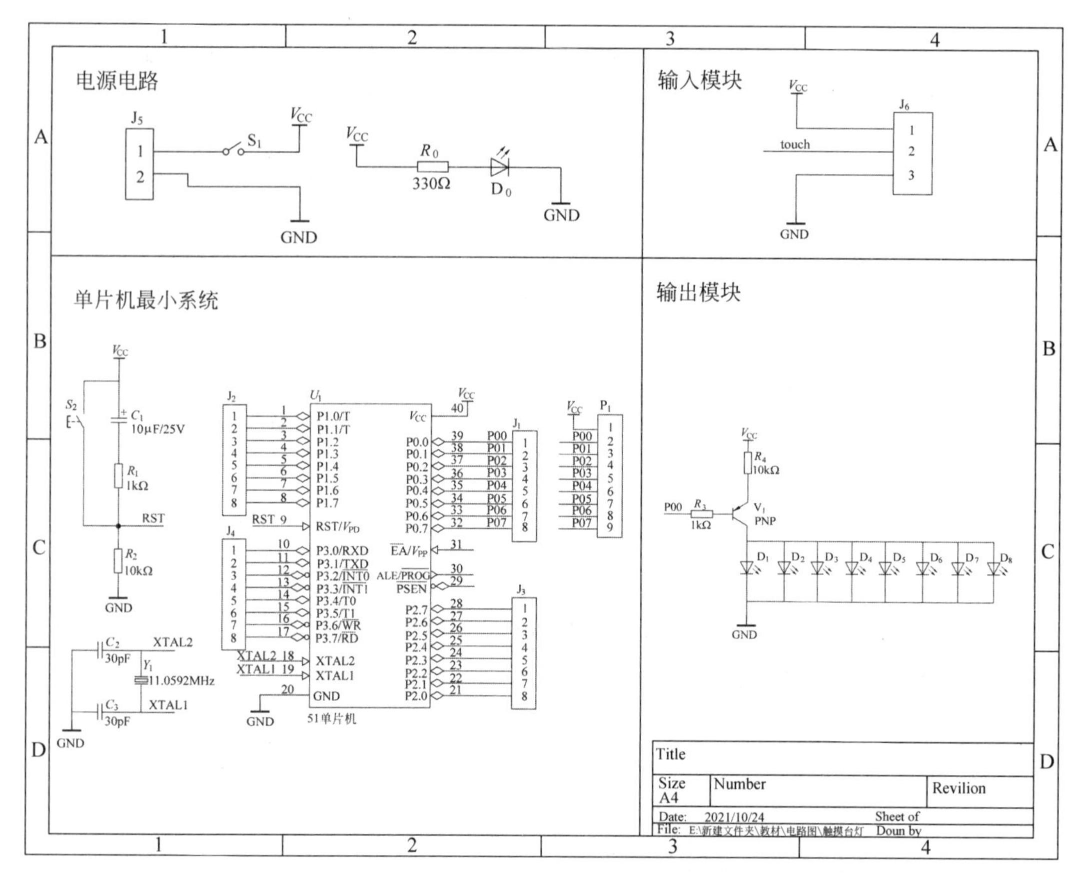

图 5-8 触摸台灯电路原理图

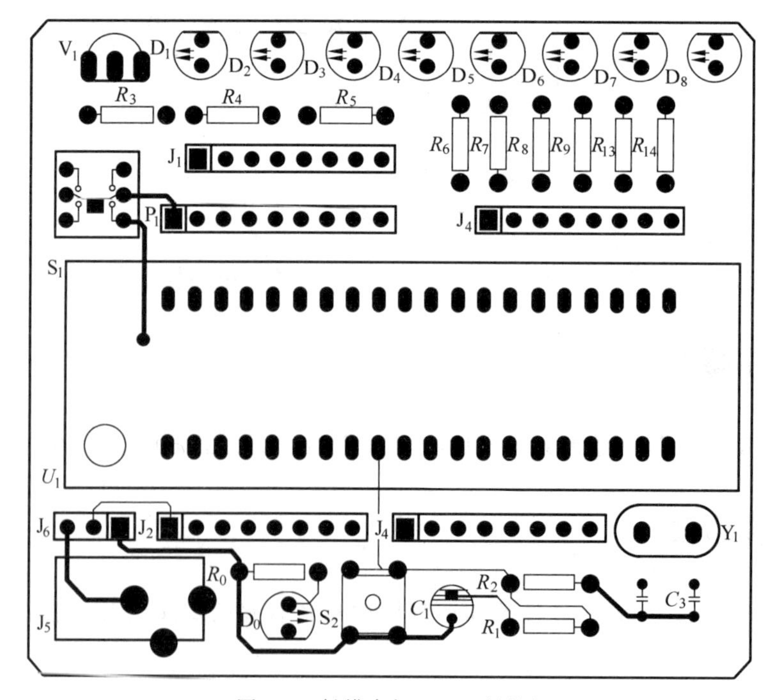

图 5-9 触摸台灯 PCB 顶层图

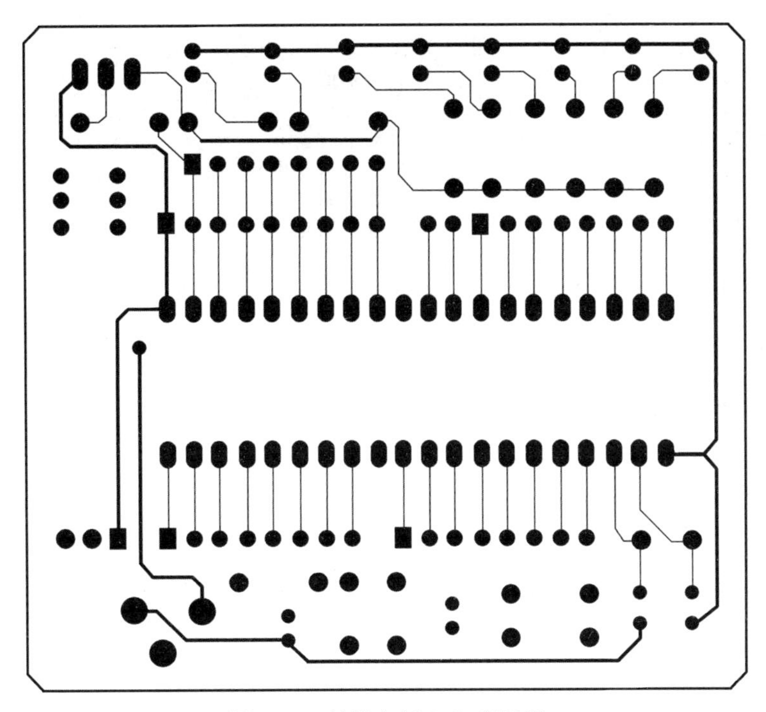

图 5-10　触摸台灯 PCB 底层图

```
#include <reg51.h>
#include <intrins.h>
typedef unsigned char BYTE;
typedef unsigned int WORD;
#define FOSC 11059200L                  //系统频率
#define T1MS (65536 - FOSC/12/1000)     //1ms 定时器初值
#define PWM_L 16                        //PWM 100%
#define PWM_M8                          //PWM 60%
#define PWM_S2                          //PWM 30%
sbit PWM_PIN = P1^1;                    //LED 灯
sbit BUTTON = P0^0;                     //触摸按键
unsigned char PWM_CODE = 0;
unsigned char BUTTON_COUNT = 0;         //开关按下延时
unsigned char BUTTON_DOWN = 0;          //开关状态
unsigned char BUTTON_CODE = 0;          //光照强度
unsigned char BUTTON_CHANGE = 0;
WORD count;
void delay(unsigned int dat)
{
    unsigned char i;
    while(dat--)
    {
        i = 250;
        while(i--);
    }
}
void timer0_init()
```

```
{
    TMOD |= 0x01;                       //设置 timer0 为工作方式 1
    TL0 = T1MS;                         //装入初值
    TH0 = T1MS >> 8;
    TR0 = 1;                            //启动定时器 0
    ET0 = 1;                            //开定时器 0 中断
    EA = 1;                             //开总中断
    count = 0;                          //变量初始化
}
void PWM_handle()                       //PWM 函数
{
    BUTTON_CODE++;
    BUTTON_CODE %= 4;
    switch(BUTTON_CODE)
    {
        case 0:
            PWM_CODE = 0;
            break;
        case 1:
            PWM_CODE = PWM_L;
            break;
        case 2:
            PWM_CODE = PWM_M;
            break;
        case 3:
            PWM_CODE = PWM_S;
            break;
        default:
            PWM_CODE = 0;
            break;
    }
}
void main()
{
    timer0_init();
    while(1)
        {
            if(BUTTON == 0)
            {
                delay(100);
                if((BUTTON == 0)&&(BUTTON_DOWN == 0))
                {
                    BUTTON_DOWN = 1;
                    PWM_handle();
                }
            }
            else
            {
                BUTTON_DOWN = 0;
                BUTTON_COUNT = 0;
                BUTTON_CHANGE = 0;
            }
        }
}
```

```
void tm0_isr() interrupt 1 using 1          //中断函数
{
    TL0  =  T1MS;                           //重新装入初值
    TH0  =  T1MS >> 8;
        if(count > PWM_CODE)
        {
            PWM_PIN  =  1;
        }
        else
        {
            PWM_PIN  =  0;
        }
        count++;
        count % = 16;
    if (count  ==  0)
    {
        count  =  1;
    }
}
```

5.3　蓝牙遥控小车

5.3.1　任务书

项目要求：以51单片机为主控芯片，通过智能手机蓝牙小车APP软件控制小车实现前进、后退、左转、右转等运动。系统主要包括手机蓝牙APP、蓝牙收发模块、单片机控制模块和电动机驱动模块4个部分。

5.3.2　方案设计

1. 硬件方案设计

本设计选用STC89C52RC芯片作为主控制器，通过与手机蓝牙配对，接收来自手机遥控器的信号，从而控制小车的前进、后退、左转、右转等。系统结构框图如图5-11所示。

系统供电电源为12V，可直接为驱动模块供电。但由于51单片机系统和蓝牙模块的工作电压为5V，因此通过LM2596降压模块将12V稳压电源降为5V，为单片机最小系统和蓝牙模块系统供电。

2. 软件方案设计

系统上电后与手机蓝牙进行信号匹配，配对成功后即可通过手机蓝牙APP来控制小车的动作。按下手机APP上不同的按键，小车根据程序设计进行不同的运动，按键松开时小车停止运动。蓝牙小车的软件流程如图5-12所示。

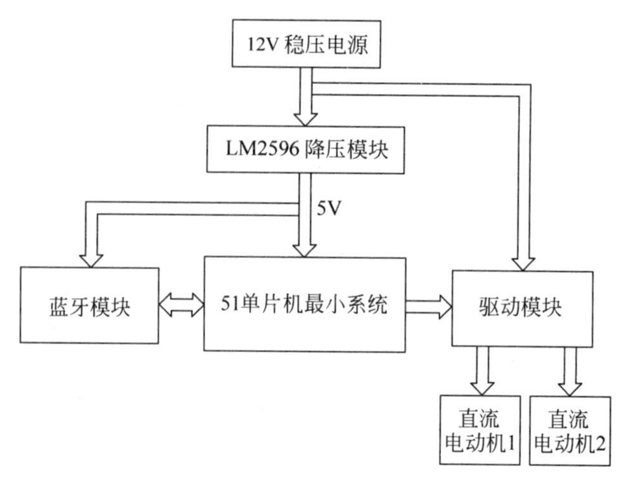

图 5-11　蓝牙小车系统框图

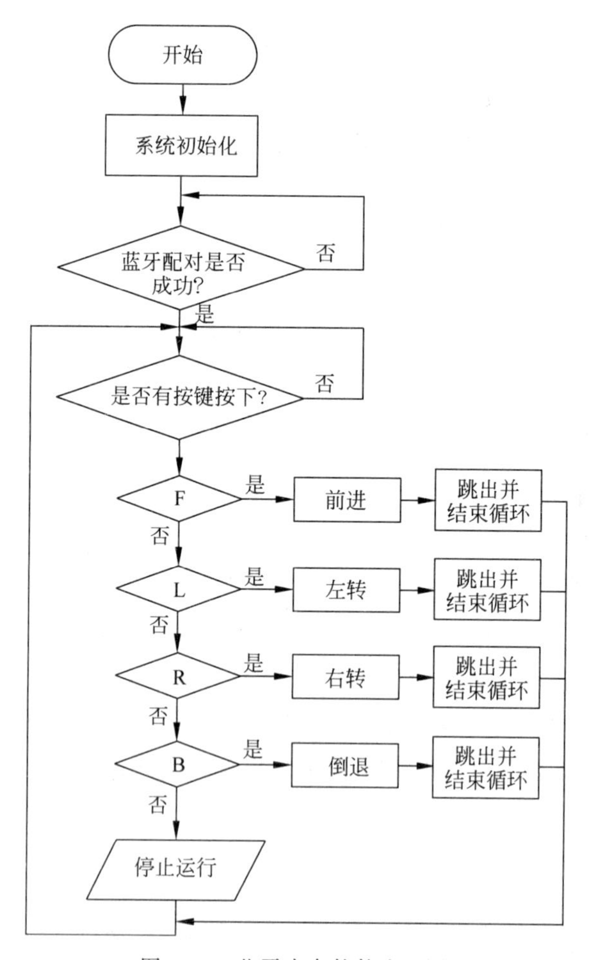

图 5-12　蓝牙小车软件流程图

5.3.3 硬件电路设计

系统硬件设计包括51单片机最小系统、电源电路、蓝牙通信模块和电动机驱动模块三部分电路。

1. 单片机最小系统

单片机最小系统的相关内容在5.2节触摸调光台灯中已讲述，这里不再赘述，其电路原理图如图5-4所示。

2. 电源电路

电源电路的相关内容在5.2节触摸调光台灯中已讲述，这里不再赘述，其电源电路如图5-5所示。

3. 蓝牙通信模块

蓝牙通信模块HC-05通过TX和RX引脚连接到微控制器的串行端口，允许微控制器通过蓝牙连接与其他设备通信。HC-05可以在主模式和从模式下运行，支持使用标准AT命令。为此，用户必须在设备启动时进入特殊命令模式。本项目中蓝牙通信模块的设置为从模式。其硬件电路原理图如图5-13所示。

4. 电动机驱动模块

系统选用L298N驱动模块来驱动电动机转动。L298N是双H桥直流电动机驱动芯片，其供电范围为5～35V，驱动峰值电流为2A。该驱动模块可同时驱动两台直流电动机，使能端ENA和ENB为高电平时有效。控制方式及直流电动机状态见表4-3。

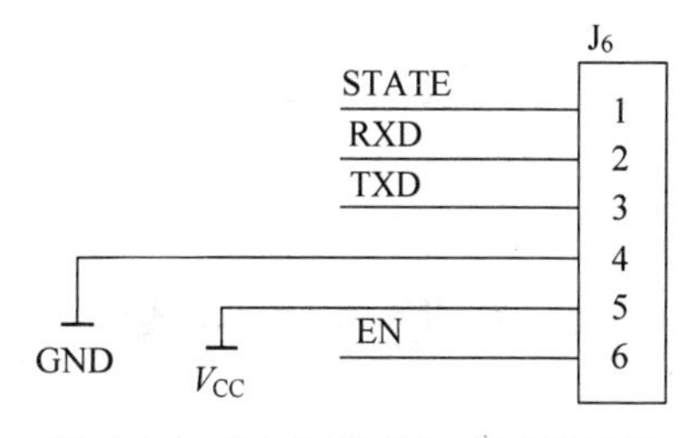

图5-13　蓝牙通信模块电路原理图

电动机驱动模块电路原理图如图5-14所示。

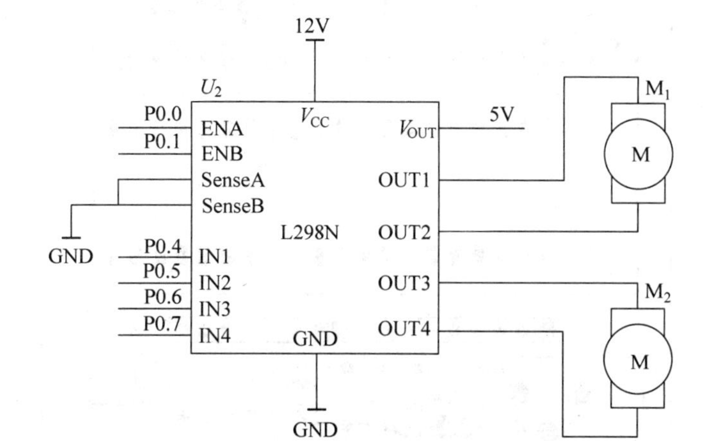

图5-14　电动机驱动模块电路原理图

以上为系统主要电路模块介绍。系统硬件设计整体电路原理图如图 5-15 所示。

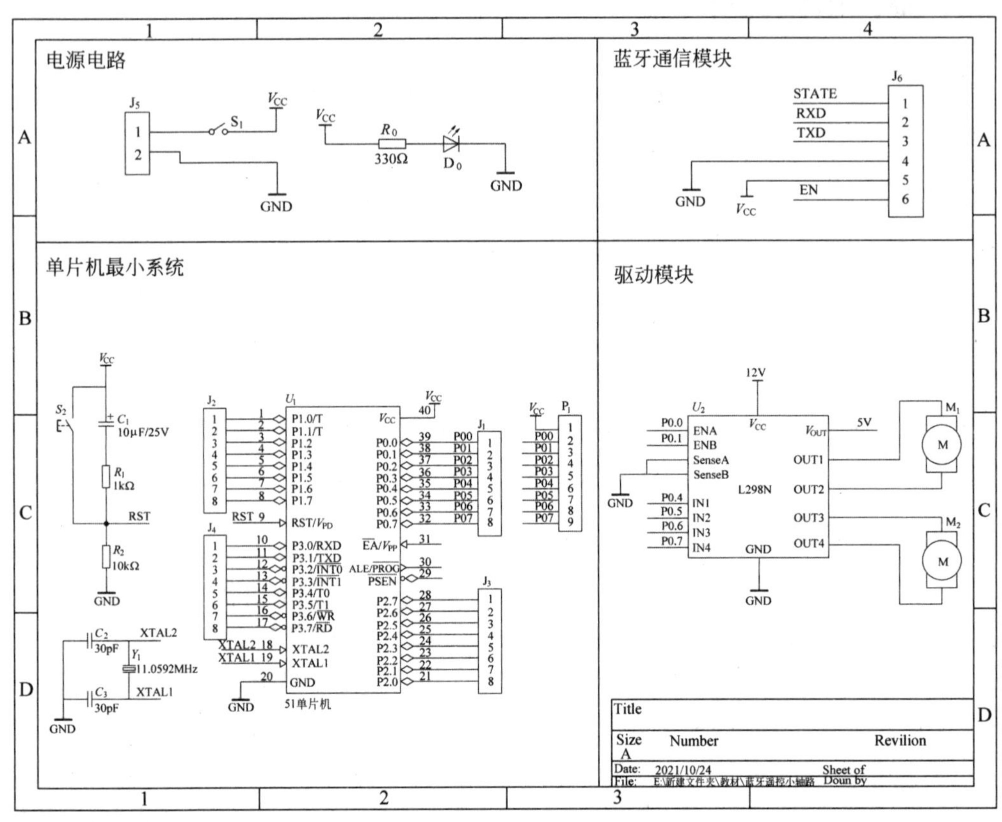

图 5-15　蓝牙遥控小车电路原理图

5.3.4 电路板 PCB 图

根据系统电路原理图绘制系统电路板 PCB 顶层、低层图，如图 5-16、图 5-17 所示。

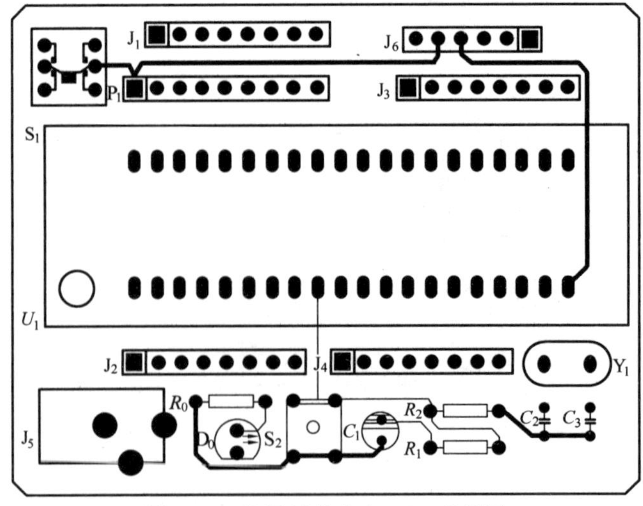

图 5-16　蓝牙遥控小车 PCB 顶层图

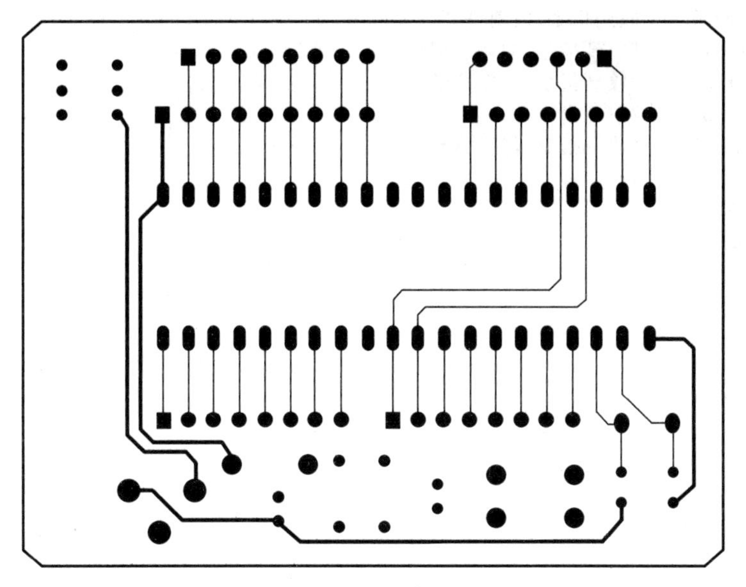

图 5-17 蓝牙遥控小车 PCB 底层图

5.3.5 软件设计

根据如图 5-17 所示的系统硬件设计整体原理图中对各管脚的定义以及蓝牙通信协议和控制要求,编写程序源代码如下。

```
#include<reg52.h>

sbit P2_0 = P2^0;                                        //左侧电动机
sbit P2_1 = P2^1;
sbit P2_2 = P2^2;
sbit P2_3 = P2^3;                                        //右侧电动机
sbit P2_4 = P2^4;
sbit P2_5 = P2^5;
sbit P2_6 = P2^6;                                        //左侧红外传感器
sbit P2_7 = P2^7;                                        //右侧红外传感器

#define Left_moto_go {P2_0 = 1,P2_1 = 1,P2_2 = 0;}       //左侧两台电动机向前走
#define Left_moto_back {P2_0 = 1,P2_1 = 0,P2_2 = 1;}     //左侧两台电动机向后转
#define Left_moto_Stop {P2_0 = 0,P2_0 = 0,P2_2 = 0;}     //左侧两台电动机停转
#define Right_moto_go {P2_3 = 1,P2_4 = 0,P2_5 = 1;}      //右侧两台电动机向前走
#define Right_moto_back {P2_3 = 0,P2_4 = 1,P2_5 = 1;}    //右侧两台电动机向前走
#define Right_moto_Stop {P2_3 = 0,P2_4 = 0,P2_5 = 0;}    //右侧两台电动机停转

#define front   'A'
#define back   'B'
#define left     'C'
#define right   'D'
#define stop   'F'
```

```
char code str[] = "收到指令,向前!\n";
char code str1[] = "收到指令,向后!\n";
char code str2[] = "收到指令,向左!\n";
char code str3[] = "收到指令,向右!\n";
char code str4[] = "收到指令,停止!\n";

bit flag_REC = 0;
bit flag = 0;

unsigned char i = 0;
unsigned char dat = 0;
unsigned char buff[5] = 0;                              //接收缓冲字节

/************************************************************************/

//字符串发送函数
void send_str( )                                        //传送字符串
{
    unsigned char i = 0;
    while(str[i] != '\0')
    {
        SBUF = str[i];
        while(!TI);                                     //等特数据传送
        TI = 0;                                         //清除数据传送标志
        i++;                                            //下一个字符
    }
}

void send_str1( )                                       //传送字符串
{
    unsigned char i = 0;
    while(str1[i] != '\0')
    {
        SBUF = str1[i];
        while(!TI);                                     //等特数据传送
        TI = 0;                                         //清除数据传送标志
        i++;                                            //下一个字符
    }
}
void send_str2( )                                       //传送字符串
{
    unsigned char i = 0;
    while(str2[i] != '\0')
    {
        SBUF = str2[i];
        while(!TI);                                     //等特数据传送
        TI = 0;                                         //清除数据传送标志
        i++;                                            //下一个字符
    }
}
void send_str3()                                        //传送字符串
```

```
{
    unsigned char i = 0;
    while(str3[i] != '\0')
    {
        SBUF = str3[i];
        while(!TI);                                     //等特数据传送
        TI = 0;                                         //清除数据传送标志
        i++;                                            //下一个字符
    }
}
void send_str4()                                        //传送字符串
{
    unsigned char i = 0;
    while(str4[i] != '\0')
    {
        SBUF = str4[i];
        while(!TI);                                     //等特数据传送
        TI = 0;                                         //清除数据传送标志
        i++;                                            //下一个字符
    }
}

/*********************************************************************/
void run(void)                                          //全速前进
{
     Left_moto_go ;                                     //左侧电动机往前走
     Right_moto_go ;                                    //右侧电动机往前走
}

void backrun(void)                                      //全速后退
{
     Left_moto_back ;                                   //左侧电动机往后走
     Right_moto_back ;                                  //右侧电动机往后走
}
void leftrun(void)                                      //左转
{
     Left_moto_Stop ;                                   //左侧电动机停止
     Right_moto_go ;                                    //右侧电动机往前走
}
void rightrun(void)                                     //右转
{
     Left_moto_go ;                                     //左侧电动机往前走
     Right_moto_Stop ;                                  //右侧电动机停止
}
//STOP
void stoprun(void)
{
     Left_moto_Stop ;                                   //左侧电动机停止
     Right_moto_Stop ;                                  //右侧电动机停止
}
/*********************************************************************/
```

```
void sint() interrupt 4                                  //中断接收 4 个字节
{
    if(RI)                                               //是否接收中断
    {
        RI = 0;
        dat = SBUF;
        if(dat == '0'&&(i == 0))                         //接收数据第一帧
        {
            buff[i] = dat;
            flag = 1;                                    //开始接收数据
        }
        else
        if(flag == 1)
        {
            i++;
            buff[i] = dat;
            if(i>= 2)
            {i = 0;flag = 0;flag_REC = 1 ;}              //停止接收
        }
    }
}

void delay(unsigned int z)
{
    unsigned int x,y;
    for(x = z;x> 0;x- - )
        for(y = 110;y> 0;y- - );
}
/*****************************************************************/
//主函数
void main(void)
{
    TMOD = 0x20;
    TH1 = 0xFd;                                          //11.0592MHz 晶振,9600 波特率
    TL1 = 0xFd;
    SCON = 0x50;
    PCON = 0x00;
    TR1 = 1;
    ES = 1;
    EA = 1;

    while(1)                                             //无限循环
    {
      if(P2_6 == 0&&P2_7 == 1)
      {
         rightrun();
         delay(30);
         stoprun();
      }
     else if(P2_6 == 1&&P2_7 == 0)
     {
```

```
            leftrun();
            delay(30);
            stoprun();
        }
        else if(P2_6 == 0&&P2_7 == 0)
        {
            backrun();
            delay(300);
        }
        else if(P2_6 == 1&&P2_7 == 1)
        {
            if(flag_REC == 1)
            {
                flag_REC = 0;
                if(buff[0] == 'O'&&buff[1] == 'N')      //第1个字节为O,第2个字节为N,第
                                                          3个字节为控制码
                switch(buff[2])
                {
                    case front :                        //前进
                    send_str( );
                    run();
                    break;
                    case back:                          //后退
                    send_str1( )
                    backrun();
                    break;
                    case left:                          //左转
                    send_str2( );
                    leftrun();
                    break;
                    case right:                         //右转
                    send_str3( );
                    rightrun();
                    break;
                    case stop:                          //停止
                    send_str4( );
                    stoprun();
                    break;
                }
            }
        }
    }
}
```

第2篇

机械、软件篇

常用机械机构及应用

在工程设计中机械机构用来传递力和运动，常用到的机械机构有平面四杆机构、间歇运动机构、齿轮齿条机构、蜗杆传动机构、凸轮机构、回转运动传递机构、螺旋传动机构等。设计者要根据所需装置或在设备上实现的功能来确定选用何种机构。本章就上述机构的原理及应用做详细讲解。

6.1 平面四杆机构

平面四杆机构由4个构件组成，按照移动副的数量不同，可分为无移动副的铰链四杆机构、含有1个移动副的四杆机构及含有2个移动副的四杆机构。

平面四杆机构的最长杆长度必须小于其余3根杆的长度之和。比较典型的平面四杆机构有曲柄摇杆机构和曲柄滑块机构。

6.1.1 曲柄摇杆机构

曲柄摇杆机构是无移动副、有1个曲柄和1个摇杆的铰链四杆机构，其4个运动副全部为转动副。如图6-1所示，机构的固定构件4称为机架，与机架4相邻的构件1等速转动，称为曲柄，与机架4相邻的另一构件3做变速往复摇摆运动，称为摇杆。不与机架相连的构件2称为连杆。曲柄摇杆机构成立的条件是：

(1) 最短杆与最长杆之和小于或等于其余两杆之和。

(2) 与最短杆相邻的两个构件中任意一个为机架，最短杆为摇杆。

利用曲柄摇杆机构可将曲柄的匀速圆周运动转化为摇杆的变速往复摇摆运动或将摇杆的变速往复摇摆运动转化为曲柄的匀速圆周运动，即原动件既可以是曲柄，也可以是摇杆。

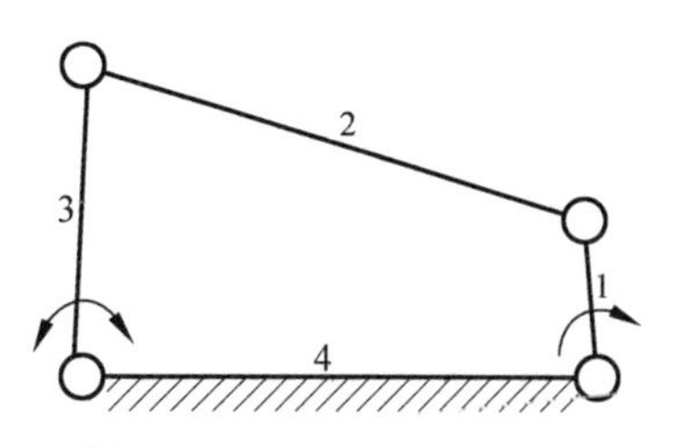

1—曲柄；2—连杆；3—摇杆；4—机架。

图6-1 曲柄摇杆机构

图6-2所示为踏板式缝纫机，图6-3所示为缝纫机踏板机构运动简图，它是以摇杆为原动件的曲柄摇杆机构。使用时操作者踩动脚踏板3使其往复摇摆，通过连杆2带动皮带轮1旋转，皮带轮又通过皮带带动机头旋转。

图 6-2 踏板式缝纫机

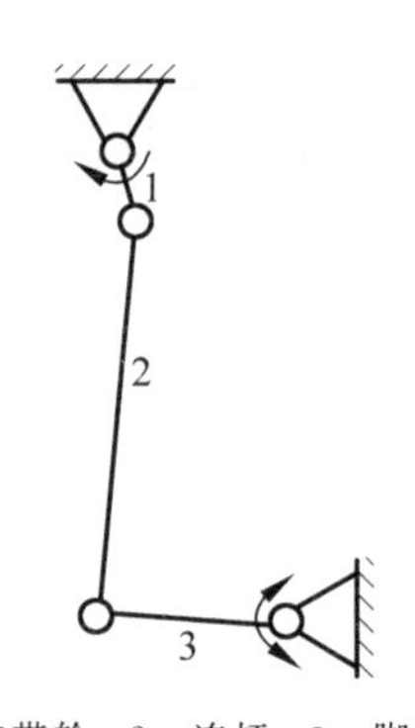

1—皮带轮；2—连杆；3—脚踏板。

图 6-3 缝纫机踏板机构运动简图

图 6-4 所示为颚式破碎机的构造图，图 6-5 所示为颚式破碎机机构运动简图，它是以曲柄为原动件的曲柄摇杆机构。图 6-5 所示的颚式破碎机是以电动机为动力，通过电动机带动皮带轮旋转，由三角带和槽轮驱动偏心轴 1 转动，使活动颚板 2 做摆动运动、衬板 3 做往复摆动，从而将进入由固定颚板 4 和活动颚板 2 组成的破碎腔内的物料予以破碎。

图 6-4 颚式破碎机构造图

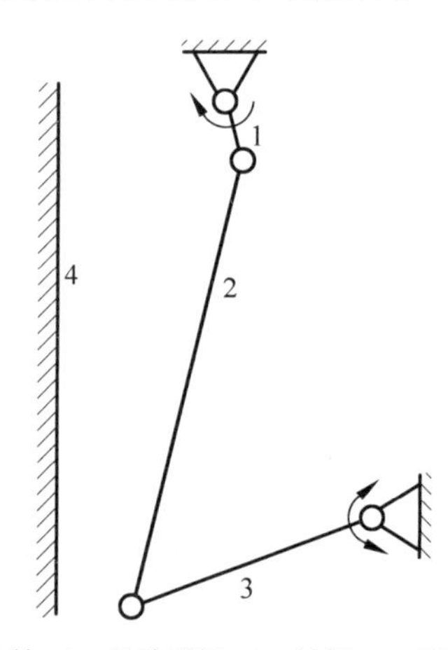

1—偏心轴；2—活动颚板；3—衬板；4—固定颚板。

图 6-5 颚式破碎机机构运动简图

6.1.2 曲柄滑块机构

曲柄滑块机构是平面四连杆机构的演化形式之一。机构的演化有时既可以满足结构设计上的需求，又可以满足运动方面的要求，还可以改善受力状况。如图 6-6 所示，曲柄滑块机构有偏置曲柄滑块机构和对心曲柄滑块机构两种。

图 6-6(a)所示为有偏距 e 的偏置曲柄滑块机构。当曲柄 1 绕着铰链中心 A 做旋转运动时，由连杆 2 带动滑块 3 沿着 a—a 做直线往复运动，铰链中心 A 与运动直线 a—a 不同线且存在着偏距 e，滑块 3 的运动行程取决于曲柄 1 的长度。

图 6-6(b)所示为无偏距 e 的对心曲柄滑块机构。当曲柄 1 绕着铰链中心 A 做旋转运动时，由连杆 2 带动滑块 3 沿着 a—a 做直线往复运动，铰链中心 A 在运动直线 a—a 的延长线上，滑块 3 的运动行程取决于曲柄 1 的长度。

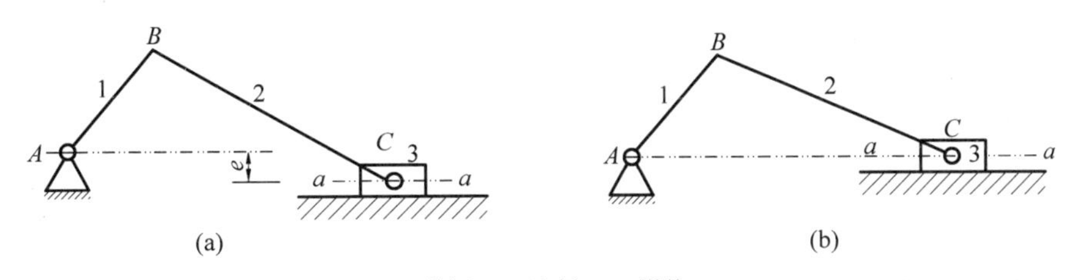

1—曲柄；2—连杆；3—滑块。

图 6-6　曲柄滑块机构

(a) 偏置曲柄滑块机构；(b) 对心曲柄滑块机构

曲柄滑块机构可以将旋转运动转化成直线运动，它在实际生活、生产中应用广泛。图 6-7 所示的间歇送料机构和图 6-8 所示的发动机气缸活塞运动机构，均为曲柄滑块机构的实际应用。

在图 6-7 所示的间歇送料机构中，工件 5 从料仓 1 下落到 p—p 平台上，曲柄 2 的 B 点在绕着铰链的 A 点从左极限位置旋转 180°至右极限位置的过程中，通过连杆 3 带动推杆 4 向右移动，推杆 4 推动工件 5 离开料仓。当曲柄 2 的 B 点从右极限位置旋转至左极限位置时，下一个工件 5 又会下落至平台 p—p 上，然后进入下一个循环。曲柄不断地进行周期性旋转，从而使推杆 4 不断地周期性将工件 5 从料仓 1 中推出。

在图 6-8 所示的发动机气缸活塞运动机构中，曲柄 1 绕着铰链的 A 点做圆周运动，由连杆 2 带动活塞 3 在缸筒 4 里做直线往复运动。在曲柄 1 的 B 点绕着铰链点 A 从右极限位置旋转 180°至左极限位置的过程中，通过连杆 2 带动活塞头向左移动，缸筒 4 里便吸入汽油燃料，在曲柄 1 的 B 点绕着铰链的 A 点从左极限位置旋转 180°至右极限位置的过程中，又通过连杆 2 带动活塞头向右移动，压缩缸筒 4 内的汽油燃料并点燃之，如此循环便为发动机提供了动力。

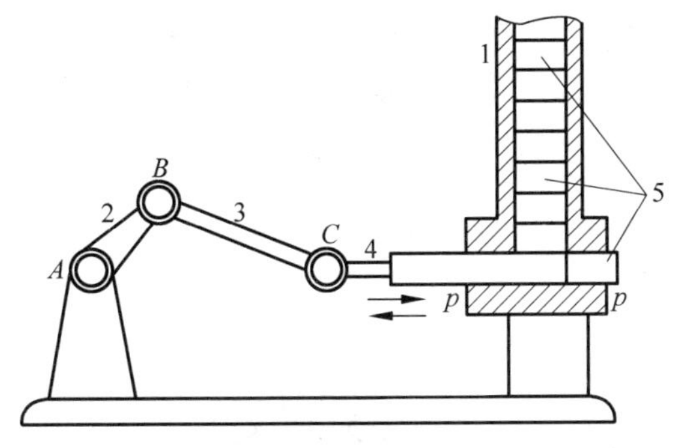

1—料仓；2—曲柄；3—连杆；4—推杆；5—工件。

图 6-7　间歇送料机构

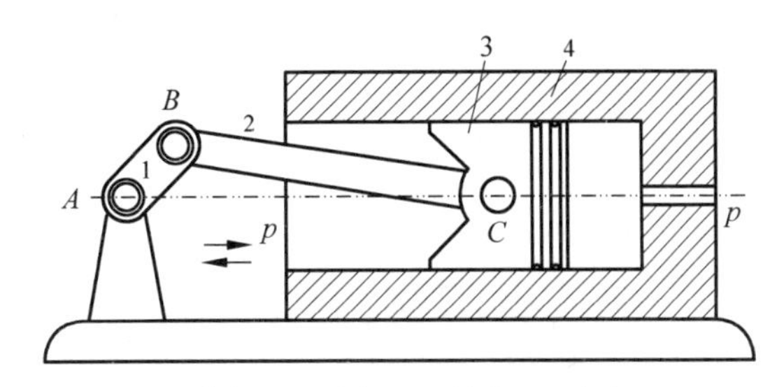

1—曲柄；2—连杆；3—活塞；4—气缸。

图 6-8　发动机气缸活塞运动机构

曲柄滑块机构的演化形式也有很多，如双滑块四杆机构、偏心轮机构和摇块机构等。

6.2 间歇运动机构

间歇运动机构是周期性运动和停歇的机械机构。间歇运动机构能够将原动件的连续转动转变为从动件的周期性运动和停歇。常见的间歇运动机构有棘轮机构、槽轮机构和不完全齿轮机构。

6.2.1 棘轮机构

棘轮机构(主要由棘轮、棘爪和机架构成)按照动力传递方式可分为齿式棘轮机构和摩擦式棘轮机构两种类型。

1. 齿式棘轮机构

齿式棘轮机构是用驱动棘爪来推动棘轮运动的,运动可靠,传动力矩较大,但有噪声和冲击,运动节拍不能调节,适用于高速重载的场合,常用在各种机床的间歇进给或回转工作台的间歇转位中,也常用于升降机构中防止设备逆转。棘轮机构还可以实现超越运动,如自行车后轮上的棘轮机构用于在链轮不转动时,固定在链轮上的棘爪划过后轮轴上的棘轮表面,从而可以实现自行车倒车时在链轮不旋转的情况下后轮自由滑行。

齿式棘轮机构的设计主要考虑棘轮齿形的选择、模数齿数的确定、齿面倾斜角的确定、行程以及动停比的确定。当棘轮承受载荷较大时,可采用不对称梯形齿形,如图 6-9 所示;当棘轮机构承受的载荷较小时,可采用三角形或圆弧形齿形,如图 6-10、图 6-11 所示;图 6-12 和图 6-13 所示的为对称梯形齿形和矩形齿形,主要用于图 6-14 所示的双向式棘轮机构。

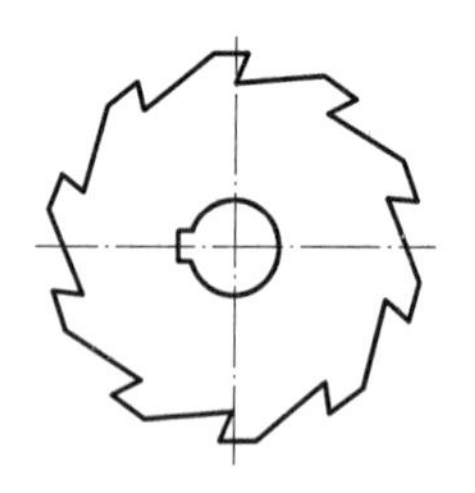

图 6-9 不对称梯形齿形

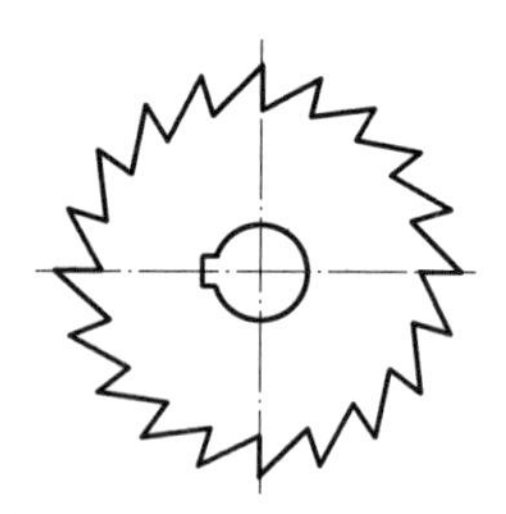

图 6-10 三角形齿形

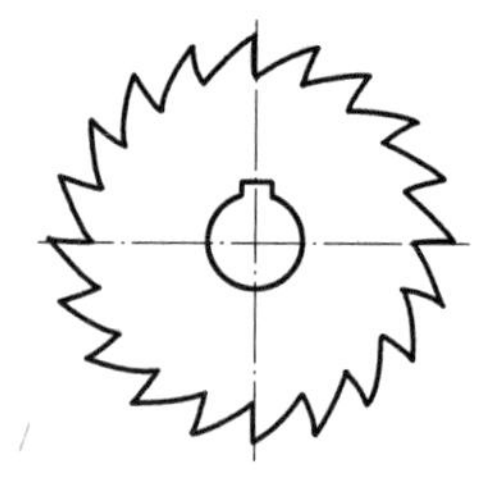

图 6-11 圆弧形齿形

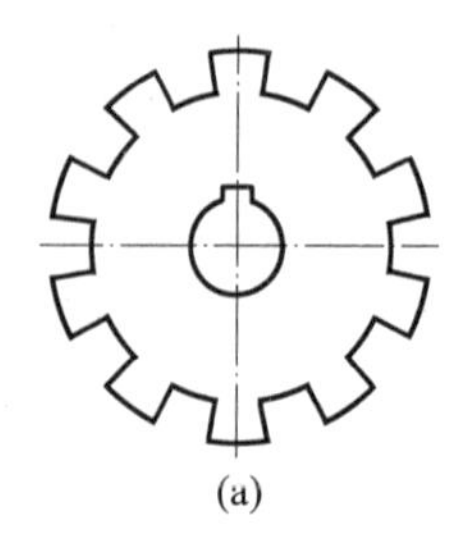

(a)

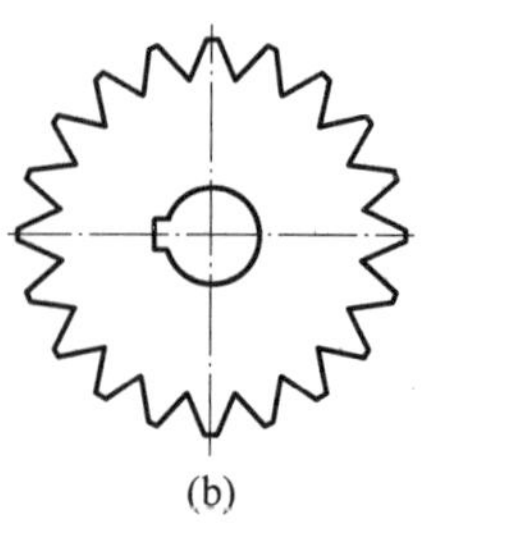

(b)

图 6-12 对称梯形齿形

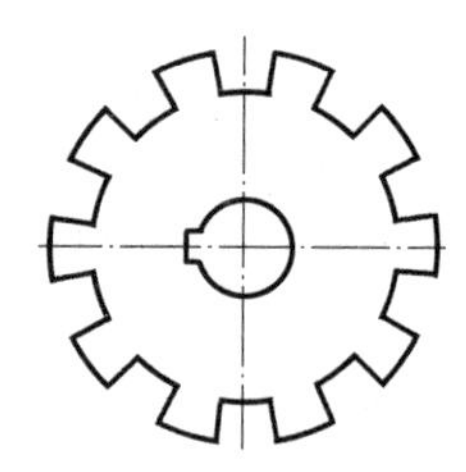

图 6-13 矩形齿形

齿式棘轮机构按照棘轮、棘爪啮合的方式可分为图 6-15、图 6-16 所示的外啮合齿式棘轮机构、外啮合齿式双向棘轮扳手和如图 6-17 所示的内啮合齿式棘轮机构。外啮合齿式棘轮机构的棘爪安装在棘轮的外部，而内啮合齿式棘轮机构的棘爪安装在棘轮内部。外啮合齿式棘轮机构加工、安装和维修方便，应用较广。内啮合齿式棘轮机构的特点是结构紧凑，外形尺寸小，主要用于设备空间较小的场合。

图 6-14 双向式棘轮机构

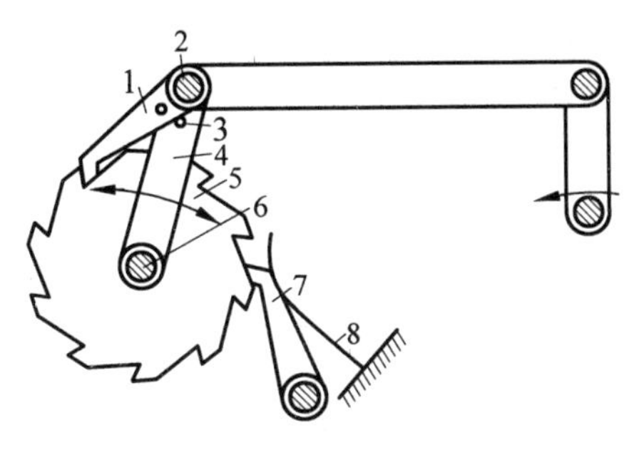

1—驱动棘爪；2—轴承；3—扭簧；4—摇杆；
5—棘轮；6—轴；7—止动棘爪；8—簧片。

图 6-15 外啮合齿式棘轮机构

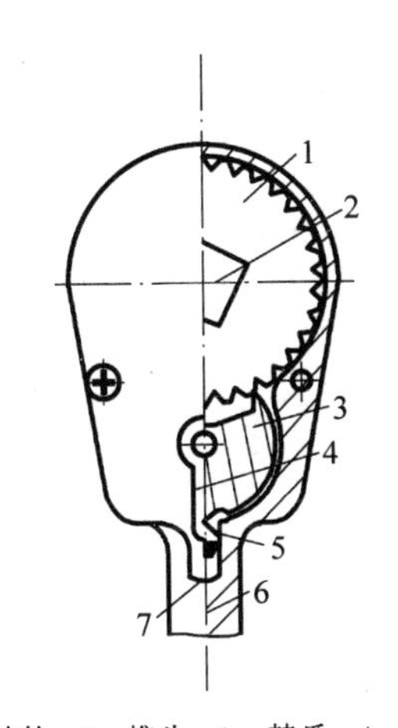

1—外齿棘轮；2—榫头；3—棘爪；4—转向手柄；
5—弹簧；6—手柄；7—顶尖。

图 6-16 外啮合齿式双向棘轮扳手

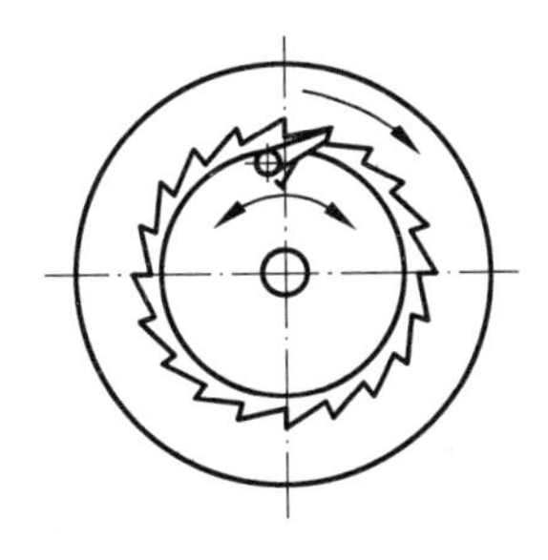

图 6-17 内啮合齿式棘轮机构

图 6-15 所示的外啮合齿式棘轮机构主要由驱动棘爪 1、摇杆 4、棘轮 5 和止动棘爪 7 组成。驱动棘爪 1 与轴承 2 之间装有扭簧 3，止动棘爪 7 上方设置簧片 8，摇杆 4 为原动件，棘轮 5 为从动件。当摇杆逆时针摆动时，通过轴 6 铰接在摇杆 4 上的驱动棘爪 1 插入棘轮 5 的齿内，推动棘轮 5 转过一定的角度。当摇杆 4 顺时针摆动时，驱动棘爪 1 在棘轮 5 的齿上滑过，此过程中止动棘爪 7 与棘轮 5 啮合以防止棘轮 5 顺时针转动，则棘轮 5 静止不动。这样，当摇杆 4 连续往复摆动时，棘轮 5 便单向逆时针间歇转动。

图 6-16 所示的外啮合齿式双向棘轮扳手是机电产品装配及维修的必备工具之一，不用抬起扳手便可实现双向连续拧紧动作。如图 6-16 所示，逆时针扳动转向手柄 4，棘爪 3 右侧的爪齿便在弹簧 5 的作用下与榫头 2 上的外齿棘轮 1 相啮合。手柄 6 顺时针旋转时，通过

棘爪 3 右侧的爪齿推动榫头 2 做顺时针旋转，此时扳手对外输出转矩。手柄逆时针旋转时，棘爪 3 右侧的爪齿被外齿棘轮 1 抬起。随着手柄的继续旋转，棘爪 3 右侧的爪齿在弹簧 5 的作用下进入后侧的棘轮槽。手柄 6 再顺时针旋转，扳手又可对外输出转矩。顺时针转动转向手柄 4，棘爪 3 左侧的爪齿在弹簧 5 的作用下与榫头 2 上的外齿棘轮 1 相啮合。这时与上述相反，手柄 6 逆时针旋转时，通过棘爪 3 左侧的爪齿推动榫头 2 做逆时针旋转，此时扳手对外输出转矩。手柄顺时针旋转时，棘爪 3 左侧的爪齿被棘轮 1 抬起。随着手柄的继续旋转，棘爪 3 右侧的爪齿在弹簧 5 的作用下，进入后侧的棘轮槽。手柄 6 再逆时针旋转，扳手又可对外输出转矩。

2. 摩擦式棘轮机构

摩擦式棘轮机构也叫无声棘轮机构，是用偏心扇形楔块代替齿式棘轮机构中的棘爪，以无齿摩擦棘轮代替棘轮。摩擦式棘轮机构传动平稳、无噪声，运动节拍可无级调节，但靠摩擦力传动会出现打滑现象，传动精度不高，适用于低速轻载的场合。

摩擦式棘轮机构按照棘轮楔块的啮合方式可分为图 6-18 所示的外啮合摩擦式棘轮机构和图 6-19 所示的内啮合摩擦式棘轮机构。其中内啮合摩擦式结构紧凑，适用于空间较小的场合。

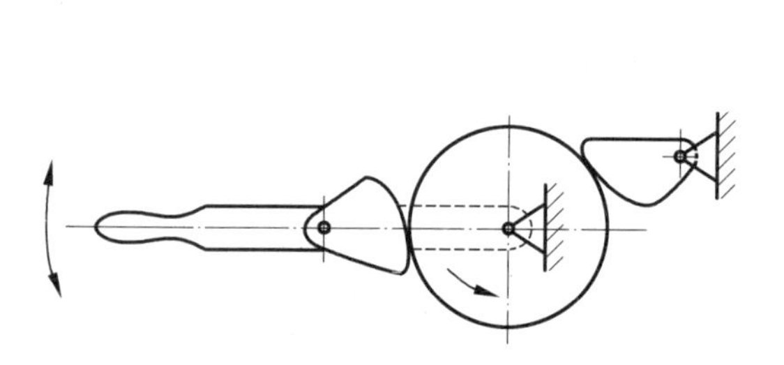

图 6-18　外啮合摩擦式棘轮机构

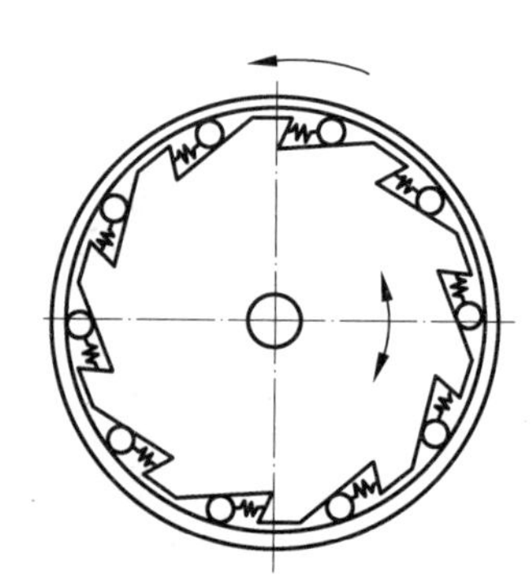

图 6-19　内啮合摩擦式棘轮机构

6.2.2 槽轮机构

槽轮机构是由槽轮和带有圆柱销的拨盘组成的单向间歇运动机构，又称马尔他机构，可将主动件的连续转动转换成从动件的单向周期间歇性转动。

槽轮机构按照槽和拨销的啮合方式不同可分为外啮合和内啮合两种形式。图 6-20 所示为外啮合槽轮机构，其槽轮和转臂转向相反，槽轮运动时间小于静止时间；图 6-21 所示为内啮合槽轮机构，其槽轮和转臂转向相同，槽轮运动时间大于静止时间。

按槽的方位不同，槽轮机构可分为径向槽和非径向槽两种形式。图 6-20 所示为径向槽槽轮机构，其冲击小，制造简便，最为常用，但槽轮的动停比不可调节；图 6-22 所示为非径向槽槽轮机构，在槽数不变的情况下可通过调整中心距 O_1O_2 和曲柄半径 r 来获得不同的动停时间，但冲击力大。

按曲柄上拨销数量的不同，槽轮机构又可分为单圆销和多圆销两种形式。图 6-20 所示也为单圆销形式的外啮合槽轮机构，即曲柄回转1周，槽轮转动1个槽位，则完成1次间歇运动。图6-23所示为多圆销形式的槽轮机构，即曲柄回转1周，槽轮完成多次间歇运动，当各圆销不在同一圆周上或不均匀分布在同一圆周上时，则每次间歇运动的动停时间比是不同的。

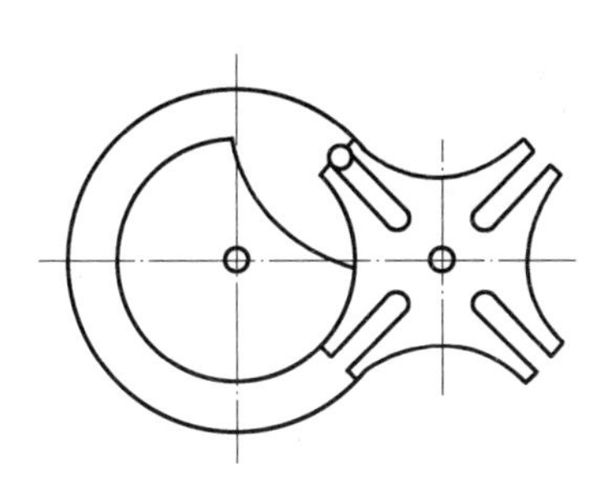

图6-20　外啮合槽轮机构

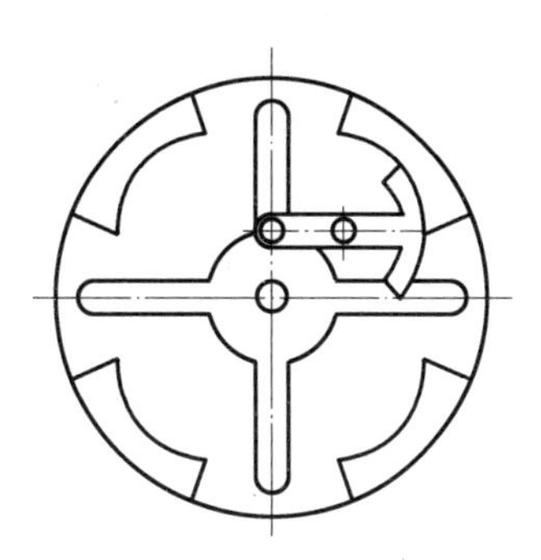

图6-21　内啮合槽轮机构

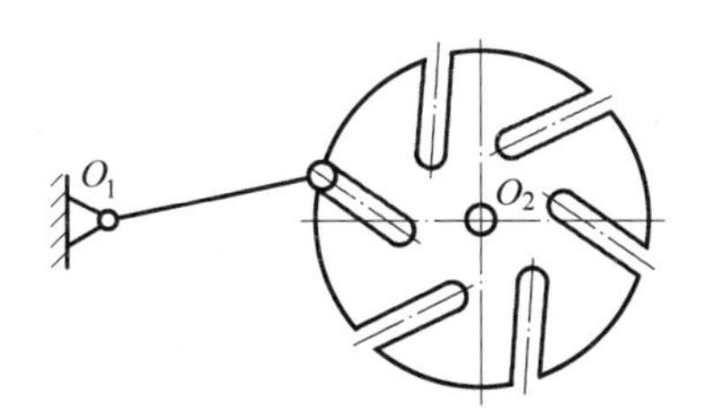

图6-22　非径向槽槽轮机构

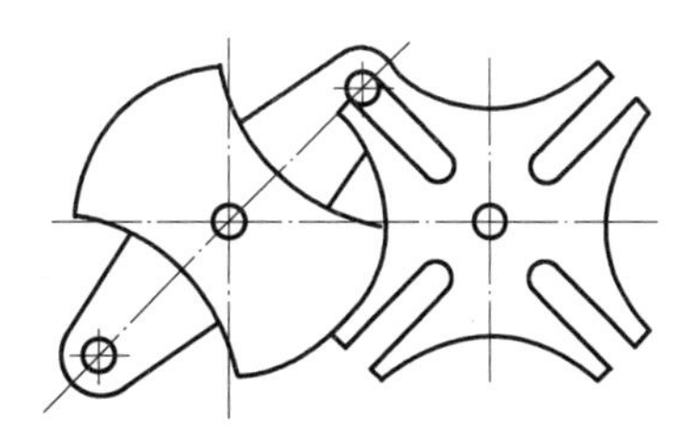

图6-23　多圆销形式的槽轮机构

下面以图6-20所示的外啮合槽轮机构为例介绍槽轮机构的结构及运行状态。外啮合槽轮机构由带圆柱销的转臂、具有4条径向槽的槽轮和机架组成。为了保证槽轮停歇时处于锁定状态，可在转臂上设计一缺口圆盘，其圆周边与槽轮上的凹周边相配，这样既不影响转臂转动，又能锁住槽轮不动。当连续转动的转臂上的圆柱销进入径向槽时，拨动槽轮转过90°；当圆柱销转出径向槽后，槽轮停止转动。转臂转1周，则槽轮完成1次转停运动。为了避免冲击，圆柱销应切向进、出槽轮，即径向槽中心线与转臂中心线在此瞬间位置要互相垂直。

槽轮机构结构简单，易加工，工作可靠，转角准确，机械效率高，但是槽轮在起动、停止时的加速度大，冲击力较大，故多用来实现低速且不需经常调节转位角度的间歇转位运动，如物料自动转位机构、电影放映机卷片机构等自动机械。

图6-24所示为自动沏茶机茶杯托盘下方设置的外槽轮机构，其利用槽轮间歇运动的特性实现了茶杯在茶盘上的间歇传动。托盘上方沿圆周均匀放置5个空茶杯，托盘下方是径向槽槽轮，槽轮上均匀开有5个槽口，拨盘上装有一个拨销，拨盘每转动1周，拨销便与槽轮啮合1次。若将连接在槽轮上的托盘转动1/5圈，则将托盘上的空茶杯送到沏茶工位，当拨销离开槽口时，槽轮停止转动，拨盘继续转动，利用槽轮停歇的时间为茶杯注水，茶杯接满茶后，拨销又与槽轮啮合，再将槽轮拨动1/5圈，将茶盘上的下一个空茶杯送到沏茶工位，重复注水动作。如此拨盘转动5圈将5个空茶杯注满水即完成自动沏茶过程。

图 6-25 所示为电影放映机的卷片机构。在连续转动的轮上有一个拨销 3，它与十字径向槽轮每啮合 1 次，槽轮 2 就旋转 90°。因此传动轴每转 1 圈，槽轮轴就转动 90°，从而将影片 1 拉动 1 格。凸轮在弧线与槽轮接触的过程中，槽轮是静止的。通过人眼的视觉暂留，人们就看到了连续的画面。

图 6-24 自动沏茶机的茶杯托盘

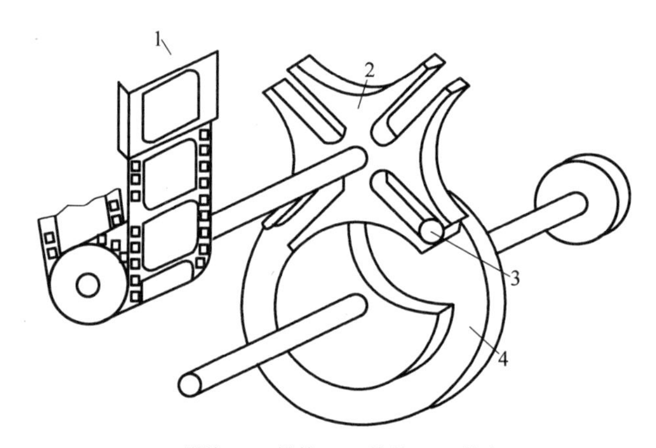

1—影片；2—槽轮；3—拨销；4—拨盘。

图 6-25 电影放映机的卷片机构

6.2.3 不完全齿轮机构

不完全齿轮机构是将主动轮的连续等速度转动转换为从动轮的间歇转动的一种间歇运动机构，是由完全齿轮机构演变而来的。该机构由主动轮、从动轮和一对锁止弧三部分组成。当主动轮做单向转动时，从动轮做单向间歇运动。在从动轮的停歇期间，两个齿轮的轮缘各有锁止弧对从动轮实施定位，防止从动轮在此状态下自由转动。

不完全齿轮机构按照啮合方式分为图 6-26 所示的外啮合不完全齿轮机构和图 6-27 所示的内啮合不完全齿轮机构两种。根据不完全齿轮机构的结构特点，当主动轮的有齿部分与从动轮轮齿啮合时，便推动从动轮转动；当主动轮的有齿部分与从动轮脱离啮合时，在锁止弧作用下从动轮停歇不动；而当主动轮连续转动时，从动轮便获得时动时停的间歇运动。

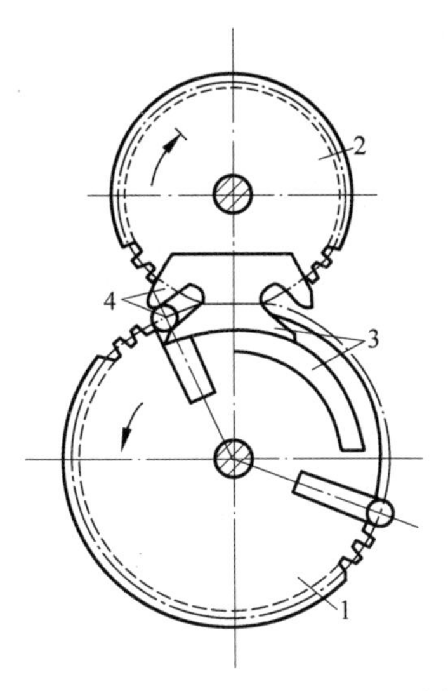

1—主动轮；2—从动轮；3—锁止弧；4—缓冲机构。

图 6-26　外啮合不完全齿轮机构

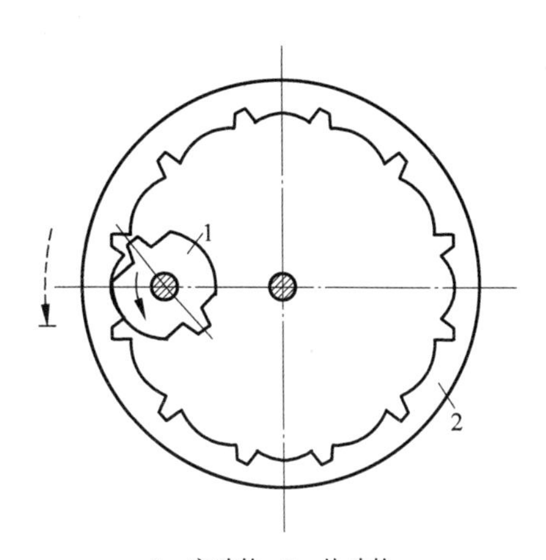

1—主动轮；2—从动轮。

图 6-27　内啮合不完全齿轮机构

外啮合不完全齿轮机构的类型如图 6-28 所示，分为单齿不完全齿轮机构和多齿不完全齿轮机。其主、从动轮上的齿数是不完整的，一般依据从动轮的运动与间歇时间等技术参数来确定主、从动轮上的齿数与位置，每次间歇运动可以进行图 6-28(a)所示的单齿啮合和图 6-28(b)、(c)、(d)所示的多齿啮合。主、从动轮上齿的位置可以单独布置，也可以间隔布置，模数 m 的选择可参照 GB/T 1357—2008《通用机械和重型机械用圆柱齿轮　模数》中的模数系列规定。图 6-28(a)中的主动齿轮 1 每转 1 周，从动齿轮 2 便转过 1 个齿；图 6-28(b)中的主动齿轮 1 连续转 1 圈，其上的 3 个齿与从动齿轮 2 相应的齿啮合，带动其转过角度 α；图 6-28(c)中，主动齿轮 1 连续转 1 圈，从动齿轮 2 也转动 1 圈，但要停止一段时间后才开始下一个周期的运动；图 6-28(d)中的主动齿轮 1 连续转动，从动齿轮 2 则周期性间歇转动。

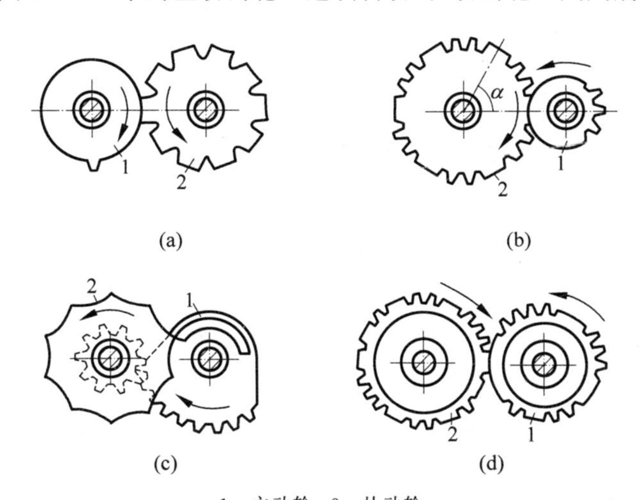

1—主动轮；2—从动轮。

图 6-28　外啮合不完全齿轮机构的类型

(a) 单齿不完全齿轮机构；(b) 多齿不完全齿轮机构(1)；(c) 多齿不完全齿轮机构(2)；(d) 多齿不完全齿轮机构(3)

不完全齿轮机构结构简单、工作可靠,但其加工工艺较复杂。由于从动轮在运动全过程中并非完全等速,每次转动开始和终止时,角速度都有突变,存在刚性冲击,所以不完全齿轮机构一般用于低速、轻载的工作场合,如电表、煤气表的计数器,肥皂生产自动线及蜂窝煤饼压制机的转位机构等。

需要注意的是,在不完全齿轮机构中,为了保证主动轮的首齿能顺利进入啮合状态而不与从动轮的齿顶相碰,应将首齿齿顶高做适当削减。同时,为了保证从动轮停歇在预定位置,也应对主动轮的末齿齿顶高进行适当修正。

图 6-29 所示为蜂窝煤饼压制机的工作台间歇转动机构。工作台 1 上设置 5 个工位 2 来完成煤粉的填装、压制、退煤等动作,因此工作台需间歇转动,而每次转动 1/5 转。为了满足这一运动要求,在工作台上装有一圈齿圈 5,用中间齿轮 3 来传动。主动轮 4 为不完全齿轮,它与中间齿轮 3 组成不完全齿轮机构。在主动轮 4 连续转动时为了使工作台达到预期的间歇转动,该机构还分别装设了凸形圆弧板和凹形圆弧板,以便起到锁止弧的作用。

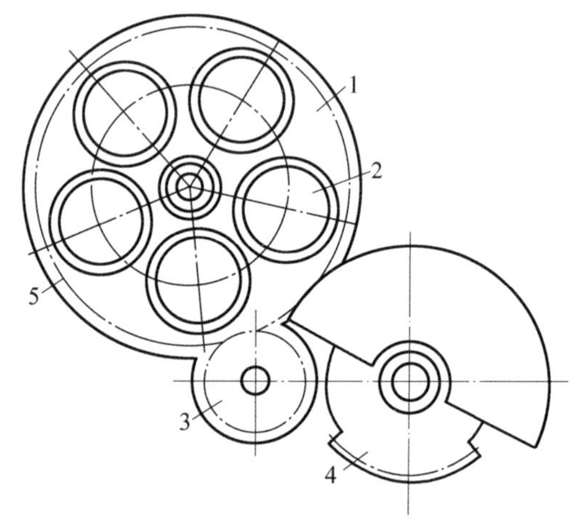

1—工作台;2—工作位;3—中间齿轮;4—主动轮;5—齿圈。

图 6-29 蜂窝煤饼压制机的工作台间歇转动机构

6.3 齿轮齿条机构

齿轮齿条机构可以看作是一种特殊的齿轮传动,将齿轮传动中一个齿轮的分度圆直径视为无穷大,那么这个齿轮分度圆上与齿轮啮合的圆弧部分便接近于直线,此即齿条分度线。如图 6-30 所示为齿轮齿条传动机构。

在齿轮齿条机构的应用中,如果将原动力加在齿轮上,由齿条输出动力,可将圆周运动转化为直线运动;如果将原动力加在齿条上,由齿轮输出动力,可将直线运动转化为圆周运动。齿轮齿条传动在工厂自动化中具有广泛的应用,比如堆垛机械手、物料搬运装置等,其具有承载力大、精度较高等优点,多用于行程较长的机械结构中。

图 6-31 所示的弹簧秤即应用了齿轮齿条机构。当用弹簧秤测量物体的质量时,物体重力克服弹簧 5 的弹力向下移动一定的距离,通过支架 2 带动齿条 3 向下移动,齿条 3 的移动

带动与它配合的小齿轮4转动一定的角度，同时固定在小齿轮4上的指针7也转动同样的角度，从而在表盘8上显示出相应的刻度值。

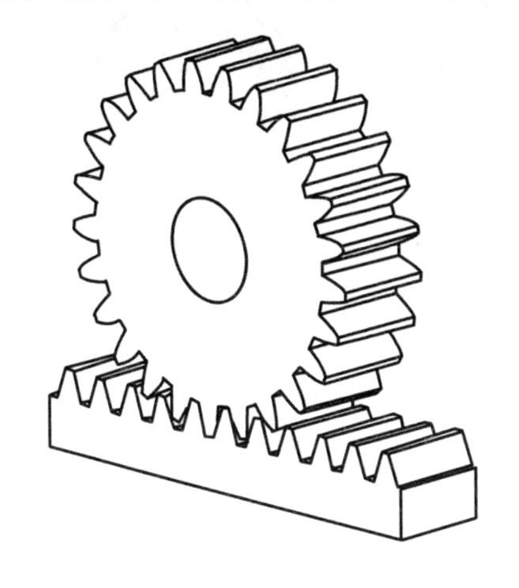

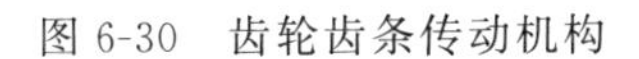
图6-30　齿轮齿条传动机构

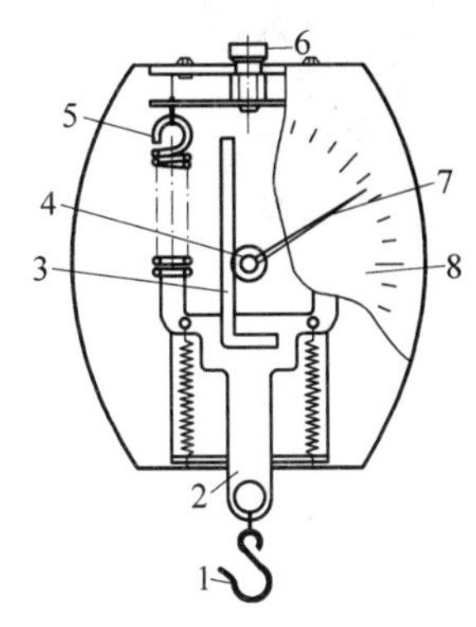

1—挂钩；2—支架；3—齿条；4—小齿轮；5—拉力弹簧；6—调整螺钉；7—指针；8—表盘。

图6-31　弹簧秤

6.4　蜗杆传动机构

蜗杆传动机构是由蜗轮和蜗杆组成的传动机构，用于空间交错的两轴之间传递运动和动力。空间两轴线之间的交错角可为任意值，通常为90°。蜗杆传动机构具有传动比大、工作平稳、结构紧凑、噪声低且可传动自锁等优点，但是该机构工作效率低、易磨损发热，蜗轮常需要用青铜等摩擦系数较小的材料制造，加工过程复杂且成本较高。蜗杆传动一般作为减速装置在仪器、仪表中被广泛应用。图6-32所示的风扇摇头机构即应用了蜗杆传动机构。

蜗杆传动的类型很多。根据蜗杆形状的不同，蜗杆传动可分为圆柱蜗杆传动、环面蜗杆传动和锥蜗杆传动等类型。

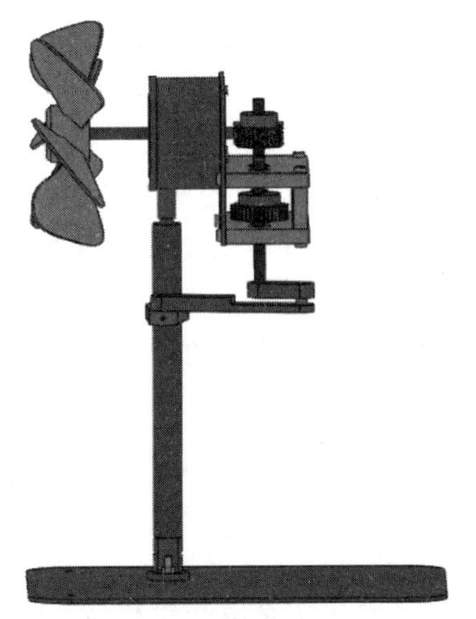
图6-32　风扇摇头机构

1. 圆柱蜗杆传动

如图6-33(a)所示为圆柱蜗杆传动。机构中传动的蜗杆为圆柱形。圆柱蜗杆传动根据齿廓形状的不同又分为普通圆柱蜗杆传动和圆弧圆柱蜗杆传动。

普通圆柱蜗杆的齿面一般在车床上加工，由直线刀刃的车刀车出。根据齿廓曲线的不同，普通圆柱蜗杆可分为阿基米德蜗杆、渐开线蜗杆、法向直线蜗杆和锥面包络线蜗杆4种。GB/T 10085—2018《圆柱蜗杆传动基本参数》中推荐采用渐开线蜗杆和锥面包络线蜗杆。而与

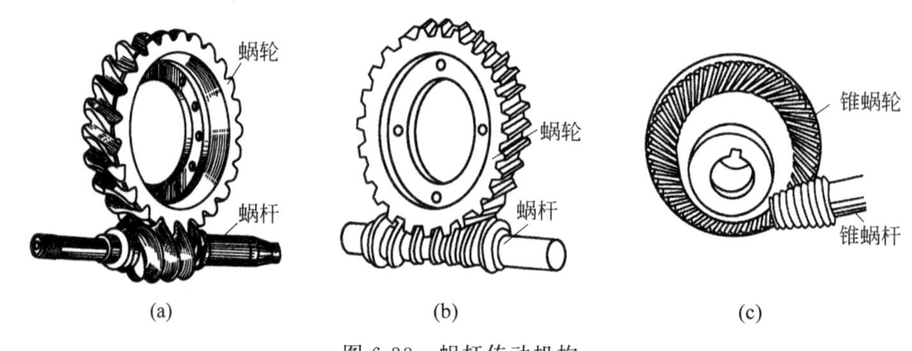

图 6-33 蜗杆传动机构

(a) 圆柱蜗杆传动；(b) 环面蜗杆传动；(c) 锥蜗杆传动

各类蜗杆配对的蜗轮一般是用滚刀或飞刀在滚齿机上加工而成的。滚刀齿廓应与所配合蜗杆的齿廓一致，滚切时的中心距也应与蜗杆传动时的中心距保持一致。

圆弧圆柱蜗杆传动的螺旋面是用圆弧形的刃边刀具切制的，齿廓为凹弧形，而与之相配对的蜗轮则是用范成法制造而成的，齿廓为凸弧形，所以圆弧圆柱蜗杆齿轮传动是一种凹凸弧相啮合的传动方式。这种啮合方式是一种线啮合。圆弧圆柱蜗杆传动的传动效率高、承载能力大、体积小、质量小、机构紧凑，被广泛应用于冶金、矿山、化工、起重等设备的减速机构中。

2. 环面蜗杆传动

图 6-33(b)所示为环面蜗杆传动。环面蜗杆传动中蜗杆体在轴向上是以凹圆弧为母线的旋转曲面所形成的半环面，故把这种蜗杆传动称为环面蜗杆传动。在环面蜗杆传动的啮合带内，蜗杆的节弧沿蜗轮的节圆包着蜗轮，所以可实现同时多齿啮合。轮齿的接触线与蜗杆齿的运动方向近乎垂直，可改善轮齿的受力情况和润滑油膜的形成条件，因此承载能力和传动效率更高，但其制造精度和安装精度要求更高。

3. 锥蜗杆传动

图 6-33(c)所示为锥蜗杆传动。锥蜗杆传动中蜗杆的齿面轮廓线是在节锥上由等导程的螺旋形成的，故称为锥蜗杆。与之相配合的蜗轮是由与锥蜗杆相似的锥滚刀在滚齿机上加工而成的，称为锥蜗轮。锥蜗杆传动中同时接触的点数较多，重合度大，承载能力和传动效率较高，传动比的范围较大，制造安装方便，工艺性好。但是传动不对称，正反转受力不同，承载能力和传动效率也不同。

蜗杆传动的类型很多，其中广泛应用的是制造工艺性好的普通圆柱蜗杆传动，即阿基米德蜗杆传动。蜗杆的计算较为复杂，有兴趣的读者可自行参考相关手册。

6.5 凸轮机构

凸轮机构是由凸轮和与其配合的从动件推杆组成的高副机构。凸轮是一个具有曲线轮廓或曲线凹槽的构件，通常作为主动件做圆周运动、往复摆动或左右移动，同时推动从动件推杆运动。图 6-34 所示的内燃机配气机构与图 6-35 所示的自动机床进刀机构就是利用了凸轮机构的运动原理。若凸轮作为从动件运动，则称之为反凸轮加速机构，如图 6-36 所示。在凸轮机构中可根据工艺要求设计从动件的运动规律，从而设计出凸轮廓线。凸轮机构的运动副为高副接触，重载易磨损，且高速运转的凸轮需要从动力学角度分析设计。

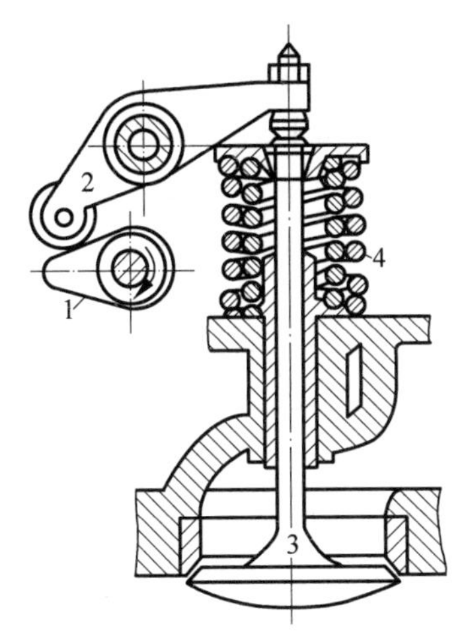

1—凸轮；2—推杆；3—气阀；4—弹簧。

图 6-34 内燃机配气机构

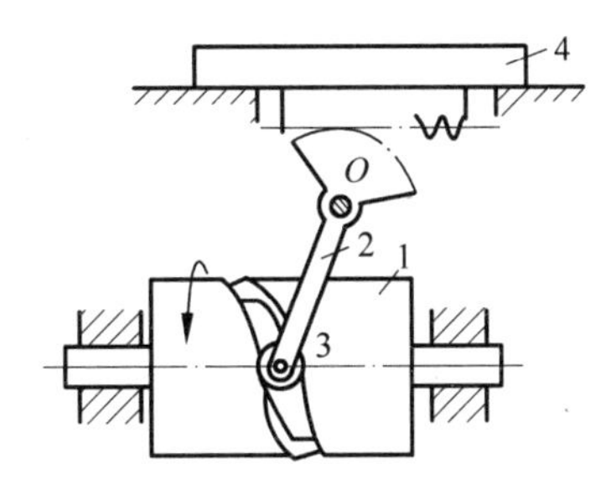

1—圆柱形凸轮；2—推杆；3—滚子；4—刀架。

图 6-35 自动机床进刀机构

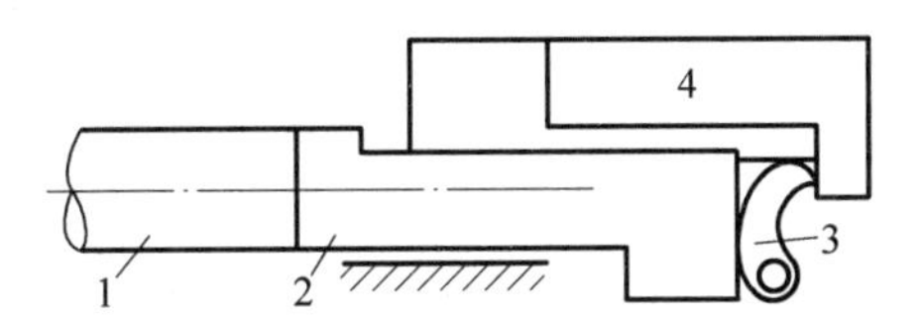

1—枪管；2—节套；3—加速凸轮；4—枪机。

图 6-36 反凸轮加速机构

在图 6-34 所示的内燃机配气机构中，凸轮 1 由电动机提供动力做回转运动，同时推动推杆 2 做上下摆动。当推杆 2 右端向下摆动时将气阀 3 向下压下，可开启气阀；当推杆 2 右端向上摆动时则弹簧 4 的弹力使气阀 3 向上移动并关闭气阀，从而控制气缸实现进气、排废气和压缩气体的功能。根据气缸气阀开启和关闭的运动规律，可设计出推杆 2 的摆动规律，进而设计出凸轮廓线的形状。

在图 6-35 所示的自动机床进刀机构中，具有凹槽的圆柱形凸轮 1 做回转运动，与凸轮凹槽配合的滚子 3 与推杆 2 固定，凸轮 1 回转过程中，滚子 3 带动推杆 2 绕 O 点做往复摆动，从而带动刀架左右移动实现进刀和退刀。刀架的进刀和退刀运动规律取决于凸轮凹槽曲线的形状。

图 6-36 所示为勃朗宁重机枪中弹壳脱出所应用的反凸轮加速机构，该机构在射击后，节套 2 后坐时，由加速凸轮 3 带动枪机 4 加速后坐，使弹壳及时退出。

凸轮机构可按照凸轮和推杆的形状及运动形式的不同进行分类。

1. 按照凸轮的形状分类

(1) 盘形凸轮：一个绕着中心轴线回转而具有变化半径的盘形构件，从动件随着凸轮半径的变化移动。图 6-37(a)所示为盘形凸轮绕固定轴线回转。

(2) 移动凸轮：一种特殊的盘形凸轮，可看作是回转轴线在无穷远处的盘形凸轮的一部分，在机构中一般做直线往复运动，可称之为移动凸轮，如图 6-37(b)所示。

(3) 圆柱凸轮：在圆柱面上开有曲线凹槽，或是在圆柱端面上做出曲线轮廓的构件，如图 6-37(c)所示。

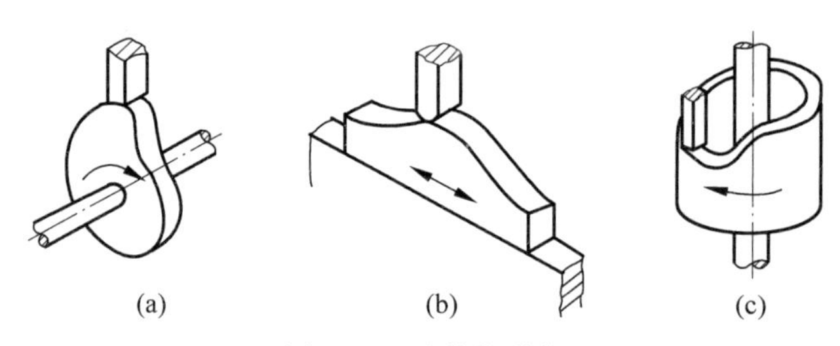

图 6-37　凸轮的形状

(a) 盘形凸轮；(b) 移动凸轮；(c) 圆柱凸轮

2. 按照推杆的形状分类

(1) 尖顶推杆：构造简单，加工方便，可以响应运动规律的细微变化，但因推杆尖点与凸轮廓线之间为滑动摩擦，使用中易磨损产生误差，所以只适用于作用力小和速度较低的仪器、仪表中。图 6-38(a)所示为尖顶推杆。

(2) 滚子推杆：从动件推杆底端安装一个转动的滚子，推杆的滚子与凸轮廓线之间变为滚动摩擦，摩擦力减小，不易磨损，故而可用于传递较大的动力。图 6-38(b)所示为滚子推杆，其中滚子常采用特制结构的球轴承或滚子轴承。

(3) 平底推杆：推杆的底端设计成大的平面，在凸轮旋转过程中，推杆平面与凸轮廓线之间始终为线接触，且为滑动摩擦。这种推杆虽然为滑动摩擦，但在实际应用中要求凸轮为全凸形状，凸轮与推杆平底的接触面很容易形成油膜，润滑较好，可用于高速传动的机器中。图 6-38(c)所示为平底推杆。

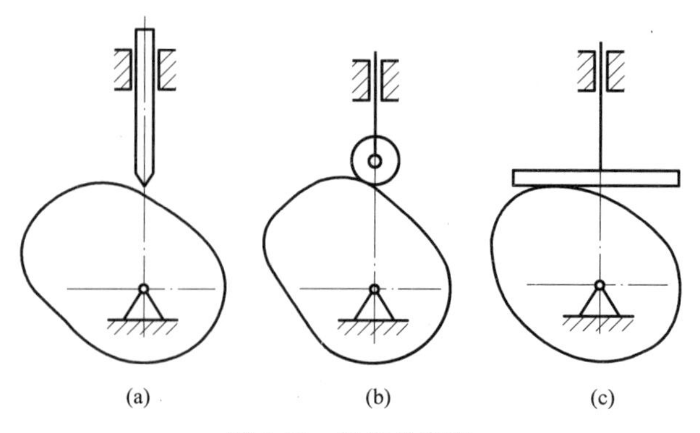

图 6-38　推杆的类型

(a) 尖顶推杆；(b) 滚子推杆；(c) 平底推杆

3. 按照推杆的运动形式分类

(1) 直动推杆：推杆做直线往复运动。图6-38所示凸轮机构中的推杆都做上下直线运动，属于直动推杆。

(2) 摆动推杆：推杆做往复摆动。图6-34所示的内燃机配气机构以及图6-35所示的自动机床进刀机构的凸轮机构中，推杆做往复摆动，属于摆动推杆。

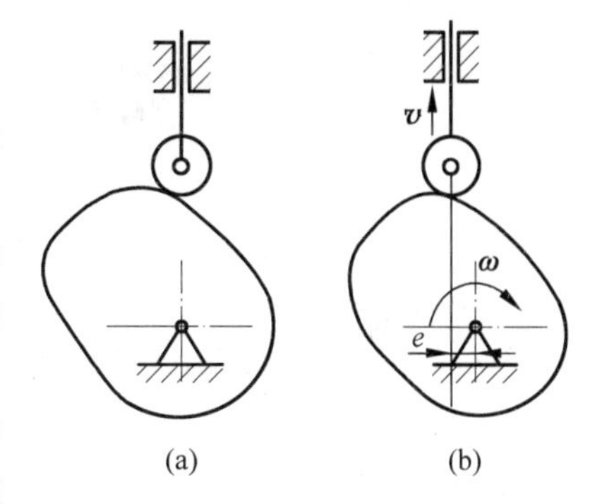

图6-39　对心凸轮机构和偏置凸轮机构

(a) 对心凸轮机构；(b) 偏置凸轮机构

尖顶推杆和滚子推杆根据推杆的轴线与凸轮回转中心的位置不同，可分为对心直动推杆和偏置直动推杆两种。图6-39(a)所示为对心凸轮机构，凸轮旋转中心与推杆的运动直线同线；图6-39(b)所示为偏置凸轮机构，凸轮旋转中心与推杆的运动直线存在距离 e。偏置凸轮机构可减小从动件的推程压力角，从而改善凸轮机构的受力情况，且应使凸轮的角速度 $\boldsymbol{\omega}$ 与 $e\times\boldsymbol{v}$ 的方向一致，其中 $\boldsymbol{v}$ 是推杆推程运动的速度。

4. 按照锁合形式分类

为了保证凸轮与推杆的可靠接触，需要设计构件之间的锁合，凸轮机构根据锁合形式的不同可分为力锁合和形锁合两种。图6-40所示为凸轮力锁合形式，图6-41为凸轮形锁合形式。

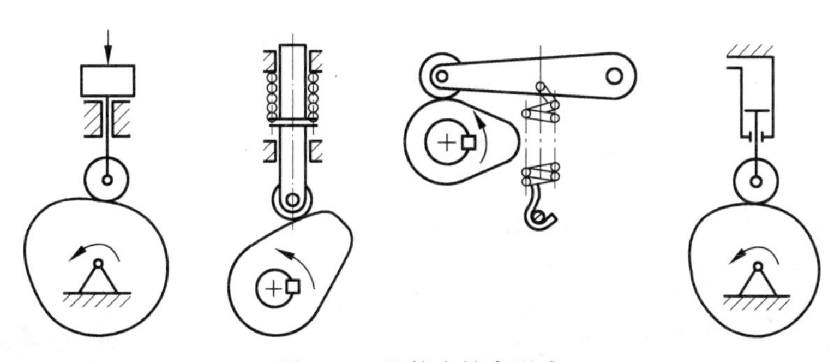
图6-40　凸轮力锁合形式

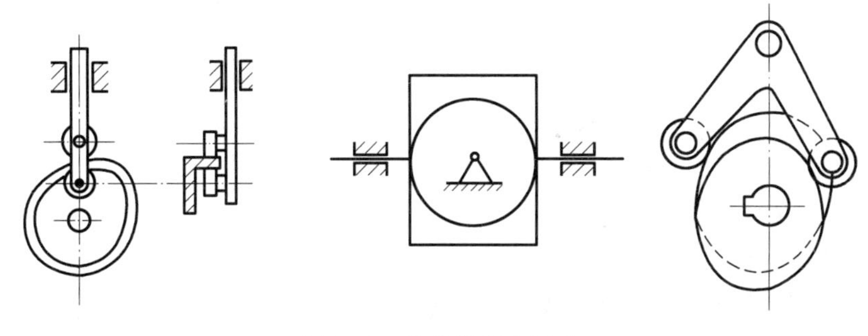
图6-41　凸轮形锁合形式

6.6 回转运动传递机构

回转运动的传递形式是：输入是回转运动，输出也是回转运动。它包括平行轴回转运动的传递和交叉轴回转运动的传递。回转运动传递机构主要有齿轮传动机构、带传动机构、链传动机构等常用的机构以及这些机构的组合。

6.6.1 齿轮传动机构

1. 齿轮传动的特点及类型

齿轮传动机构是指由齿轮副传递运动和动力的装置，可用来传递相对位置不远的两根传动轴之间的运动和动力，输入和输出均为回转运动。齿轮传动因具有结构紧凑、传递功率范围大、传动效率高、传动比准确、使用寿命长等特点，成为现代设备中应用最广泛的机械传动方式，在各个领域的大小设备，仪器、仪表中均可见到齿轮传动。图 6-42 所示的齿轮减速器即运用了多组齿轮机构进行传动，最终实现了转动速度的变化。图 6-43 所示的指南车也是通过一系列齿轮系的传动将两车轮转过的角度差传递到木人所在轴上。在指南车行走的过程中，当车身转过一定的角度时，木人所在的轴也反向转过相同的角度，因此指南车在行走中无论怎样转向，木人所指的方向永远不变。齿轮传动对环境条件要求较严，除少数低速、低精度的情况外，一般需要安装在箱罩中防尘、防垢，并且传动过程中还需要润滑。齿轮传动不适用于相距较远的两个传动轴之间的传动。

图 6-42 齿轮减速器

图 6-43 指南车

齿轮传动的类型很多，按照齿轮机构中一对齿轮轴线在空间的相对位置可将齿轮机构可分为以下几类：

1）平行轴间传动的齿轮机构

该齿轮机构中的一对齿轮轴线为平行传动，例如，在图 6-44(a)所示的直齿轮外啮合齿轮传动、图 6-44(d)所示的斜齿轮外啮合齿轮传动和图 6-44(e)所示的人字齿轮外啮合齿轮传动机构中，两齿轮轴线平行、转向相反。其中，直齿轮加工容易、精度提高也容易，是最基本的齿轮形式，使用也最广泛；斜齿轮具有重合度大、传动较平稳的特点，可用于高速、重载传动，但是因其结构特点不宜用于滑移式变速齿轮，且传动中会产生轴向力；人字齿可看作是由两个螺旋角相同而旋向相反的斜齿轮组成的，可自行平衡轴向力，因此可以进一步提高承载能力和平稳性。

在如图 6-44(b)所示的直齿轮内啮合齿轮传动机构中，两齿轮轴线平行、转向相同。内啮合比外啮合中心距减小，结构更紧凑，凹凸齿面接触，齿面承载能力大，且重合度较大，滑动率较小，但是内齿轮加工复杂，一般在插齿机床上加工。

在如图 6-44(c)所示的齿轮齿条传动机构中，齿条可看作是转动轴线在与齿轮轴线相平行的无穷远处的圆形齿轮，齿条做直线移动。

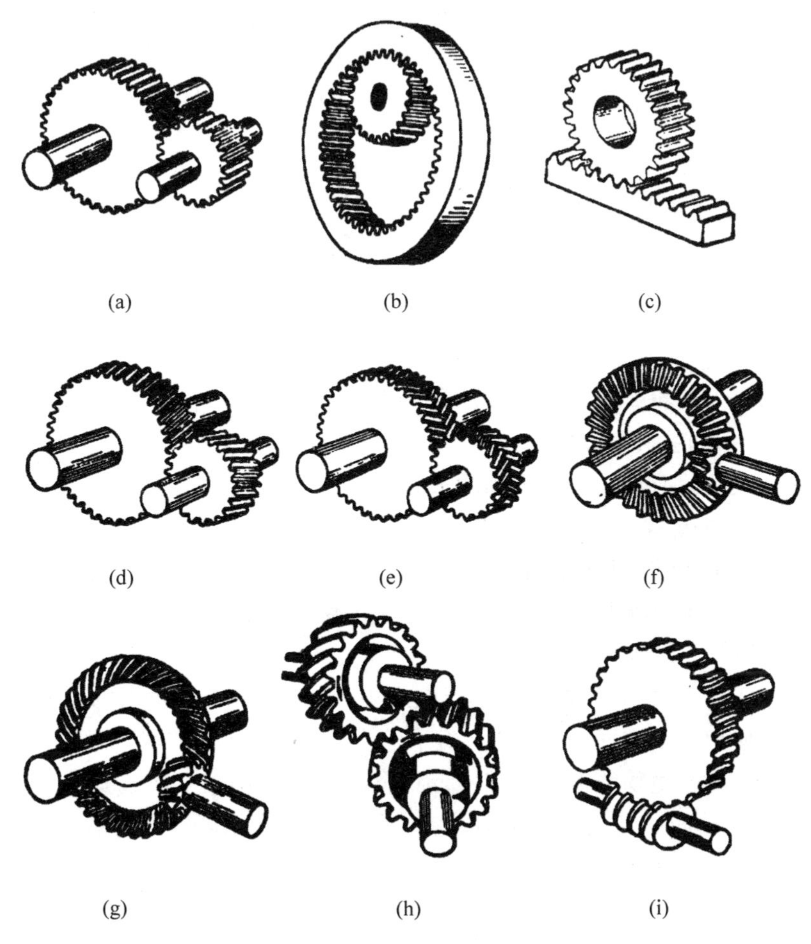

图 6-44　齿轮传动的类型

(a) 直齿轮外啮合齿轮传动；(b) 直齿轮内啮合齿轮传动；(c) 齿轮齿条传动；
(d) 斜齿轮外啮合齿轮传动；(e) 人字齿轮外啮合齿轮传动；(f) 相交轴直齿锥齿轮传动；
(g) 相交轴曲线齿锥齿轮传动；(h) 交错轴斜齿传动；(i) 蜗轮蜗杆传动

2）相交轴间传动的齿轮机构

在锥齿轮传动机构中，相啮合的一对齿轮轴线相交，可分为相交轴直线齿锥齿轮传动和相交轴曲线齿锥齿轮传动两种。其中，直线齿锥齿轮齿形简单、加工容易、成本低。直线齿又分为直齿和斜齿两种，直齿锥齿轮传动(见图 6-44(f))承载能力较低、噪声大且轴向力小、方向固定，多用于低速、轻载、稳定的传动；斜齿锥齿轮传动承载能力较大、噪声小且轴向力大、方向与转向有关，多用于大型机械。曲线齿锥齿轮传动（见图 6-44(g)）又分为弧齿锥齿轮传动、零度锥齿轮传动和摆线锥齿轮传动。其中，弧齿锥齿轮的齿线是一段圆弧，承载能力高、运转平稳、噪声小，对安装精度和变形要求不是很高，轴向力与转向有关且关系较大，多用于重载荷、小噪声的传动；零度锥齿轮的齿线也是一段圆弧，承载能力略高于直齿，轴向力固定、运转平稳，有时可代替直齿圆锥齿轮；摆线齿锥齿轮的齿线是长幅外摆线，加工方便、计算简单，但是不能磨齿，可用硬齿面进行刮削来达到精度要求，适用于单件或中小批量生产。

3）交错轴间传动的齿轮机构

该齿轮机构中的一对齿轮轴线为空间相交传动，例如，图 6-44(h)所示的交错轴斜齿传动和图 6-44(i)所示的蜗轮蜗杆传动。蜗轮蜗杆通常的交错角为 90°，其主要优点是传动比较大、结构紧凑、工作平稳、噪声低、可自锁，缺点是传动效率低、易磨损、易发热，蜗轮的制造需要有贵重的减磨性有色金属。

2. 渐开线齿廓及其啮合特点

圆柱齿轮的齿面与垂直于其轴线的平面的交线称为齿廓。对于齿轮整周传动而言，其平均传动比总等于齿数的反比，即

$$i_{12}=n_1/n_2=z_2/z_1 \tag{6-1}$$

式中，i_{12} 为齿轮 1 到齿轮 2 的传动比；n_1 为齿轮 1 的转速；n_2 为齿轮 2 的转速；z_1 为齿轮 1 的齿数；z_2 为齿轮 2 的齿数。

但是齿轮传动的瞬时传动比与齿廓的形状有关。

1）齿轮啮合基本定律

齿轮啮合基本定律指相互啮合的一对齿轮，在任一位置时的传动比都与其连心线 O_1O_2 被其啮合齿廓在接触点处的公法线所分成的两线段长度成反比，这一规律称为齿轮啮合基本定律，如图 6-45 所示。

齿轮齿廓曲线有多种形式，在实际生产应用中，在满足传动比要求的同时，还要考虑设计、制造、安装和使用等多方面因素。对于定传动比来说，目前最常用、最经济的齿廓曲线是渐开线齿廓、圆弧齿廓、抛物线齿廓。其中，渐开线齿廓制造简单、便于安装和测量、互换性较好且具有良好的传动性，因此应用较为广泛。下面着重介绍渐开线齿廓。

2）渐开线的形成及特点

如图 6-46 所示，直线在沿一圆的边缘做纯滚动时，直线上任意点 K 走过的轨迹 AK 就是该圆的渐开线，也可以看作是圆上 A 点沿圆周渐渐展开的轨迹线。该圆称为渐开线的基圆，其半径用 r_b 表示，直线 BK 称为渐开线的发生线，角度 θ_K 称为渐开线上 K 点的展角。根据渐开线的形成过程，可知渐开线的特点有：①发生线上的线段长度$\overline{BK}$ 等于基圆上被滚过的弧长$\widehat{AB}$，即$\overline{BK}=\widehat{AB}$。②渐开线上任一点 K 处的法线必然与基圆相切，且切点 B 为渐开线 K 点的曲率中心，线段$\overline{BK}$ 为曲率半径。渐开线上每个点的曲率半径不同，离基圆越近则曲率半径越小，在基圆上的点的曲率半径为零。③由图 6-47 可看出渐开线的形状取决于基圆的大小，展角相同时，基圆半径越大，其渐开线的曲率半径也越大，当基圆半径无穷大时，其渐开线就趋于一条直线，即齿条的齿廓曲线。④基圆以内无渐开线。渐开线的特征是研究渐开线齿轮啮合的基础。

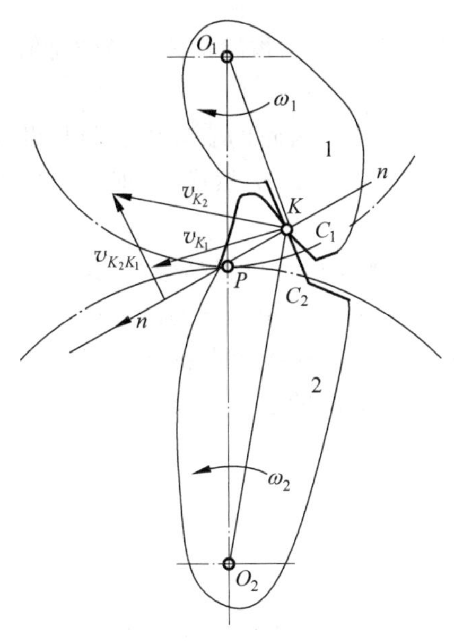

图 6-45 齿廓啮合基本定律示意图

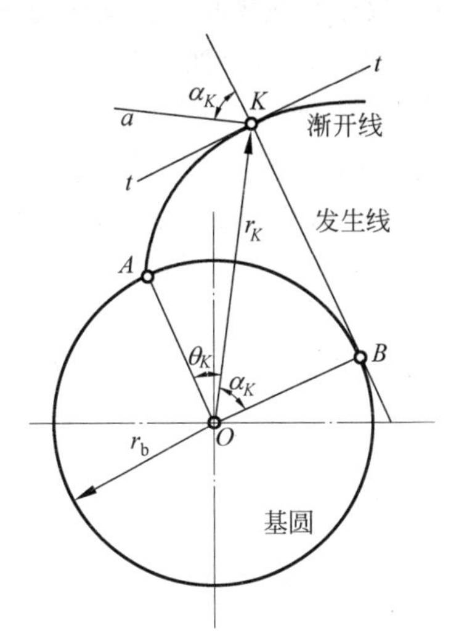

图 6-46 渐开线的形成

在图 6-46 中渐开线齿廓与其共轭齿廓在 K 点啮合时,设 r_K 为渐开线在任意点 K 的向径,此齿廓在该点所受正压力的方向(即法线方向)与该点的速度方向(垂直于 OK 方向)之间所夹的锐角 α_K,称为渐开线在该点的压力角。

3) 渐开线齿廓的特点

(1) 传动比一定。如图 6-48 所示,设 C_1、C_2 为相互啮合的一对渐开线齿轮,半径分别为 r_{b1}、r_{b2},当两齿廓在任意点 K 啮合时,过 K 点作这对齿廓的公法线 N_1N_2,则此公法线必然与两轮的基圆相切。由图可知,因$\triangle O_1N_1P \cong \triangle O_2N_2P$,故两齿轮的传动比为

$$i_{12}=\omega_1/\omega_2=\overline{O_2P}/\overline{O_1P}=r_{b2}/r_{b1} \tag{6-2}$$

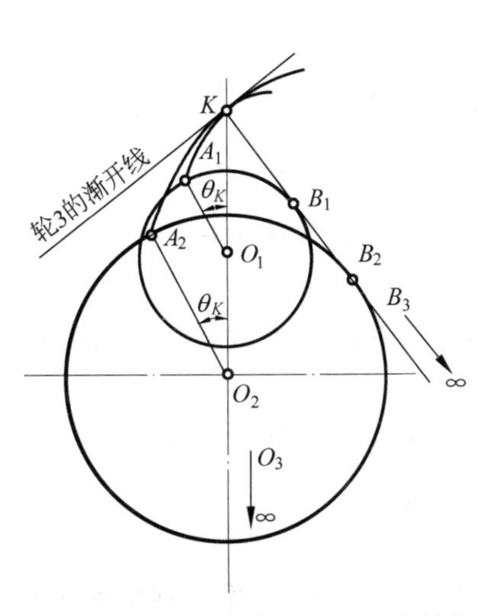

图 6-47 渐开线的形状与基圆大小的关系

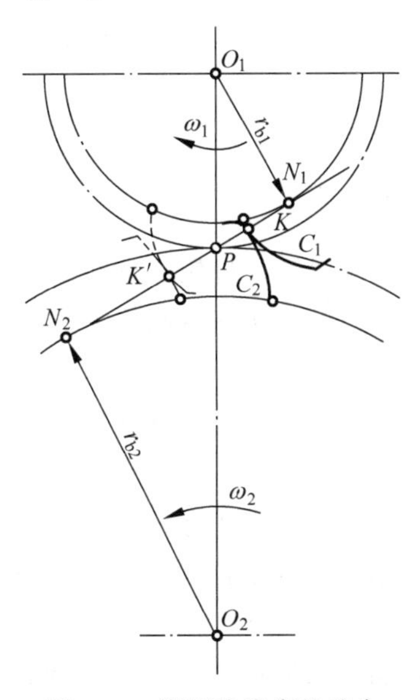

图 6-48 渐开线齿廓的啮合

对于一对确定的渐开线啮合齿轮，其基圆半径为确定值，则两齿轮基圆半径的比值即为确定值，故渐开线齿轮的传动比为确定值。

（2）传动的可分性。对一对确定的渐开线啮合齿轮，当两齿轮的安装中心距与设计中心距略有不同时，因其基圆半径为确定值，所以图 6-48 与式(6-2)仍然成立，即两齿轮的传动比不变。渐开线齿廓的这一特征称为传动的可分性。

（3）齿廓间的正压力方向不变。既然一对渐开线齿廓在任何位置啮合时，其公法线都是过接触点并与两基圆相切的同一条直线 N_1N_2，也就是说一对相啮合的渐开线齿廓从开始进入啮合到脱离接触，啮合点始终在该直线上，即渐开线齿廓接触点轨迹在直线 N_1N_2 上，该直线即为啮合线。齿轮传动中，啮合线不变，而两齿廓间的正压力又始终沿啮合线方向，故其正压力方向也不变，因此传力方向也不变。

3. 渐开线标准齿轮的基本参数和几何尺寸

1）齿轮各部分的名称和代号

图 6-49 所示为一个标准直齿圆柱外齿轮的一部分，现介绍各部分的名称和代号。

（1）齿顶圆。过轮齿顶端所作的圆称为齿顶圆，其半径用 r_a 表示，直径用 d_a 表示。

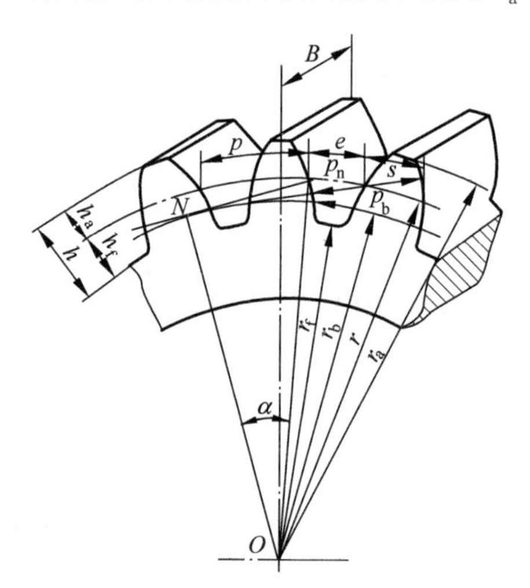

图 6-49 齿轮各部分的名称和代号

（2）齿根圆。过轮齿槽底所作的圆称为齿根圆，其半径用 r_f 表示，直径用 d_f 表示。

（3）齿厚。在任意圆周上，一个轮齿两侧齿廓间的弧线长度称为该圆上的齿厚，用 s_i 表示。

（4）齿槽宽。在任意圆周上，齿槽两侧齿廓间的弧线长度称为该圆上的齿槽宽，用 e_i 表示。

（5）齿距。在任意圆周上，相邻两齿同侧齿廓间的弧线长度称为该圆上的齿距，用 p_i 表示。同一圆周上齿距等于齿厚与齿槽宽之和，即

$$p_i = s_i + e_i \tag{6-3}$$

相邻两齿同侧齿廓间的法线长度称为法向齿距，用 p_n 表示。由渐开线性质可知，法向齿距 p_n 等于基圆齿距 p_b。

(6) 分度圆。为了便于齿轮设计和制造而设的尺寸参考圆称为分度圆。分度圆的半径、直径、齿厚、齿槽宽和齿距分别用 r,d,s,e 和 p 表示。

(7) 齿顶高。轮齿介于分度圆和齿顶圆之间的部分称为齿顶,其径向高度称为齿顶高,用 h_a 表示。

(8) 齿根高。轮齿介于分度圆和齿根圆之间的部分称为齿根,其径向高度称为齿根高,用 h_f 表示。

(9) 全齿高。齿顶高与齿根高之和称为全齿高,用 h 表示,即

$$h = h_a + h_f \tag{6-4}$$

2) 渐开线齿轮的基本参数

(1) 齿数。齿轮在整个圆周上轮齿的总数称为齿数,用 z 表示。

(2) 模数。模数是齿轮的一个重要参数,用 m 表示。模数是齿距 p 与 π 的比值,即

$$m = p/\pi \tag{6-5}$$

故齿轮的分度圆直径 d 可以表示为

$$d = mz \tag{6-6}$$

现在模数已经标准化,在齿轮设计时,若无特殊需求,应选标准模数。表 6-1 列出了国家标准 GB/T 1357—2008 所给定的标准模数系列。

表 6-1 标准模数系列(GB/T 1357—2008)

第一系列	1	1.25	1.5	2	2.5	3	4	5	6
	8	10	12	16	20	25	32	40	50
第二系列	1.125	1.375	1.75	2.25	2.75	3.5	4.5	5.5	(6.5)
	7	9	11	14	18	22	28	35	45

注:① 本表适用于渐开线圆柱齿轮,斜齿轮是指法向模数。
② 选用模数时应优先选用第一系列模数,其次是第二系列模数,括号内的模数尽量不选。

(3) 压力角(分度圆压力角)。在渐开线齿轮的啮合过程中,齿廓的压力角方向是变化的,通常所说的齿轮压力角是指齿轮分度圆上的压力角,用 α 表示。压力角是决定齿廓形状的主要参数,国家标准 GB/T 1356—2001《通用机械和重型机械用圆柱齿轮 标准基本齿条齿廓》中规定,分度圆上的压力角为标准值,即 $\alpha = 20°$。工业设计中一般选用标准值,在一些工程机械、航空工业等特殊领域,也可以采用其他数值。

(4) 齿顶高系数。齿轮齿顶与其模数的比值称为齿顶高系数,用 h_a^* 表示。国家标准 GB/T 1356—2001 中规定 $h_a^* = 1$。

(5) 顶隙系数。一对啮合齿轮中,一个齿轮的齿顶圆与另一个齿轮的齿根圆之间的距离称为顶隙,顶隙与模数的比值称为顶隙系数,用 c^* 表示,国家标准 GB/T 1356—2001 中规定 $c^* = 0.25$。

3) 渐开线标准齿轮各部分的几何尺寸

渐开线标准齿轮是指 m、α、h_c^*、c^* 均为标准值,且分度圆上齿厚与齿槽相等的渐开线齿轮。表 6-2 中列出了各参数的计算公式。

表 6-2 渐开线标准直齿圆柱齿轮传动部分几何尺寸的计算公式

名　称	代号	计算公式	
		小齿轮	大齿轮
模数	m	根据齿轮受力情况和结构确定并选取标准值	
压力角	α	选取标准值，一般 $\alpha=20°$	
分度圆直径	d	$d_1=mz_1$	$d_2=mz_2$
齿顶高	h_a	$h_{a1}=h_{a2}=h_a^* m$	
齿根高	h_f	$h_{f1}=h_{f2}=(h_a^*+c^*)m$	
全齿高	h	$h_1=h_2=(2h_a^*+c^*)m$	
齿顶圆直径	d_a	$d_{a1}=(z_1+2h_a^*)m$	$d_{a2}=(z_2+2h_a^*)m$
齿根圆直径	d_f	$d_{f1}=(z_1-2h_a^*-2c^*)m$	$d_{f2}=(z_2-2h_a^*-2c^*)m$
基圆直径	d_b	$d_{b1}=d_1\cos\alpha$	$d_{b2}=d_2\cos\alpha$
齿距	p	$p=\pi m$	
基圆齿距	p_b	$p_b=p_n=p\cos\alpha$	
法向齿距	p_n		
齿厚	s	$s=\pi m/2$	
齿槽宽	e	$e=\pi m/2$	
顶隙	c	$c=c^* m$	
标准中心距	a	$a=m(z_1+z_2)/2$	
节圆直径	d'	当中心距是标准中心距 a 时，$d'=d$	
传动比	i	$i_{12}=\omega_1/\omega_2=z_2/z_1=d_2'/d_1'=d_2/d_1=d_{b_2}/d_{b_1}$	

标准齿轮传动具有结构简单、互换性好等诸多优点，但是也存在一些不足，如当齿轮齿数 z 小于最少齿数 $z_{\min}$ 要求时，在齿形加工时就会发生根切现象。一般最少齿数 $z_{\min}=17$，有时工程上为了增大轮齿的弯曲强度，也允许有轻微的根切，这时可取 $z_{\min}=14$。为了改善标准齿轮的不足，可对轮齿进行修正，现在最广泛的方法是变位修正法，具体方法与计算可参考相关手册，在此不做过多介绍。

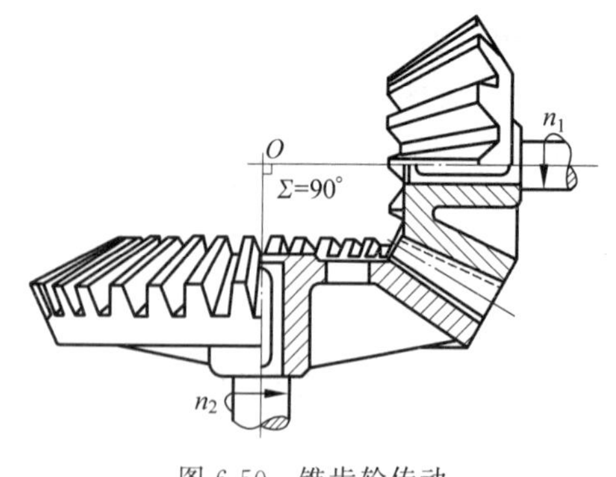

图 6-50 锥齿轮传动

4. 渐开线直齿锥齿轮传动的基本参数和几何尺寸

锥齿轮传动是用来传递两相交轴之间的运动和动力的，如图 6-50 所示，一般两轴之间的交角为 $\Sigma=90°$，有时也可以不是 90°。锥齿轮的轮齿分布在一个圆锥面上，故一个锥齿轮包括齿顶圆锥、分度圆锥、齿根圆锥等分布圆锥。图 6-51 示出了锥齿轮传动的几何尺寸，表 6-3 为锥齿轮传动的具体几何尺寸。锥齿轮在设计和计算时一般取圆锥体大端的参数为标准值。大端端面模数按照表 6-4 选取，压力角一般取标准值 20°，齿顶高系数 $h_a^*=1$，顶隙系数 $c^*=0.2$。

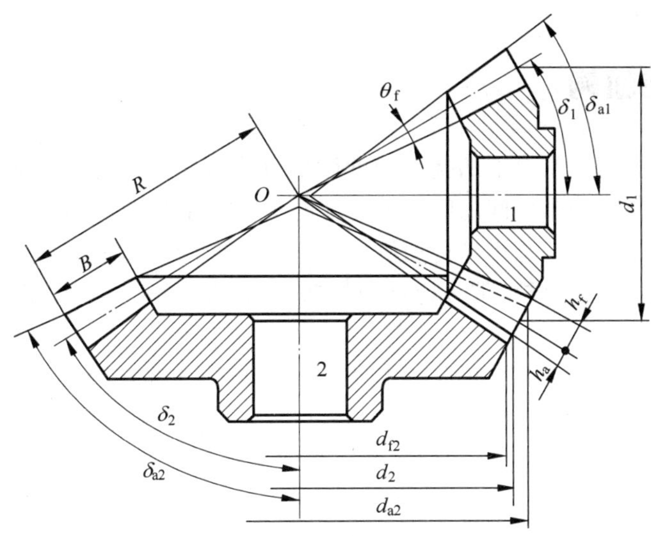

图 6-51　锥齿轮传动的几何尺寸图

表 6-3　锥齿轮传动的几何尺寸表

名　　称	代号	计算公式	
		小齿轮	大齿轮
分锥角	δ	$\delta_1=\arctan(z_2/z_1)$	$\delta_2=90°-\delta_1$
齿顶高	h_a	$h_{a1}=h_{a2}=h_a^* m=m$	
齿根高	h_f	$h_{f1}=h_{f2}=(h_a^*+c^*)m=1.2m$	
分度圆直径	d	$d_1=mz_1$	$d_2=mz_2$
齿顶圆直径	d_a	$d_{a1}=d_1+2h_a\cos\delta_1$	$d_{a2}=d_1+2h_a\cos\delta_2$
齿根圆直径	d_f	$d_{f1}=d_1-2h_f\cos\delta_1$	$d_{f2}=d_1-2h_f\cos\delta_2$
锥距	R	$R=m\sqrt{z_1^2+z_2^2}/2$	
齿顶角	θ_a	$\tan\theta_{a1}=\tan\theta_{a2}=h_a/R$（收缩顶隙传动）	
齿根角	θ_f	$\tan\theta_{f1}=\tan\theta_{f2}=h_f/R$	
顶锥角	δ_a	$\delta_{a1}=\delta_1+\theta_{a1}$（收缩顶隙传动） $\delta_{a1}=\delta_1+\delta_{f1}$（等顶隙传动）	$\delta_{a2}=\delta_2+\theta_{a2}$（收缩顶隙运动） $\delta_{a2}=\delta_2+\delta_{f2}$（等顶隙传动）
根锥角	δ_f	$\delta_{f1}=\delta_1-\theta_{f1}$	$\delta_{f2}=\delta_2-\theta_{f2}$
顶隙	c	$c=c^* m$（一般取 $c^*=0.2$）	
分度圆齿厚	s	$s=\pi m/2$	
当量齿数	z_v	$z_{v1}=z_1/\cos\delta_1$	$z_{v2}=z_2/\cos\delta_2$
齿宽	B	$B\leqslant R/3$（取整）	

注：① 当 $m\leqslant 1$mm 时，$c^*=0.25$，$h_f=1.25$m。

② 各角度计算应准确到分。

表 6-4　锥齿轮大端端面模数

0.1	0.12	0.15	0.2	0.25	0.3	0.35	0.4	0.5
0.6	0.7	0.8	0.9	1	1.125	1.25	1.375	1.5
1.75	2	2.25	2.5	2.75	3	3.25	3.5	3.75
4	4.5	5	5.5	6	6.5	7	8	9
10	11	12	14	16	18	20	22	25
28	30	32	36	40	45	50		

注：表中数据适用于直齿、斜齿和曲线齿锥齿轮。

6.6.2 带传动机构

带传动是利用张紧在带轮上的挠性带进行动力传递的一种机械传动，适用于两轴中心距较大的场合。有靠带与带轮间的摩擦力传动的摩擦型带传动，也有靠带与带轮上的齿相互啮合传动的同步带传动。与齿轮传动机构相比，带传动机构制造精度要求低，但传动精度也较低；与链传动机构相比较，带传动机构传动平稳、噪声小，但不宜用于恶劣的工况条件下，如易燃易爆的场合。

如图 6-52 所示，带传动机构通常由主动轮 1、从动轮 2 和张紧在两轮上的环形带 3 组成。由于环形带张紧，静止时其已受到预拉力，在带与带轮的接触面之间产生了压力。当主动轮转动时，从动轮与带轮接触面间的摩擦力拖动从动轮一起回转，从而传递运动和动力。因此，该传动带也称为摩擦型传动带。

摩擦型传动带按截面形状可分为图 6-53 所示的平带、V 带和同步带。V 带又分为普通 V 带、窄 V 带、宽 V 带、大楔角 V 带和汽车 V 带等，其中普通 V 带应用最广。这里主要介绍普通 V 带传动机构。

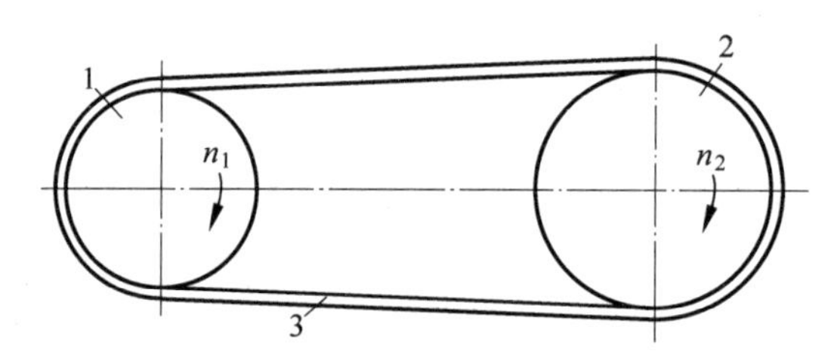

1—主动轮；2—从动轮；3—环形带。

图 6-52 带传动机构

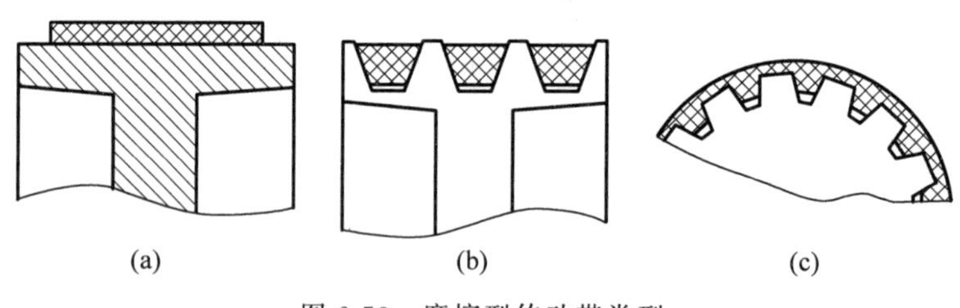

图 6-53 摩擦型传动带类型

(a) 平带；(b) V 带；(c) 同步带

V 带是标准件，按其截面尺寸不同，普通 V 带有 7 种型号，窄 V 带有 4 种型号，GB/T 11544—2012《带传动 普通 V 带和窄 V 带 尺寸(基准宽度制)》中有相应规定，具体见表 6-5。V 带的长度是指在规定的张力下位于带轮基准直径上的周线长度，也称基准长度。基准长度是标准化的，设计时可根据设计功率和小带轮转速选定 V 带型号，具体可查阅机械设计手册。

表 6-5 V带截面尺寸

型号		节宽 b_p/mm	顶宽 b/mm	高度 h/mm	楔角 α/(°)
普通V带	Y	5.3	6	4	40
	Z	8.5	10	6	
	A	11.0	13	8	
	B	14.0	17	11	
	C	19.0	22	14	
	D	27.0	32	19	
	E	32.0	38	23	
窄V带	SPZ	8.5	10	8	
	SPA	11.0	13	10	
	SPB	14.0	17	14	
	SPC	19.0	22	18	

V带传动机构中的带轮结构尺寸可查阅V带轮标准直径系列和带轮轮缘尺寸标准文件(GB/T 13575.1—2008《普通和窄V带传动　第1部分：基准宽度制》和GB/T 13575.2—2008《普通和窄V带传动　第2部分：有效宽度制》)。

带传动的优点有：适用于中心距较大的传动；带有良好的弹性，可以缓和冲击、吸收振动；过载时带打滑，可防止损坏其他零件；结构简单，成本低。其缺点有：传动机构的轮廓尺寸较大，需要张紧装置，传动比不准确，带的寿命短，传动效率低。

图6-54所示是一种平带物料输送装置，在其平带3的松边靠近机头和机尾处分别设置机头张紧轮4和机尾张紧轮2，在驱动电动机5带动下平带3绕机头主动带轮6和机尾从动带轮1顺时针旋转，带动平带3上的物料沿图示方向运送。

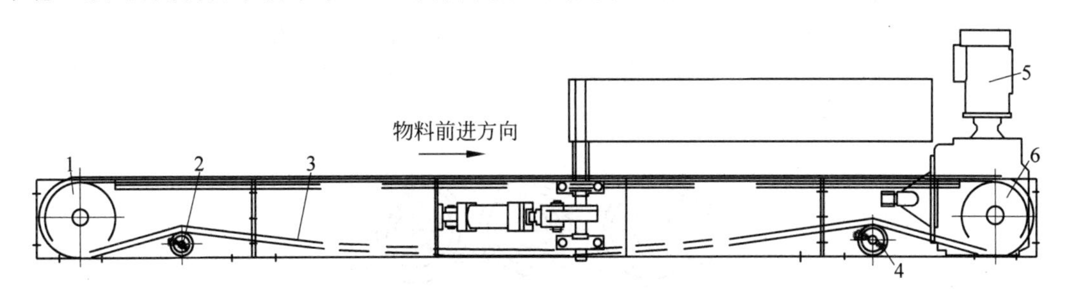

1—机尾从动带轮；2—机尾张紧轮；3—平带；4—机头张紧轮；
5—驱动电动机；6—机头主动带轮

图6-54　平带物料输送装置

6.6.3 链传动机构

如图6-55所示，链传动是由两根相互平行的轴上的主动链轮和从动链轮配合链条组成的，靠链条与链轮的啮合来传递运动和动力的挠性传动机构。

与带传动相比，链传动没有弹性滑动和整体打滑的现象，能保证传动比准确，传动效率也较高；链条的张力不大，所以链轮轴上的径向力也较小，轴承的压力和磨损也较小；链传

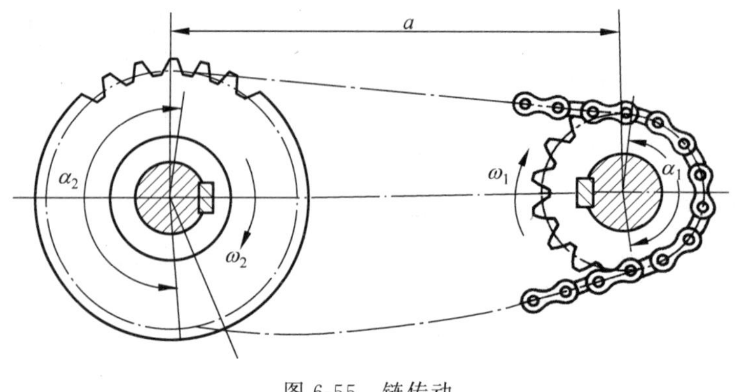

图 6-55 链传动

动的整体尺寸较小，结构紧凑；链传动能在高温潮湿的环境中工作。与齿轮传动相比，链传动制造精度和安装精度要求不高，成本低，因远距离传输比齿轮传动机构轻便而更具有优势。

链传动的主要缺点是：在运转时传动比不断变化，运行不平稳，用于高速工作时有冲击，噪声大，磨损后易发生跳齿，不适用于载荷变化大、中心距小和急速反转的传动中。

链传动主要用于两轴相距较远、低速重载、环境恶劣、要求传动可靠或者其他不宜使用齿轮传动的场合中。例如自行车、摩托车的链传动，结构简单、传动可靠。

1. 链条

链条按用途可分为传动链、输送链和起重链。一般机械传动中常用的是传动链。传动链又可分为滚子链和齿形链等类型，其中滚子链常用于低速传动中，且应用较多。一般链传动的传动效率可达 0.94～0.96，传动比不宜大于 8。齿形链在实际生产中应用较少，下面主要介绍图 6-56 所示的滚子链。滚子链主要由内链板 1、外链板 2、销轴 3、套筒 4、滚子 5 组成。

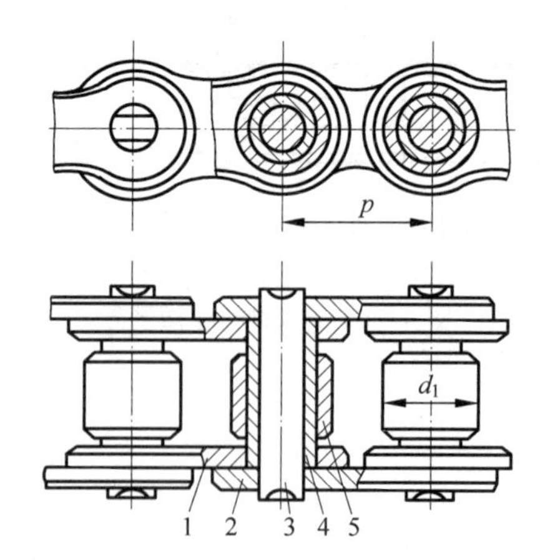

1—内链板；2—外链板；3—销轴；4—套筒；5—滚子。

图 6-56 滚子链

滚子链和链轮啮合的基本参数是节距 p 和滚子直径 d_1。对于多排链，还有参数排距

p_t。其中节距 p 是滚子链的主要参数，当节距增大时，其余尺寸也应该相应增大，可传递的功率也会增大。链条的各个零件由碳素钢或合金钢制成，并经过热处理，以提高其强度、耐磨性和耐冲击性。滚子链又有单排链、双排链和多排链之分，如图 6-57 所示。

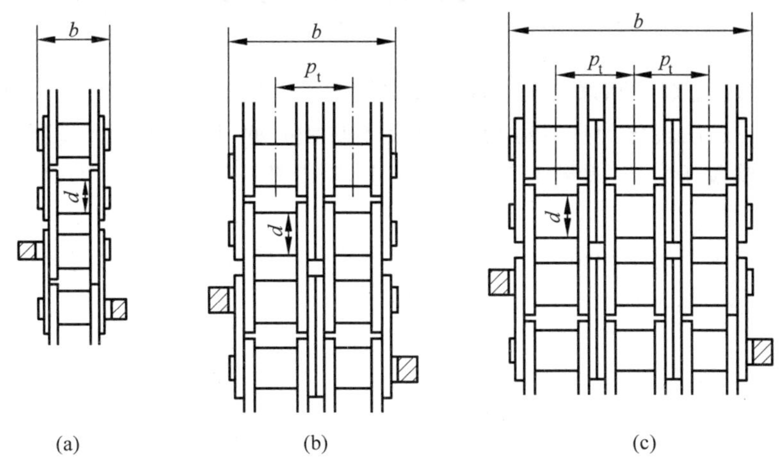

p_t—排距；b—销轴全宽；d—滚子外径。

图 6-57 滚子链的几种形式

(a) 单排链；(b) 双排链；(c) 多排链

我国已将链条标准化，链条的国家标准 GB/T 1243—2006《传动用短节距精密滚子链、套筒链、附件和链轮》中规定链条节距 p 采用英制折算成米制单位。滚子链分为 A 系列和 B 系列，我国主要使用 A 系列滚子链传动。表 6-6 中列举了 A 系列滚子链的主要参数，表中的链号数乘以 $\frac{25.4}{16}$mm 即为节距值。

表 6-6 A 系列滚子链的主要参数 mm

链号	节距 p	排距 p_t	滚子直径 d_1(max)
08A	12.70	14.38	7.92
10A	15.875	18.11	10.16
12A	19.05	22.78	11.91
16A	25.40	29.29	15.88
20A	31.75	35.76	19.05
24A	38.10	45.44	22.23
28A	44.45	48.87	25.40
32A	50.80	58.55	28.58

2. 链轮

链轮是与链条配合使用的，根据齿数和结构的不同，统一规格的链轮可以有数百种之多。由于链传动是非共轭啮合传动，即使是与同一条链条啮合的链轮，也有很多种齿形。因此，滚子传动链链轮只规定了最大和最小齿槽的形状，链轮齿形只要在规定的范围内，均能与同一链条实现啮合。有关链轮尺寸的计算可查阅相关手册。

6.7 螺旋传动机构

螺旋传动是通过螺母和螺杆的旋合组成螺旋副来传递运动和动力的。一般情况下,螺旋传动是将旋转运动转化为直线运动,当螺旋不自锁时亦可将直线运动转化为旋转运动。图 6-58 所示为螺旋压力机,螺母 1 固定于机架上,随着螺杆 2 的转动上下移动,从而对工件 3 施加压力。

图 6-59 所示为简易手动钻,这是具有较大导程角的螺旋结构,手动使螺母 1 上下移动,螺杆 2 即能实现转动,从而在工件 3 上钻出小孔。

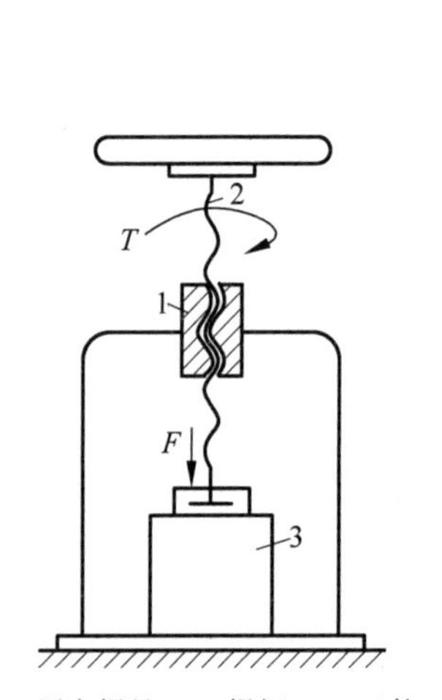

1—固定螺母;2—螺杆;3—工件。

图 6-58 螺旋压力机

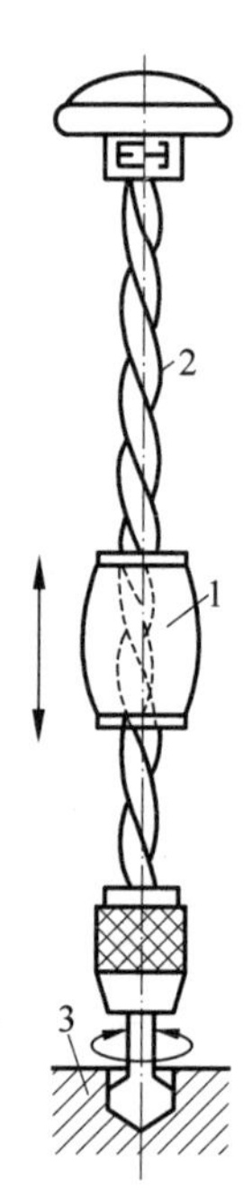

1—手动螺母;2—螺杆;3—工件。

图 6-59 简易手动钻

按照用途不同可将螺旋传动分为传力螺旋、传动螺旋和调整螺旋。传力螺旋以传递动力为主,如螺旋压力机、螺旋起重千斤顶等。传动螺旋以传递运动为主,并要求有较高的传动精度,如图 6-60 所示,机床的进给丝杠即应用螺旋传动机构传递运动。调整螺旋可以用以调整零部件的相互位置,如轧钢机轧辊的压下螺旋、镗孔刀的微调螺旋等,图 6-61 所示为镗孔刀的微调螺旋。传动螺旋和调整螺旋有时也需要承受较大的轴向载荷。

按照摩擦性质的不同可将螺旋传动分为滑动螺旋传动、滚动螺旋传动和静压螺旋传动。其中,常用的有滑动螺旋传动和滚动螺旋传动。

滑动螺旋传动具有结构简单、加工成本较低、易于自锁、运行平稳等优点。但是滑动螺旋传动的螺旋面为滑动摩擦,摩擦阻力大,传动效率低且磨损较快,螺纹之间有侧向间隙,反

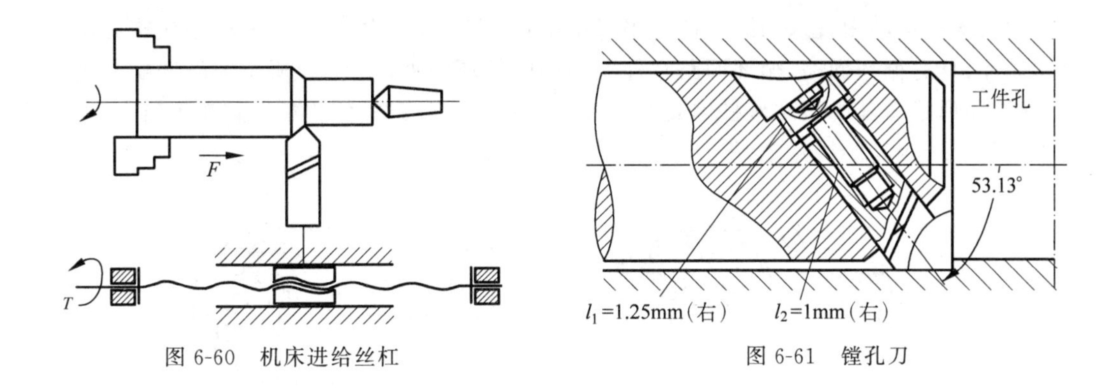

图 6-60 机床进给丝杠

图 6-61 镗孔刀

转时有空行程,且低速或微调时会有爬行现象,所以定位精度和轴向刚度较差。滑动螺旋传动一般应用于金属切削机床的进给、分度机构的传动螺旋,以及螺旋压力机、螺旋千斤顶等的传力螺旋等。

如图 6-62 所示,滑动螺旋副有梯形螺纹、锯齿形螺纹、矩形螺纹、三角形螺纹和圆螺纹等牙型,其中梯形螺纹应用较多。关于螺旋传动牙型的选择可以参考相关手册,梯形螺纹相关国家标准为 GB/T 5796《梯形螺纹》,锯齿形螺纹相关国家标准为 GB/T 13576《锯齿形(3°、30°)螺纹》。

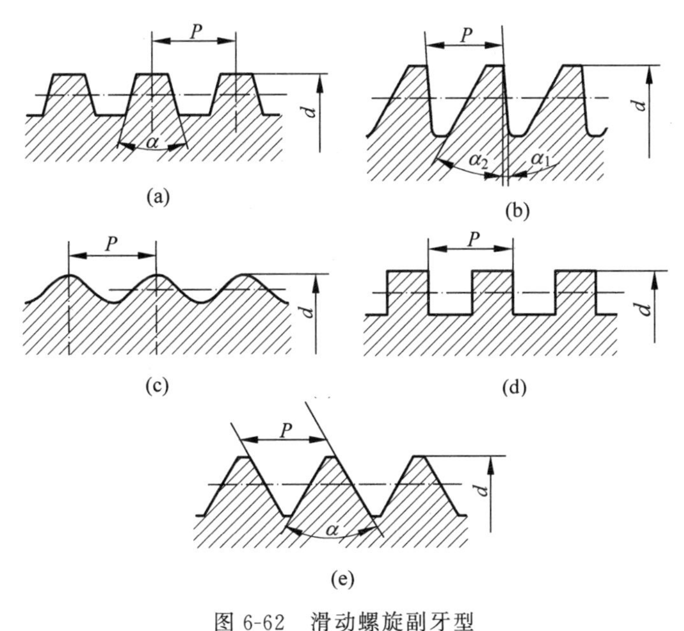

图 6-62 滑动螺旋副牙型

(a) 梯形螺纹;(b) 锯齿形螺纹;(c) 圆螺纹;(d) 矩形螺纹;(e) 三角形螺纹

滚动螺旋传动是在螺旋副的牙面之间置入滚动体而将旋合运动变为滚动摩擦的,这样可以减小摩擦系数,提高传动效率。滚动螺旋传动结构复杂,制造较困难,运转平稳,起动无颤动,低速不爬行,且传动可逆,故障率低,工作寿命长,但是抗冲击性能较差。滚动螺旋传动一般应用于金属切削机床、测试机械、仪器的传动螺旋和调整螺旋,升降、起重机构和汽车、拖拉机转向机构的传力螺旋,飞机、导弹、船舶、铁路等自控系统的传动螺旋和传力螺旋。

滚动螺旋传动中置入的滚动体大多采用钢珠，有时也采用滚子。滚动体在螺旋副中可自动循环，具有循环回路，循环回路有外循环和内循环两种，图 6-63 所示为滚珠螺旋传动的内、外循环形式。其中滚珠丝杠因其磨损较小、传动效率较高、位移精度较高等特点，常被应用于位移要求较高的机器中，但是滚珠丝杠没有自锁性。

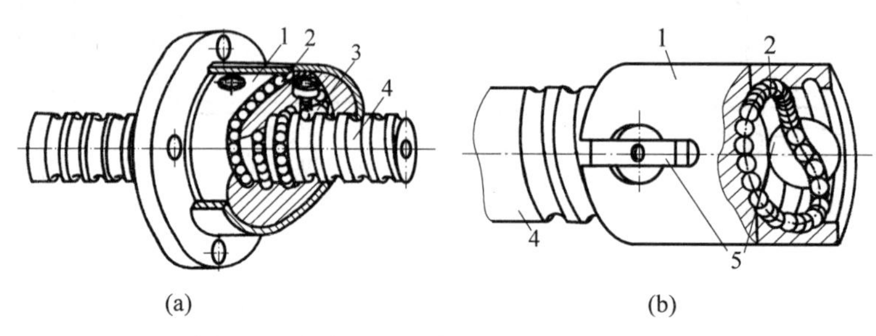

1—螺母；2—钢球；3—挡球器；4—螺杆；5—返向器。

图 6-63 滚珠螺旋传动

(a) 外循环；(b) 内循环

常用标准件、量具和工具认知 第7章

7.1 常用轴承

轴承的主要功能是支承机械旋转体,降低其运动过程中的摩擦系数,并保证其回旋精度。也可以理解为轴承是支承轴及轴上的零件,并保持轴的旋转精度和减少旋转轴与支承轴的摩擦与磨损的零件。

根据摩擦方式不同,轴承可以分为滚动轴承和滑动轴承两种。滚动轴承具有结构紧凑、摩擦损失较少等优点,在生产中广泛使用。滚动轴承的类型、规格很多,它们都是标准件。滑动轴承主要用在低速、高精度、重载或有较大冲击载荷的场合,而且在需要剖分式结构的场合必须采用滑动轴承。

7.1.1 滚动轴承

1. 常用滚动轴承

滚动轴承中常用的两种,即深沟球轴承和推力轴承。

1）深沟球轴承

如图 7-1 所示,深沟球轴承由内圈、外圈、滚动体(钢球)和保持架组成。内圈用来和轴径装配,外圈用来和轴承座装配。通常是内圈随轴径回转,外圈固定。它是主要承受径向载荷的轴承,其主要尺寸 d、D、B 可查阅国家标准 GB/T 276—2013《滚动轴承　深沟球轴承　外形尺寸》。

采用规定画法画滚动轴承的剖视图时,滚动体规定不画剖面线,其内、外圈可画成方向和间隔相同的剖面线,保持架在图上省略不画。

2）推力轴承

如图 7-2 所示,推力轴承由上圈、下圈、滚动体(钢球)、保持架组成,它是一种只能承受轴向载荷的轴承,常用于起重机吊钩、蜗杆轴和立式车床主轴的支承等。其主要尺寸 d、d_1、D、T 可查阅国家标准 GB/T 301—2015《滚动轴承　推力轴承　外形尺寸》。图 7-2(b)所示为推力轴承规定画法,尺寸 D_1 和钢球直径可按图 7-2(b)所示的比例关系算出。

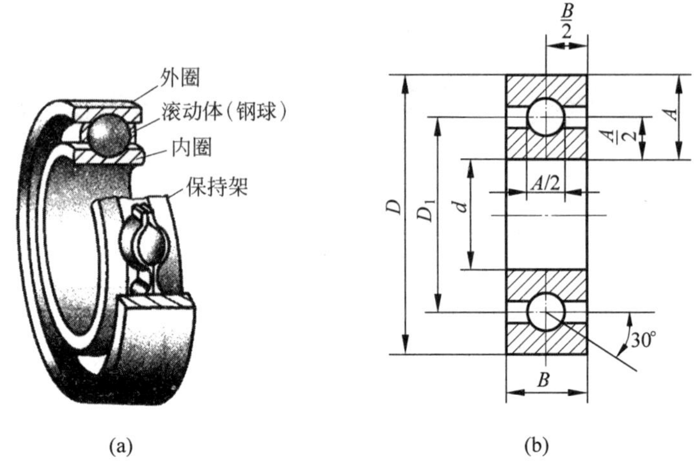

d—轴承内径；D—轴承外径；B—轴承宽度。

图 7-1　深沟球轴承

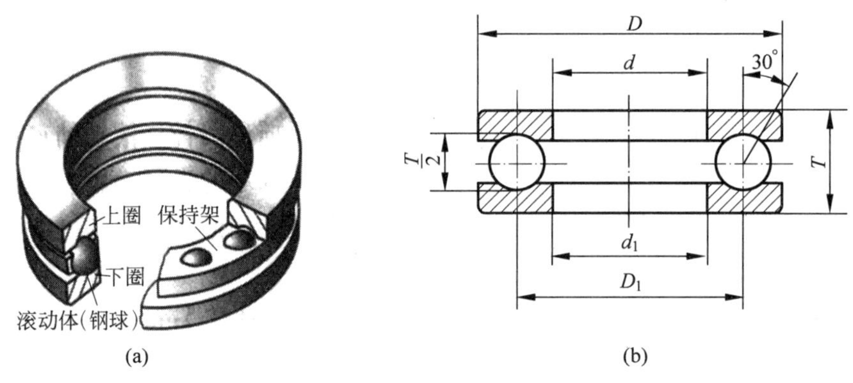

d—内轮内径；D—内轮外径；d_1—外轮内径；T—轴承高度。

图 7-2　推力轴承

2. 滚动轴承的基本代号

因为滚动轴承是标准件，它的类型及尺寸等都由代号表示，另外，其种类和结构比较多，代号涉及众多因素，具体内容可见有关滚动轴承的标准。本节仅介绍上述两种轴承的基本代号，其基本代号用一组数字表示轴承的内径、尺寸系列和类型。

1）内径代号

滚动轴承的基本代号中右起第一、第二位数字为内径代号，对常用内径 $d=20\sim480$mm 的轴承，内径一般为 5 的倍数，因此内径代号的两位数字用轴承内径 d 除以 5 所得的商数来表示，而内径 d 为 10、12、15、17mm 的 4 种轴承则不遵循上述规律，其内径代号见表 7-1。

表 7-1 滚动轴承的内径代号

内径代号	00	01	02	03	04 及以上
内径/mm	10	12	15	17	将代号数字乘以 5 即为内径

2) 尺寸系列代号

滚动轴承的基本代号中右起第三位数字为直径系列代号,用以区分结构及内径相同而外径不同的轴承。右起第四位数字为宽度系列代号,用以区分内径、外径相同而宽度或高度不同的轴承。

表 7-2 为深沟球轴承和推力轴承中最常用的几种尺寸系列代号,对深沟球轴承,当宽度系列代号为“0”时,可不标出宽度系列代号,“0”直径系列代号和宽度系列代号统称为尺寸代号。

表 7-2 两种轴承的类型代号及常用的尺寸系列代号

轴承类型	类型代号	常用的尺寸系列代号
深沟球轴承	6	(0)2,(0)3,(0)4
推力轴承	5	12,13,14

3) 类型代号

基本代号中右起第五位为类型代号,其方法见表 7-2。对深沟球轴承,当宽度系列为“0”而省略时,其类型代号 6 实际变为右起第四位数字。

以下举例说明这两种轴承的基本代号及它们所表示的意义。

例 1 轴承代号为 6210,其中,6 表示其类型为深沟球轴承,内径为 $d=10\times5\text{mm}$,尺寸系列代号为 02,而中宽度系列代号“0”省略。

例 2 轴承代号为 51203,其中,5 表示其类型为推力轴承。其内径代号为 03,应先查表 7-1 得到内径 $d=17\text{mm}$,尺寸系列代号为 12。

7.1.2 滑动轴承

滑动轴承中常见的是剖分式向心滑动轴承,其结构简单,易于制造,可以剖分,便于安装,常用于低速、轻载和间歇工作而不需要经常拆装的场合。

如图 7-3 所示,剖分式向心滑动轴承只能承受径向载荷,包括连接螺栓、轴承盖、上轴瓦、下轴瓦、轴承座。该滑动轴承中直接支承轴颈的零件是轴瓦,由上、下两片轴瓦组成。轴瓦是滑动轴承中的重要零件,内孔为圆柱形,若载荷方向向下,则下轴瓦为承载区,上轴瓦是非承载区。润滑油从非承载区引入,通常在顶部开进油孔。

对于一些小的滑动轴承,一般直接做成圆形套,镶嵌在轴的支承板上即可。滑动轴承的材料有轴承合金(又称巴氏合金)、铸铁、青铜,以及多种金属材料和非金属材料等。对于滑动轴承的材料有如下要求:足够的抗压强和抗疲劳性能,良好的减摩擦性,良好的储备润滑油的功能,良好的磨合性,良好的导热性和耐蚀性,良好的工艺性能。

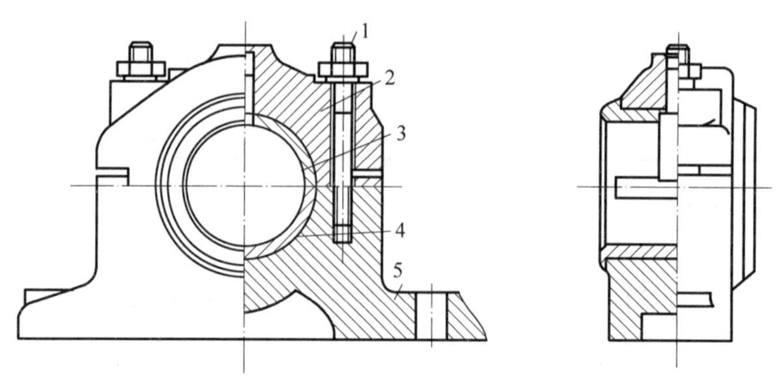

1—连接螺栓；2—轴承盖；3—上轴瓦；4—下轴瓦；5—轴承座。

图 7-3 剖分式向心滑动轴承

7.2 常用联轴器

联轴器是用来连接两轴，使之一起运动并传递转矩的装置。机器运转时两轴不能分离，只有在机器停止运转后将其拆卸，才能使两轴分离。

如图 7-4 所示，联轴器所连接的两轴，由于制造及安装误差、承载后的变形及温度变化的影响，两轴轴线往往不能保证严格对中，两轴线会产生径向、轴向、角向或综合偏差，轴线偏移将使机器工作情况恶化，因此要求联轴器具有补偿轴线偏移的功能。此外，在有冲击、振动的工作场合还要求联轴器具有缓冲和吸振的能力。

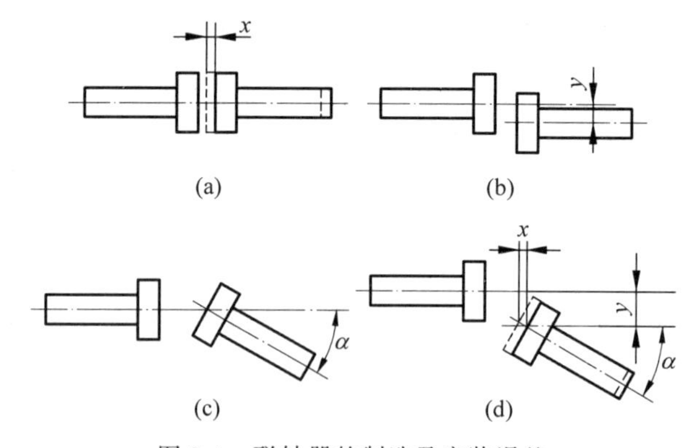

图 7-4 联轴器的制造及安装误差

(a) 轴向位移 x；(b) 径向位移 y；(c) 角位移 α；(d) 综合位移 x, y, α

根据常用联轴器对各种相对位移的补偿能力（能否在发生相对位移的条件下保持联轴器的功能），将其分为刚性联轴器（无补偿能力）和挠性联轴器（有补偿能力）。

7.2.1 刚性联轴器

刚性联轴器不具有缓冲性和补偿两轴线相对位移的能力，要求两轴严格对中，但此联轴器结构简单，制造成本比较低，常用的刚性联轴器有套筒联轴器和凸缘联轴器。

1. 套筒联轴器

套筒联轴器是将套筒与被连接两轴的轴端分别用键(或销钉)固定连成一体。它结构简单,径向尺寸较小,但被连接的两轴必须有很好的对中性,且安装时需做较大的轴向移动,所以常用于要求径向尺寸小的场合。

图 7-5(a)所示的用平键连接的套筒联轴器可用于传递较大转矩的场合,而图 7-5(b)所示的用销钉连接的套筒联轴器则用于传递较小转矩的场合。

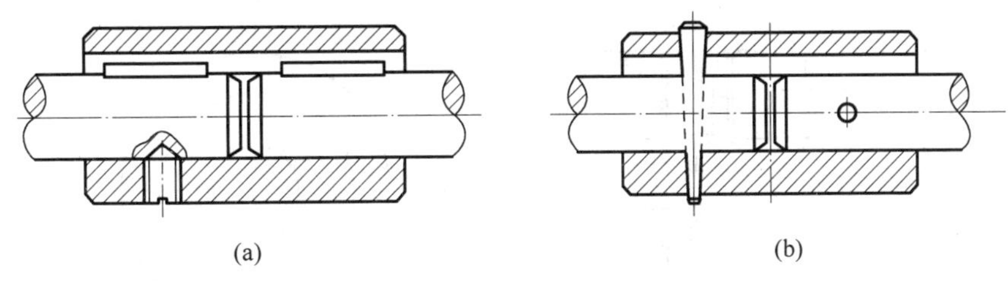

图 7-5　套筒联轴器

(a) 平键连接;(b) 销钉连接

2. 凸缘联轴器

凸缘联轴器是把两个带有凸缘的半联轴器用键分别与两轴连接,然后用螺栓把两个半联轴器联合成一体,连接两个半联轴器的螺栓可以采用 A 级和 B 级的普通螺栓,依靠两个半联轴器结合面的摩擦力矩来传递运动和转矩。凸缘联轴器结构简单、成本低,但不能补偿两轴线可能出现的径向位移和偏角位移,因此多用于转速较低、荷载平稳、两轴线对中性较好的场合。图 7-6 所示凸缘联轴器采用的是凸肩和凹槽对中。

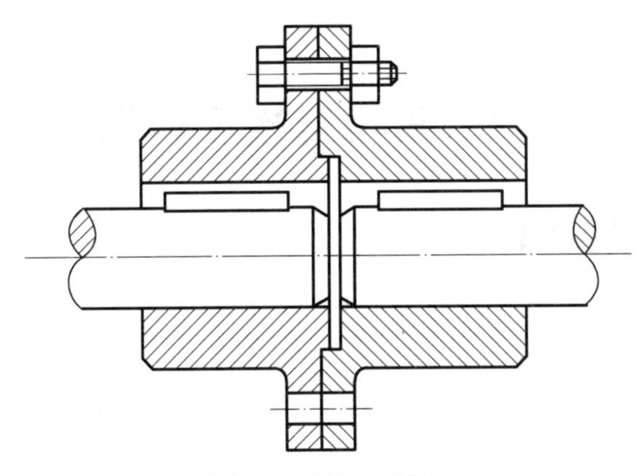

图 7-6　凸缘联轴器

凸缘联轴器的材料可以是灰铸铁或碳钢,重载时或圆周速度大于 30m/s 时应用球墨铸铁、合金铸铁或锻钢。

7.2.2　挠性联轴器

挠性联轴器可分为无弹性联轴器和有弹性联轴器两类。无弹性联轴器只具有补偿两轴线相对位移的能力,但不能缓冲减振,常见的有十字滑块联轴器、齿轮联轴器、万向联轴器和链条联轴器等。有弹性联轴器因装有弹性元件，不仅可以补偿两轴间的相对位移，还具有缓冲减振的能力，常用的有滚子联轴器、弹性套柱销联轴器等。本节主要介绍无弹性联轴器中的十字滑块联轴器。

十字滑块联轴器又名金属滑块联轴器，其滑块呈圆环形，用钢或耐磨合金制成，主要用于没有剧烈冲击载荷而又允许两轴线有径向位移的低速轴连接。如图 7-7 所示，十字滑块联轴器由两个在端面上开有凹槽的半联轴器 1、3 和一个两面带凸牙的中间盘 2 组成，因凸牙可在凹槽中滑动，故可补偿安装及运转时两轴间的位移。

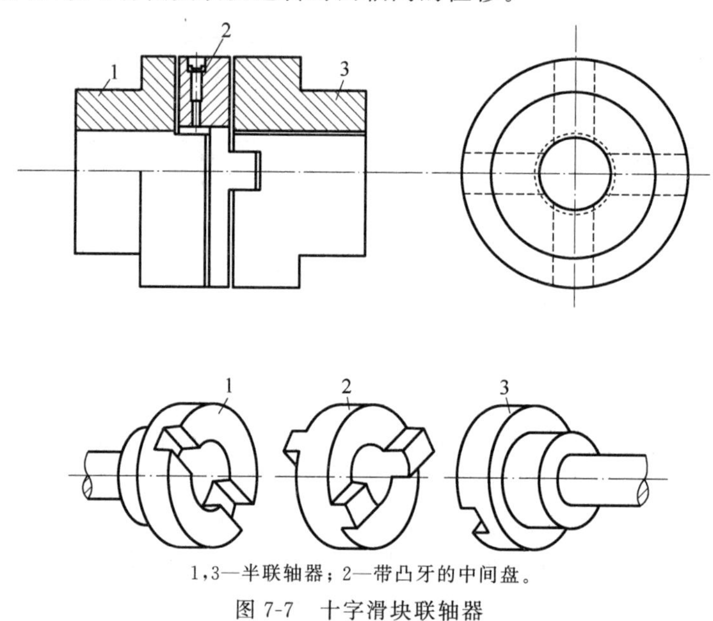

1,3—半联轴器；2—带凸牙的中间盘。

图 7-7 十字滑块联轴器

7.3 常用连接及紧固

7.3.1 螺纹及螺纹紧固

1. 螺纹

螺纹是零件上常见的结构形式，主要用于连接零件、传递动力和改变运动形式。螺纹有内螺纹和外螺纹之分：在圆柱和圆锥外表面上所形成的螺纹称为外螺纹；在圆柱和圆锥内表面上所形成的螺纹称为内螺纹。螺纹的加工方法有车削、铣削、磨削、攻螺纹（丝锥）、套螺纹（板牙）等。

内螺纹和外螺纹旋合在一起形成螺纹副才能起到连接和传动的作用。内、外螺纹能够实现旋合就必须满足螺纹牙型、公称直径、螺距、导程、线数和旋向这 6 个要素相同的条件。

2. 螺纹的规定画法

1）外螺纹的画法

在平行于螺纹轴线投影面的视图中，外螺纹的大径和螺纹终止线用粗实线表示，小径用细实线表示，螺杆的倒角或倒圆也应该画出来。在垂直于螺纹轴线的视图中，外螺纹的大径用粗实线表示，而小径只画约3/4圈的细实线（空出约1/4圈的位置不做规定，可自己选择）。当用剖视或端面表示外螺纹时，剖面线一定要画到表示大径的粗线处，如图7-8所示。

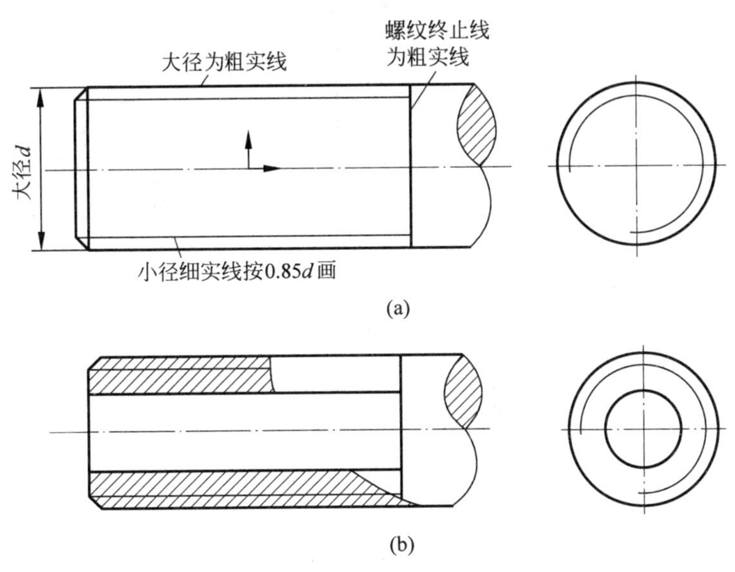

(a)

(b)

图7-8　外螺纹画法

(a) 外螺纹的视图画法；(b) 外螺纹的剖视图画法

2）内螺纹的画法

如图7-9所示，在平行于螺纹轴线投影面的剖视图中，内螺纹的小径和螺纹终止线用粗实线表示，大径用细实线表示而且不画进倒角内，剖面线应画到表示小径的粗实线处。在垂直于螺纹轴线的投影面视图中，内螺纹的小径用粗实线圆表示，而表示大径的细实线圆只画约3/4圈，这时，螺孔上的倒角投影不应该画出。内螺纹一般用剖视图来表示，如图7-9(a)所示。

用视图表示内螺纹时，内螺纹的所有结构都不可见，用虚线画出，如图7-9(b)所示。

螺尾部分一般不必画出，当需要表示螺尾时，螺尾部分的牙底用与轴线成30°的细实线绘制，如图7-9(c)所示。

绘制不通的螺孔时，一般钻孔深度比螺孔深度大0.5d，其中d为螺纹的大径。钻孔底部圆锥孔的锥顶角应画成120°，如图7-9(b)、(c)所示。

当需要表示螺纹牙型时，可按图7-10表示。

3）内、外螺纹旋合的规定画法

以剖视图表示内、外螺纹的连接时，内、外螺纹的旋合部分按外螺纹的画法绘制，未旋合的部分按各自规定的画法绘制，表示大、小径的粗实线与细实线分别对齐，而与倒角无关，通过实心杆件的轴线剖开时按不剖处理，如图7-11所示。

在装配图中绘制零件之间的装配关系时，内、外螺纹的连接画法应注意：首先，相互邻接的金属零件的剖面线的倾斜方向应相反，或方向一致而间隔不等。同一装配图中的同一零件的剖面线方向相同、间隔相等。其次，当剖切平面通过螺杆的轴线时，螺钉、螺栓、螺母、垫圈、螺柱等按不剖绘制。如图7-11所示的螺杆是按不剖绘制的。

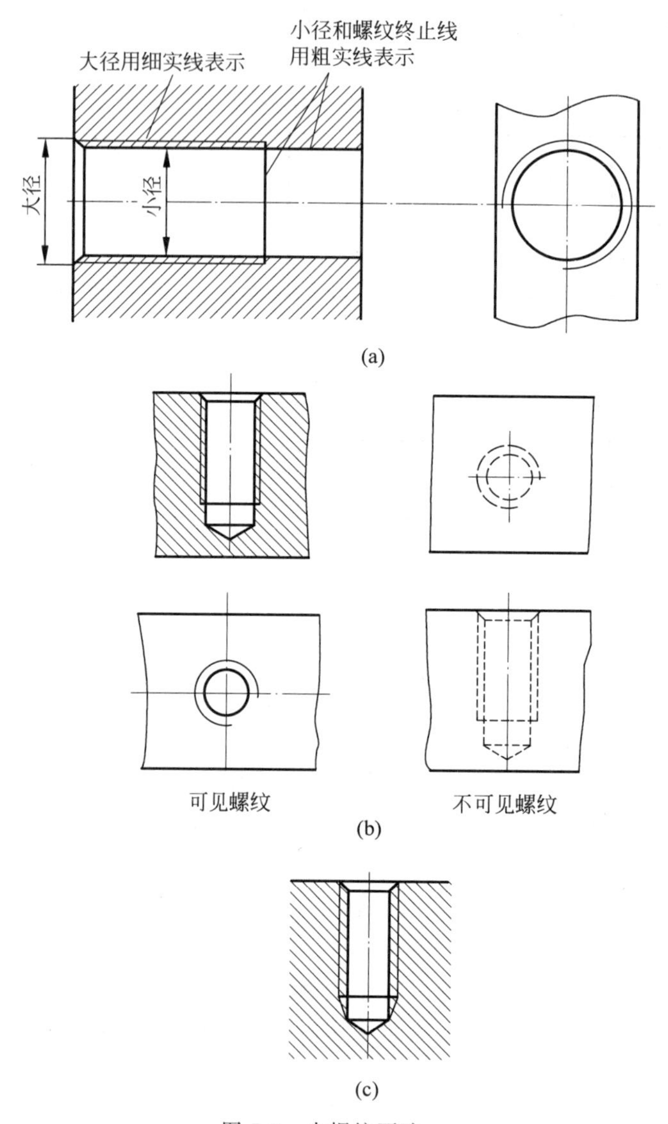

图 7-9　内螺纹画法

(a) 内螺纹的剖视图画法；(b) 不通孔螺纹画法；(c) 螺尾画法

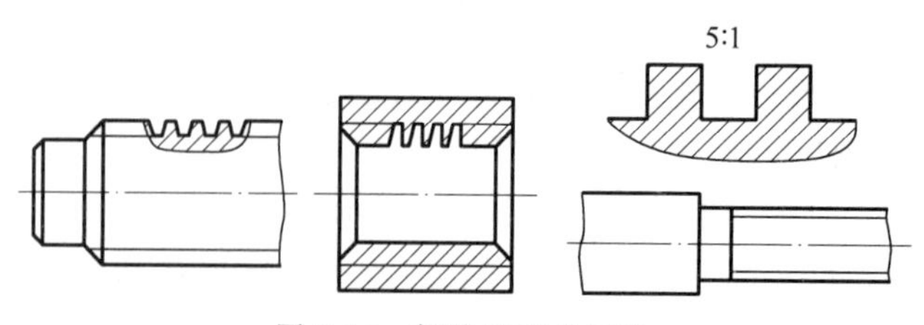

图 7-10　螺纹牙型的画法

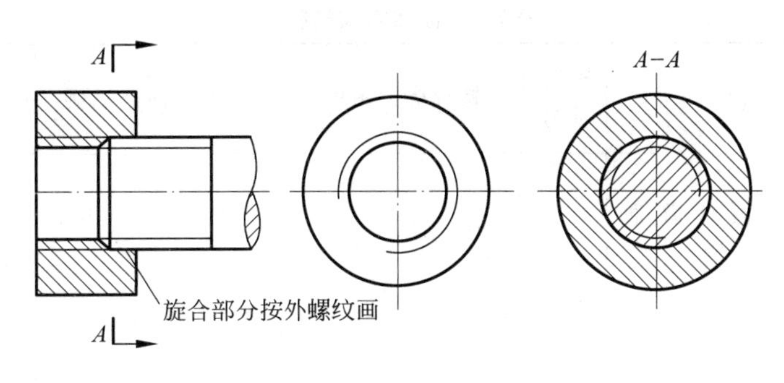

图 7-11　内、外螺纹旋合的画法

3. 螺纹标记及标注

由于各螺纹的规定画法相同，为了区分其类别，所以要在图样上按规定的标注方法进行标记及标注。螺纹完整的标记格式如图 7-12 所示。

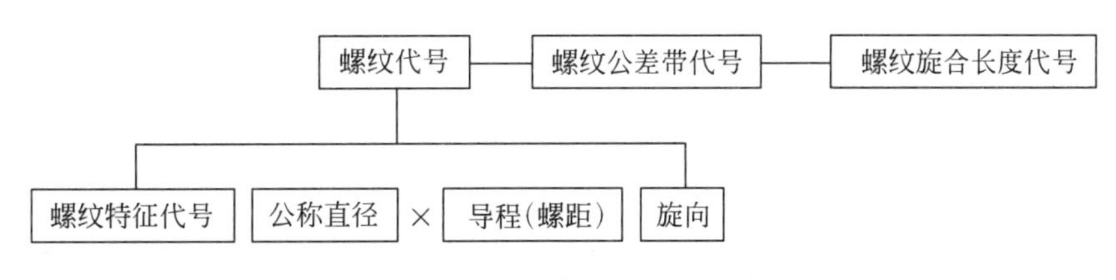

图 7-12　螺纹完整的标记格式

螺纹标注说明：

(1) 螺纹特征代号。用拉丁字母表示。

(2) 公称直径。除管螺纹为管子的公称直径外，其余皆指螺纹大径。

(3) 螺距。粗牙普通螺纹、圆柱管螺纹、圆锥螺纹和圆锥管螺纹均不标螺距，但细牙螺纹、梯形螺纹、锯齿形螺纹要标注。

(4) 旋向。右旋螺纹不标注旋向；当螺纹为左旋时必须标注旋向，且在螺纹代号后加左旋旋向代号“LH”。

(5) 螺纹公差带代号。普通螺纹的公差带代号包括中径与顶径公差带代号，由表示其大小的公差等级数字和表示其位置的字母组成。如果螺纹的中径公差带与顶径公差带代号不同，应分别注出，前者表示中径公差带，后者表示顶径公差带；如果中径公差带与顶径公差带相同，则只标注一个代号。

(6) 螺纹旋合长度代号。旋合长度是指两个相互旋合的螺纹沿螺纹轴线方向相互旋合部分的长度。普通螺纹的旋合长度分为 3 组，分别称为短旋合长度(S)、中等旋合长度(N)和长旋合长度(L)。当旋合长度为中等旋合长度时，“N”一般不标注。内、外螺纹旋合在一起时，公差代号用斜线分开标注，左边为内螺纹，右边为外螺纹。标准螺纹的标记见表 7-3。

表 7-3 标准螺纹的标记

<table>
<tr><th colspan="2">螺纹类别及标准</th><th>特征代号</th><th>螺纹标记示例</th><th>螺纹副标记示例</th><th>附　注</th></tr>
<tr><td rowspan="2">普通螺纹
GB/T 197—2018《普通螺纹　公差》</td><td>粗牙普通螺纹</td><td rowspan="2">M</td><td>M10-5g6g-S</td><td rowspan="2">M20×2-6H/6g-LH</td><td rowspan="2">粗牙螺纹不注螺距，左旋螺纹标“LH”，右旋不标（以下同）；外螺纹中径公差带为 5g，顶径公差带均为 6g</td></tr>
<tr><td>细牙普通螺纹</td><td>M20×2-6H-LH</td></tr>
<tr><td colspan="2">梯形螺纹
GB/T 5796.4—2005《梯形螺纹　第 4 部分：公差》</td><td>Tr</td><td>Tr40×7-7H
Tr40 × 14（P7）LH-7e</td><td>Tr36×6-7h/7c</td><td>公称直径一律用外螺纹的大径表示；仅需给出中径公差带；无短旋合长度</td></tr>
<tr><td colspan="2">锯齿形螺纹
GB/T 13576.4—2008《锯齿形（3°,30°）螺纹　第 4 部分：公差》</td><td>B</td><td>B40×7-7A
B40×14（7p）LH-8c-L</td><td>B40×7-7A/7c</td><td>长旋合长度标注“L”,中等旋合长度不标注“N”,短旋合长度标注“S”</td></tr>
<tr><td colspan="2">55°非密封管螺纹
GB/T 7307－2001《55°非密封管螺纹》</td><td>G</td><td>G11/2A
G1/2-LH</td><td>G11/2A</td><td>外螺纹须注公差等级 A 或 B；内螺纹公差等级只有一种，故不需要标注</td></tr>
</table>

4. 螺纹紧固件及其画法

在机器或部件的装配过程中，常用的紧固件有螺栓、螺母、螺钉、螺柱（亦称双头螺柱）、垫圈等（见图 7-13）。这些零件的结构和尺寸已全部标准化，因此称之为标准件。在产品设计过程中只要根据规定标记就可以在相应的标准件中查出它们的结构和尺寸。下面介绍螺纹紧固件的图示、标记、标注和画法。

对于螺纹紧固件的连接方式一般分为 3 种情况：螺栓连接、螺柱连接和螺钉连接。螺栓连接是用来连接不太厚并能钻出通孔的连接，如图 7-14(a)所示。螺柱连接常用于被连接件之一较厚，不易穿成通孔的场合，如图 7-14(b)所示。螺钉连接按其用途分可分为连接螺钉和紧定螺钉两种，如图 7-14(c)所示。由于装配图主要是表达零件之间的装配关系，因此，装配图中的螺纹紧固件不仅可以按上述画法的基本规定简化表示，图形中的各部分尺寸也可以简单按比例画法绘制。

螺纹连接至少是两个以上零件的装配，所以，螺纹紧固件的装配画法必须遵守装配图画法的基本规定：

(1) 两个零件的接触表面画一条线，不接触表面画两条线，间隔太小无法清楚表达时，可放大画出。

(2) 两个零件邻接时，不同零件的剖面线倾斜方向应该相反，或者方向相同，但间隔不等。

(3) 对于紧固件和实心零件（螺栓、螺钉、螺柱、螺母、键、销、螺母、垫圈、球及轴），如果

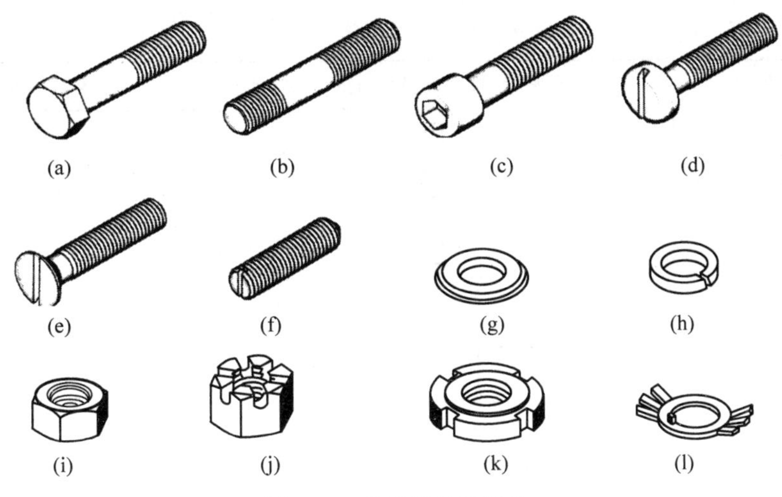

图 7-13 常用螺纹紧固件

(a) 六角头螺栓；(b) 双头螺柱；(c) 内六角螺钉；(d) 盘头螺钉；
(e) 沉头螺钉；(f) 锥端紧固螺钉；(g) 平垫圈；(h) 弹簧垫圈；
(i) 六角螺母；(j) 六角槽头螺母；(k) 圆螺母；(l) 圆螺母用止退垫圈

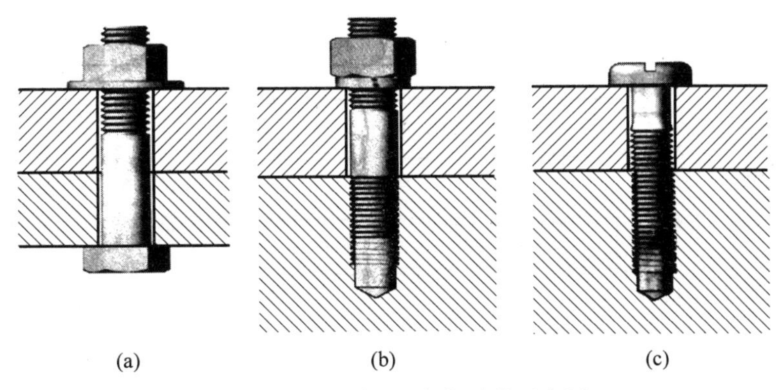

图 7-14 螺栓、螺柱、螺钉连接示意图

(a) 螺栓连接；(b) 螺柱连接；(c) 螺钉连接

剖切平面通过它们的轴线时，那么这些零件均按不剖绘制但仍要画出外形，必要时可采用局部剖视。

表 7-4 为常用螺纹紧固件及其标记示例。在装配图中，常用螺纹紧固件可按表 7-5 中的简化画法绘制。

表 7-4 常用螺纹紧固件及其标记示例

名称及标准	图例及规格尺寸	标记示例及说明
平垫圈(A 级) GB/T 97.1—2002《平垫圈 A 级》		垫圈 GB/T 97.1 8 140HV 标准系列，公称规格 $d=8$mm，硬度等级为 140HV 级，不经表面处理的平垫圈

续表

名称及标准	图例及规格尺寸	标记示例及说明
标准型弹簧垫圈 GB/T 93—1987《标准型弹簧垫圈》	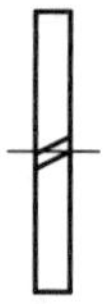	垫圈 GB/T 93 8 规格 8mm,材料 65Mn,表面氧化的标准型弹簧垫圈
开槽沉头螺钉 GB/T 68—2016《开槽沉头螺钉》	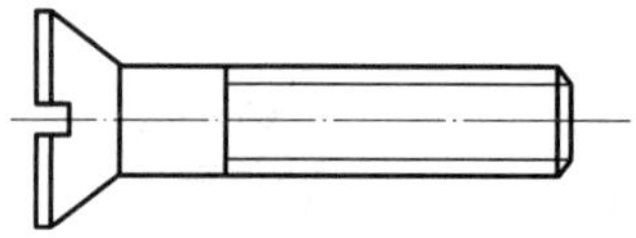	螺钉 GB/T 68 M8×30 螺纹规格 d=M8,公称长度 l=30mm,性能等级为 4.3 级,不经表面处理的开槽沉头螺钉
六角头螺栓(A 级和 B 级) GB/T 5782—2016《六角头螺栓》	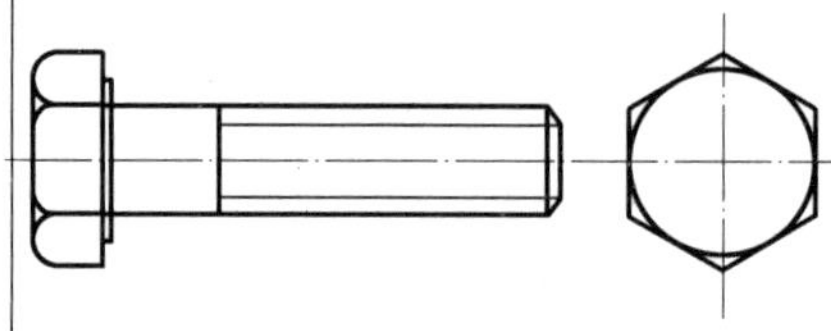	螺栓 GB/T 5782 M8×40 螺纹规格 d=M8,公称长度 l=40mm,性能等级为 8.8 级,表面氧化,A 级的六角头螺栓
双头螺柱(A 型和 B 型) GB/T 897—1988《双头螺柱 $b_m=1d$》 GB/T 898—1988《双头螺柱 $b_m=1.25d$》 GB/T 899—1988《双头螺柱 $b_m=1.5d$》 GB/T 900—1988《双头螺柱 $b_m=2d$》	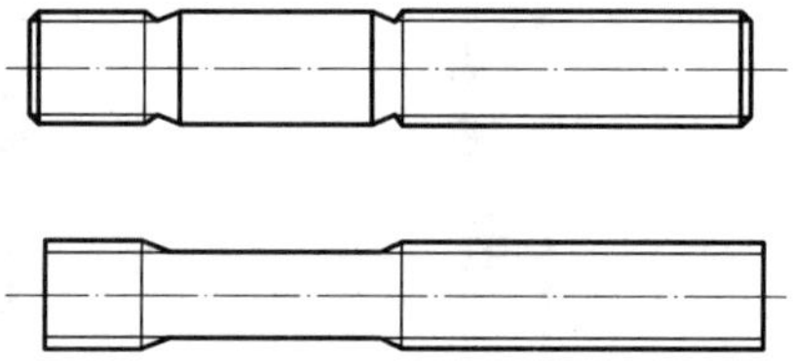	螺柱 GB/T 897 M8×35 两端均为粗牙普通螺纹,螺纹规格 d=M8,公称长度 l=35mm,性能等级为 4.8 级,不经表面处理,B 型,$b_m=1d$ 的双头螺柱
1 型六角螺母(A 级和 B 级) GB/T 6170—2015《1 型六角螺母》	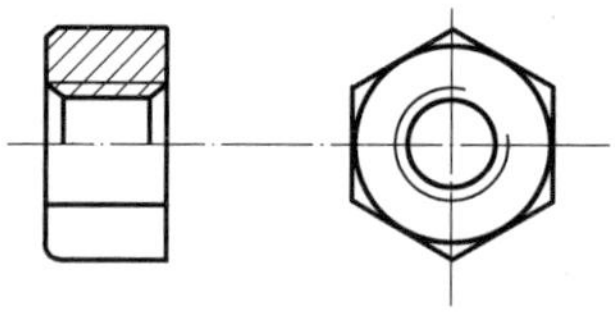	螺母 GB/T 6170 M8 螺纹规格 D=M8,性能等级为 10 级,不经表面处理,A 级的 1 型六角螺母

表 7-5 装配图中常用紧固件的简化画法

形 式	简化画法	形 式	简化画法
六角头螺栓	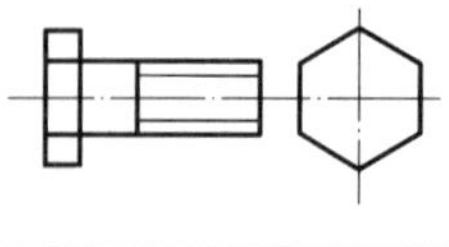	六角螺母	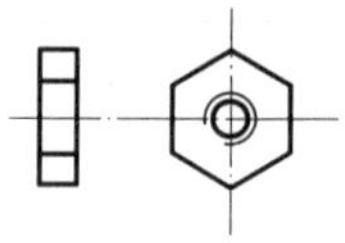
方头螺栓	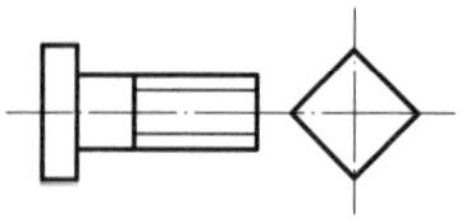	方头螺母	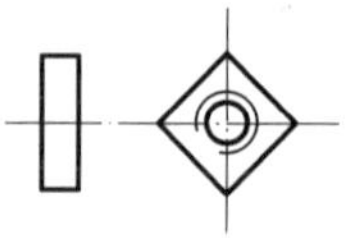

续表

形　　式	简化画法	形　　式	简化画法
圆柱头内六角螺栓	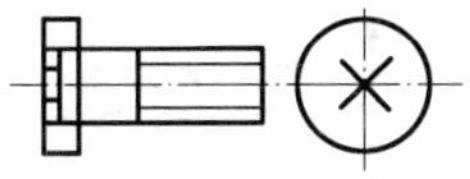	六角开槽螺母	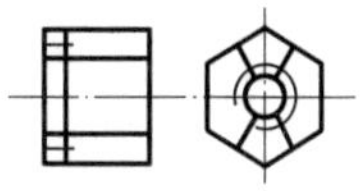
无头内六角螺栓	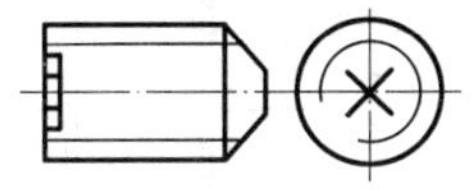	六角法兰面螺母	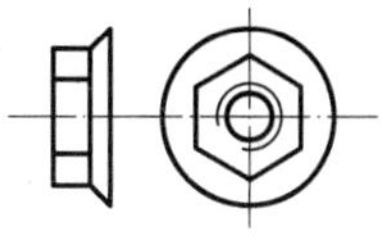
无头开槽螺钉	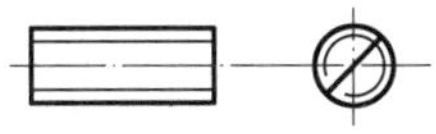	蝶形螺母	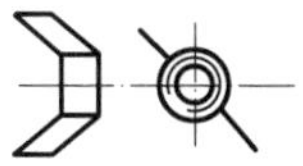
沉头开槽螺钉	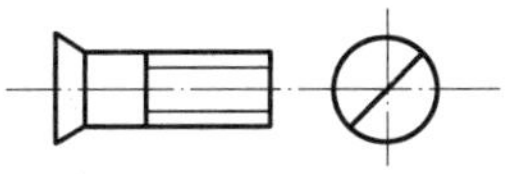	沉头十字槽螺钉	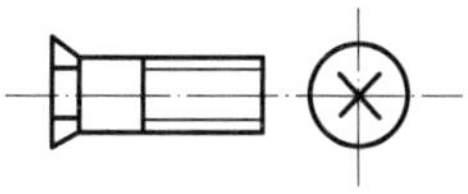
半沉头开槽螺钉	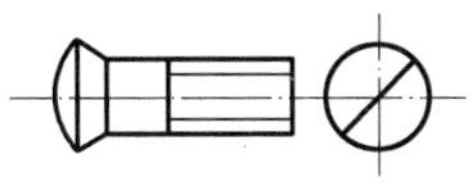	半沉头十字槽螺钉	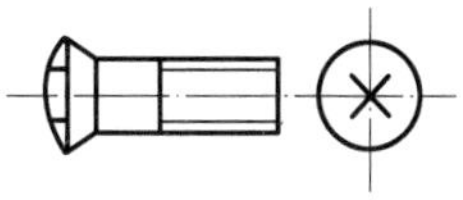
圆柱头开槽螺钉	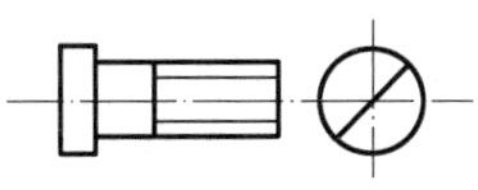	盘头十字槽螺钉	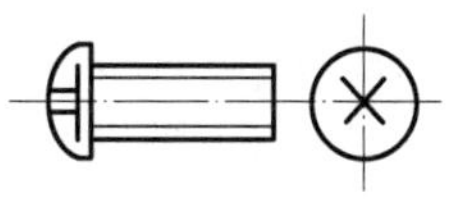
盘头开槽螺钉	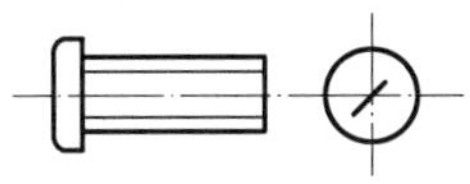	六角法兰面螺栓	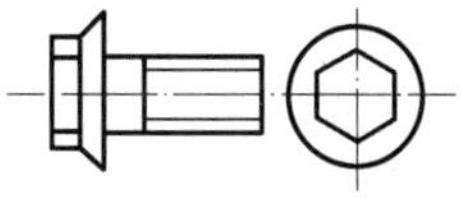
沉头开槽自攻螺钉	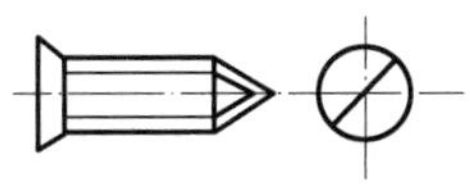	圆头十字槽木螺钉	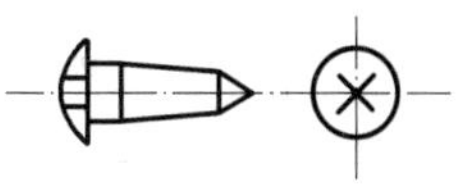

下面介绍螺栓、螺柱和螺钉连接的画法。

螺栓连接如图7-15所示。需要连接两个不太厚的并能钻成通孔的零件要用螺栓连接，其中应用最广泛的是六角头螺栓连接。连接时将螺栓穿过被连接的两零件的光孔(孔径比螺栓大径略大，一般可按1.1d画出)，套上垫圈，然后用螺母紧固。

螺栓的公称长度计算：

$$L=\delta_1+\delta_2+h+m+a \tag{7-1}$$

式中，δ_1、δ_2为被连接件的厚度，mm；h为垫圈厚度，mm；m为螺母厚度，mm；a为螺栓顶端露出螺母的厚度，一般可按(0.2～0.3)d取值，mm。

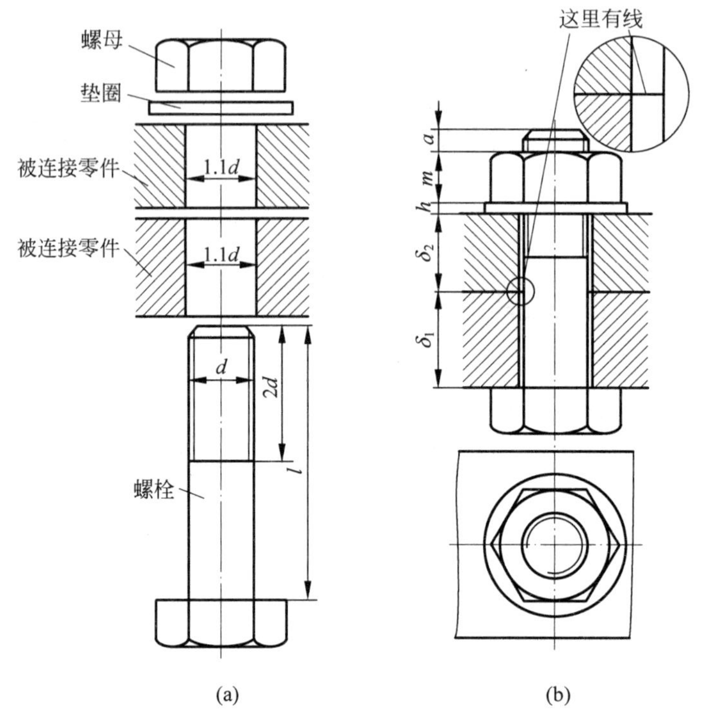

图 7-15 螺栓连接的画法
(a) 连接前；(b) 连接后

根据这些符号查阅垫圈、螺母的国家标准：GB/T 5782—2016《六角头螺栓》、GB/T 6170—2015《1 型六角螺母》、GB/T 97.1—2002《平垫圈 A 级》，得出具体尺寸，然后将螺栓的公称长度计算值圆整成与其接近的标准值(取最短的标准长度)。根据螺纹公称直径 d 按其比例作图，其中 $h=0.15d$，$m=0.8d$，$a=0.3d$。螺栓连接所用螺纹紧固件的规定标记示例如下：

螺栓 GB/T 5782—2016 M$d\times l$

螺母 GB/T 6170—2015 MD

垫圈 GB/T 97.1—2002 d

当被连接件之一较厚，不允许被钻成通孔时可采用图 7-16 所示的螺柱连接。螺柱的两端都制有螺纹。连接前，先在较厚的零件内制出螺孔，在另一个零件上加工出通孔，将螺柱的一端(称为旋入端)全部旋入螺孔内，再在另一端(称为紧固端)套上制出通孔的零件，加上垫圈，拧紧螺母，即完成螺柱的连接。

为保证连接强度，螺柱旋入端的长度 b_m 依被旋入零件(机体)材料的不同有 4 种规格：

$b_m=1d$ (GB/T 897—1988)，用于钢或青铜、硬铝；

$b_m=1.25d$(GB/T 898—1988)，用于铸铁；

$b_m=1.5d$(GB/T 899—1988)，用于铸铁；

$b_m=2d$(GB/T 900—1988)，用于铝或其他较软材料。

螺柱的公称长度计算：

$$L=\delta+s+m+a \tag{7-2}$$

式中，δ 为板的厚度(被连接件的厚度)，s 为垫圈的厚度；m 为螺母的厚度；a 为螺栓头部超出螺母的长度。查表计算后取最短的标准长度。

图 7-16 中的垫圈为弹簧垫圈，弹簧垫圈的作用是防止螺母松动。弹簧垫圈开槽的方向是阻止螺母松动的方向。螺柱连接件的标记如下：

螺柱 GB/T 899—1988　M$d\times l$

螺母 GB/T 6170—2015 MD，垫圈 GB/T 93—1987d

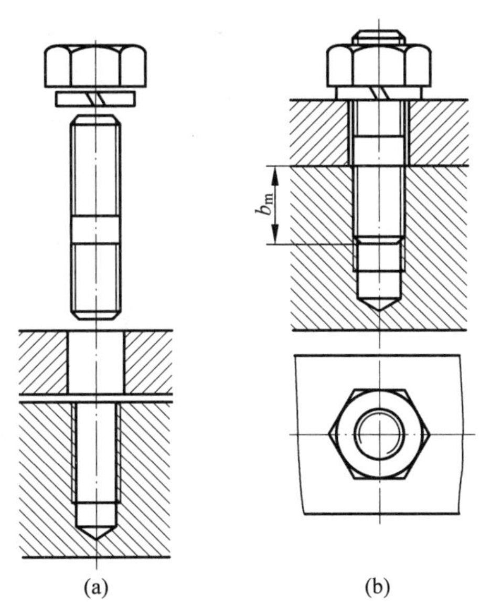

图 7-16　螺柱连接的画法

(a) 连接前；(b) 连接后

螺钉通常情况可以分为图 7-17 所示的连接螺钉和图 7-18 所示的紧定螺钉两种。

连接螺钉：连接螺钉用于连接零件，常见的连接螺钉有开槽圆柱头螺钉、开槽沉头螺钉、开槽盘头螺钉、内六角圆柱头螺钉等。它们通常用于受力不大和不经常拆卸的场合。装配时，将螺钉直接穿过被连接零件上的通孔，再拧入另一个被连接零件上的螺孔中，靠螺钉头部压紧被连接的零件。

螺钉的公称长度为

$$l=\delta+b_{\mathrm{m}} \tag{7-3}$$

式中，δ 为光孔零件的厚度，mm；b_{m} 为螺钉旋入深度，mm。

螺钉的公称长度取值与螺柱连接相同。根据式(7-3)算出长度，查标准中相应的螺钉长度 l 的系列值，选取接近的标准长度即可。

在螺钉连接装配图的绘制中需要注意：螺纹终止线应高于两个被连接零件的结合面，表示螺钉有拧紧的余地，保证连接紧固；或者在螺杆的全长上都有螺纹。螺钉头部的一字槽(或十字槽)的投影可以涂黑表示，在投影为圆的视图上，这些槽应画成 45°倾斜线，线宽为粗实线宽的两倍。

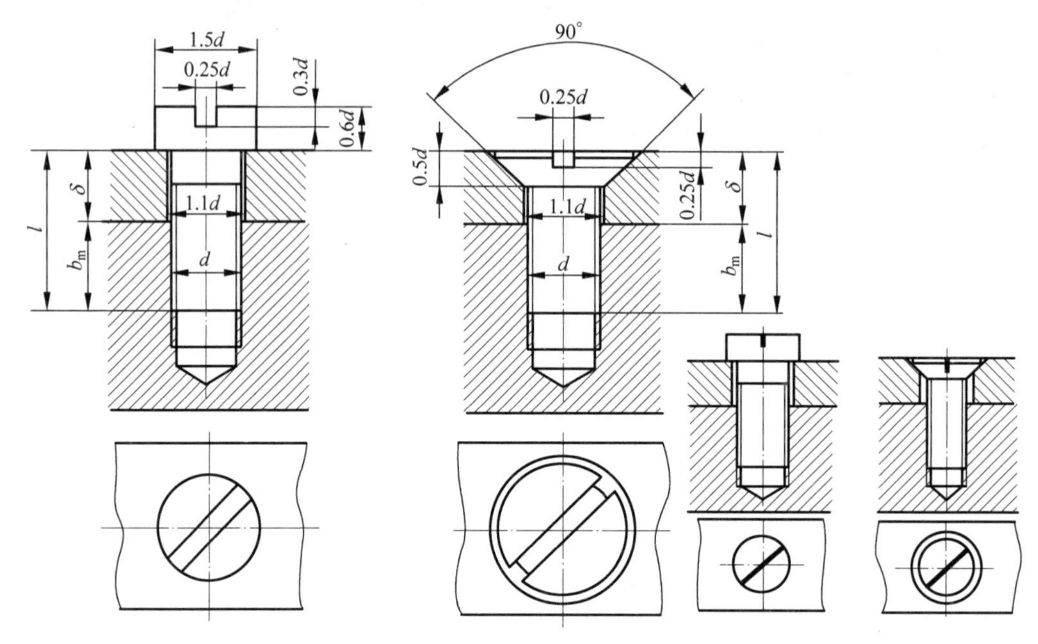

图 7-17　连接螺钉的画法

紧定螺钉用来固定两个零件的相对位置，使它们不产生相对运动。图 7-18 中的轴和齿轮(图中齿轮仅画出轮毂部分)，用一个开槽锥端紧定螺钉旋入轮毂的螺孔，使螺钉端部的 90°锥顶压紧轴上的 90°锥坑，从而固定了轴和齿轮的相对位置。

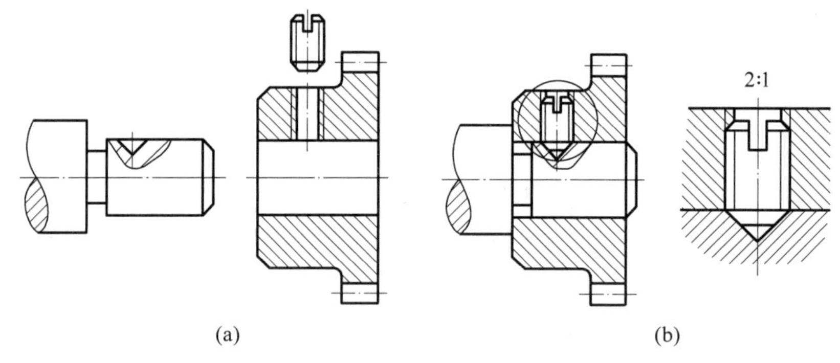

图 7-18　紧定螺钉的画法

(a) 连接前；(b) 连接后

7.3.2　垫圈

垫圈是指被连接件与螺母之间的零件，一般为扁平形的金属环，用来保护被连接件的表面不受螺母擦伤，分散螺母对被连接件的压力。垫圈分为小垫圈 A 级、平垫圈 A 级、倒角型平垫圈 A 级和弹簧垫圈等。

如图 7 19 所示为平垫圈，一般用在连接件中，一个是软质地的，一个是硬质地且较脆的，其主要作用是增大接触面积，分散压力，防止把质地软的材料压坏。弹簧垫圈如图 7-20

所示，其基本作用是在螺母拧紧之后给螺母一个力，增大螺母和螺栓之间的摩擦力。其材料为65Mn(弹簧钢)，热处理硬度为44～51HRC，经表面氧化处理。

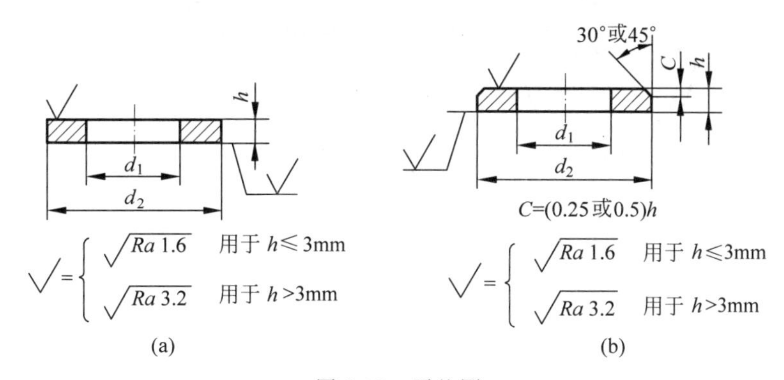

图7-19 平垫圈

(a) 小垫圈A级和平垫圈A级；(b) 倒角型平垫圈A级

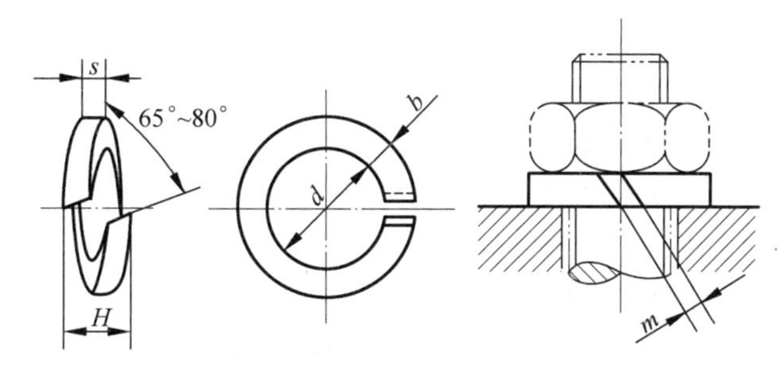

图7-20 弹簧垫圈

7.3.3 卡簧

卡簧也叫挡圈或扣环，它是标准件，也属于紧固件，分为内卡簧和外卡簧，其装在机器、设备的轴槽或孔槽中，起阻止轴上或孔上的零件轴向运动的作用。卡簧的内径比装配轴径稍小，内卡簧是卡在孔内的，外卡簧是卡在轴上的，如图7-21所示。

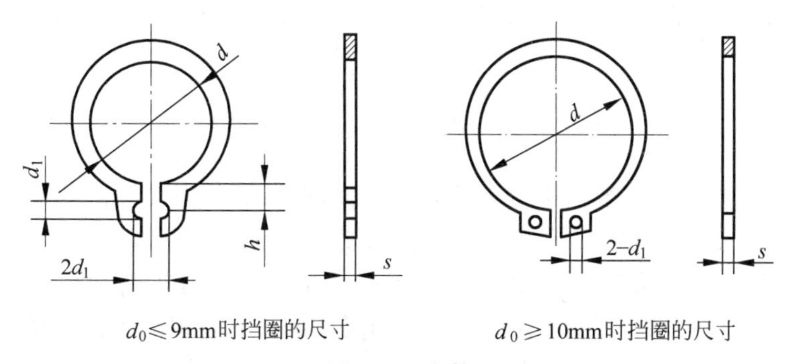

图7-21 卡簧

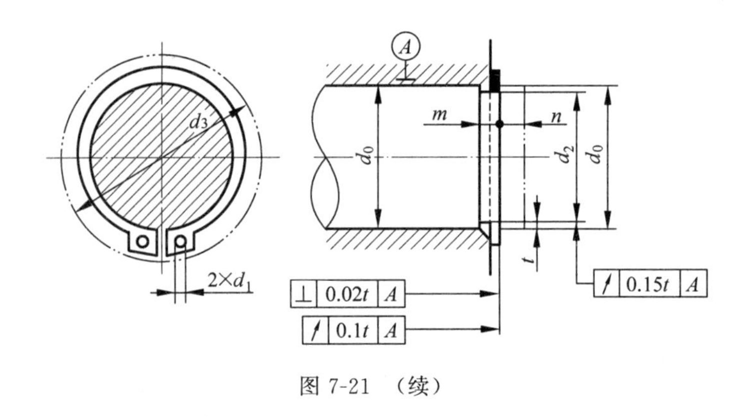

图 7-21 （续）

7.3.4 键和销

1. 键连接

键连接是可拆卸连接，用于连接轴和轴上的传动件（凸轮、齿轮和带轮等），使轴和传动件不产生相对转动，并传递扭矩和旋转运动。它的一部分被安装在轴的键槽内，另一凸出部分则嵌入轮毂槽内，使两个零件同步旋转。由于键连接的结构简单、工作可靠、拆卸方便，所以在生产中得到广泛应用。

键是标准件，常用的键有平键、半圆键、钩头型楔键和花键，最常用的是普通平键。由于普通平键是标准件，所以一般不必画出，但要画出零件上与键配合的键槽，键槽的宽度 b 可根据轴的直径 d 查表确定，轴上的槽深 t_1 和轮毂上的槽深 t_2 可从键的标准中查得，键的长度 L 应小于或等于轮毂的长度。键槽的画法及尺寸标注如图 7-22 所示。

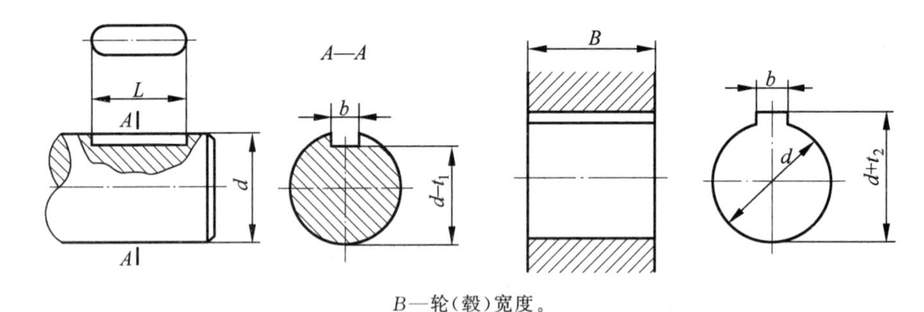

B—轮（毂）宽度。

图 7-22 键槽的画法及尺寸标注

普通平键连接的画法：普通平键两侧是工作面，在装配图中键的两侧面与轮毂、轴的键槽两侧面配合，键的底面与轴的键槽底面接触，所以画一条线；而键的顶面与轮毂上的键槽底面之间应有间隙，为非接触面，所以要画两条线。主视图中键被剖切面纵向剖切，键按不剖处理。为了表示键在轴上的装配情况，可采用局部剖视。左视图中键被横向剖切，键要画剖面线（与轮毂或轴的剖面线方向相反，或方向一致但间隔不等），如图 7-23 所示。

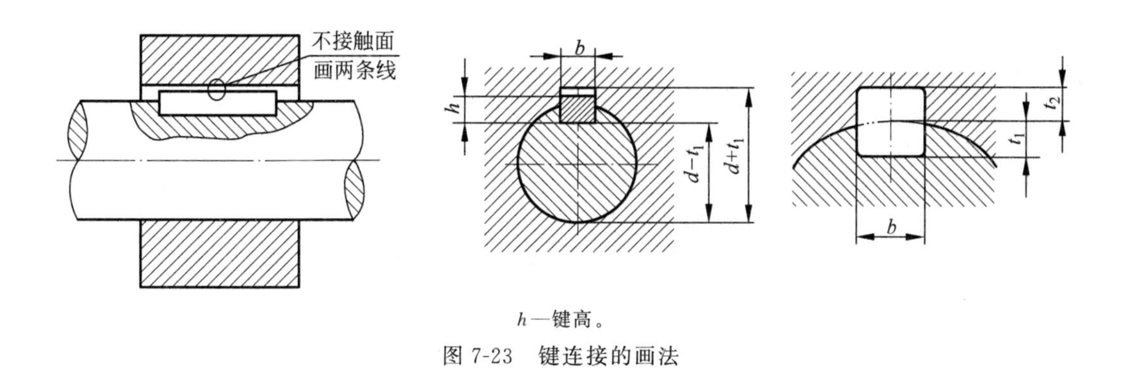

h—键高。

图 7-23　键连接的画法

2. 销连接

销也是标准件，主要用于连接件的连接和定位，也可以作为安全装置中的过载保护元件。销的种类很多，常用的有如图 7-24 所示的圆柱销、圆锥销和开口销等，其中开口销常与槽型螺母配合使用，起防松作用。

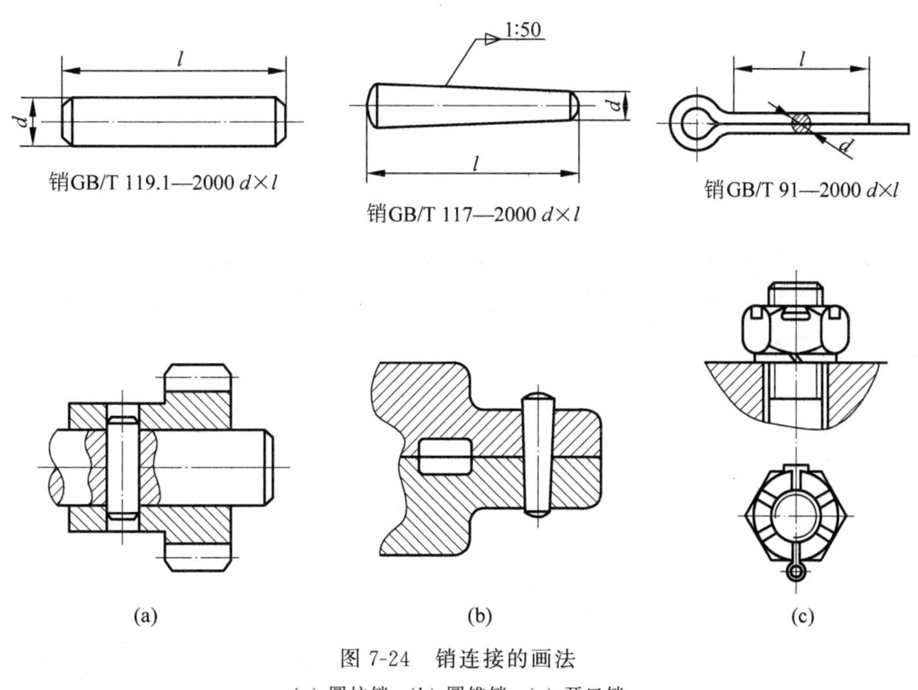

图 7-24　销连接的画法

（a）圆柱销；（b）圆锥销；（c）开口销

7.4　常用量具

在生产过程中，用来测量各种工件的尺寸、角度和形状的工具，叫作量具。常用的量具有很多，其用途和结构也不同。

7.4.1 游标卡尺

游标卡尺是一种测量长度、内外径和深度的量具，一般以 mm 为测量单位，读数精度分为 0.1mm、0.05mm、0.02mm 3 种。如图 7-25 所示，游标卡尺由主尺和副尺（游标）两部分组成，主尺和游标上有两副活动量爪，分别为内测量爪和外测量爪，内测量爪用来测量内径，外测量爪用来测量外径和长度。深度尺与副尺连在一起，可测量槽和筒的深度。

使用时首先用软布将量爪擦拭干净，使其并拢，查看游标的零刻度线和主尺的零刻度线是否对齐，如果对齐就可以直接测量，如果没有对齐则需记住零误差。游标的零刻度线在尺身零刻度线的右面称为正零误差，在尺身零刻度线的左面称为负零误差。

下面以 1/20 的游标卡尺（0.05mm 精度）为例说明其刻度原理、读数及其使用方法。主尺上的每小格为 1mm，取主尺 19mm 长度在副尺上等分为 20 个小格。也就是副尺每格长度等于 19/20＝0.95，主尺和副尺每格之差为 1－0.95＝0.05mm。测量时右手拿尺身，左手拿待测外径或内径的物体，使待测物位于外测量爪之间，与量爪紧紧相贴时即可读数。读数时，首先根据副尺零线以左的主尺上的最近刻度读出整数，然后根据副尺零线以右与主尺某一刻度线对准的刻度线数乘以 0.05 读出小数，最后将上面的整数和小数两部分相加即为准尺寸。如图 7-25 所示的读数为 19.9mm。

图 7-25 游标卡尺

游标卡尺读数时首先以游标零刻度线为准在尺身上读取毫米整数，即为单位的整数部分。然后看游标上第几条刻度线与尺身的刻度线对齐，如果是第 5 条刻度线与尺身对齐，则小数部分为 0.25mm，如图 7-26 所示，第 14 条刻度线与尺身对齐，所以小数部分为 0.7mm，如果没有正好对齐的线就取最近对齐的线进行读数，若有零误差则一律用上面所测的结果减去零误差（零误差为负，相当于加上相同大小的零误差），读数结果为整数部分加小数部分然后减去零误差。

7.4.2 千分尺

千分尺又叫螺旋测微器，是利用螺旋读数原理制造的一种常用量具。其测量精度比游标卡尺更高，通常可分为百分尺和千分尺，百分尺的最小读数值是 0.01mm，千分尺的最小

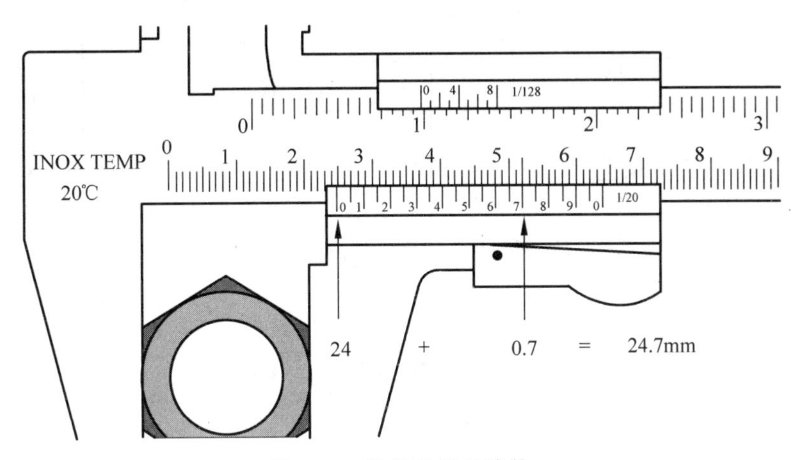

图 7-26　游标卡尺的读数

读数值是 0.001mm。因千分尺用得较少，人们习惯上把百分尺称为千分尺。下面介绍的千分尺实际上是百分尺，其最小读数值为 0.01mm。千分尺是由固定的尺架、测砧、测微螺杆、固定套筒、微分筒(副尺)、测力装置和锁紧装置组成的。

外径千分尺如图 7-27 所示。螺杆和活动套筒连在一起，当转动活动套筒时，螺杆和活动套筒一起向左或向右移动。

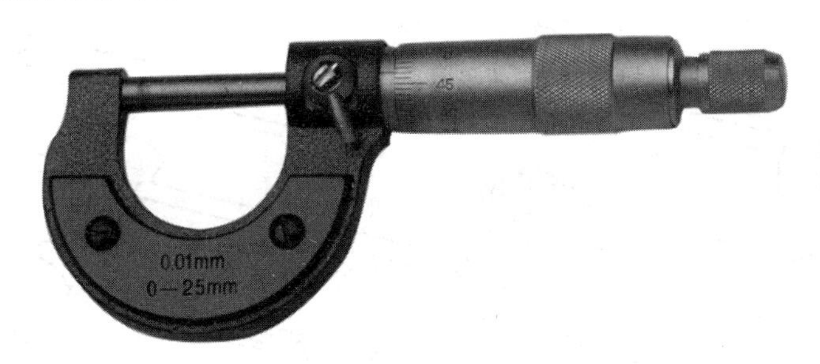

图 7-27　外径千分尺

千分尺的刻线原理及读数：千分尺的刻线原理是将微分筒上的副尺刻度由角度位移变为主线位移。测微螺杆的螺距为 0.5mm。在固定套筒的轴线方向上刻有一条中线，这条线是微分筒(副尺)的读数基准线，在中线的上、下方各刻有一排刻线，刻线的每小格为 1mm，上、下刻线相互错开 0.5mm，其中上一排刻线刻有 0，5，10，15，25，用来表示毫米的整数值而相对的下一排刻线是错过 0.5mm，正好对应测微螺杆的螺距。即螺杆每转 1 周，轴线位移 0.5mm，故活动套筒上每一小格的读数为 0.5/50=0.01mm。当千分尺的螺杆左端面与砧座表面接触时，活动套筒左端的边缘与轴线刻度的零线重合，同时圆周上的零线与中线对准。

千分尺读数时，被测值的整数部分由固定套筒刻度尺上部分读出，小数点后面的数值由活动套筒和固定套筒下面的刻度读出。当固定套筒下刻度线没有出现时，小数点后面的数值直接在活动套筒上读出；当固定套筒下刻度线出现时，小数点后面的数值为 0.5mm 加上活动套筒的读数，如图 7-28 所示。

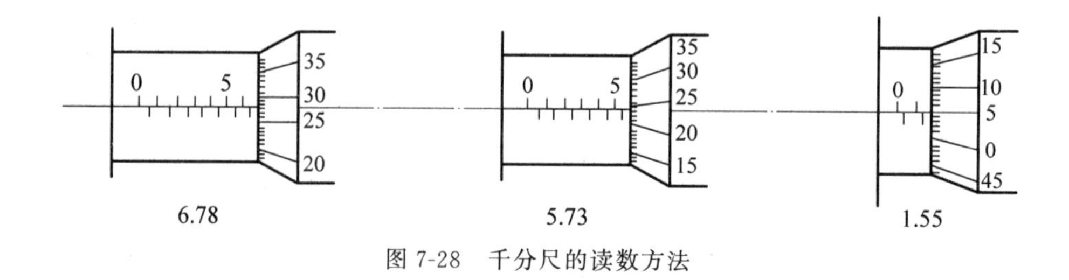

图 7-28 千分尺的读数方法

7.5 常用工具

7.5.1 扳手

扳手是工厂和生活中常用的安装与拆卸工具，是利用杠杆原理拧转螺栓、螺钉、螺母和其他螺纹，紧固螺栓或螺母的手工工具。扳手通常在柄部的一端或者两端设有夹持柄部，通过对夹持柄部施加外力来拧转螺栓或者螺母。制作扳手常用的材料是碳素结构钢或合金结构钢。常用的扳手如图 7-29 所示。

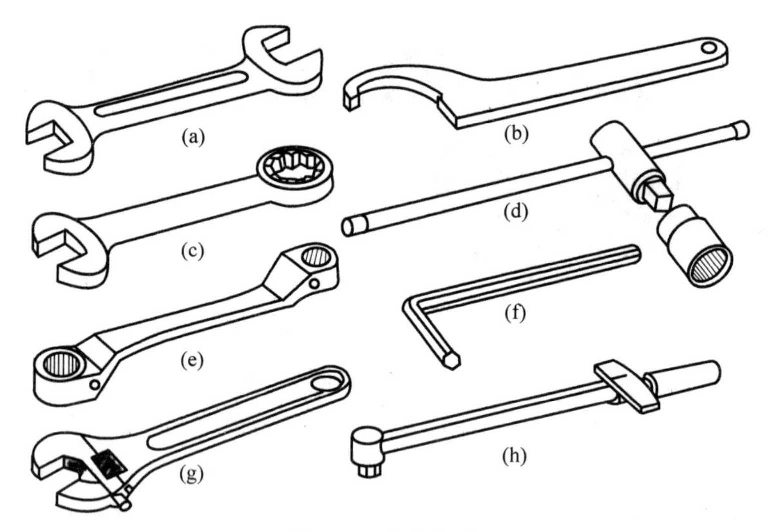

图 7-29 各类扳手

(a) 呆扳手；(b) 钩形扳手；(c) 两用扳手；(d) 套筒扳手；
(e) 梅花扳手；(f) 内六角扳手；(g) 活扳手；(h) 扭力扳手

扳手基本分为死扳手和活扳手两类。而这两类扳手都是手动扳手，使用时首先要根据紧固件来选择相应的扳手，然后旋紧或旋松螺栓或者螺母，用手握扳手柄末端，顺时针方向用力则旋紧，逆时针方向用力则旋松。扳手的特点是操作简单、价格低，但劳动强度大。

7.5.2 尖嘴钳

尖嘴钳又名尖头钳，外观如图 7-30 所示，是一种运用杠杆原理制成的钳形工具。它由尖头、刀口和钳柄组成。钳柄上套有额定电压 500V 的绝缘套管。

尖嘴钳主要用于剪切线径较细的单股与多股线，以及给单股导线接头弯圈和剥塑料绝缘层等。它能在较狭小的工作空间操作，不带刃口者只能用作夹捏工作，带刃口者能剪切细小零件，是电工、仪表及电信器材等装配及修理工作中常用的工具。使用时，用手握住尖嘴钳的两手柄即开始夹持或剪切工作。当尖嘴钳暂时不用时，表面应涂上润滑防锈油，以免生锈或支点发涩。

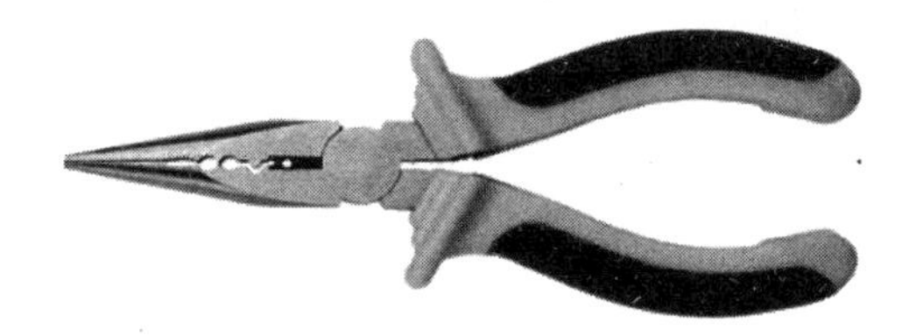

图 7-30 尖嘴钳

7.5.3 卡簧钳

卡簧钳是一种用来安装内卡簧和外卡簧的专用工具，其外观如图 7-31 所示，外形上属于尖嘴钳的一种。钳头可采用内直、外直和内弯、外弯几种形式，它既可以安装卡簧又可以拆卸卡簧。卡簧钳又分为内卡簧钳和外卡簧钳两类，是用来拆装轴用卡簧和孔用卡簧的，因此外卡簧钳也叫轴用卡簧钳，内卡簧钳也叫孔用卡簧钳。轴用卡簧钳常态时钳口是闭合的，而孔用卡簧钳常态时钳口是打开的。

图 7-31 卡簧钳

7.5.4 剥线钳

剥线钳是电工常用的工具，主要由刀口、压线口和钳柄组成，适用于塑料、橡胶绝缘电线，电缆芯线的剥皮，其外观如图 7-32 所示。

剥线钳的使用方法：首先根据电缆的型号选择相应的剥线刀口，将准备好的电缆放在剥线工具的刀刃中间，选择好剥线的长度，握住剥线工具的手柄，将电缆夹住，缓缓用力使电缆外表皮慢慢剥落,松开工具手柄,取出电缆线,这时电缆金属整齐地露出一定长度,其余绝缘材料完好无损。

使用过程中要经常给钳子上润滑油,因为在铰链上加润滑油既可以延长使用寿命又可以在使用时省力。使用过程中还必须注意,手柄上的胶套是为了增加使用舒适度,除非是特定的绝缘手柄,否则这些胶套不能防电,也不能用于带电作业。

图 7-32 剥线钳

7.5.5 锉刀

锉刀是锉削的主要工具,是由碳素工具钢 T12 或 T13 经热处理后,再将工作部分进行淬火制成的。锉刀的耐磨性好、硬度高、韧性差。锉刀由锉身和锉柄两部分组成。锉身部分有锉齿和锉刀边,锉齿是切削的刃口,锉刀边是指锉刀上的窄边,有的边有齿,有的边没有齿,没有齿的边叫安全边或光边,光边只起导向作用,有齿的边用于切削。锉柄的作用是便于锉削时握持以传递推力。锉柄通常是木质的,在安装孔的一端应有铁箍。图 7-33 所示为各种锉刀。

图 7-33 各种锉刀

锉刀的种类很多,按锉刀的用途不同可分为钳工锉、异形锉和整形锉(什锦锉),按锉齿的粗细又可分为粗锉、中锉和细锉。钳工锉按锉刀剖面形状分为平锉(板锉)、圆锉、方锉、半圆锉和三角锉,其中平锉用来锉平面、外圆面和凸弧面,圆锉用来锉圆孔、半径较小的凹弧面和椭圆面,方锉用来锉方孔、长方孔和窄平面,半圆锉用来锉凹弧面和平面,三角锉用来锉内角和三角孔。异形锉用于加工特殊表面。整形锉主要用于修理工件上的细小部分,它也叫什锦锉或组锉，是因分组配备各种端面形状的小锉而得名的。

锉削前，锉刀的选择很重要。如果选择不当会浪费工时或锉坏工件，也会使锉刀过早地失去切削能力。因此，锉刀的选择应遵循以下原则：

(1) 锉刀的端面形状和长短要根据加工工件表面的形状和工件大小来选择。

(2) 锉刀的粗细要根据加工工件的材料软硬、加工余量、尺寸精度和表面粗糙度等情况来综合考虑的。粗锉刀用来锉软金属材料、加工余量大、精度要求不高和表面粗糙度大的工件；而细锉刀用于加工余量小、精度等级高和表面粗糙度要求小的工件。此外，新锉刀比较锐利，适合锉软金属。

使用锉刀时的注意事项：

(1) 硬金属和淬火材料不准用新锉刀去锉，而要用使用过一段时间的锉刀。

(2) 铸件、锻件上的硬皮或砂粒要先用砂轮磨去后才可用半锋利的锉刀或旧锉刀锉。

(3) 要经常用钢丝刷清除锉齿上的切屑。

(4) 使用锉刀时不宜速度过快，否则会打滑，也会过早地磨损锉刀。

(5) 不允许用细锉刀锉软金属。

(6) 使用整形锉时，用力不宜太大，以免折断锉刀。

(7) 锉刀的材料硬度高而脆，切不可摔落在地上或用锉刀敲击物体或把锉刀当作杠杆来撬其他物件，应避免沾水、油和其他脏物。

7.5.6 手锯

手锯是钳工进行锯割的工具，由锯弓和锯条两部分组成，其外观如图7-34所示。锯弓是用来夹持和拉动锯条的部分，有固定式和可调式两种。固定式锯弓只用一种规格的锯条；可调式锯弓因其弓架由两部分组成，可安装不同长度规格的锯条，因此使用比较方便。

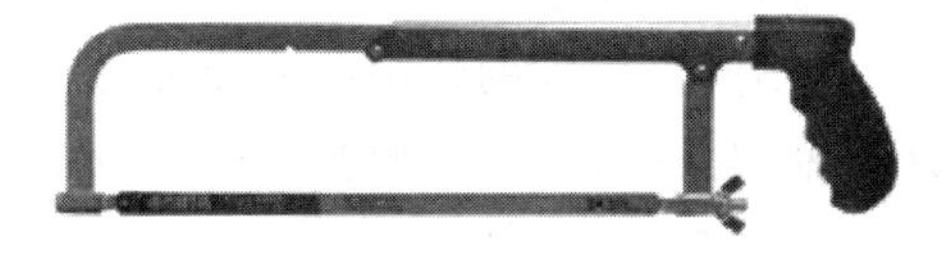

图7-34 手锯

锯条由碳素工具钢制成，并经淬火和低温退火处理，两端夹持部分硬度较低但韧性好，有利于装夹。锯条的规格用锯条两端安装孔之间的距离表示，常用的规格是300×12×0.8，3个数字分别表示锯条的长、宽和厚，单位为mm。

锯齿的粗细规格是以锯条每25mm长度内的齿数来表示的，一般分为粗、中、细三种。粗齿锯条齿距大，容屑空间大，适用于锯软质材料和较大的切面。而锯割较硬的材料或者切面较小的工件时应该用细齿锯条。锯割管子和薄板时，必须用细齿锯条，否则会因齿距大于板厚使锯齿被钩住而崩断。

锯条的安装和注意事项：

(1) 安装锯条前要选择合适的锯条，锯齿齿尖应朝前装入夹头的销钉上。

(2) 锯条的松紧要合适，用翼型螺母调整，不能太松或太紧。太紧会因锯条张力太大而失去弹性，容易使锯条崩断；太松则会使锯条扭曲，锯缝歪斜，也容易折断锯条。

(3) 锯割时,用力要平稳,动作要协调,切记不能强推猛拉。

(4) 新锯条在旧锯缝中使用时,为防止勾锯不能猛推强扭。

(5) 要防止锯条折断时从锯弓上弹出伤人。

7.5.7 攻螺纹和套螺纹工具

螺纹是机械工业中最广泛的结构要素之一,通常用来紧固连接或传递运动和力。在生产中,螺纹加工主要是手工加工。用丝锥在圆孔的内表面加工内螺纹的方法称为攻螺纹,也叫攻丝;用板牙在圆杆的外面加工外螺纹的方法称为套螺纹,也叫套扣。

图 7-35 中的丝锥是加工内螺纹的刀具,它由工作部分和柄部组成,其工作部分包括切削部分和校准部分,前者磨有切削锥,负担切削工作,后者用以校准螺纹的尺寸和形状。柄部有方头,攻螺纹时起传递扭矩的作用。攻螺纹时用来夹持丝锥的工具为绞杆,绞杆的两端是手柄,中间的方孔适合于一种尺寸的丝锥方头。由于方孔的尺寸是固定的,使用时要根据丝锥尺寸的大小选择不同规格的绞杆。

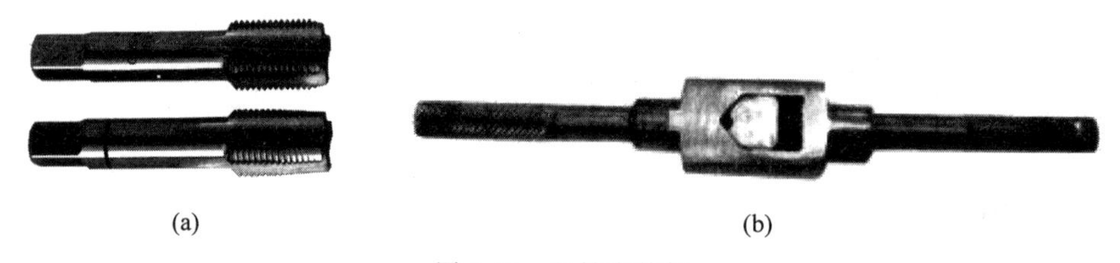

(a) (b)

图 7-35 丝锥和绞杆

(a) 丝锥;(b) 绞杆

为了减小切削力和延长丝锥的使用寿命,可将整个切削工作量分配给几支丝锥来承担。通常的 M6～M24 丝锥一组有两支,一支是头锥,另一支是二锥,两支丝锥的外径、中径和内径都相等,只是切削长度和锥角不同。头锥的切削部分较长,锥角较小,有 5～6 个不完整齿以便起切;二锥的切削部分较短,约有两个不完整齿。切不通螺纹时两支丝锥可顺次交替使用。

用头锥攻螺纹时,将丝锥垂直放入工件的螺纹底孔,然后用绞杆轻轻压入 1～2 周,再用目测或用直尺在两个相互垂直的方向上校准,使丝锥与端面保持垂直,然后继续转动,直到切削部分完全旋入方可停止加压,此后靠丝锥的自然旋入就可以了。自然旋入时,丝锥每旋入 1～2 周要退 1/4～1/2 周,以使切屑脱落。头锥攻完再用二锥攻,为了避免乱扣,要先用手将二锥旋入 1～2 周再用绞杆。对钢件攻螺纹时,要加乳化油或机油润滑;对铸铁件攻螺纹时,一般不需要加切削液,如果螺纹表面要求光滑,可加煤油来润滑。

对盲孔(不通孔)攻螺纹时,由于丝锥底部不能切出完整的螺纹,因此底孔深度应大于螺纹的有效长度,长度大约是内螺纹大径的 0.7。所以,盲孔的深度是螺纹有效长度加上内螺纹大径的 0.7。

对盲孔(不通孔)攻螺纹时,要特别注意丝锥顶端碰到孔底的操作,并及时清理积屑。

图 7-36 中的板牙是加工外螺纹的工具,由切削部分、校准部分和排屑部分组成。其外形像一个圆螺母,在它上面钻有几个排屑孔,两端制出切削锥角为 2φ 的内锥,并有 3～5 条

容屑槽，以形成刀刃。内锥面为切削部分，它的中部为校准部分，起修正和导向作用。板牙是由板牙架夹持并带动其转动的。

套螺纹时，首先要检查圆杆的直径，若直径太大则难以套入，直径太小则套出的螺纹不完整。其次要注意检查和矫正，使板牙和圆杆保持垂直，两手握住板牙架的手柄并给以适当的压力，用手掌按住板牙中心，然后按顺时针方向(右旋螺纹)扳动板牙架旋转起屑，当板牙旋入校准部分的 1～2 个牙时，两只手用力旋转，即可套出螺纹。套螺纹的过程和攻螺纹一样，每旋入 1～2 周就要退 1/4～1/2 周。在套直径 12mm 以上的螺纹时，一般采用可调节板牙分 2～3 次套成，既可避免扭裂和损坏板牙，又能保证螺纹质量，减小切削阻力。

为了保证板牙的良好切削性能，保证螺纹的表面粗糙度，在套螺纹时，还要根据工件材料的性质，适当选择冷却润滑油或机油润滑。

(a)　(b)

图 7-36　板牙和板牙架

(a) 板牙；(b) 板牙架

第8章 机械制图基础知识

8.1 机械制图的基本规定

技术图样是设计和制造产品的重要技术资料，是工程界共同的技术语言。为了便于指导生产和进行技术交流，必须对它的内容、格式、画法、尺寸标注等做统一的规定，并以国家标准的形式下发。我国国家标准简称国标，其代号是“GB”。例如 GB/T 14689—2008，其中“GB/T”表示推荐性国标，“14689”是标准编号，“2008”是发布年份号。如果不写年份号，则表示最新颁布实施的国家标准。国家标准对图样的画法、尺寸标注等内容做了统一规定，每个工程技术人员都必须掌握并严格遵守。

8.1.1 图纸幅面和格式

1. 图纸幅面

图纸宽度与长度组成的图面称为图纸幅面，幅面代号为：A0，A1，A2，A3，A4。在绘制技术图样时，应优先使用表 8-1 中所规定的图纸基本幅面的图框格式尺寸。基本幅面尺寸关系如图 8-1(a)所示，沿着某一号幅面的长边对裁，即为下一号幅面的大小。例如，沿 A1 幅面的长边对裁，即为 A2 的幅面，以此类推。必要时，可以加长幅面。加长幅面是按基本幅面的短边成整数倍增加，如图 8-1(b)所示。

表 8-1 图纸幅面的图框格式尺寸 mm

幅面代号	A0	A1	A2	A3	A4
$B \times L$	841×1189	594×841	420×594	297×420	210×297
e	20		10		
c	10			5	
a	25				

2. 图框格式

在图纸上必须用粗实线绘制图框，其格式可分为不留装订边和留有装订边两种，但同一产品的图样只能采用一种格式。不留装订边的图纸的图框格式如图 8-2 所示，其规格尺寸按表 8-1 的规定执行。

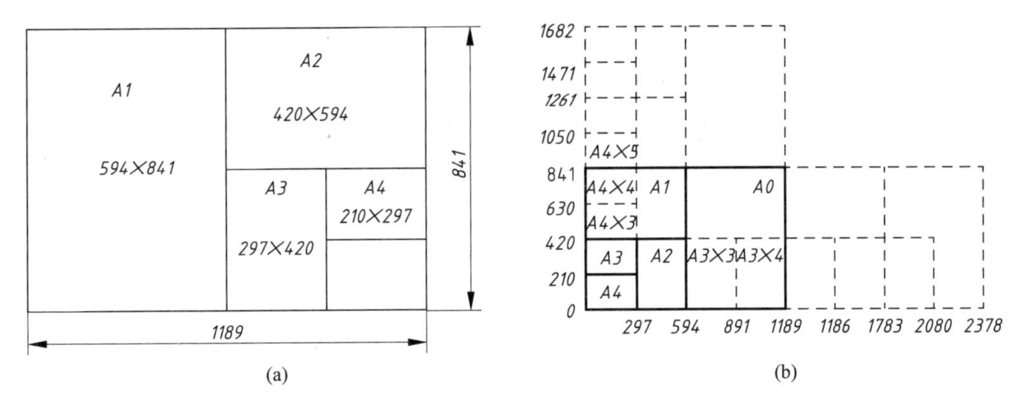

图 8-1　图纸的基本幅面和加长幅面

(a) 基本幅面的尺寸关系；(b) 加长幅面的尺寸关系

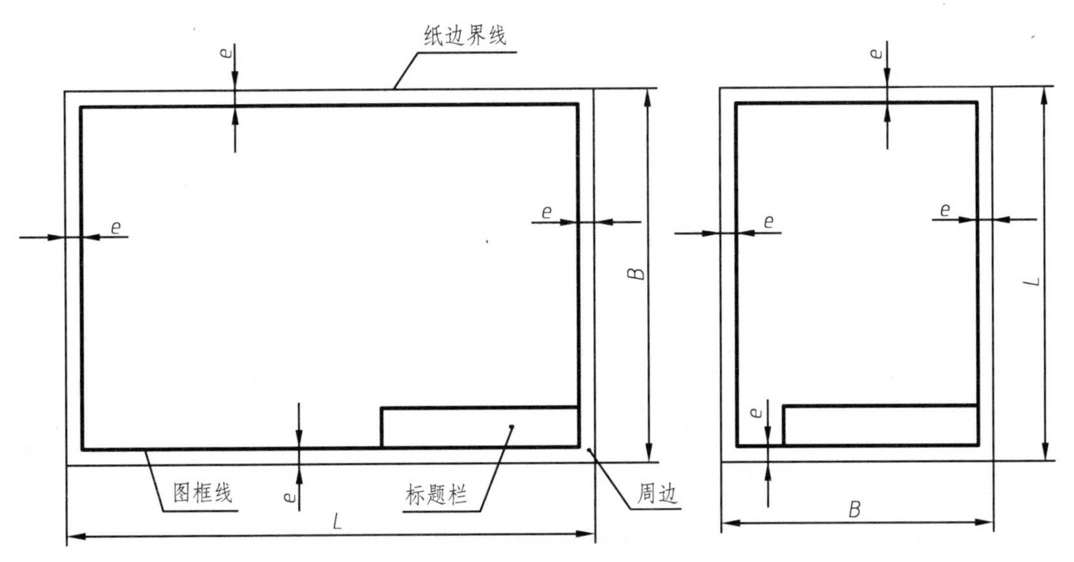

图 8-2　不留装订边的图框格式

留有装订边的图纸的图框格式如图 8-3 所示，其规格尺寸按表 8-1 的规定执行。

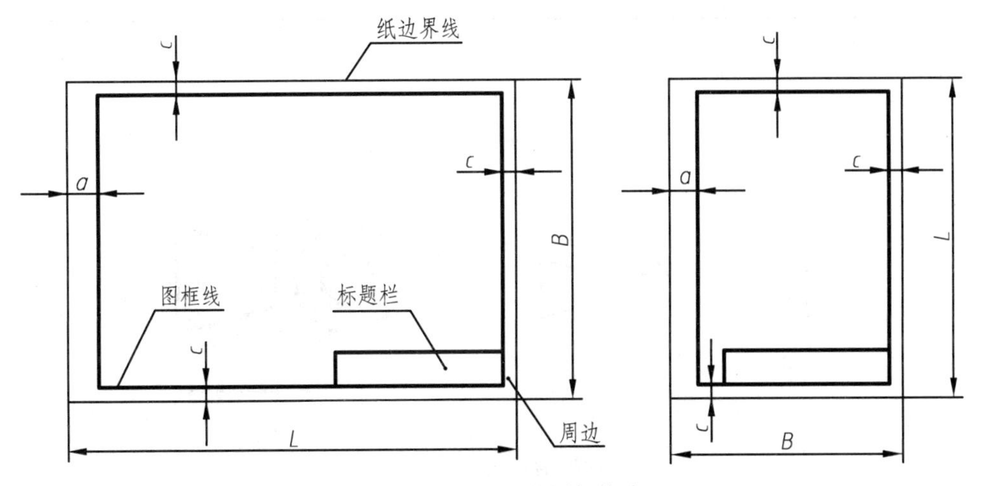

图 8-3　留装订边的图框格式

3. 标题栏

每张图纸上必须画出标题栏，标题栏的位置应位于图纸的右下角。国家标准 GB/T 10609.1—2008《技术制图　标题栏》对标题栏的格式做了明确规定，如图 8-4 所示(图中尺寸单位为 mm)。在学校的制图作业中，建议采用图 8-5 所示的简化格式。标题栏中的主要内容填写如下："材料"一般应按照相应的标准或规定填写所使用的材料，"图样名称"填写所绘制对象的名称，"图样代号"按有关的标准或规定填写图样的代号，"共×张，第×张"填写同一图样代号中图样的总张数及该张图所在的张次，"投影符号"应绘出如图 8-6 所示的第一角画法或第三角画法的投影识别符号，如采用第一角画法时，可以省略标注。

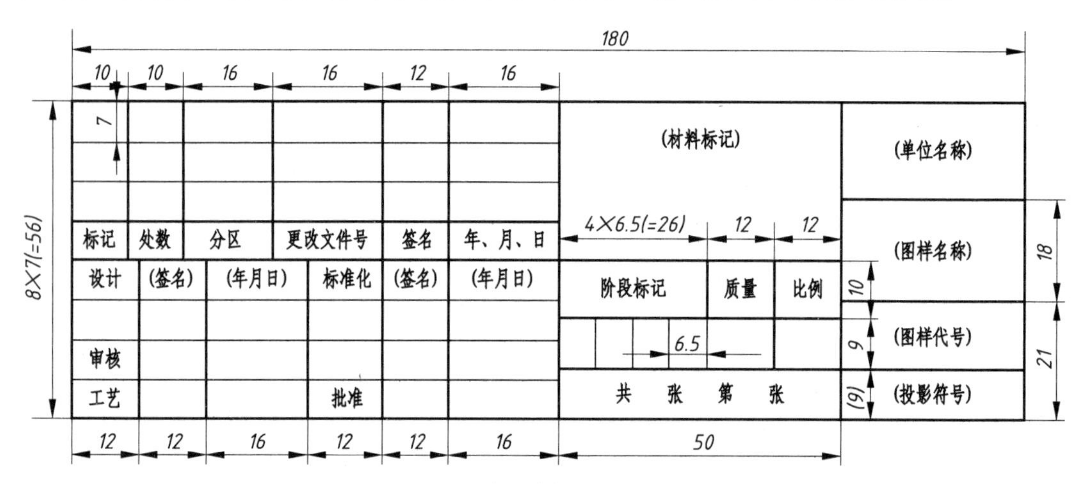

图 8-4　标题栏的格式举例

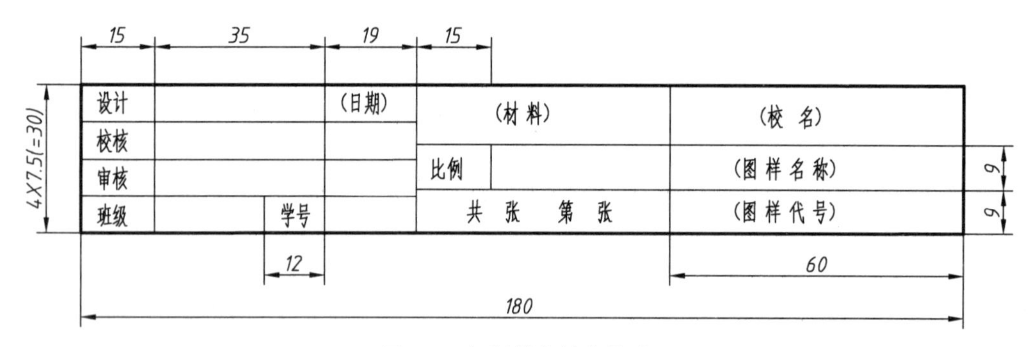

图 8-5　标题栏的简化格式

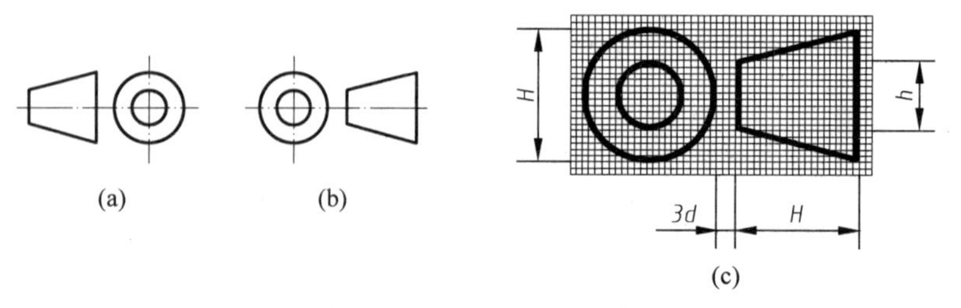

h—字体高度($H=2h$)；d—粗实线宽度。

图 8-6　投影识别符号

(a) 第一角画法；(b) 第三角画法；(c) 符号的尺寸比例

8.1.2 比例

GB/T 14690—1993《技术制图　比例》规定了绘图比例的有关内容。图中图形要素与其实物相应要素的线性尺寸之比称为比例。需要按比例绘制图样时，应根据图样情况从表8-2规定的系列中选取适当的比例。

表8-2　比例系列值

项　　目	种　　类	比　　例
优先选用	原值比例	1∶1
	放大比例	5∶1，2∶1，5×10ⁿ∶1，2×10ⁿ∶1，1×10ⁿ∶1
	缩小比例	1∶2，1∶5，1∶10，1∶2×10ⁿ，1∶5×10ⁿ，1∶1×10ⁿ
必要时选用	放大比例	4∶1，2.5∶1，4×10ⁿ∶1，2.5×10ⁿ∶1
	缩小比例	1∶1.5，1∶2.5，1∶3，1∶4，1∶6，1∶1.5×10ⁿ，1∶2.5×10ⁿ，1∶3×10ⁿ，1∶4×10ⁿ，1∶6×10ⁿ

注：n为正整数。

在作图时，不论采用何种比例，图样中所标注的尺寸数值必须是机件的实际尺寸，如图8-7所示。

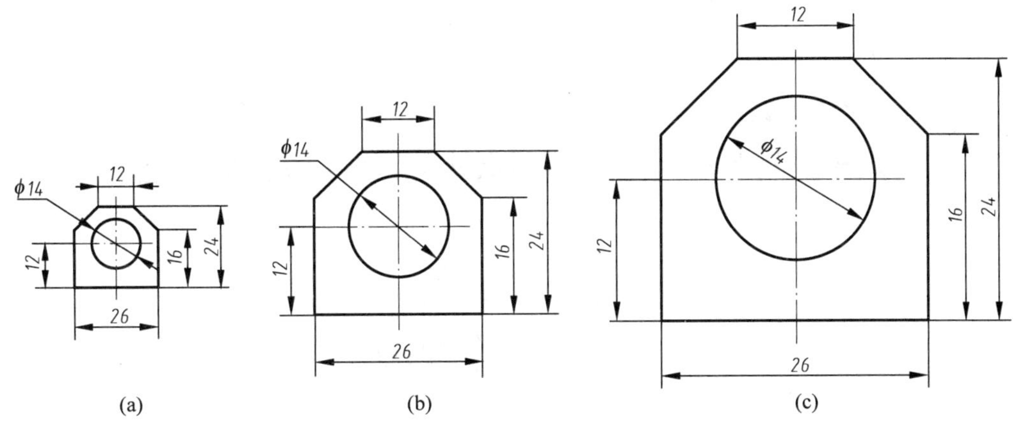

图8-7　所注尺寸为物体的实际尺寸

(a) 1∶2；(b) 1∶1；(c) 2∶1

8.1.3 字体

GB/T 14691－1993《技术制图　字体》规定了汉字、字母和数字的结构形式及基本尺寸。

1) 基本要求

字体是指图样中汉字、数字、字母的书写形式，工程图样上的字体应符合以下基本要求。

(1) 在图样中书写字体时必须做到：字体工整、笔画清楚、间隔均匀、排列整齐。

(2) 字体高度又称作字体的号数，用h表示。h的公称尺寸系列为：1.8，2.5，3.5，5，7，10，14，20mm。需要书写更大的字时，其字体高度按$\sqrt{2}$的比率递增。

(3) 汉字应写成长仿宋体字，并应采用中华人民共和国国务院正式公布推行的《汉字简化方案》中规定的简化字。汉字字高不应小于 3.5mm，其字宽一般为 $h/\sqrt{2}$。

(4) 字母和数字分 A 型和 B 型。A 型字体的笔画宽度 d 为字高 h 的 1/14，B 型字体的笔画宽度 d 为字高 h 的 1/10。

(5) 字母和数字可写成斜体，也可写成直体。斜体字字头向右倾斜，与水平基准线成 75°。

2) 字体示例

(1) 长仿宋体汉字示例：

10号字

字体工整　笔画清楚　间隔均匀

7号字

横平竖直　注意起落　结构均匀　填满方格

5号字

技术制图　机械电子　汽车航空船舶土木建筑矿山港口纺织

(2) 拉丁字母示例：

ABCDEFGHIJKLMNOPQRSTUVWXYZ

ABCDEFGHIJKLMNOPQRSTUVWXYZ

(3) 阿拉伯数字示例：

0123456789

0123456789

(4) 罗马数字示例：

8.1.4 图线

GB/T 17450—1998《技术制图　图线》和 GB/T 4457.4—2002《机械制图　图样画法　图线》规定了 15 种线型的名称、形式、结构、标记及画法规则等，常用的 8 种图线见表 8-3。

表 8-3　图线的形式和应用

线型名称	线　型	线宽	一般应用
粗实线	————————	d	可见轮廓线

续表

线型名称	线　　型	线宽	一般应用
细实线	————————	0.5d	过渡线 尺寸线 尺寸界线 指引线和基准线 剖面线 重合断面的轮廓线
细虚线	- - - - - - - - - - -	0.5d	不可见轮廓线
细点画线	—·——·——·—	0.5d	轴线 对称中心线 分度圆(线)
细双点画线	—··——··——··—	0.5d	相邻辅助零件的轮廓线 可动零件的极限位置的轮廓线 轨迹线
粗点画线	—·——·——·—	d	限定范围表示线
波浪线	～～～～	0.5d	断裂处边界线 视图与剖视图的分界线
双折线	—╲╱——╲╱—	0.5d	断裂处边界线 视图与剖视图的分界线

图线分为粗、细两种。粗线宽度应按图形大小和复杂程度，在 $d=0.5\sim2$mm 范围内选择，推荐采用 $d=0.5$mm 或 $d=0.7$mm。细线的宽度为 $d/2$。

图线宽度 d 的推荐系列为：0.13，0.18，0.25，0.35，0.5，0.7，1，1.4，2mm。为了保证图样的清晰度、易读性和便于缩微复制，应尽量避免采用小于 0.18mm 的图线。图 8-8 所示为常用图线的应用举例。

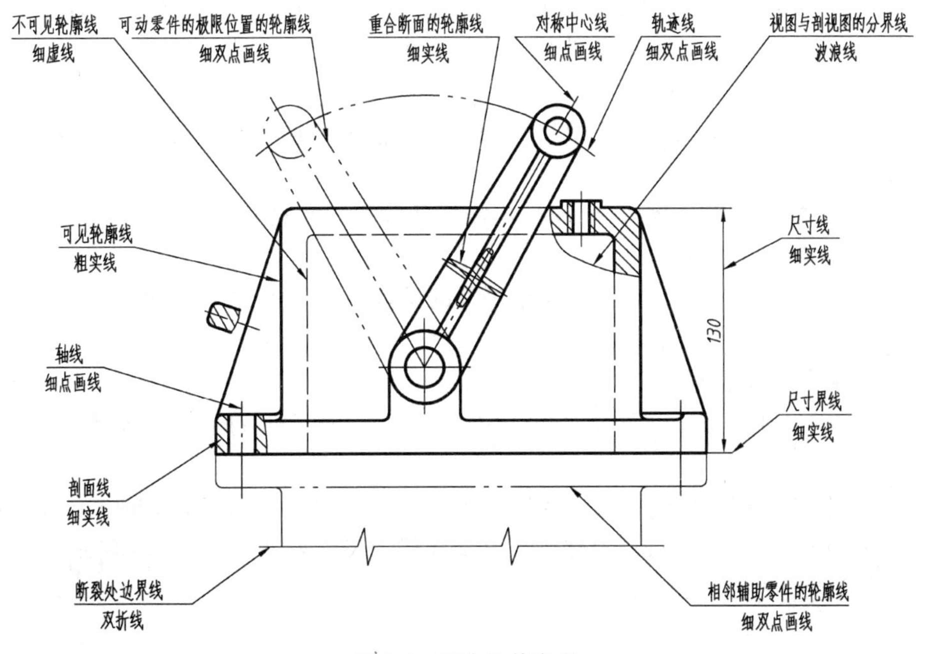

图 8-8　图线及其应用

在图线的绘制及应用中，应注意以下问题(见图 8-9)：

(1) 同一图样中，同类图线的宽度应基本一致，细虚线、细点画线及细双点画线的线段长度应各自大致相等。

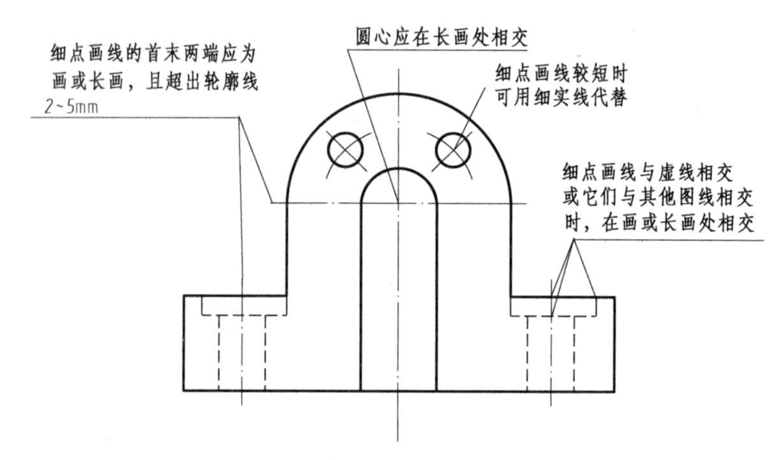

图 8-9　细点画线与细虚线画法示例

(2) 绘制圆的对称中心线时，圆心应为线段的交点。细点画线和细双点画线的首末两端应是线段而不是点，且应超出图形外约 2～5mm。在较小的图形上绘制细点画线或细双点画线有困难时，可用细实线代替。

(3) 细虚线、细点画线、细双点画线与其他图线相交时，应当是线段相交。当虚线是粗实线的延长线时，在连续处应断开。

8.1.5 尺寸注法

GB/T 16675.2—2012《技术制图　简化表示法　第 2 部分：尺寸注法》和 GB/T 4458.4—2003《机械制图　尺寸注法》对制图的尺寸注法做出了规定。

1) 基本规则

(1) 机件的真实大小应以图样上所注的尺寸数值为依据，与所画图形的大小及绘图的准确度无关。

(2) 图样中的尺寸以毫米为单位时，不需标注计量单位的代号或名称；如采用其他单位，则应注明相应的计量单位的代号或名称。

(3) 图样中所注尺寸应为该图样所示机件的最后完工尺寸，否则应另行说明。

(4) 机件的每一尺寸一般只标注一次，并应标注在最能反映其结构特征的图形上。

2) 尺寸标注的基本要素

一个完整的尺寸应由尺寸界线、尺寸线及终端、尺寸数字及符号 3 个基本要素组成，如图 8-10 所示。

(1) 尺寸界线。尺寸界线表示所注尺寸的范围，一般用细实线绘制，并应由图形的轮廓线、轴线或对称线处引出，也可以直接利用这些线作为尺寸界线，如图 8-10 所示。尺寸界线应超出尺寸线终端约 2～3mm。

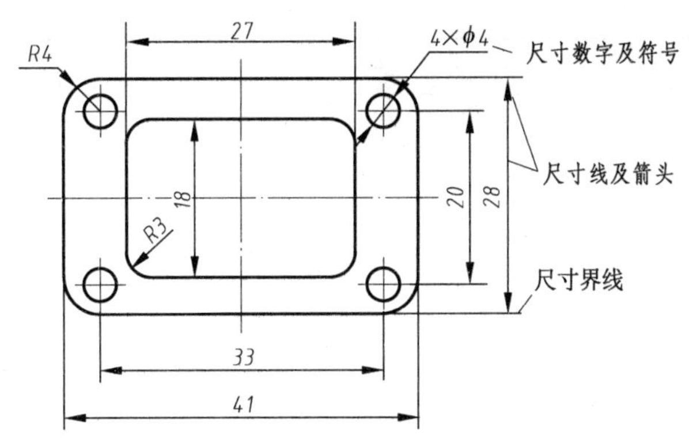

图 8-10 尺寸标注的基本要素

(2) 尺寸线及终端。尺寸线表示度量尺寸的方向,必须用细实线单独绘出,不能用其他图线代替,一般也不得与其他图线重合或画在其延长线上。线性尺寸的尺寸线应绘制成与所标注线段间隔大于或等于 5mm 的平行线。各线性尺寸的尺寸线之间也应彼此平行且间隔大于或等于 5mm。尺寸线的终端可以有箭头和斜线两种形式,如图 8-11 所示。机械图样中尺寸线的终端一般采用箭头。

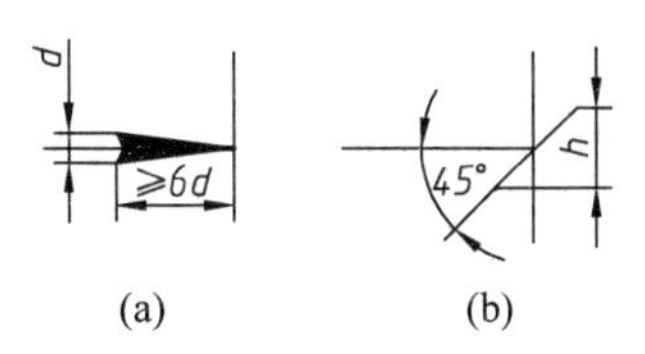

图 8-11 尺寸线终端的形式
(a) 箭头;(b) 斜线

(3) 尺寸数字及符号。尺寸数字表示尺寸的大小。线性尺寸数字一般注写在尺寸线的上方,也允许注写在尺寸线的中断处,字头朝上;垂直方向的尺寸数字应注写在尺寸线的左侧,字头朝左;倾斜方向的尺寸数字,应保持字头向上的趋势。尺寸数字不能被任何图线通过,否则应将该处图线断开。各类尺寸的注法见表 8-4。

表 8-4 常见尺寸的标注示例

标注内容	示　　例	说　　明
线性尺寸的数字方向	30° 16 16 16 16 16 16 16 (a)　16 16 (b)	线性尺寸数字应按图(a)所示的方向注写,并尽可能避免在图示30°范围内标注尺寸,无法避免时,可按图(b)的形式标注

续表

标注内容	示　例	说　明
角度	120° 30° 45° 90° 75° 90° 65° 20° 5°	(1) 尺寸的数字一律水平书写。一般注写在尺寸线的中断处，必要时允许写在外面，或引出标注。 (2) 尺寸界线必须沿径向引出；尺寸线画成圆弧，圆心是该角的顶点
圆和圆弧	$\phi30$ $\phi30$ $\phi40$ R17 R80	圆的直径尺寸和圆弧的半径尺寸一般应按示例标注。直径或半径尺寸数字前应分别注写符号“ϕ”或“R”，大圆弧采用折弯标注。一般来说，大于半圆弧以上标注直径，小于或等于半圆弧标注半径
狭小尺寸	5 3 2 3 2 3 3 2 3 2 3 $\phi5$ $\phi5$ R5 R5	(1) 当没有足够的位置画箭头或写数字时，可有一个布置在外面。 (2) 位置更小时，箭头和数字都可以布置在外面。 (3) 狭小部位标注尺寸时，可用圆点或斜线代替箭头
球面	S$\phi30$ SR30	标注球面尺寸时，应在 ϕ 或 R 前加注“S”

续表

标注内容	示　　例	说　　明
尺寸相同的孔等要素及对称尺寸标注	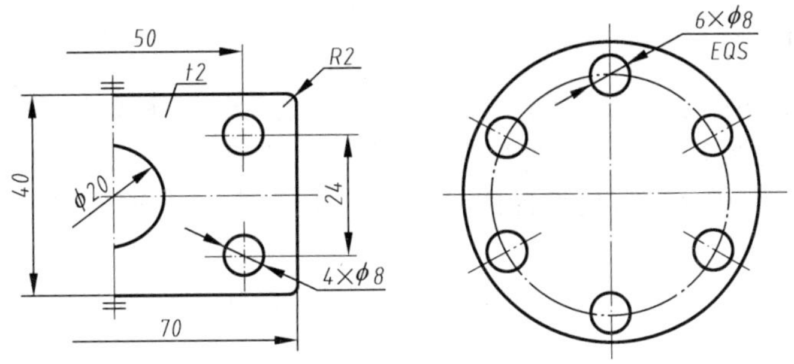	相同直径的圆孔只要在一个圆孔上标注直径尺寸，并在其前加注“个数×”；“EQS”表示成组要素（如孔）均匀分布；左图中 $t2$ 中的 t 表示厚度，即板厚为 2mm
正方形结构	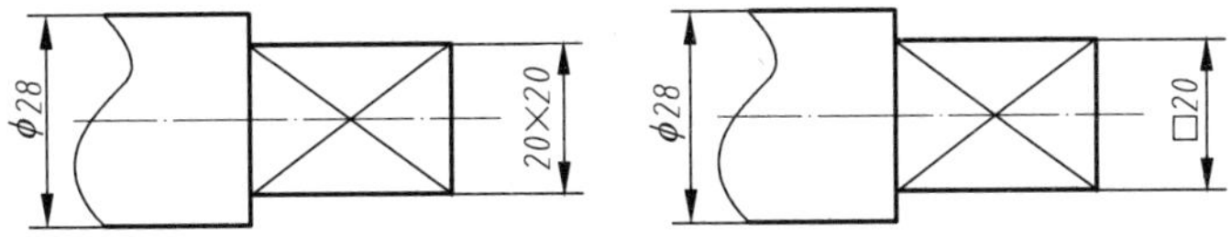	标注断面为正方形结构的尺寸时，可在正方形边长尺寸数字前加注符号“□”或用“$A\times A$”（A 为正方形边长）注出；当图形不能充分表达平面时，可用对角交叉的两条细实线表示
简化的尺寸标注	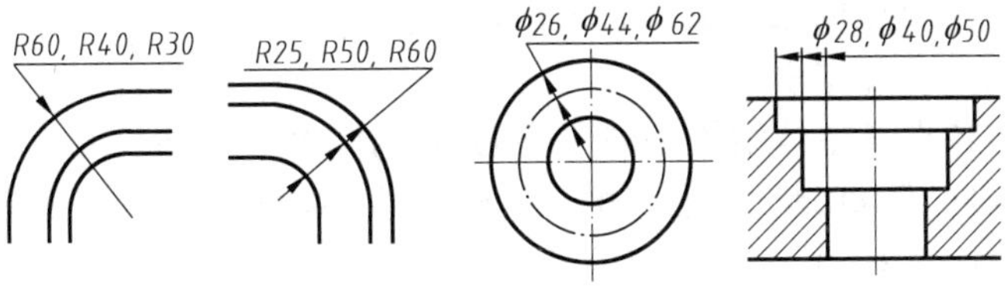	如例图所示，一组同心圆弧或圆心位于一条直线上的多个不同心圆弧的尺寸，一组同心圆或尺寸较多的台阶孔的尺寸，都可用共同的尺寸线和箭头依次表示

3）常见尺寸的标注符号及缩写

常见尺寸的标注符号及缩写词应符合机械制图国家标准 GB/T 4458.4—2003 的规定，见表 8-5。表中符号的线宽为 $h/10$（h 为字体高度），符号的比例画法按 GB/T 18594—2001《技术产品文件　字体　拉丁字母、数字和符号的 CAD 字体》中的有关规定执行。

表 8-5　常见尺寸的标注符号及缩写词

名称	正方形	深度	沉孔或锪平	埋头孔	45°倒角	均布	弧长
符号或缩写词	□	↧	⌴	⌵	C	EQS	⌒
符号画法	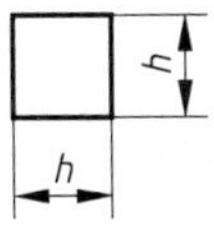	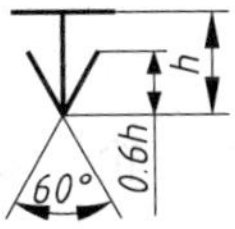	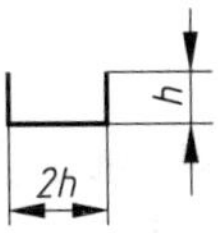	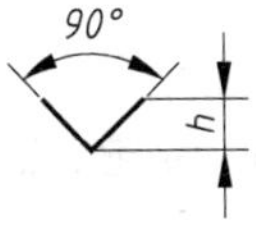			

8.1.6 常用零件图的绘制

1. 零件图的内容

任何一台机器或部件都是由若干零件按一定的装配关系装配而成的。表达单个零件的图样简称为零件图,它是制造和检验零件的重要依据。完整的零件图包括以下内容:

(1) 一组视图,即用一组视图(包括视图、剖视图、断面图、局部放大图等)完整、清晰地表达零件的内外结构形状。

(2) 完整的尺寸,即零件图应正确、完整、清晰、合理地标注零件制造和检验所需的全部尺寸。

(3) 技术要求,即用规定的符号、代号、标记和简要的文字表达出零件制造和检验时应达到的各项技术指标和要求。

(4) 标题栏,即图纸右下角的标题栏中填写零件的名称、材料、质量、比例、图号,以及设计、审核、批准人员的签名与日期和单位名称等。学生作业自行绘制的标题栏仍按给定的简化标题栏绘制。

2. 零件的分类

生产中零件的形状是千变万化的,但就其结构特点来分析,大致可以分为轴套类、盘盖类、叉架类、箱体类等。下面结合典型的图例来介绍阅读这四类零件图的一般方法和步骤。

1) 轴套类零件图

轴套类零件包括各种用途的轴和套,轴用来支承传动零件和传递动力,套一般装在轴上,起轴向定位、传动或连接等作用。

轴套类零件的结构特点是主体结构是同轴线的回转体,并且轴向尺寸远大于径向尺寸,在沿轴线方向通常有轴肩、倒角、螺纹、退刀槽、键槽、销孔、螺纹孔等结构要素,其加工方式主要以车床加工为主。图 8-12 所示为典型的轴套类零件图。轴套类零件一般按形状特征和加工位置确定主视图,轴线水平横放,大头在右,小头在左,键槽、孔等结构尽量朝前,往往只画一个主要视图,然后再根据各部分结构特点,选用断面图、局部放大图等来表达一些小结构,如退刀槽、键槽、越程槽、螺纹等。注意:实心轴按不剖绘制,较长且长度方向、形状一致或按一定规律变化的轴可采用缩短绘制,对空心轴或套,则用全剖或局部剖表示。

轴套类零件标注尺寸时一般选择回转轴线为高度和宽度主要尺寸基准,长度基准通常选择比较重要的端面或安装结合面;零件上的键槽、退刀槽、越程槽、倒角等标准结构应按该结构标准标注尺寸。此外,还应注意按加工顺序安排尺寸,把不同工序的尺寸分别集中,以方便加工和测量。轴套类零件在技术要求方面,有配合要求的表面,其表面粗糙度参数值较小,无配合要求表面的表面粗糙度参数值较大;有配合要求的轴颈尺寸公差等级较高、公差较小,无配合要求的轴颈尺寸公差等级低或不需标注;有配合要求的轴颈和重要的端面应有几何公差要求等。

2) 盘盖类零件图

盘盖类零件包括各种手轮、带轮、法兰盘、轴承盖等。轮一般与轴配合用来传递动力和扭矩,盘主要起支承、轴向定位以及密封等作用。

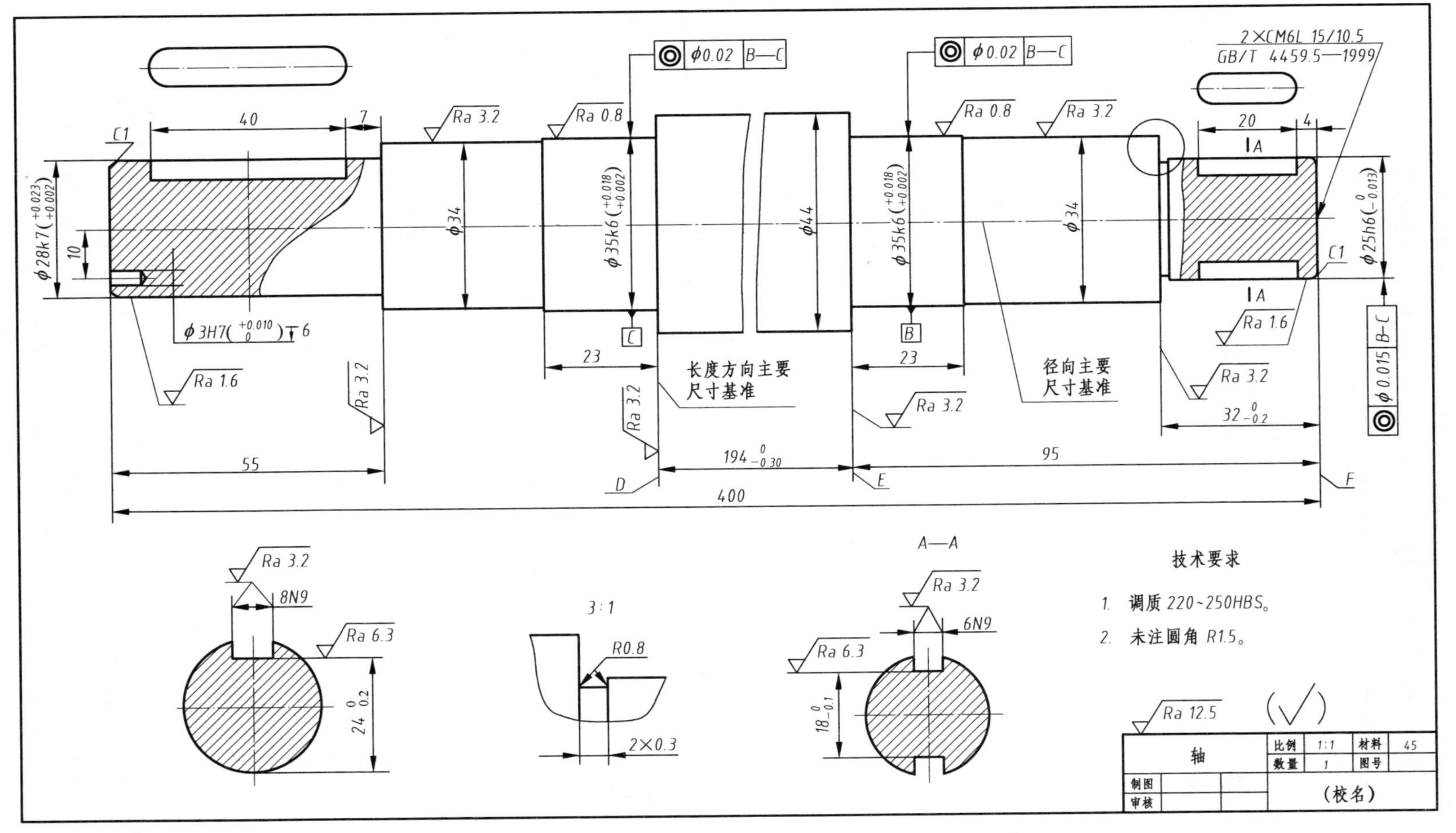
2×CM6L 15/10.5
GB/T 4459.5—1999
φ0.02 B—C
φ0.02 B—C
φ0.015 B—C
长度方向主要尺寸基准
径向主要尺寸基准
A—A
3:1
技术要求
1. 调质 220~250HBS。
2. 未注圆角 R1.5。
Ra 12.5
轴
比例 1:1
材料 45
数量 1
图号
制图
审核
(校名)

图 8-12　轴套类零件图

盘盖类零件的结构特点是主体结构是同轴回转体，并且轴向尺寸远小于径向尺寸，呈盘状，还有轴孔、均匀分布的肋和螺栓孔等辅助结构。图 8-13 所示为端盖零件图。

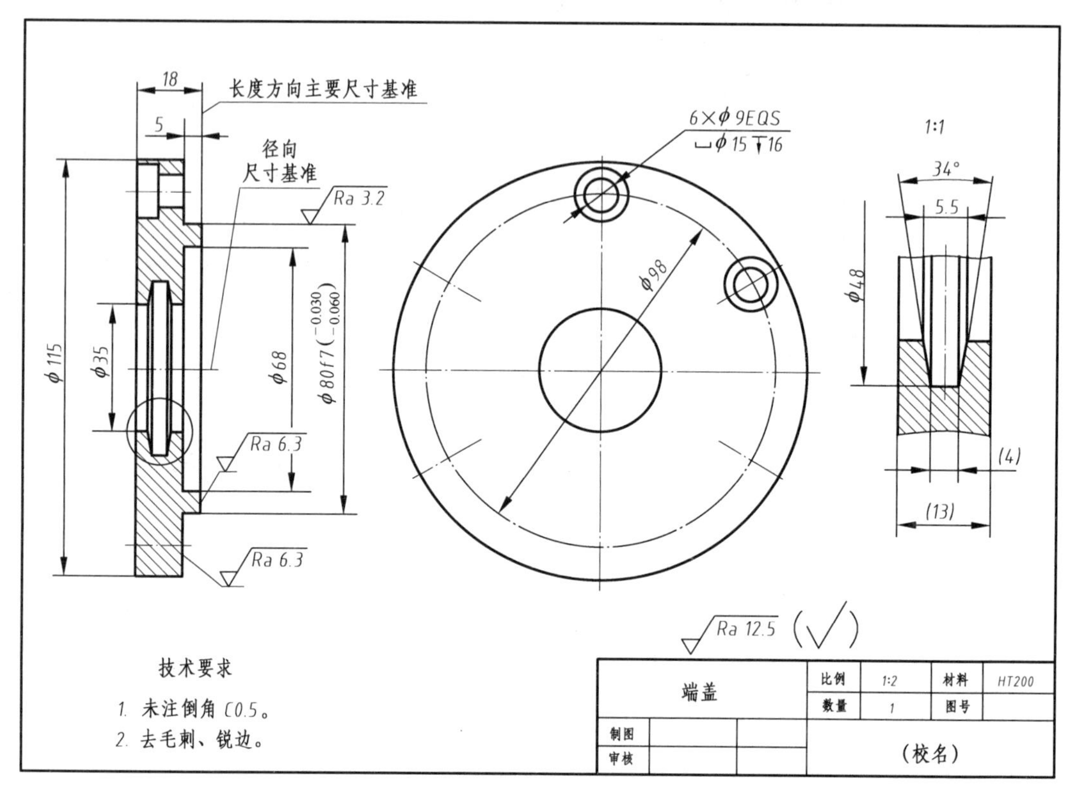

图 8-13　端盖零件图

盘盖类零件主要在车床上加工，所以应按形状特征和加工位置选择主视图，轴线水平横放。对有些不以车床加工为主的零件可按形状特征和工作位置确定。表达盘盖类零件的主体结构一般需要两个主要视图：主视图全剖或半剖，左视图采用基本视图表达。如果有轮辐、肋板等结构，可用移出断面或重合断面表示。

盘盖类零件图标注尺寸时，高度和宽度方向的尺寸基准是回转轴线，长度方向的主要基准是经过加工的较大端面。这类零件的定形尺寸和定位尺寸都比较明显，尤其是圆周上分布的小孔的定位圆直径是这类零件的典型定位尺寸，多个小孔一般采用如"6×ϕ9EQS"的形式标注，EQS 意味着等分圆周，角度定位尺寸则不必标注，如果均布明显，EQS 也可不加标注。

盘盖类零件在技术要求方面，有配合要求的内、外表面的表面粗糙度参数值较小；起轴向定位的端面表面粗糙度参数值也较小。有配合的孔和轴的尺寸公差等级较高、公差较小；与其他运动零件相接触的表面一般有平行度、垂直度等几何公差要求。

3）叉架类零件图

叉架类零件包括各种用途的拨叉、支架、连杆和支座等。拨叉主要用在机床、内燃机等各种机器的操纵机构上，用以操纵机器、调节速度。支架主要起支承和连接作用。叉架类零件的结构特点是形式多样，结构较为复杂，多为铸件或锻件，经多道工序加工而成。这类零件一般分为工作部分（由圆柱构成）、安装固定部分（由板构成）和连接部分（由连板或肋板构成)。图 8-14 所示为踏脚座的零件图。

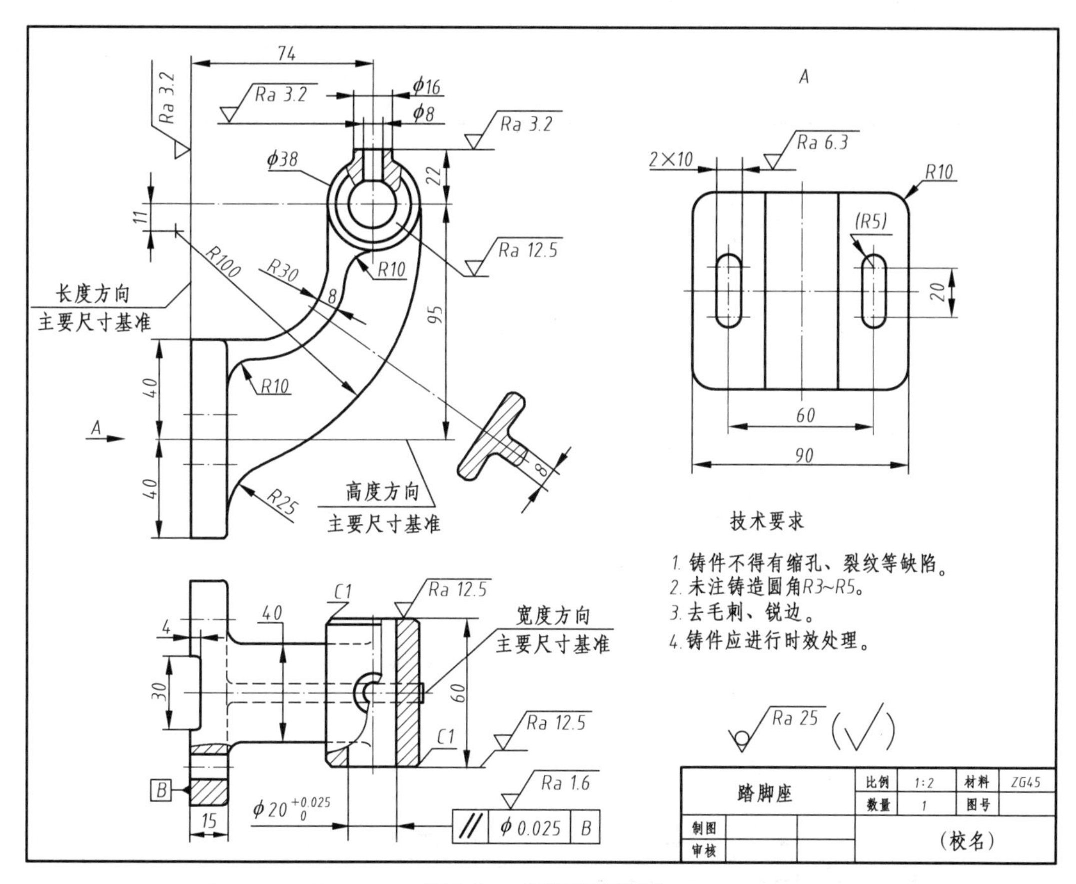

图 8-14 踏脚座零件图

叉架类零件在选择主视图时,主要按形状特征和工作位置(或自然位置)确定,一般都需要两个以上的视图,且视图内一般用局部剖表示内部结构。由于叉架类零件的某些结构形状不平行于基本投影面,需要采用斜视图、斜剖视等来表达歪斜部分的形状,用断面图表达连接部分的肋或臂。对于较小的结构,还需要采用局部放大图表示。

叉架类零件在标注尺寸时,长、宽、高 3 个方向的主要基准一般为孔的中心线(或轴线)、对称平面和较大的加工平面。定位尺寸较多,要注意能否保证定位精度,一般要注出孔中心线(或轴线)间的距离,或孔中心线到平面的距离、平面到平面的距离。然后按形体分析法、结构分析法标注各部分的定形尺寸。一般情况下,内、外结构形状要注意保持一致,起模斜度、圆角也要标注出来。

4) 箱体类零件图

箱体类零件包括各种阀体、泵体和箱体等,多为铸造件,在机器或部件中主要起容纳、支承、密封或定位其他零件等作用。

箱体类零件一般内外结构复杂,经多道工序制造而成,各工序的加工位置不尽相同,因此主视图主要按形状特征和工作位置确定。图 8-15 所示为缸体的零件图。

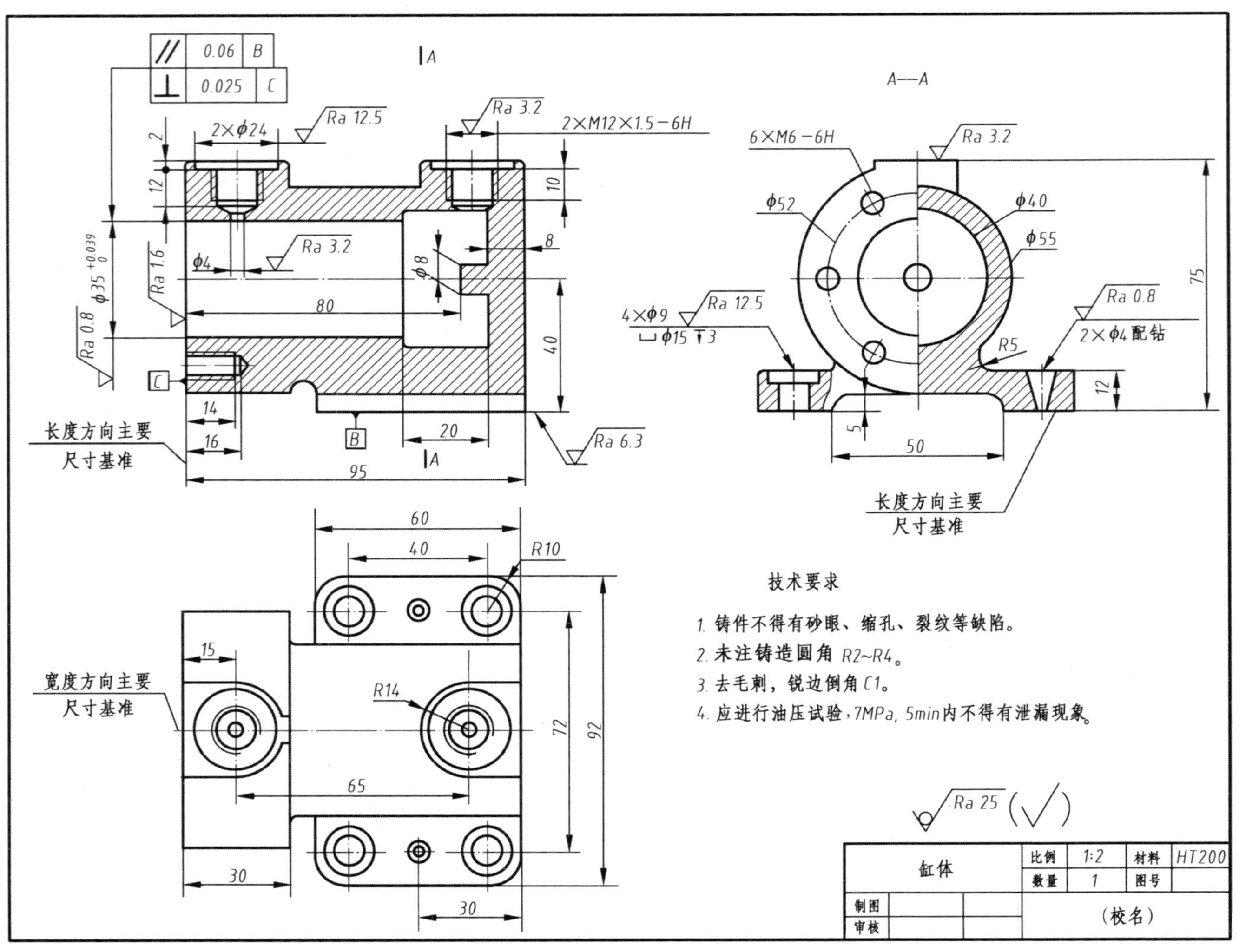
A—A
6×M6-6H
2×M12×1.5-6H
2×φ24
4×φ9
⌴φ15↧3
2×φ4配钻
长度方向主要
尺寸基准
宽度方向主要
尺寸基准
技术要求
1. 铸件不得有砂眼、缩孔、裂纹等缺陷。
2. 未注铸造圆角R2~R4。
3. 去毛刺，锐边倒角C1。
4. 应进行油压试验，7MPa，5min内不得有泄漏现象。
缸体
比例 1:2
材料 HT200
数量 1
图号
制图
审核
（校名）

图 8-15 缸体零件图

箱体类零件大多外形简单、内形复杂，其表面过渡线较多。此类零件箱壁上有各种位置的孔，并多有带安装孔的底板，上面带有凹坑或凸台结构。支承孔处常设有加厚凸台或加强肋。表达时一般需要3个或3个以上的基本视图，并要采用比较复杂的剖切面形成各种剖视图来表达复杂的内部结构。箱体零件上常常会出现一些截交线和相贯线，由于是铸件毛坯，这些线在视图上应按过渡线的画法绘制。

箱体类零件在标注尺寸时，其长、宽、高3个方向的主要基准采用中心线、轴线、对称平面和较大的加工平面。因其结构形状复杂，定位尺寸较多，各孔中心线(或轴线)间的距离一定要直接注出来；定形尺寸仍用形体分析法、结构分析法标注。

箱体类零件在技术要求方面，重要的孔、表面的表面粗糙度参数值较小，一般有尺寸公差和几何公差要求。

除了上述类型的零件外，还有一些其他类型的零件，例如冲压件、注塑件和镶嵌件等，它们的表达方法与上述类型零件的表达方法类似，这里不再赘述。

8.1.7 装配图

1. 装配图的作用

装配图是表达机器或部件整体结构的图样。在机械产品设计阶段，一般先设计并画出装配图，然后根据装配图所提供的总体结构和尺寸设计并绘制零件图。在产品的生产过程中，根据装配图将零件装配成机器或部件。在产品的使用过程中，装配图可以帮助使用者了解机器或部件的结构，为安装、检验和维修提供技术资料。所以装配图是设计、制造和使用机器或部件的重要技术文件。

装配图主要表达机器的外形结构、工作原理，各零件之间的相对位置、配合关系，机器的技术性能，零件的形状结构以及部件装配时的技术要求等。

2. 装配图的主要内容

图8-16所示是一幅齿轮油泵的装配图，它包括以下内容。

1）一组视图

用一组视图完整、清晰地表达机器或部件的工作原理及各零件之间的装配关系，如配合关系、连接关系、相对位置、传动关系及主要零件的基本形状及结构。

2）必要的尺寸

在装配图中，一般应标出反映机器的性能、规格和零件之间的定位尺寸和配合尺寸、整体尺寸等。

3）技术要求

用文字或符号注写部件在装配调试、检验、使用时的特殊要求。

4）零件的序号、明细表、标题栏

将零件和标准件进行编号，并填写入明细表中。装配体的标题栏主要填写部件的名称、比例、责任签署等内容。

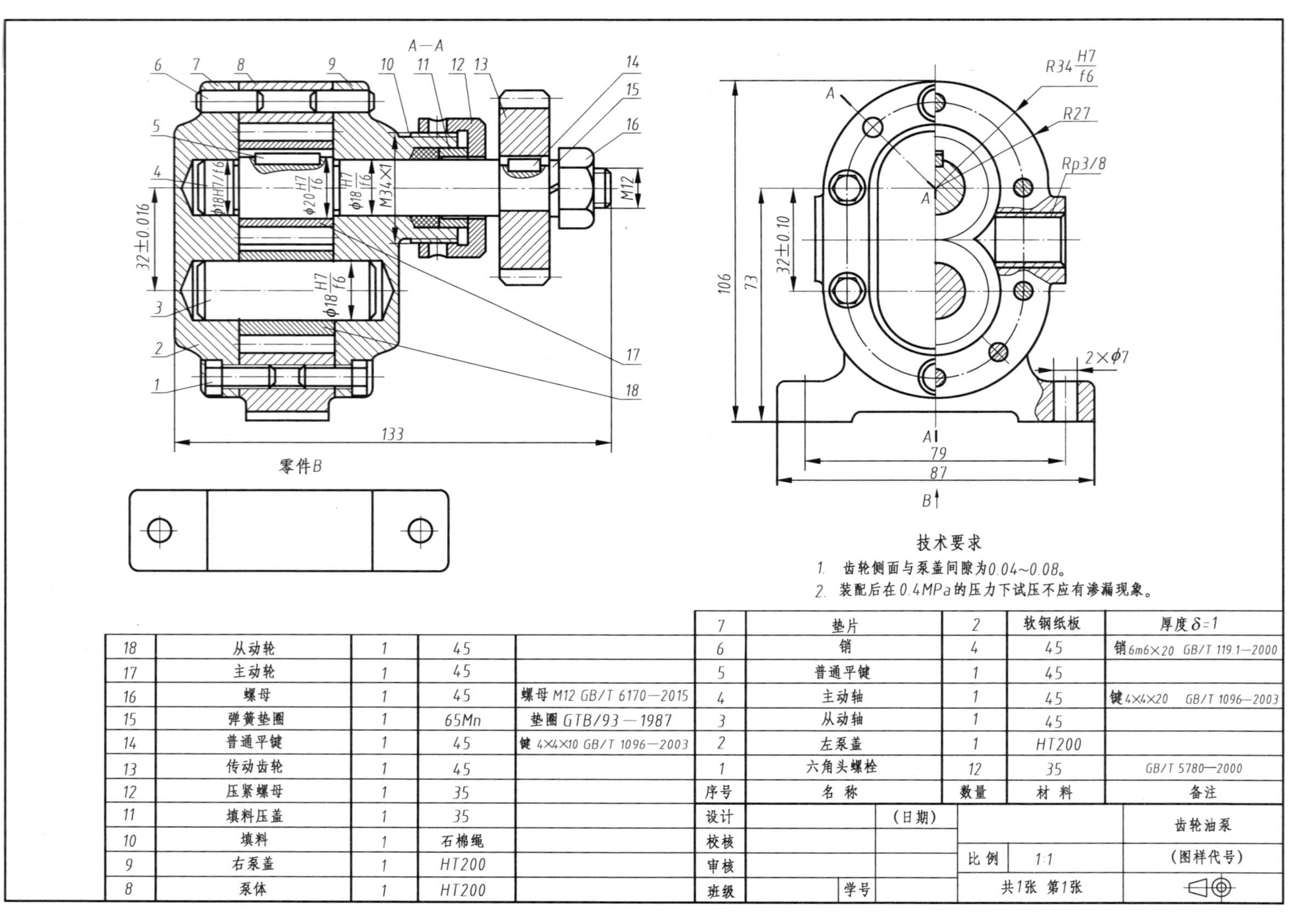

序号	名称	数量	材料	备注
18	从动轮	1	45	
17	主动轮	1	45	
16	螺母	1	45	螺母 M12 GB/T 6170—2015
15	弹簧垫圈	1	65Mn	垫圈 GTB/93—1987
14	普通平键	1	45	键 4×4×10 GB/T 1096—2003
13	传动齿轮	1	45	
12	压紧螺母	1	35	
11	填料压盖	1	35	
10	填料	1	石棉绳	
9	右泵盖	1	HT200	
8	泵体	1	HT200	
7	垫片	2	软钢纸板	厚度δ=1
6	销	4	45	销6m6×20 GB/T 119.1—2000
5	普通平键	1	45	
4	主动轴	1	45	键4×4×20 GB/T 1096—2003
3	从动轴	1	45	
2	左泵盖	1	HT200	
1	六角头螺栓	12	35	GB/T 5780—2000

设计	(日期)		齿轮油泵
校核		比例 1:1	(图样代号)
审核			
班级	学号	共1张 第1张	

图 8-16 齿轮油泵装配图

3. 尺寸标注

在装配图上只注写与部件的规格、性能、装配、检验、安装、运输及使用有关的尺寸。

1）特性尺寸

表达部件规格或性能的尺寸为特性尺寸，它是设计产品时的主要参数，也是用户选用产品的依据，例如图 8-16 中齿轮油泵进出油孔的尺寸 $R_p3/8$。

2）外形尺寸

表达部件或机器总长、总宽、总高的尺寸为外形尺寸。外形尺寸表明了部件或机器所占的空间大小，是包装、运输和安装及厂房设计的依据。例如图 8-16 中的尺寸 133、87、106 为该齿轮油泵的外形尺寸。

3）装配尺寸

（1）配合尺寸。表达零件之间配合关系的尺寸为配合尺寸，它是装配工作的主要依据，也是保证部件性能所必需的重要尺寸，例如图 8-16 中的 $\phi 20\dfrac{\mathrm{H7}}{\mathrm{f6}}$和 $\phi 18\dfrac{\mathrm{H7}}{\mathrm{f6}}$等。

（2）连接尺寸。连接尺寸指表明零件间相互连接部分的尺寸及其有关定位尺寸。例如起连接作用的螺钉、螺栓和销的定位尺寸，如图 8-16 中的 32±0.10 和 $R27$。非标准零件上的螺纹标记或螺纹代号都应直接标注在图纸上，如图 8-16 中的 M12。对于标准件，其连接部分的尺寸由明细栏中的规格标记反映出来。

（3）相对位置尺寸。相对位置尺寸一般表示几种较重要的相对位置。例如：

① 主要轴线到安装基准面之间的距离，如图 8-16 中的 73。

② 主要平行轴之间的距离，如图 8-16 中的 32±0.016。

4）安装尺寸

表示该装配体与其他零部件安装所需要的尺寸为安装尺寸，例如图 8-16 中的 79、2×ϕ7、$R_p3/8$。

5）其他重要尺寸

除了以上几种尺寸外，有的装配图上还需要标注一些重要尺寸，例如保证设计性能的尺寸和重要的结构尺寸等。

不是每一幅装配图都具有以上所有尺寸。在学习装配图的尺寸标注时，要根据装配图的作用，真正领会标注上述尺寸的意义，从而做到合理标注尺寸。

8.1.8　技术要求

技术要求中一般应注写以下几方面的内容：

（1）在装配过程中的注意事项和装配后应满足的要求，如精度要求、润滑要求、密封要求、保证的间隙等。

（2）检验、试验的条件和规范以及操作要求。

（3）部件的性能、规格参数，以及包装、运输、使用时的注意事项和涂饰要求等。

8.1.9 零件序号

1. 一般规定

(1) 装配图中所有零件必须编写序号。

(2) 装配图中一个零件只编写一个序号,同一装配图中相同的零件(形状、大小、材料和技术要求均相同的零件)编写一个序号,且一般只标注一次,如图 8-16 中 1 号和 6 号零件。

(3) 装配图中零件的序号应与明细表中的序号一致。

2. 序号的编排方法

图 8-17 所示为零件图常用的序号编排方法。

(1) 零件序号注写在水平线上或圆内,序号字高比图中尺寸数字大一号,同一幅装配图中,编写序号的形式应一致,指引线一端的水平线、小圆均用细实线画,如图 8-17(a)所示。

(2) 零件序号的指引线从零件的可见轮廓内用细实线引出,在零件内指引线的末端画一个小圆点。若所指零件很薄或涂黑不便画圆点时,可在指引线末端画箭头,如图 8-17(b)所示。

(3) 指引线不能相互交叉;指引线通过剖面区域时,也不应与剖面线平行。

(4) 一组紧固件及装配关系清楚的零件组,如螺钉、螺母、垫圈,可采用公共指引线,如图 8-17(c)、(d)所示。

(5) 零件序号的排列:在装配图中序号的排列应按水平或垂直方向排列整齐,并依一定的方向(顺时针或逆时针)顺次排列,如图 8-16 所示。

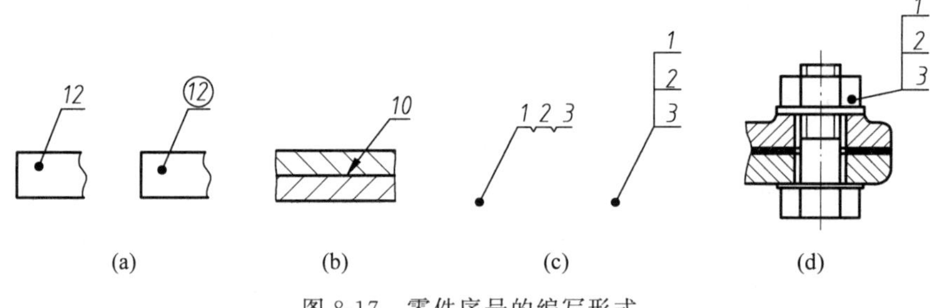

图 8-17　零件序号的编写形式

8.1.10 明细栏

明细栏是说明零件序号、名称、规格、数量、材料等内容的表格。明细栏位于标题栏的上方并与之相连。明细栏中的序号自下向上排列,如位置不够,可将其余部分画在标题栏的左方与之相邻。在国家制图标准 GB/T 10609.2—2009《技术制图　明细栏》中,标题栏及明细栏都有统一的格式,如图 8-18 所示。学校制图作业中明细栏及标题栏可适当简化,如图 8-16 中的标题栏和明细栏所示。

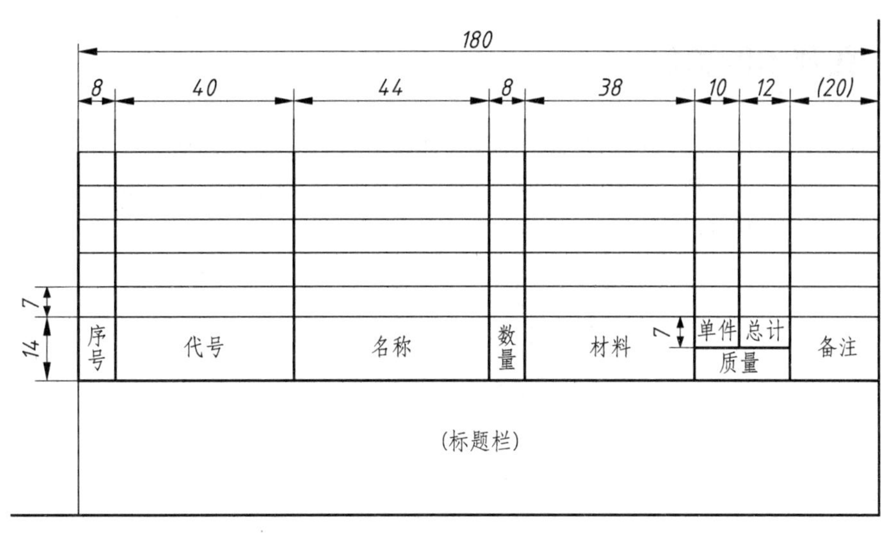

图 8-18 明细栏的位置、格式及尺寸

8.2 公差与配合

"公差"反映了零件加工时的要求和使用中的要求之间的矛盾,"配合"则反映了组成机器的零件之间的关系。将公差与配合标准化,有利于机器的设计、加工、使用等标准的统一。公差与配合的标准化是组织协作和专业化生产的重要依据。公差与配合标准几乎涉及国民经济的各个部门,因此国际上公认它是重要的基础标准之一。

我国颁布了新的公差与配合标准(GB/T 1800.1—2020《产品几何技术规范(GPS) 线性尺寸公差 ISO 代号体系 第1部分:公差、偏差和配合的基础》,GB/T 1800.2—2020《产品几何技术规范(GPS) 线性尺寸公差 ISO 代号体系 第2部分:标准公差带代号和孔、轴的极限偏差表》,GB/T 1804—2000《一般公差 未注公差的线性和角度尺寸的公差》),代替了旧标准中的相应内容。这些新标准是采用国际标准(ISO 标准)制定的,以尽可能地使我国的国家标准与国际标准一致。

8.2.1 互换性

互换性是指一个实体不用改变即可代替另一个实体满足同样要求的能力。

互换性是现代化生产中的重要技术经济原则。在机械和仪器制造工业中,零部件的互换性是指在同一规格的一批零部件中,任意选取其中一个零件,不需要进行任何附加加工或修配(如钳工修理)就能装在机器上,并达到规定的性能要求。为使机械制造中的零件可以达到互换性的要求,则要求生产零件的尺寸应在允许的公差范围之内。这就必须对一种零件的形式、尺寸、精度、性能等制定一个统一的标准。

8.2.2 孔和轴的概念

孔和轴是广义的。孔类是包容面，内部没有任何材料。孔类包括圆柱形的内表面，也包括非圆柱形的内表面。轴类是被包容面，外部没有任何材料。轴类包括圆柱形的外表面，也包括非圆柱形的外表面，如图 8-19 所示。

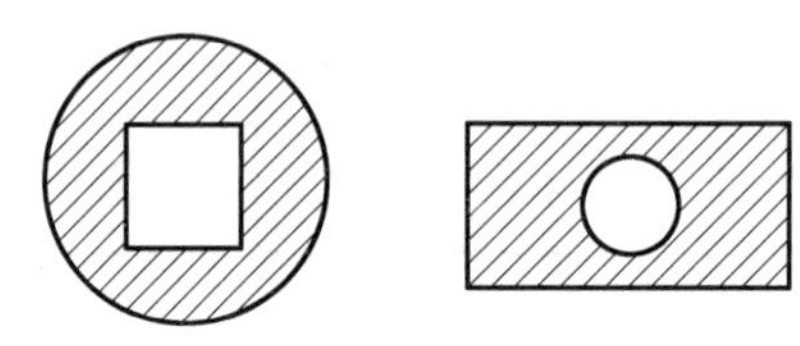

图 8-19 孔和轴示意图

8.2.3 尺寸

尺寸是指用特定的单位和数值表示绘制曲线的相关特征，如直径为 10mm、长度为 15mm 等都是尺寸。

1. 公称尺寸(名义尺寸)

公称尺寸是指由图样规范定义的理想形状要素的尺寸。

2. 极限尺寸

如图 8-20 所示，极限尺寸是尺寸要素尺寸所允许的极限值。

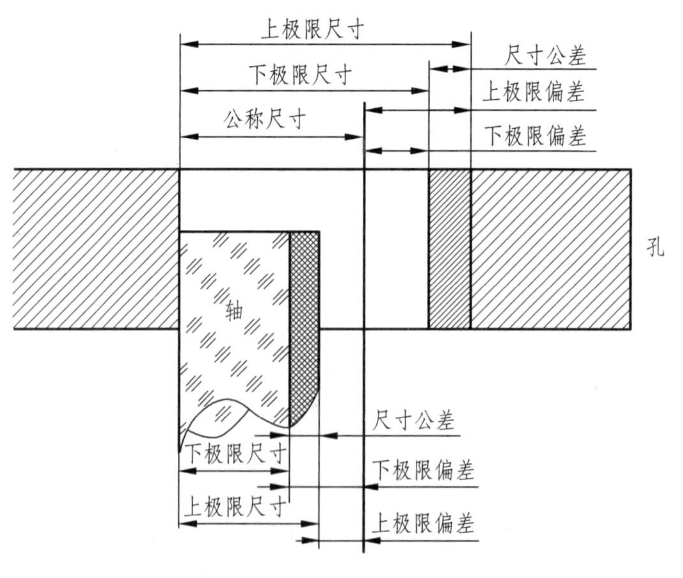

图 8-20 尺寸配合示意图

（1）上极限尺寸：尺寸要素允许的最大尺寸，孔和轴的上极限尺寸分别用 D_{max} 和 d_{max} 表示。

（2）下极限尺寸：尺寸要素允许的最小尺寸，孔和轴的下极限尺寸分别用 D_{min} 和 d_{min} 表示。

8.2.4 偏差与公差

1. 尺寸偏差

某一尺寸减其公称尺寸所得的代数差即尺寸偏差（简称偏差）。

2. 极限偏差

极限尺寸减其公称尺寸所得的代数差即极限偏差。

（1）上极限偏差，即上极限尺寸减其公称尺寸得到的代数差。孔的上极限偏差用 ES 表示，轴的上极限偏差用 es 表示。

（2）下极限偏差，即下极限尺寸减其公称尺寸得到的代数差。孔的下极限偏差用 EI 表示，轴的下极限偏差用 ei 表示。

3. 尺寸公差

尺寸公差简称公差，是指允许尺寸变动的量（或范围）。公差等于上极限尺寸与下极限尺寸代数差的绝对值，也等于上极限偏差与下极限偏差代数差的绝对值。孔和轴的公差分别用 T_D 和 T_d 表示。公差、极限尺寸以及极限偏差的关系如下：

$$T_D = |D_{max} - D_{min}| = |ES - EI|$$

$$T_d = |d_{max} - d_{min}| = |es - ei|$$

4. 公差带与公差带图

（1）公差带图，是可以直观表示出公称尺寸、极限偏差、公差以及孔与轴之间配合关系的图解，如图 8-21 所示。图中公称尺寸的单位为 mm，偏差和公差的单位为 μm。

（2）零线，是指在公差带图中，代表公称尺寸的一条直线段，以该直线段为基准来确定偏差和公差。正偏差位于零线的上方，负偏差位于零线的下方。

（3）公差带，是指在公差带图中，由代表上、下极限尺寸的两条直线段所限制的一个上下区域，如图 8-21 所示。公差带有两个基本参数，即公差带大小与公差带位置。公差带大小由标准公差确定，公差带位置由基本偏差确定。

（4）基本偏差，是指国家标准规定的用于标准化公差位置的上极限偏差或下极限偏差，一般为靠近零线或位于零线的那个极限偏差，如图 8-22 所示。

（5）标准公差，是指国家标准中规定的，用来确定公差带大小的任一公差。

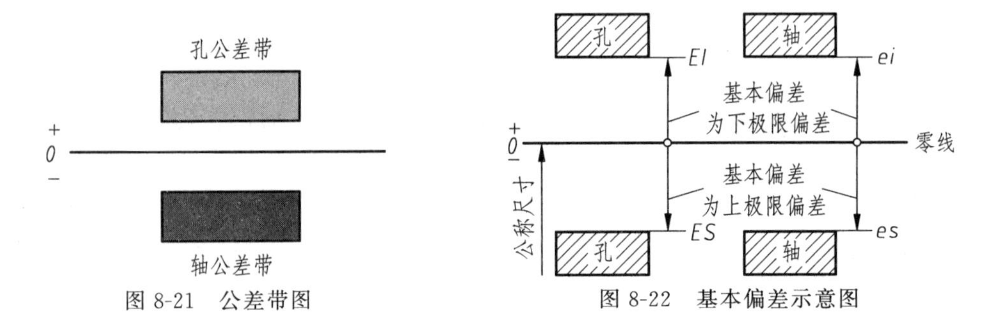

图 8-21 公差带图

图 8-22 基本偏差示意图

8.2.5 配合与配合制

1. 配合

配合是指公称尺寸相同的孔和轴相互结合的公差带之间的关系。

2. 间隙与过盈

孔的直径尺寸减去与其配合的轴的直径尺寸所得到的代数差，其值是正数时，称为间隙，用 X 表示；其值是负值时，称为过盈，用 Y 表示。

3. 配合的种类

（1）间隙配合，是指孔和轴结合具有间隙的配合。

（2）过盈配合，是指孔和轴结合具有过盈的配合。

（3）过渡配合，是指可能具有过盈也可能具有间隙的一种配合。

4. 配合制

国家标准对轴和孔的配合规定了两种配合制，即基孔制配合和基轴制配合，如图 8-23 所示。配合制是同一极限制的孔和轴组成配合的一种制度，也称基准制。

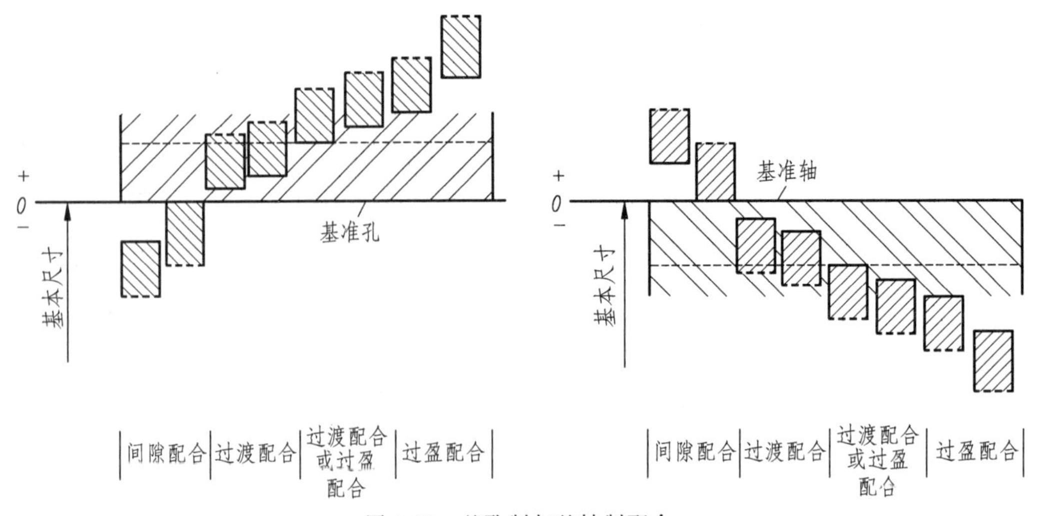

图 8-23 基孔制与基轴制配合

(1) 基孔制配合。基本偏差为一定的孔的公差带,与不同基本偏差的轴的公差带形成各种配合的一种制度称为基孔制配合。基孔制配合的孔为基准孔,其代号为 H。图家标准规定的基准孔的基本偏差(下极限偏差)为零。

(2) 基轴制配合。基本偏差为一定的轴的公差带,与不同基本偏差的孔的公差带形成各种配合的一种制度称为基轴制配合。基轴制配合的轴为基准轴,其代号为 h。图家标准规定的基准轴的基本偏差(上极限偏差)为零。

8.2.6　公差与配合的国家标准

1. 公差等级

在公称尺寸确定的情况下,公差等级系数是决定标准公差大小的唯一参数。根据公差等级系数的不同,国家标准规定标准公差分为 20 个等级,以 IT 后加阿拉伯数字表示,即 IT01,IT0,IT1,IT2,…,IT18。IT 表示标准公差,即国际标准公差(ISO Tolerance)的编写代号,例如,IT7 表示标准公差 7 级或 7 级标准公差。从 IT01 到 IT18,等级依次降低,而相应的标准公差值依次增大。由标准公差数值构成的表格为标准公差数值表,见表 8-6。

表 8-6　标准公差数值表(摘自 GB/T 1800.1—2020)

公称尺寸/mm		标准公差等级																			
		IT01	IT0	IT1	IT2	IT3	IT4	IT5	IT6	IT7	IT8	IT9	IT10	IT11	IT12	IT13	IT14	IT15	IT16	IT17	IT18
>	至	μm													mm						
—	3	0.3	0.5	0.8	1.2	2	3	4	6	10	14	25	40	60	0.1	0.14	0.25	0.4	0.6	1	1.4
3	6	0.4	0.6	1	1.5	2.5	4	5	8	12	18	30	48	75	0.12	0.18	0.3	0.48	0.75	1.2	1.8
6	10	0.4	0.6	1	1.5	2.5	4	6	9	15	22	36	58	90	0.15	0.22	0.36	0.58	0.9	1.5	2.2
10	18	0.5	0.8	1.2	2	3	5	8	11	18	27	43	70	110	0.18	0.27	0.43	0.7	1.1	1.8	2.7
18	30	0.6	1	1.5	2.5	4	6	9	13	21	33	52	84	130	0.21	0.33	0.52	0.84	1.3	2.1	3.3
30	50	0.6	1	1.5	2.5	4	7	11	16	25	39	62	100	160	0.25	0.39	0.62	1	1.6	2.5	3.9
50	80	0.8	1.2	2	3	5	8	13	19	30	46	74	120	190	0.3	0.46	0.74	1.2	1.9	3	4.6
80	120	1	1.5	2.5	4	6	10	15	22	35	54	87	140	220	0.35	0.54	0.87	1.4	2.2	3.5	5.4
120	180	1.2	2	3.5	5	8	12	18	25	40	63	100	160	250	0.4	0.63	1	1.6	2.5	4	6.3
180	250	2	3	4.5	7	10	14	20	29	46	72	115	185	290	0.46	0.72	1.15	1.85	2.9	4.6	7.2
250	315	2.5	4	6	8	12	16	23	32	52	81	130	210	320	0.52	0.81	1.3	2.1	3.2	5.2	8.1
315	400	3	5	7	9	13	18	25	36	57	89	140	230	360	0.57	0.89	1.4	2.3	3.6	5.7	8.9
400	500	4	6	8	10	15	20	27	40	63	97	155	250	400	0.63	0.97	1.55	2.5	4	6.3	9.7
500	630	—	—	9	11	16	22	32	44	70	110	175	280	440	0.7	1.1	1.75	2.8	4.4	7	11

2. 基本偏差系列

基本偏差是指用来确定公差带相对于零线位置的上偏差或下偏差,一般是指靠近零线的那个偏差。基本偏差的代号用拉丁字母表示,大写字母代表孔,小写字母代表轴。在 26 个字母中,除去易与其他符号混淆的 5 个字母:I,L,O,Q,W(i,l,o,q,w),再加上 7 个由两个字母表示的代号(CD,EF,FG,JS,ZA,ZB,ZC 和 cd,ef,fg,js,za,zb,zc),共有 28 个代号,即孔和轴各有 28 个基本偏差。其中,H 代表下极限偏差为零的孔,即基准孔;h 代表上极限偏差为零的轴,即基准轴。当公差带在零线上方时,基本偏差为下偏差;当公差带在零线下方时,基本偏差为上偏差,如图 8-24 所示。

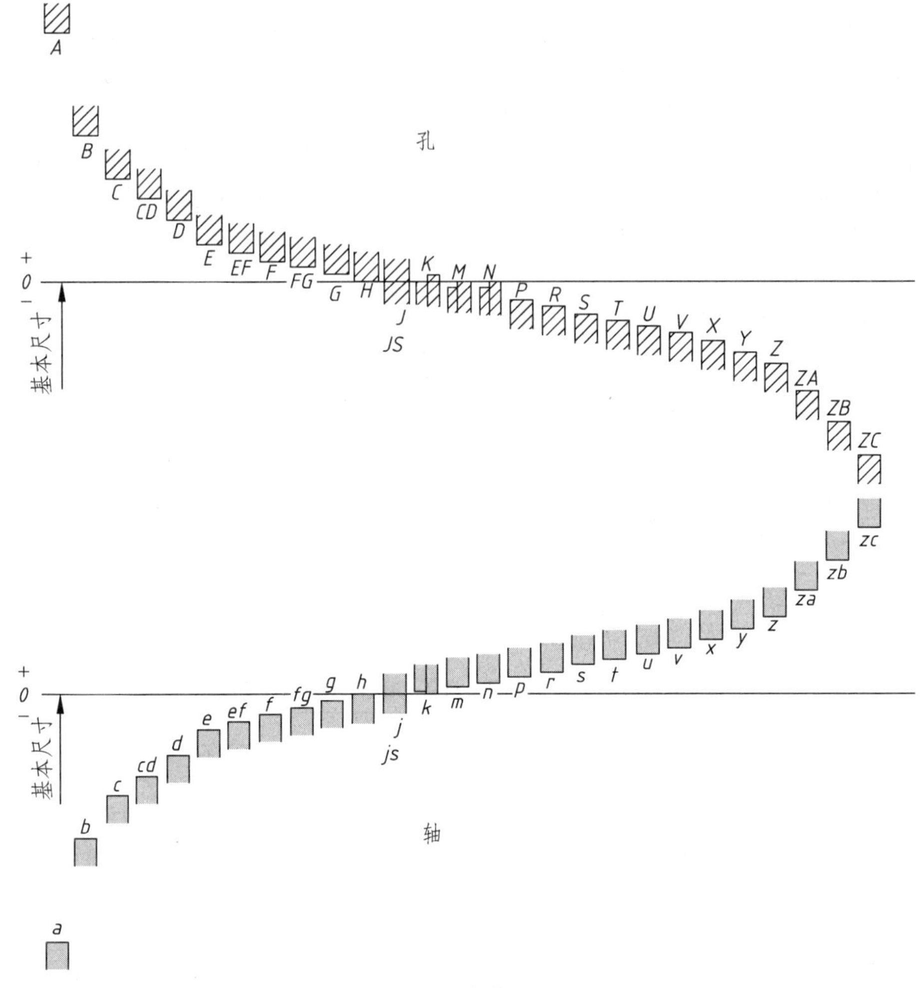

图 8-24 基本偏差系列

3. 常用尺寸段的公差与配合

根据生产实际情况,国家标准对常用尺寸段推荐了孔、轴的一般常用和优先公差带。国家标准 GB/T 1800.1—2020《产品几何技术规范(GPS) 线性尺寸公差 ISO 代号体系 第 1 部分:公差、偏差和配合的基础》规定的一般、常用和优先轴用公差带共 116 种,常用和优先孔用公差带共 105 种。该标准还规定了孔和轴公差带的组合。基孔制配合中常用的配合有 59 种,其中 13 种为优先配合。基轴制配合中常用的配合有 47 种,其中 13 种为优先配合。

在基孔制优先、常用配合表(见表 8-7)中,当轴的公差小于或等于 IT7 时,则与低一级的基准孔配合,大于或等于 IT8 时,则与同级基准孔配合。

在基轴制优先、常用配合表(见表 8-8)中,当孔的标准公差小于 IT8 或少数等于 IT8 时,则与高一级的基准轴配合,余下的则与同级基准轴配合。

4. 选用原则

公差与配合的选用原则是经济便宜且能满足使用要求。选用公差带时,根据优先公差带、常用公差带、一般公差带的顺序选用合适的公差带；选用配合时，按优先配合、常用配合的顺序进行选用。

表 8-7 基孔制优先、常用配合

基准孔	轴																				
	a	b	c	d	e	f	g	h	js	k	m	n	p	r	s	t	u	v	x	y	z
	间隙配合								过渡配合			过盈配合									
H6						H6/f5	H6/g5	H6/h5	H6/js5	H6/k5	H6/m5	H6/n5	H6/p5	H6/r5	H6/s5	H6/t5					
H7						H7/f6	◤H7/g6	◤H7/h6	H7/js6	◤H7/k6	H7/m6	◤H7/n6	◤H7/p6	H7/r6	◤H7/s6	H7/t6	◤H7/u6	H7/v6	H7/x6	H7/y6	H7/z6
H8					H8/e7	◤H8/f7	H8/g7	◤H8/h7	H8/js7	H8/k7	H8/m7	H8/n7	H8/p7	H8/r7	H8/s7	H8/t7	H8/u7				
				H8/d8	H8/e8	H8/f8		H8/h8													
H9			H9/c9	◤H9/d9	H9/e9	H9/f9		◤H9/h9													
H10			H10/c10	H10/d10				H10/h10													
H11	H11/a11	H11/b11	◤H11/c11	H11/d11				◤H11/h11													
H12		H12/b12						H12/h12													

注：1. H6/n5、H7/p6在公称尺寸小于或等于 3mm 和H8/r7在公称尺寸小于或等于 100mm 时，为过渡配合。

2. 标注◤符号的配合为优先配合。

表 8-8 基轴制优先、常用配合

基准轴	孔																				
	A	B	C	D	E	F	G	H	JS	K	M	N	P	R	S	T	U	V	X	Y	Z
	间隙配合								过渡配合			过盈配合									
h6						F6/h5	G6/h5	H6/h5	JS6/h5	K6/h5	M6/h5	N6/h5	P6/h5	R6/h5	S6/h5	T6/h5					
h7						F7/h6	◤G7/h6	◤H7/h6	JS7/h6	◤K7/h6	M7/h6	N7/h6	◤P7/h6	R7/h6	◤S7/h6	T7/h6	◤U7/h6				
h8					E8/h7	◤F8/h7		◤H8/h7	◤JS8/h7	K8/h7	M8/h7	N8/h7									
				D8/h8	E8/h8	F8/h8		H8/h8													
h9				◤D9/h9	E9/h9	F9/h9		◤H9/f9													

续表

基准轴	孔																				
	A	B	C	D	E	F	G	H	JS	K	M	N	P	R	S	T	U	V	X	Y	Z
	间隙配合								过渡配合			过盈配合									
h10				$\frac{D10}{h10}$				$\frac{H10}{d10}$													
h11	$\frac{A11}{h11}$	$\frac{B11}{h11}$	◤ $\frac{C11}{h11}$	$\frac{D11}{h11}$				◤ $\frac{H11}{h11}$													
h12		$\frac{B12}{h12}$						$\frac{H12}{h12}$													

注：$\frac{N6}{h5}$、$\frac{P7}{h6}$在公称尺寸小于或等于 3mm 时，为过渡配合。

1）基准制的选用

（1）优先选用基孔制。

（2）与标准件配合时，基准制的选用由标准件确定：与标准孔配合则选用基孔制配合，与标准轴配合则选用基轴制配合。

（3）用同一基本尺寸的孔（轴）与多个轴（孔）配合时，应当选用基孔（轴）制。

2）公差等级的选用

（1）在满足使用要求的情况下，尽量选择较低的公差等级，用来降低成本。

（2）当公差等级小于 IT8 时，孔比轴低一级配合，如$\frac{H6}{n5}$、$\frac{H7}{p6}$等。

（3）当公差等级为 IT8 时，孔和轴可以同级配合，也可以是孔比轴低一级配合，如$\frac{H8}{d8}$、$\frac{H8}{g7}$等。

（4）当公差等级大于 IT8 时，孔和轴同级配合，如$\frac{H11}{c11}$、$\frac{D9}{h9}$等。

3）配合种类的选用

配合种类有间隙配合、过渡配合、过盈配合。装配后有相对运动的，应选用间隙配合；装配后有定位精度要求或需要拆卸的，应选用过渡配合，且间隙和过盈要小；装配后要传递载荷的，应选用过盈配合。

8.2.7 几何公差

零件在加工制造中受加工因素及人为因素的影响，其几何要素无法避免地会产生形状误差和位置误差，称为几何误差。几何误差对产品的寿命和使用性能有很大的影响，几何误差越大，零件几何参数的精度越低，其质量也越低。为了保证零件的互换性以及使用要求，有必要对零件规定几何公差，用以限制几何误差。我国根据国际标准制定了有关几何公差的新国家标准 GB/T 1800.1—2020《产品几何技术规范(GPS)　线性尺寸公差 ISO 代号体系　第 1 部分：公差、偏差和配合的基础》。

1. 几何公差的项目及其符号

国家标准将几何公差分为 14 个项目，其名称和符号见表 8-9。

表 8-9　形状公差与位置公差的项目及其符号

公差		特征项目	符号	有或无基准要求
形状	形状	直线度	—	无
		平面度	▱	无
		圆度	○	无
		圆柱度	⌭	无
形状或位置	轮廓	线轮廓度	⌒	有或无
		面轮廓度	⌓	有或无
位置	定向	平行度	//	有
		垂直度	⊥	有
		倾斜度	∠	有
	定位	位置度	⌖	有或无
		同轴(同心)度	◎	有
		对称度	⌯	有
	跳动	圆跳动	↗	有
		全跳动	⌰	有

2. 几何公差的标注

(1) 标注几何公差时，公差要求标写在划分成两格或多格的矩形框格内。各格从左向右依次标注：几何特征符号、公差值、基准。公差带形状是圆形或圆柱形状时，在公差值的前面应该加注符号“ϕ”，如图 8-25(c)、(d)、(e)所示；如果是球形，则加注符号“$S\phi$”，如图 8-25(f)所示。

如果某项公差应用在几个相同的要素上，应该在公差框格的上方被测要素的尺寸前面标注上要素的个数，用“×”连接，如图 8-25(c)所示。

如果需要对某个要素给出几种公差时，可以将一个公差框格放到另一个框格的下方，如图 8-25(b)所示。

当需要限制被测要素在公差带内的形状时，应该在公差框格的下方标注清楚，如图 8-25(a)所示。

(2) 被测要素和公差框格之间用指引线连接，指引线一端引至框格的任意一侧，另一端带一个箭头。

当公差带涉及轮廓线以及轮廓面时，引导线的箭头指向这个要素的轮廓线或者该要素的延长线(和尺寸线要明显错开)，如图 8-26(a)、(b)所示。引导线的箭头也可以指向引出线的水平线，引出线引自被测面，如图 8-26(c)所示。

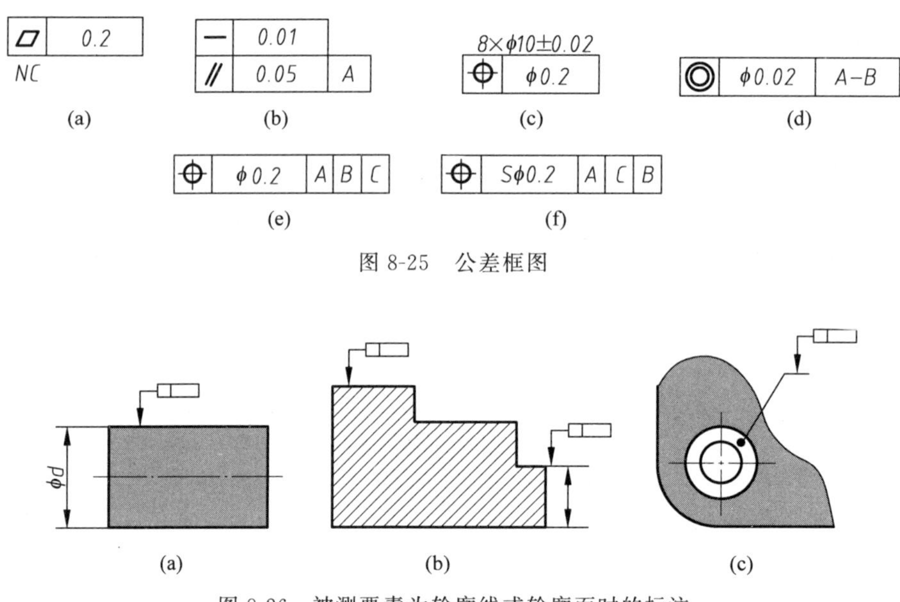

图 8-25 公差框图

图 8-26 被测要素为轮廓线或轮廓面时的标注

8.2.8 表面粗糙度的标注

1. 表面粗糙度的概念

表面粗糙度是指加工后的零件表面具有的较小间距和微小峰谷的不平度。其波距很小(在 1mm 以下),肉眼难以区分。表面粗糙度属于微观几何形状误差。表面粗糙度越小,表面就越光滑。

表面粗糙度一般情况下是由所采用的加工方法以及其他因素所形成的,例如,加工过程中刀具与零件表面间的摩擦、分离时表面层金属的变形以及工艺系统中的高频振动等。由于工件材料和加工方法不同,零件被加工表面留下痕迹的高低、形状和纹路也有差别。表 8-10 为不同的加工方法可以达到的表面粗糙度。

表 8-10 不同的加工方法可以达到的粗糙度

表面特征	表面粗糙度(*Ra*)的数值	加工方法举例
刀具加工痕迹明显可见	*Ra*100,*Ra*50,*Ra*25	粗刨、粗铣、钻孔、粗车
刀具加工痕迹轻微可见	*Ra*12.5,*Ra*6.3,*Ra*3.2	精车、精刨、精铣、粗磨
刀痕不可见,可轻微分辨加工方向	*Ra*1.6,*Ra*0.8,*Ra*0.4	精车、精磨

表面粗糙度与机械零件的配合、耐磨性、接触刚度、噪声等有着紧密的关系,对加工后的零件的使用寿命和可靠性有重要影响,一般标注符号采用 *Ra*。相关的规范有 GB/T 1031—2009《产品几何技术规范(GPS) 表面结构 轮廓法 表面粗糙度参数及其数值》和 GB/T 131—2006《产品几何技术规范(GPS) 技术产品文件中表面结构的表示法》。

2. 表面粗糙度的选择

表面粗糙度对零件的使用情况有极大的影响。一般情况下，表面粗糙度数值越小，配合质量越好，磨损越小，零件的使用寿命越长，但零件的加工费用会增加。因此，要正确、合理地选用表面粗糙度的数值。在设计零件时，表面粗糙度数值的选择是根据零件在机器中的作用决定的。

表面粗糙度的选用原则是在满足技术要求的前提下，选用较大的表面粗糙度数值。具体怎样选择，可以参考下列原则：

（1）工作表面比非工作表面的精度要求较高，粗糙度数值小。

（2）摩擦表面比不摩擦表面的粗糙度数值小。滚动摩擦表面比滑动摩擦表面要求的粗糙度数值小。

（3）对于间隙配合，配合间隙越小，表面粗糙度数值应越小；对于过盈配合，为保证连接强度牢固可靠，载荷越大，要求表面粗糙度数值越小。一般情况下间隙配合比过盈配合的表面粗糙度数值要小。

（4）配合表面的粗糙度应与其尺寸精度要求相当。配合性质相同时，零件尺寸越小，则粗糙度数值应越小；同一精度等级，小尺寸比大尺寸的表面粗糙度数值要小，轴比孔的表面粗糙度数值要小（特别是IT5～IT8的精度）。

（5）受周期性载荷的表面以及可能发生应力集中的内圆角、凹槽处表面粗糙度数值应较小。

3. 表面结构图形符号

表面结构图形符号的形式具体见表8-11。

表8-11　表面结构图形符号

符号名称	符　　号	意义及说明
基本图形符号		基本图形符号只用于简化代号标注，没有补充说明时不可以独自使用
扩展图形符号		在基本图形符号上加一短横，表示指定表面是用去除材料的加工工艺获得的
	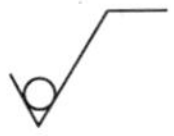	在基本图形符号上加一圆圈，表示指定表面是用不去除材料的加工工艺获得的
完整图形符号		标注表面结构特征的补充信息

4. 表面粗糙度在图样中的标注方法

机械图样中标注表面结构的规则如下：

（1）表面结构要求对每一表面一般只标注一次。

（2）表面结构要求尽可能标注在对应尺寸及公差的同一视图上。

（3）除非另有说明，否则所标注的表面结构要求是对完工零件表面的要求。

（4）表面结构要求的注写和读取方向与尺寸的注写和读取方向要一致，如图 8-27 所示。

（5）表面结构要求可以标注在轮廓线上，也可以直接标注在延长线上，其符号应从材料外指向并接触表面轮廓线或延长线。在必要的情况下，表面结构也可以用带箭头或黑点的指引线来引出标注，如图 8-27 和图 8-28 所示。

（6）在不引起误解的情况下，表面结构要求可以标注在给定的尺寸上，如图 8-29 所示。

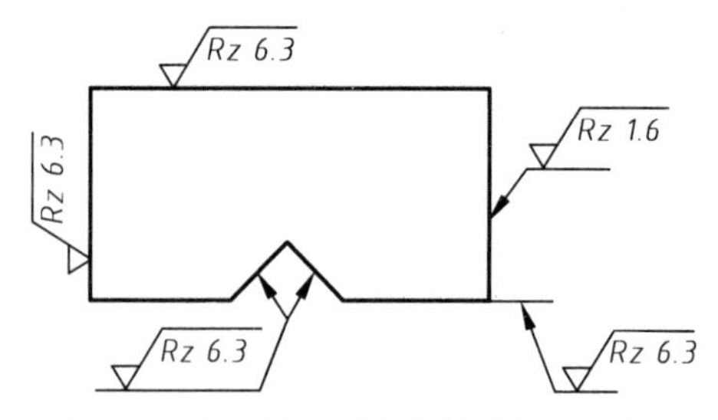

图 8-27 表面结构要求在轮廓线上的标注

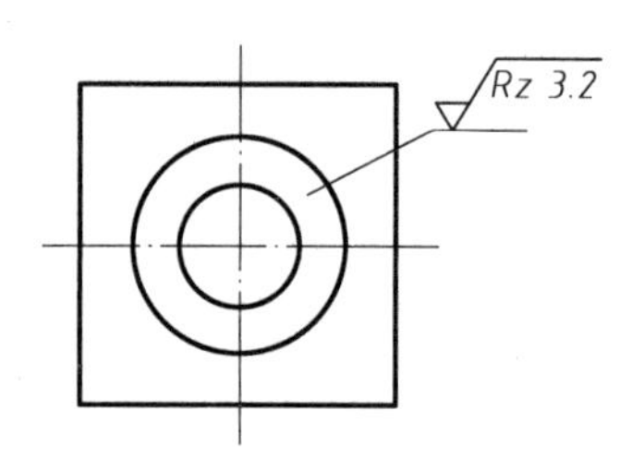

图 8-28 指引线引出表面结构标注

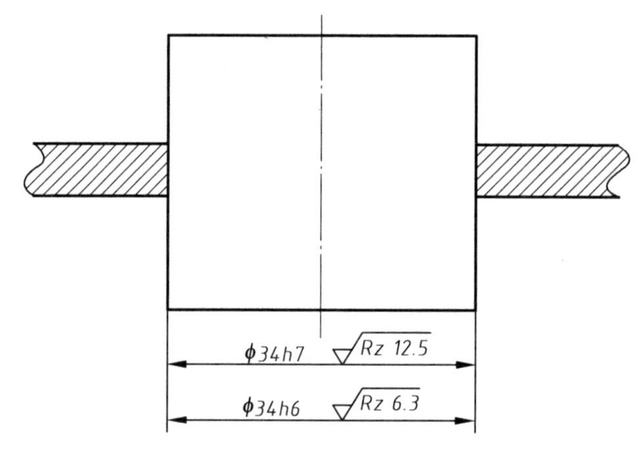

图 8-29 表面结构要求标注在尺寸线上

典型零件的机械加工工艺 第9章

9.1 机械加工工艺基础知识

9.1.1 机械加工工艺的概念

机械加工工艺是指利用机械加工的方法，使毛坯的形状、尺寸、相对位置和性质成为符合图纸要求的合格零件的流程。机械加工工艺由若干个顺序排列的工序组成，每个工序又包括机械加工的工位、工步、走刀。

1. 工序

工序是指一名（或一组）工人在一个工作地点对一个（或几个）零部件连续进行生产活动的过程，是组成生产过程的基本单位。例如图 9-1 所示驱动轴的单件生产时，加工工艺见表 9-1；批量生产时，加工工艺见表 9-2。

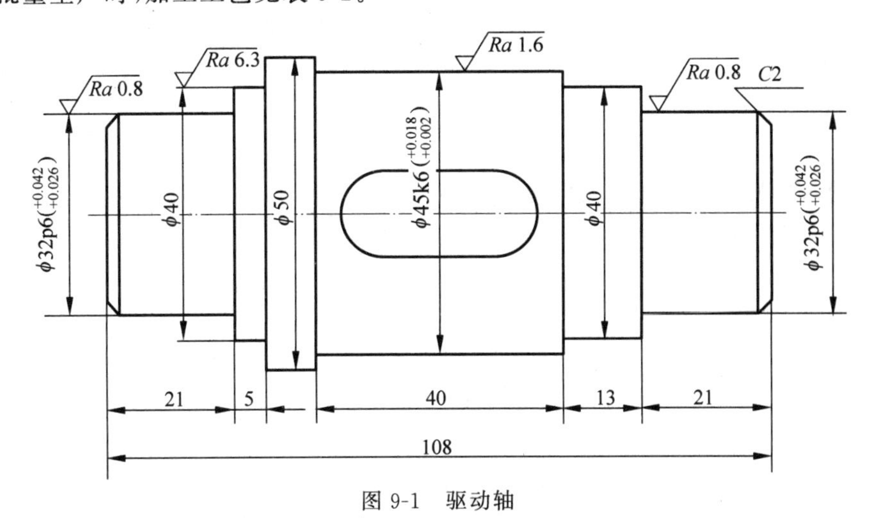

图 9-1 驱动轴

表 9-1 驱动轴加工工艺（单件）

工序号	工序内容	设备
1	车端面、钻中心孔、车外圆、车倒角	车床
2	铣键槽	铣床
3	磨外圆	磨床

表 9-2 驱动轴加工工艺(批量)

工序号	工序内容	设备
1	车端面、钻中心孔	铣端面钻中心孔机床
2	车外圆、车倒角	车床
3	铣键槽	铣床
4	磨外圆	磨床

2. 工步

工序可细分为工步。工步是一道工序的若干步骤,即在同一道工序中要完成一系列作业过程时,加工工具和加工表面不变的作业过程叫作一个工步。一道工序可以只有一个工步,也可以有若干个工步。例如,表 9-2 中的工序 2 就包含车所有台阶外圆、车倒角等几个工步。

3. 走刀

在一个工步内,若被加工表面需要切除的金属层较厚,需要分几次切削,一次切削就是一次走刀。一个工步可以是一次或几次走刀。

4. 装夹和工位

工件加工之前,在机床或夹具上使工件先占据一正确位置(定位),然后再夹紧的过程称为装夹。在一道工序中,工件可能只需要一次装夹,也可能需要几次装夹。例如,表 9-2 中的工序 3,一次安装即可铣出键槽;而在工序 2 中,为了车出全部外圆最少需要装夹 2 次。工件在加工时,应尽量减少装夹次数,这样可以减少安装误差,节省辅助时间。

工位是指为了完成一定的工序部分,一次装夹工件后,工件与夹具或设备的可动部分一起相对刀具或设备的固定部分所占据的每一个位置。

9.1.2 生产类型及其工艺特点

企业生产专业化程度的分类称为生产类型。根据年产量的多少可将生产类型分为单件生产、成批生产和大量生产。

(1) 单件生产的特点是生产的品种多,数量少,且很少重复,工件之间没有互换性,制造成本高,如新产品开发试制、非标产品制造等。单件生产的产品质量主要取决于工人的技术水平。

(2) 成批生产的特点是分批生产相同的零件,有一定的数量但不是很多,部分零件可以互换,主要靠机床和夹具保证其质量,对工人的技术水平也有一定的要求,但制造成本一般,如机床、医疗设备、军用产品的生产等。

(3) 大量生产的特点是产量大,品种少,长期生产同一种零件。所有零件都能互换,质量全部靠机床和夹具保证,对工人的技术水平要求不高,制造成本低,如轴承、螺栓等标准件的生产。

不同生产类型的零件加工，有不同的工艺过程和工艺方法。大量生产和成批生产时要考虑的是在保证产品加工精度的前提下，如何提高生产率，降低生产成本。单件生产时要考虑的是如何保证产品的加工质量。

9.1.3　零件加工工艺的制定

1. 编制产品机械加工工艺的准备工作

1）事先熟悉图样，了解零件的整体要求

在编制工艺之前要做到了解图样，这一步不仅仅是对某一幅单一零件图的了解。任何零件都是某个部件或者某台机器设备的一个特有部分，这就要求在看图时，首先要了解在部件或机器中该零件所承担的作用，以及需要达到的机械制造精度，通过图样明确该零件加工的难点部分，初步制定该零件的加工流程和需要的加工方法，在头脑中预先"加工"一次，并列出大体步骤。

2）熟悉机械加工方法

零件的加工是一个多工种、多工序的过程，需要制造的零件要靠多种加工方式才能加工出来，涉及多方面的机械加工工艺。作为工艺的编制者，必须熟知所有加工方法在零部件生产中所起的作用，甚至是对零部件硬度、精度等物理性质的影响，这样才能合理地编制工艺。在工艺编制前要熟知所有在加工中涉及的加工方法，这是工艺编制的又一个关键准备工作。

3）了解工厂的生产条件和工人的基本能力

工艺编制所制定的加工流程，最终是在工厂加工中实施，任何一个工艺编制中都不能缺少对工厂设备加工能力和工人技术水平的了解，工艺编制要从工厂的加工水平、工人的实际操作能力出发才具有可操作性和指导性。

4）明确工艺的分散和集中

在工艺编制的过程中要把提高生产效率、降低生产成本考虑在内。批量生产时通常可以采用工序分散制；相反，单件生产时通常采用工序集中制。不过也有特殊情况，批量产品也有某部分工序是集中的。也就是说，需要根据加工零件的具体要求和工厂的实际情况，将加工工艺合理搭配、有机结合才能达到提高生产效率的要求。

2. 零件加工工艺文件的格式

根据产品的生产类型来确定相应的生产组织形式，以制定机械加工工艺规程。机械加工工艺规程是规定零件机械加工工艺过程和操作方法等的工艺文件，是机械加工厂重要的技术文件，一般包括工件加工的工艺路线、各工序的具体内容及所用的设备和工艺装备、工件的检验项目及检验方法、切削用量、时间定额等。工艺规程是工人和技术人员生产实践经验的积累和总结，是指导生产的主要技术文件，是生产组织和管理的基本依据，是指挥现场生产的依据，也是新建工厂或车间的基本依据。

常用的工艺文件格式有3种：工艺过程综合卡片、机械加工工艺卡片和机械加工工序卡片，分别见表9-3～表9-5。

表 9-3 工艺过程综合卡片

工艺过程综合卡片			产品型号			零(部)件图号							
			产品名称			零(部)件名称				共 页		第 页	
材料牌号		毛坯种类		毛坯外形尺寸			每毛坯可制件数			每台件数		备注	
工序名称	工序内容		车间	工段	设备		工艺装备			工时			
										准终		单件	
										设计(日期)	审核(日期)	标准化(日期)	会签(日期)
标记	处数	更改文件号	签字	日期	标记	处数	更改文件号	签字	日期				

表 9-4 机械加工工艺卡片

机械加工工艺卡片			产品型号			零(部)件图号							
			产品名称			零(部)件名称				共 页		第 页	
材料牌号		毛坯种类		毛坯外形尺寸		每件毛坯可制件数				每台件数		备注	
工序	装夹	工步	工序内容	同时加工零件数	切削用量				设备名称及编号	工艺装备名称及编号		技术等级	时间定额
					背吃刀量/mm	切削速度/(m/min)	每分钟转数或往复次数	进给量/(mm 或 mm/双行程)					
										设计(日期)	审核(日期)	标准化(日期)	会签(日期)
标记	处数	更改文件号	签字	日期	标记	处数	更改文件号	签字	日期				

表 9-5 机械加工工序卡片

机械加工工序卡片	产品型号		零(部)件图号			
	产品名称		零(部)件名称		共 页	第 页
工序简图		车间	工序号	工序名称	材料牌号	
		毛坯种类	毛坯外形尺寸	每毛坯可制件数	每台件数	

续表

<table>
<tr><td colspan="7" rowspan="8"></td><td colspan="2">设备名称</td><td colspan="2">设备型号</td><td colspan="2">设备编号</td><td colspan="2">同时加工件数</td></tr>
<tr><td colspan="2"></td><td colspan="2"></td><td colspan="2"></td><td colspan="2"></td></tr>
<tr><td colspan="4">夹具编号</td><td colspan="2">夹具名称</td><td colspan="2">切削液</td></tr>
<tr><td colspan="4"></td><td colspan="2"></td><td colspan="2"></td></tr>
<tr><td colspan="4" rowspan="2">工位器具编号</td><td colspan="2" rowspan="2">工位器具名称</td><td colspan="2">工序工时</td></tr>
<tr><td>准终</td><td>单件</td></tr>
<tr><td colspan="4"></td><td colspan="2"></td><td></td><td></td></tr>
<tr></tr>
<tr><td rowspan="2">工步号</td><td colspan="3" rowspan="2">工步内容</td><td rowspan="2">工艺装备</td><td colspan="2" rowspan="2">主轴转速/(r/min)</td><td colspan="2" rowspan="2">切削速度/(m/min)</td><td colspan="2" rowspan="2">进给量/(mm/r)</td><td rowspan="2">切削深度/mm</td><td rowspan="2">进给次数</td><td colspan="2">工步工时/h</td></tr>
<tr><td>机动</td><td>辅助</td></tr>
<tr><td></td><td colspan="3"></td><td></td><td colspan="2"></td><td colspan="2"></td><td colspan="2"></td><td></td><td></td><td></td><td></td></tr>
<tr><td></td><td colspan="3"></td><td></td><td colspan="2"></td><td colspan="2"></td><td colspan="2"></td><td></td><td></td><td></td><td></td></tr>
<tr><td></td><td></td><td></td><td></td><td></td><td></td><td colspan="2"></td><td></td><td></td><td></td><td>设计（日期）</td><td>审核（日期）</td><td>标准化（日期）</td><td>会签（日期）</td></tr>
<tr><td>标记</td><td>处数</td><td>更改文件号</td><td>签字</td><td>日期</td><td>标记</td><td colspan="2">处数</td><td>更改文件号</td><td>签字</td><td>日期</td><td></td><td></td><td></td><td></td></tr>
</table>

由表9-3可以看出，工艺过程综合卡片主要列出了整个零件加工所经过的工艺路线（包括毛坯生产、机械加工和热处理等），一般不用于直接指导工人操作，多用于生产管理。

由表9-4可以看出，机械加工工艺卡片是以工序为单位详细说明产品或零件、部件的加工过程，是用来指导工人生产和车间管理的一种主要技术文件，常用于成批生产和小批生产的重要零件。

由表9-5可以看出，机械加工工序卡片则是更详细地说明零件的各个工序应如何进行，用来指导加工人员如何操作。卡片上要画工序图，并注明该工序的加工表面及应达到的尺寸和公差、刀具的类型、工件的装夹、进刀的方向和切削用量等。在批量较大时要采用这种卡片。

3. 制定零件加工工艺的步骤

制定零件加工工艺的原则是优质、高产、低成本、环保，也就是在保证产品质量的前提下，对环境影响最小、经济效益最好。

通常情况下，制定零件机械加工工艺规程的步骤如下：

（1）计算年产量，确定生产类型。

（2）分析零件图及产品装配图，对零件进行工艺分析。

（3）选择毛坯。

（4）拟订工艺路线。

（5）确定各工序的加工余量，计算工序尺寸及公差。

（6）确定各工序所用的设备、刀具、量具、夹具和辅助工具。

(7) 确定切削用量及时间定额。

(8) 确定各主要工序的技术要求及检验方法。

(9) 填写工艺文件。

在单件或者批量不大的情况下，制定零件加工工艺时可以简单一些，通常只填写机械加工工艺卡片，对其中的安装号、工步号、切削用量、工艺装备等可以不填写，由加工人员自己决定。

4. 常用孔、平面的加工方法和能达到的精度等级

制定零件加工工艺，就是要选择零件表面的加工方法。根据零件的表面质量要求选择一套合理的加工方法，既要保证产品的加工质量，又要兼顾生产效率、经济性，还要考虑对环境的影响最小。这就要求操作人员对常用加工手段的特点和所能达到的经济精度及表面粗糙度等级等有充分的了解，才能选择正确的加工方法。

1) 经济精度和经济表面粗糙度

每一种加工方法在不同的工作条件下，所能达到的精度是不一样的，工人技术水平的高低、刀具几何角度的选择、润滑条件的不同都会影响加工结果。经济精度包括加工尺寸经济精度和加工表面形状、位置经济精度。其含义是在正常加工条件下(采用符合质量标准的设备、工艺装备和标准技术等级工人，不延长加工时间)，该加工方法所能保证的加工精度。

经济表面粗糙度的概念与经济精度雷同。

常用孔、平面、外圆的加工方法和经济精度、经济表面粗糙度分别见表 9-6～表 9-8。

表 9-6　常用孔的加工方法和经济精度、经济表面粗糙度

加工方案	经济精度	表面粗糙度值/μm	适用范围
钻	IT11,IT12	*Ra* 12.5	加工未淬火钢及铸铁的实心毛坯，也用于加工有色金属(但表面粗糙度值较大，孔径小于 ϕ15～ϕ20mm)
钻—铰	IT9	*Ra* 1.6～3.2	
钻—铰—精铰	IT7,IT8	*Ra* 0.8～1.6	
钻—扩	IT10,IT11	*Ra* 6.3～12.5	同上，但孔径大于 ϕ15～ϕ20mm
钻—扩—铰	IT8,IT9	*Ra* 1.6～3.2	
钻—扩—粗铰—精铰	IT7	*Ra* 0.8～1.6	
钻—扩—机铰—手铰	IT6,IT7	*Ra* 0.1～0.4	
钻—扩—拉	IT7,IT9	*Ra* 0.1～1.6	大批量生产(精度由拉刀的精度而定)
粗镗(或扩孔)	IT11,IT12	*Ra* 6.3～12.5	除淬火钢以外的各种材料，毛坯有铸出孔或锻出孔
粗镗(或粗扩)—半精镗(精扩)	IT8,IT9	*Ra* 1.6～3.2	
粗镗(扩)—半精镗(精扩)—精镗(铰)	IT7,IT8	*Ra* 0.8～1.6	
粗镗(扩)—半精镗(精扩)—精镗(铰)—浮动镗刀精镗	IT6,IT7	*Ra* 0.4～0.8	

续表

加工方案	经济精度	表面粗糙度值/μm	适用范围
粗镗(扩)—半精镗—磨孔	IT7,IT8	*Ra* 0.2～0.8	主要用于淬火钢,不宜用于有色金属
粗镗(扩)—半精镗—粗磨—精磨	IT6,IT7	*Ra* 0.1～0.2	
粗镗—半精镗—精镗—金刚镗	IT6,IT7	*Ra* 0.05～0.4	主要用于精度要求高的有色金属
钻—(扩)—粗铰—精铰—珩磨,钻—(扩)—拉—珩磨,粗镗—半精镗—精镗—珩磨	IT6,IT7	*Ra* 0.025～0.2	精度要求很高的孔
钻—(扩)—粗铰—精铰—研磨,钻—(扩)—拉—研磨,粗镗—半精镗—精镗—研磨	IT6级以上		

表9-7 常用平面的加工方法和经济精度、经济表面粗糙度

加工方案	经济精度	表面粗糙度值/μm	适用范围
粗车—半精车	IT9	*Ra* 3.2～6.3	—
粗车—半精车—精车	IT7,IT8	*Ra* 0.8～1.6	端面
粗车—半精车—磨削	IT8,IT9	*Ra* 0.2～0.8	
粗刨(粗铣)—精刨(精铣)	IT8,IT9	*Ra* 1.6～6.3	一般不淬硬平面(面铣表面粗糙度值较小)
粗刨(粗铣)—精刨(精铣)—刮研	IT6,IT7	*Ra* 0.1～0.8	精度要求较高的不淬硬平面;批量较大时宜采用宽刃精刨方案
粗刨(粗铣)—精刨(精铣)—宽刃刨削	IT7	*Ra* 0.2～0.8	
粗刨(粗铣)—精刨(精铣)—磨削	IT7	*Ra* 0.2～0.8	精度要求较高的淬硬平面或不淬硬平面
粗刨(粗铣)—精刨(精铣)—粗磨—精磨	IT6,IT7	*Ra* 0.02～0.4	
粗铣—拉	IT7,IT9	*Ra* 0.2～0.8	大量生产,较小的平面(精度视拉刀的精度而定)
粗铣—精铣—磨削—研磨	IT6级以上	*Rz* 0.05～*Ra* 0.1	高精度平面

表9-8 常用外圆的加工方法和经济精度、经济表面粗糙度

加工方案	经济精度	表面粗糙度值/μm	适用范围
粗车	IT11～IT13	*Ra* 12.5～50	适用于淬火钢以外的各种金属
粗车—半精车	IT8～IT10	*Ra* 3.2～6.3	
粗车—半精车—精车	IT7,IT8	*Ra* 0.8～1.6	
粗车—半精车—精车—滚压(抛光)	IT7,IT8	*Ra* 0.025～0.2	
粗车—半精车—磨削	IT7,IT8	*Ra* 0.4～0.8	主要用于淬火钢,也可用于未淬火钢,不宜加工有色金属
粗车—半精车—粗磨—精磨	IT6,IT7	*Ra* 0.1～0.4	

续表

加工方案	经济精度	表面粗糙度值/μm	适用范围
粗车—半精车—粗磨—精磨—超精加工(轮式超精磨)	IT5	*Ra* 0.2～0.8	主要用于要求较高的有色金属加工
粗车—半精车—精车—精细车(金刚车)	IT6,IT7	*Ra* 0.025～0.4	
粗车—半精车—粗磨—精磨—超精磨(镜面磨)	IT5 级以上	*Ra* 0.006～0.025(或 *Rz* 0.05)	极高精度的外圆加工
粗车—半精车—粗磨—精磨—研磨	IT5 级以上	*Ra* 0.006～0.1(或 *Rz* 0.05)	

随着科学技术的发展以及新技术、新工艺、新材料的不断推广和应用，经济精度和经济表面粗糙度的等级不是一成不变的，而是逐步提高的。

2) 选择加工方法时要考虑的因素

选择加工方法，一般是根据经验或者查表，再根据具体情况修改确定。从表 9-6～表 9-8 中的数据可以看出，达到同样的精度等级可以有多种方法，因此选择加工方法时要考虑以下因素：

(1) 选择能获得相应经济精度的加工方法。

(2) 分析工件材料的性质，如淬火钢的精加工要用磨削，有色金属的精加工要用高速精细车或精细镗。

(3) 分析工件的结构形状和尺寸，如 IT7 级孔的加工可采用铰削、镗削、磨削、拉削；较小的孔不宜采用镗孔或磨孔，一般采用铰孔；箱体上的孔一般不宜采用拉孔或磨孔，而是采用镗孔；批量大的齿轮上带键槽的孔则宜采用拉削。

(4) 确定生产类型。批量大时采用高效的先进工艺，如采用一次装夹后同时加工几个表面的组合铣削、磨削。

(5) 结合现有的生产条件。应充分利用现有的生产条件，并注意合理安排设备的载荷，同时要挖掘潜力，发挥工人的创造力。

5. 工序顺序的确定

1) 机械加工工序的安排

根据零件的功用和技术要求，先将零件的主要表面和次要表面分开，然后着重考虑主要表面的加工顺序。机械加工工序的安排原则是：加工基准面—粗加工主要表面—半精加工主要表面—精加工主要表面—光整加工—超精加工主要表面。次要表面的加工则穿插在各阶段之间进行，一般在粗加工和半精加工阶段完成。

2) 热处理工序的安排

热处理的目的是提高材料的力学性能，消除残余应力，改善金属的加工性能。常用的热处理有退火和正火、调质处理、时效处理、淬火、渗碳淬火等。

退火和正火主要是针对碳的质量分散大于 0.5%的碳钢和合金钢进行的，一般安排在毛坯制造之后、粗加工之前进行。

调质处理是在淬火后高温回火。它能使零件获得良好的综合力学性能，也是应用较多的一种热处理方式，通常安排在粗加工之后、半精加工之前进行。

时效处理一般安排在粗加工之后、半精加工之前进行，但铸造零件一般安排在粗加工之前进行。

淬火的目的是提高零件材料的硬度、耐磨性和强度等力学性能，常常安排在半精加工之后、精加工之前。淬火分为整体淬火和表面淬火。其一般的工艺路线是：下料—锻造—正火（退火）—粗加工—调质—半精加工—淬火—精加工。

渗碳淬火适用于低碳钢和低合金钢，其目的是使零件表面获得高的硬度和高的耐磨性，而心部仍然有较高的韧性和塑性。其工艺路线一般为：下料—锻造—正火（退火）—粗加工—半精加工—渗碳淬火—精加工。

3）辅助工序的安排

辅助工序通常包括去毛刺、倒角、清洗、防锈、退磁、检验等。其中，检验工序是主要的辅助工序，是产品质量的保障。检验工序一般安排在关键工序的前后，零件转换车间前后，粗加工后、精加工前，精加工后、超精加工前，零件全部加工完成后、整体产品出厂前。

9.2　典型零件的加工工艺

9.2.1　轴类零件的加工工艺

轴类零件是长度大于直径的旋转体零件，主要加工表面是内外圆柱面、内外圆锥面、螺纹、键槽等。在确定加工工艺前，首先要按照图纸的要求进行工艺分析，以便确定合理的加工工艺方法。

1. 轴类零件的技术要求

通常情况下，首先是轴与轴承内圈相配合处的轴颈、与齿轮配合处的轴颈精度尺寸比较高（公差等级为IT5～IT8），这是轴类零件的重要加工表面；其次是形位精度，如轴颈处的圆度和圆柱度一般取3～8μm、轴上装配表面的轴线相对于轴颈中心线的同轴度一般要求为0.01～0.03μm；还有表面粗糙度，如支承轴颈处的表面粗糙度值一般取*Ra* 0.16～0.63μm，配合表面的表面粗糙度值一般取*Ra* 0.63～2.5μm。

2. 轴类零件的材料与毛坯

轴类零件的材料常用45钢，通过调质处理后可获得一定的强度、韧性和耐磨性；高精度的轴可采用GCr15、65Mn等合金钢；高速重载下工作的轴可采用20CrMnTi或20Cr。凡力学性能要求较高的轴类零件或直径相差较大的轴的毛坯，均应采用锻造件；一般的轴或直径相差不大的轴，采用热轧棒料或冷拔棒料即可。

3. 工艺设计举例

减速箱装配图(见图 9-2)中的驱动轴如图 9-3 所示。

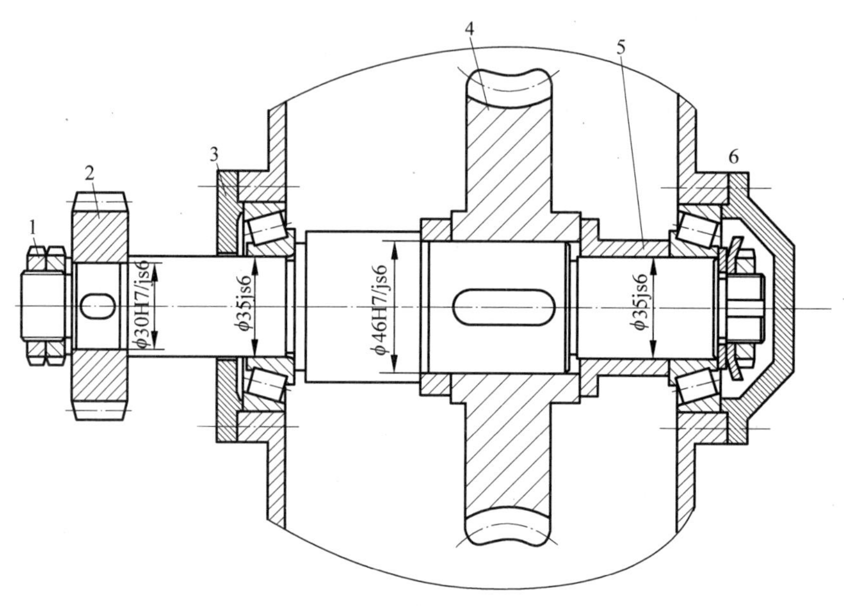

图 9-2 减速箱装配图

(1) 精度分析。从图 9-2 和图 9-3 中可以看出,该驱动轴上装有齿轮、蜗轮、轴承等零件,并且有螺纹、键槽、环槽、台阶等;轴上表面的粗糙度值最小为 Ra 0.8μm,最高公差等级为 IT6 级,精度要求最高为圆跳动 0.025mm。另外,材料是 40Cr,并安排了调质处理;生产量为 5 件。

(2) 毛坯的选择。各外圆直径相差不大,批量只有 5 件,可采用热轧棒料。

(3) 主要加工方法。该轴主要是回转表面,加工应以车削为主,又因为 M、N、P、Q 的公差等级较高,表面粗糙度值小,车削后还需磨削。所以这些表面的加工顺序应该是:粗车—调质—半精车—磨削。

(4) 确定定位基准。如图 9-3 所示驱动轴的几个主要外圆配合面和台阶端面对基准轴线 A—B 均有径向跳动和轴向跳动要求,应在轴的两端加工中心孔做加工定位精基准面,此两端的中心孔在粗车前加工好,同时为保证加工精度需在粗车完调质后、半精加工前及磨削前对中心孔进行两次修研。

(5) 拟订工艺过程。在考虑主要表面加工的同时,还要考虑次要表面的加工和热处理要求。要求不高的外圆在半精车时即可加工到图纸尺寸,退刀槽、越程槽、螺纹和倒角应该在半精加工时完成,键槽在半精加工后铣削,调质处理安排在粗车之后,并在调质处理之后对中心孔进行修研,以消除热处理变形和氧化皮。

综上所述,该零件的机械加工工艺过程见表 9-9。当然,通常情况下,比较合理的工艺过程在不同的加工单位可以适当调整。

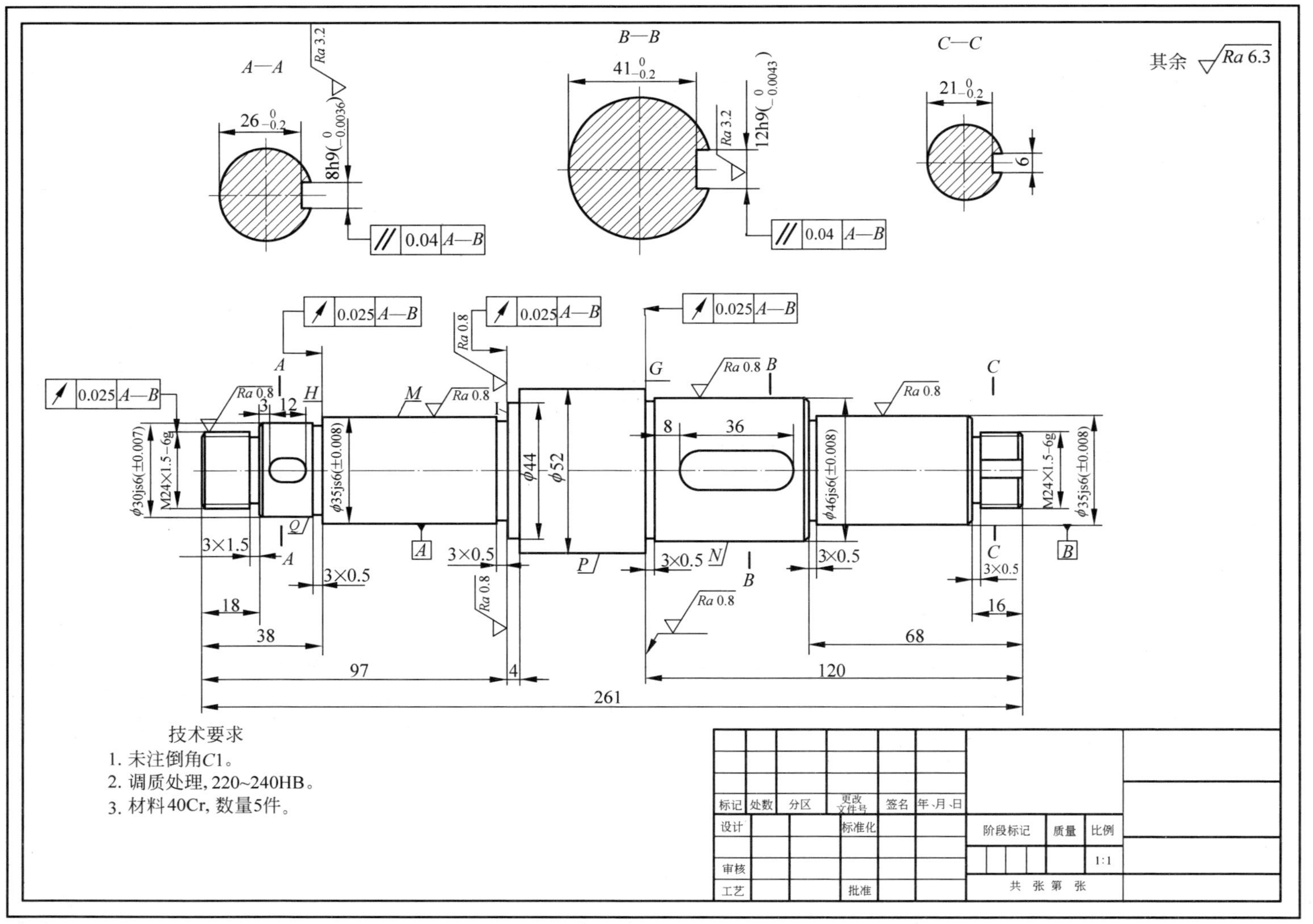

其余 Ra 6.3
A—A
B—B
C—C
8h9
12h9
Ra 3.2
Ra 0.8
0.025 A—B
0.04 A—B
φ35js6(±0.008)
φ46js6(±0.008)
φ30js6(±0.007)
φ52
φ44
M24×1.5-6g
3×0.5
3×1.5
16
68
120
261
97
38
18
36
8
4
12
9
技术要求
1. 未注倒角C1。
2. 调质处理, 220~240HB。
3. 材料 40Cr, 数量5件。
标记
处数
分区
更改文件号
签名
年、月、日
设计
标准化
审核
工艺
批准
阶段标记
质量
比例
1:1
共　张　第　张

图 9-3　驱动轴

表 9-9　驱动轴机械加工工艺过程

工序号	工种	工序内容	加工简图	设备
1	下料	ϕ60×270		锯床
2	车	用自定心卡盘夹持工件，车至端面见平，钻中心孔。用尾座顶尖顶住工件，粗车 3 个台阶，直径、长度均留余量 2mm	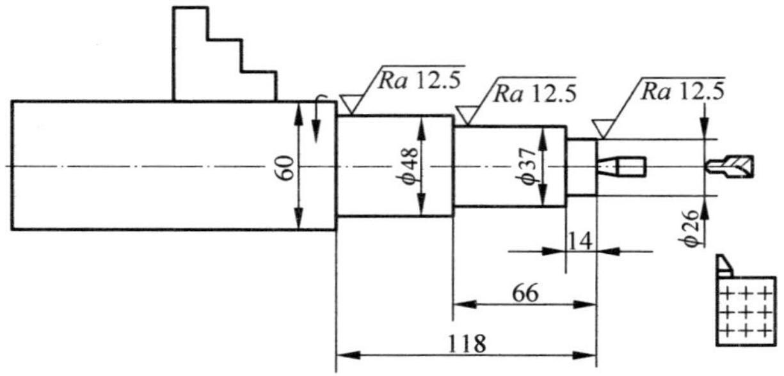 Ra 12.5　Ra 12.5　Ra 12.5　60　ϕ48　ϕ37　ϕ26　14　66　118	车床
3	车	掉头，用自定心卡盘夹持工件另一端，车端面保证总长 261mm，钻中心孔；用尾座顶尖顶住工件，粗车另外 4 个台阶，直径、长度均留余量 2mm	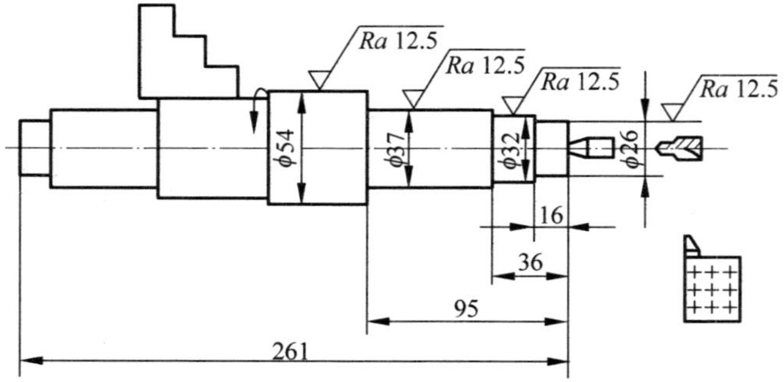 Ra 12.5　Ra 12.5　Ra 12.5　Ra 12.5　ϕ54　ϕ37　ϕ32　ϕ26　16　36　95　261	车床
4	热处理	调质处理，220～240HB		
5	钳	修研两端中心孔	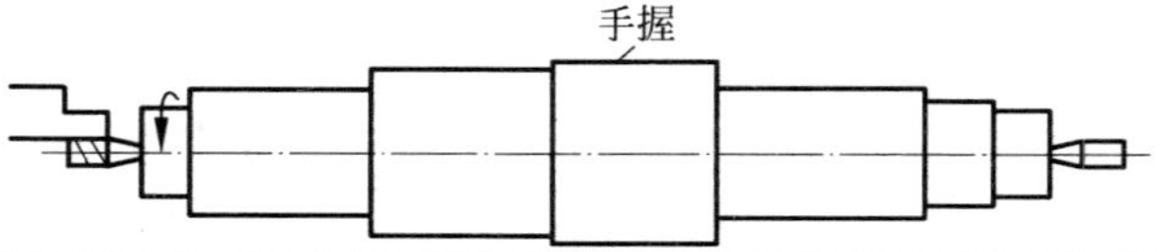 手握	车床

续表

工序号	工种	工序内容	加工简图	设备
6	车	用双顶尖装夹，半精车 3 个台阶；螺纹大径车到 $\phi 24_{-0.2}^{-0.1}$mm，其余 2 个台阶直径上留余量 0.5mm，切槽 3 个，倒角 3 个	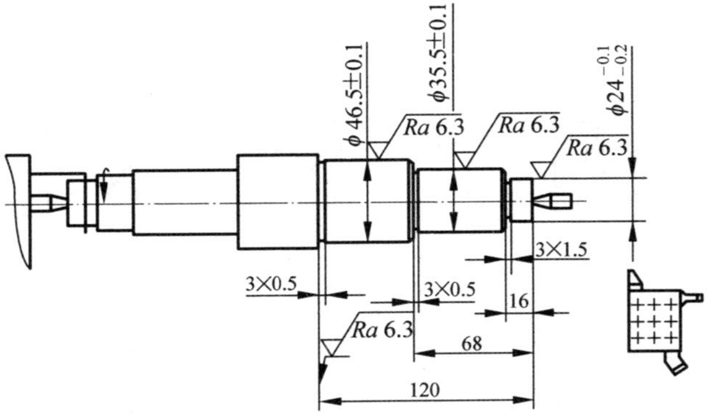	车床
7	车	掉头，用双顶尖装夹，半精车余下的 5 个台阶，$\phi 44$mm 及 $\phi 52$mm 台阶车到图样规定的尺寸；螺纹大径车到 $\phi 24_{-0.2}^{-0.1}$mm，其余 2 个台阶直径上留余量 0.5mm，切槽 3 个，倒角 4 个	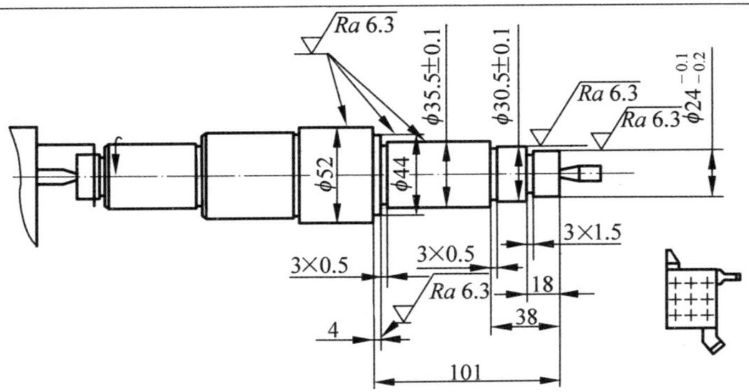	车床
8	车	用双顶尖装夹，车一端螺纹 M24×1.5-6g；掉头，用双顶尖装夹，车另一端螺纹 M24×1.5-6g	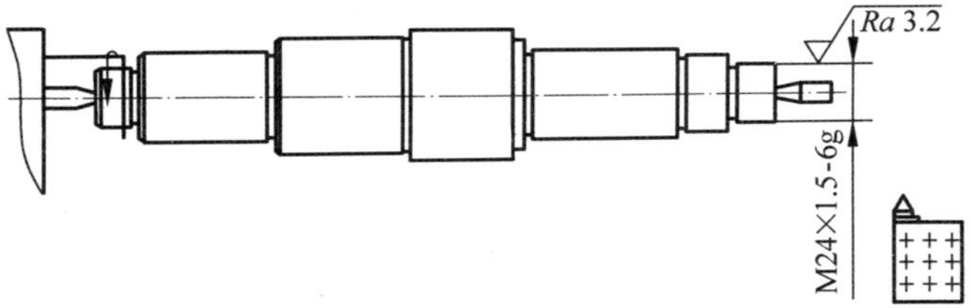	车床

续表

工序号	工种	工序内容	加工简图	设备
9	钳	划 2 个键槽和 1 个止动垫圈槽线		
10	铣	铣 2 个键槽及 1 个止动垫圈；键槽深度比图样规定尺寸多 0.25mm，作为磨削的余量	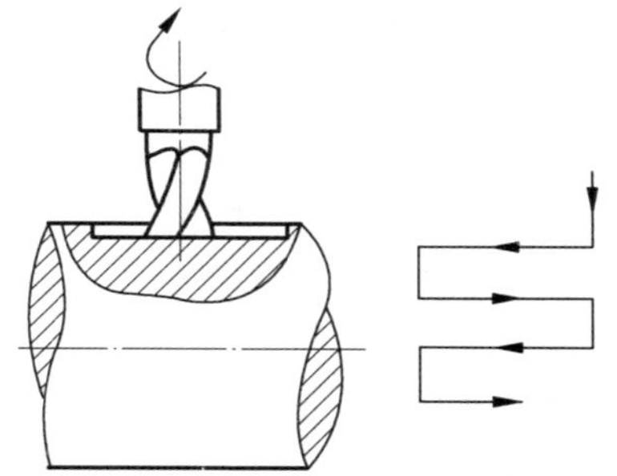	立铣床
11	钳	修研两端中心孔	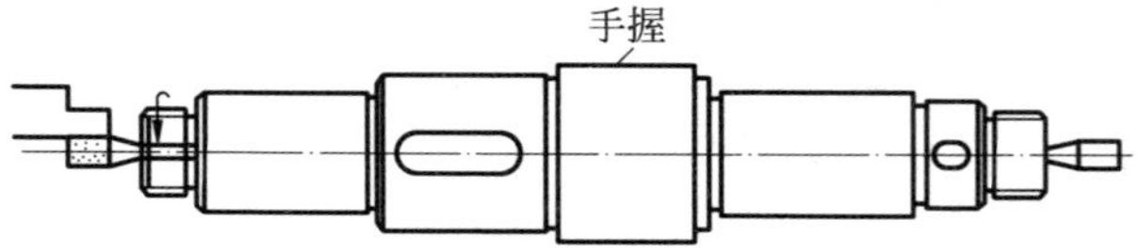 手握	车床
12	磨	磨外圆 Q、M，并用砂轮端面靠磨台阶 H、I。掉头，磨外圆 N、P，靠磨台阶 G	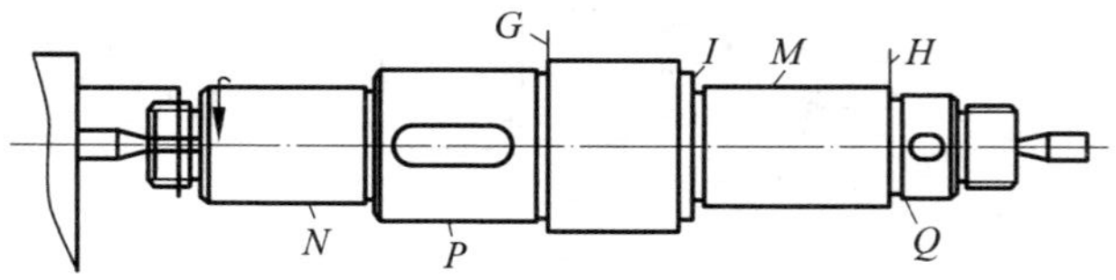 G I M H N P Q	外圆磨床
13	检验	检验		

9.2.2　盘盖类零件的加工工艺实例

盘盖类零件的基本形状多为扁平的圆形或方形盘状结构，轴向尺寸相对于径向尺寸小很多。常见的零件主体一般由多个同轴的回转体，或由一正方体与几个同轴的回转体组成，如图9-4所示。在主体上常有沿圆周方向均匀分布的凸缘、肋条、光孔或螺纹孔、销孔等局部结构，常用作端盖、齿轮、带轮、压盖等。

图9-4　典型的盘盖类零件

图9-5所示为典型的盘盖类零件，其加工工艺过程卡片见表9-10。

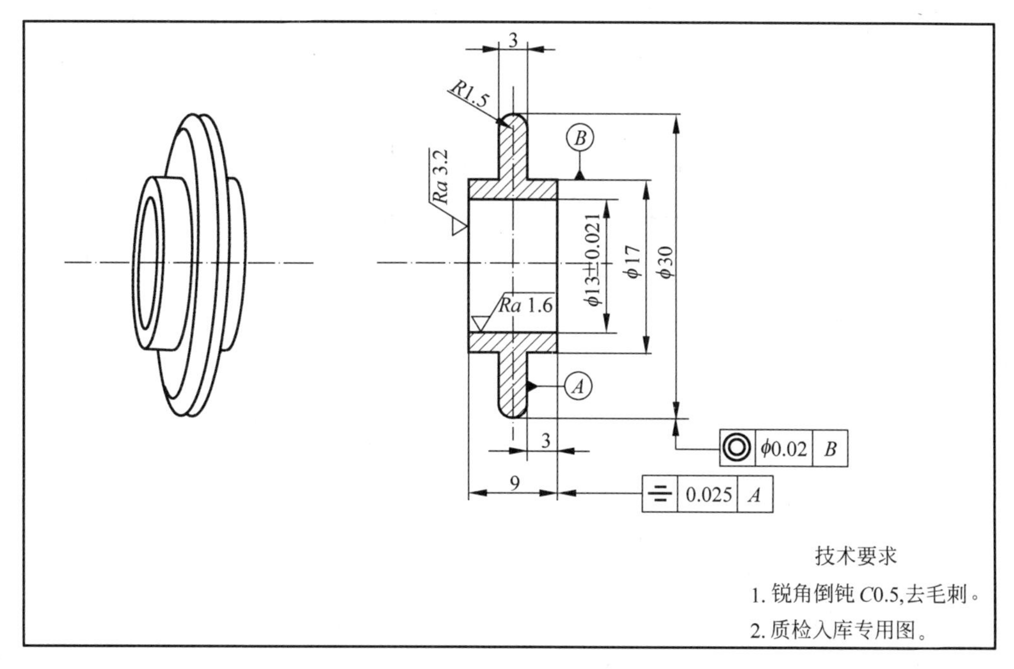

图9-5　盘盖类零件

表 9-10 盘盖类零件加工工艺过程卡片

<table>
<tr><td colspan="5" rowspan="3">综合能力工程实训</td><td colspan="3" rowspan="3">机械加工工艺过程卡</td><td>共 4 页</td><td>第 1 页</td><td>编 号</td><td></td></tr>
<tr><td>产品名称</td><td>小车</td><td>生产纲领</td><td>5000 件/年</td></tr>
<tr><td>零件名称</td><td>前轮</td><td>生产批量</td><td>420 件/月</td></tr>
<tr><td>材料</td><td>铝</td><td>毛坯种类</td><td>棒料</td><td>毛坯外形尺寸</td><td>ϕ35mm×65mm</td><td>每件毛坯可制作件数</td><td>3</td><td>每台件数</td><td>1</td><td>备注</td><td>无</td></tr>
<tr><td>序号</td><td>工序名称</td><td colspan="3">工序内容</td><td colspan="3">工 序 简 图</td><td>机床夹具</td><td>刀具</td><td>量具、辅具</td><td>工时/min</td></tr>
<tr><td>1</td><td>下料</td><td colspan="3">棒料 ϕ35mm×65mm</td><td colspan="3">ϕ35
65</td><td>平口虎钳</td><td>环形锯条</td><td>游标卡尺
0～150mm</td><td>2</td></tr>
<tr><td>2</td><td>平端面</td><td colspan="3">粗车端面，长度 $L=63$mm；
精车端面，长度 $L=60$mm</td><td colspan="3">ϕ35
65</td><td>三爪自定心卡盘</td><td>45°外圆车刀</td><td>游标卡尺
0～150mm</td><td>5</td></tr>
<tr><td></td><td></td><td></td><td></td><td></td><td colspan="2">编制(日期)</td><td colspan="2">审核(日期)</td><td>标准化(日期)</td><td colspan="2">会签(日期)</td></tr>
<tr><td>标记</td><td>处数</td><td>更改文件号</td><td>签字</td><td>日期</td><td colspan="2"></td><td colspan="2"></td><td></td><td colspan="2"></td></tr>
</table>

续表

<table>
<tr><td colspan="4" rowspan="3">综合能力工程实训</td><td colspan="4" rowspan="3">机械加工工艺过程卡</td><td>共4页</td><td>第2页</td><td>编　号</td><td></td></tr>
<tr><td>产品名称</td><td>小车</td><td>生产纲领</td><td>5000件/年</td></tr>
<tr><td>零件名称</td><td>前轮</td><td>生产批量</td><td>420件/月</td></tr>
<tr><td>材料</td><td>铝</td><td>毛坯种类</td><td>棒料</td><td>毛坯外形尺寸</td><td>φ35mm×65mm</td><td>每件毛坯可制作件数</td><td>3</td><td>每台件数</td><td>1</td><td>备注</td><td>无</td></tr>
<tr><td>序号</td><td>工序名称</td><td colspan="3">工序内容</td><td colspan="3">工　序　简　图</td><td>机床夹具</td><td>刀具</td><td>量具、辅具</td><td>工时/min</td></tr>
<tr><td>3</td><td>车外圆</td><td colspan="3">粗车外圆至 φ32mm×20mm；
精车外圆至 φ30mm×20mm</td><td colspan="3">φ30
20</td><td>三爪自定心卡盘</td><td>45°外圆车刀</td><td>游标卡尺
0～150mm</td><td>2</td></tr>
<tr><td>4</td><td>镗削内孔</td><td colspan="3">先钻孔至 φ12mm，深度 16mm；再镗孔至 φ13mm</td><td colspan="3">φ13±0.021
16</td><td>三爪自定心卡盘</td><td>45°外圆车刀、中心钻、φ12mm麻花钻、镗孔刀</td><td>游标卡尺0～150mm、内径千分尺25～50mm</td><td>4</td></tr>
<tr><td></td><td></td><td></td><td></td><td></td><td colspan="2">编制(日期)</td><td colspan="2">审核(日期)</td><td colspan="2">标准化(日期)</td><td>会签(日期)</td></tr>
<tr><td>标记</td><td>处数</td><td>更改文件号</td><td>签字</td><td>日期</td><td colspan="2"></td><td colspan="2"></td><td colspan="2"></td><td></td></tr>
</table>

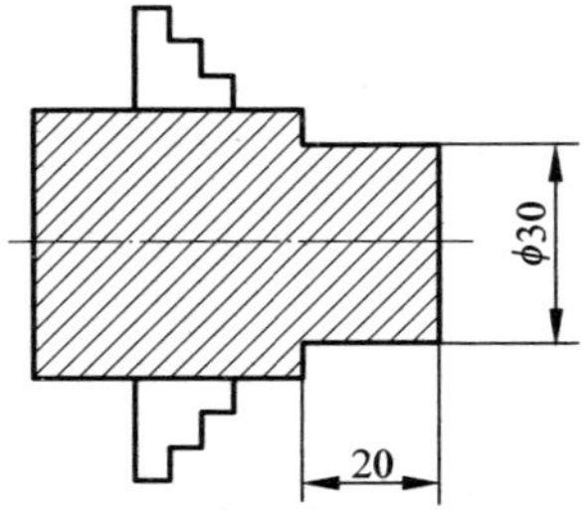

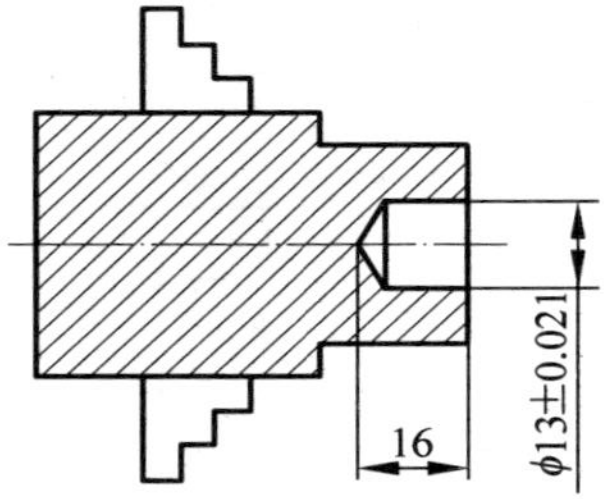

续表

综合能力工程实训				机械加工工艺过程卡				共4页	第3页	编　号	
								产品名称	小车	生产纲领	5000件/年
								零件名称	前轮	生产批量	420件/月
材料	铝	毛坯种类	棒料	毛坯外形尺寸	ϕ35mm×65mm	每件毛坯可制作件数	3	每台件数	1	备注	无
序号	工序名称	工序内容			工　序　简　图			机床夹具	刀具	量具、辅具	工时/min
5	车凸台	粗车凸台至 ϕ19mm； 精车凸台至 ϕ17mm； 具体尺寸见简图			ϕ17　3　3　12			三爪自定心卡盘	45°外圆车刀、切断车刀	游标卡尺 0～150mm	5
6	车外形倒角	车圆角 R1.5mm			R1.5　ϕ30			三爪自定心卡盘	成形车刀、45°外圆车刀	游标卡尺 0～150mm	2
					编制(日期)		审核(日期)		标准化(日期)	会签(日期)	
标记	处数	更改文件号	签字	日期							

续表

<table>
<tr><td colspan="4" rowspan="3">综合能力工程实训</td><td colspan="4" rowspan="3">机械加工工艺过程卡</td><td>共 4 页</td><td>第 4 页</td><td>编　号</td><td></td></tr>
<tr><td>产品名称</td><td>小车</td><td>生产纲领</td><td>5000 件/年</td></tr>
<tr><td>零件名称</td><td>前轮</td><td>生产批量</td><td>420 件/月</td></tr>
<tr><td>材料</td><td>铝</td><td>毛坯种类</td><td>棒料</td><td>毛坯外形尺寸</td><td>ϕ35mm×65mm</td><td>每件毛坯可制作件数</td><td>3</td><td>每台件数</td><td>1</td><td>备注</td><td>无</td></tr>
<tr><td>序号</td><td>工序名称</td><td colspan="3">工序内容</td><td colspan="3">工　序　简　图</td><td>机床夹具</td><td>刀具</td><td>量具、辅具</td><td>工时/min</td></tr>
<tr><td>7</td><td>切断</td><td colspan="3">按简图的尺寸切断</td><td colspan="3">9</td><td>三爪自定心卡盘</td><td>切断车刀</td><td>游标卡尺 0～150mm</td><td>2</td></tr>
<tr><td>8</td><td>检验入库</td><td colspan="3">按质检总图检验，合格后入库</td><td colspan="3">质检总图如图 9-5 所示的盘盖类零件</td><td></td><td>成形车刀、45° 外圆车刀</td><td>游标卡尺 0～150mm、内径千分尺 5～25mm、外径千分尺 25～50mm</td><td>5</td></tr>
<tr><td></td><td></td><td colspan="2"></td><td></td><td></td><td colspan="2">编制(日期)</td><td colspan="2">审核(日期)</td><td>标准化(日期)</td><td>会签(日期)</td></tr>
<tr><td>标记</td><td>处数</td><td colspan="2">更改文件号</td><td>签字</td><td>日期</td><td colspan="2"></td><td colspan="2"></td><td></td><td></td></tr>
</table>

第10章 陶艺与热转印技术

10.1 陶　　艺

陶艺指“陶瓷艺术”，是中国传统古老文化与现代艺术结合的一种艺术形式。由历史的发展可知，陶瓷艺术是一门综合艺术，经历了一个复杂而漫长的文化积淀历程，它与绘画、雕塑、设计，以及其他工艺美术等有着无法割舍的传承与比照关系。

10.1.1 陶瓷概述

1. 概念

陶瓷(china)，即陶器和瓷器的总称。凡是用陶土和瓷土这两种不同性质的黏土为原料，经过配料、成形、干燥、焙烧等工艺流程制成的器物都可以叫作陶瓷。

2. 分类

陶瓷按用途可以分为：

(1) 日用陶瓷，如餐具、茶具、缸、坛、盆、罐等。

(2) 艺术(工艺)陶瓷，如花瓶、雕塑品、园林陶瓷、器皿、相框、壁画、陈设品等。

(3) 工业陶瓷，指应用于各种工业的陶瓷制品。

此外，陶瓷按材质可以分为陶器和瓷器。

3. 陶与瓷的区别

虽然统称为陶瓷，但陶与瓷在很多方面都有区别，具体见表10-1。

表10-1　陶与瓷的区别

性能	陶	瓷
烧成温度	一般在800～900℃	一般在1200℃以上
坚硬程度	烧成温度低，坯体并未完全烧结，敲击时声音发闷，胎体硬度较差	烧成温度高，坯体基本烧结，敲击时声音清脆，胎体硬度大
使用原料	一般黏土	瓷土(高岭土)
里外质感	胎质粗疏，断面吸水率高	胎质坚固致密，断面基本不吸水

续表

性能	陶	瓷
透光性	低,基本不透光	高,透光性好
艺术表现	内敛深沉	细腻雅致

10.1.2　陶艺制作的材料及工具

1. 泥料

1）泥料的分类

泥料的分类不是很完善,碾制方法不同或烧造气氛不同,泥料的分类方式也不一样。在此,主要从陶艺作品的角度将泥料分为陶泥和瓷泥两大类。

陶泥即陶土,用来制作陶器,是指含有铁质而带黄褐色、灰白色、红紫色等色调,具有良好可塑性的黏土。矿物成分以蒙脱石、高岭土为主。陶泥颗粒有粗有细,颜色有深有浅,一般按所含的矿物成分、烧结温度和直观效果区分其类别。

瓷土又名高岭土,用来制作瓷器,是陶瓷的主要原料。瓷土是由云母和长石变质,其中的钠、钾、钙、铁等流失,加上水变化而成的。瓷泥颗粒有粗有细,颜色大多偏白色,它同陶泥一样,按所含矿物的成分、烧结温度和直观效果区分其类别。

2）泥料的选择和调整

在陶艺创作中,泥料没有优劣、粗细之分,因为不同的材质都会表现出独特的艺术美。瓷泥是创作玲珑剔透、秀丽雅致、质地细腻、光洁滋润的作品的好泥料。陶泥则更适合创作淳朴自然、古朴粗犷的作品。在进行陶艺创作之前,应选择适合自己作品内容、表现手法和效果的泥料。而泥料的选择要从泥料的性能入手,做到因材施艺,同时可对泥料添加物质做色彩、质感及温度的调整,以调出自己想要的泥料。

2. 釉料

1）釉的定义

釉是覆盖在陶瓷制品表面的无色或有色玻璃质薄层,是用矿物原料(长石、石英、滑石、高岭土等)和原料按一定比例配合,经研磨制成釉浆,施于坯体表面,经一定温度煅烧而成的。

2）釉的作用

釉既可以提高艺术的欣赏价值,丰富作品(为了美观),又能改善制品的各种性能(防污性、抗菌性、增加强度等)。

3）釉的分类

釉按烧成温度可分为高温釉(≥1200℃)、中温釉(1000～1200℃)、低温釉(≤1000℃)。按釉面特点又可分为透明釉、无光釉、裂纹釉、结晶釉等。

3. 工具

(1) 木(竹)刀：成形中用于刮、削、雕挖、整形、装饰。图 10-1 所示为拉坯用的工具八件套。

(2) 刮刀(尾部带三角形或圆形铁丝)：成形过程中用于修坯、整形、装饰、掏挖、平整表面。图 10-2 所示为各种泥塑刀。

(3) 转盘：方便制作时从各个角度制作、观察、调整、修改作品。

(4) 陶拍：用于整形或拍打泥板、压泥等,常用木材制作。

(5) 钢丝弓：用于切割泥块或分离拉坯作品。

(6) 杯、笔、桶、毛刷：用于盛水、补水、涂抹、修坯、施釉。图 10-3 所示为彩绘用毛笔。

(7) 抛光工具：包括不锈钢勺、金属片、鹅卵石、牛角片、牙刷把,用于坯体表面抛光抹平。

(8) 碾棍、帆布、木条：用于制作陶板。

(9) 湿布、塑料布、海绵、喷壶：用于未完成坯体的保湿。

(10) 底板：用于成形作品的临时底座,便于移动。

(11) 拉坯机：用于圆形器皿的制作。图 10-4 所示为一种变速拉坯机。

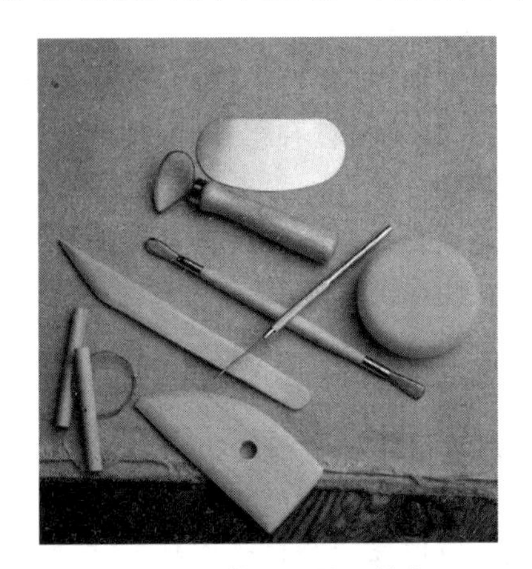

图 10-1 拉坯工具八件套

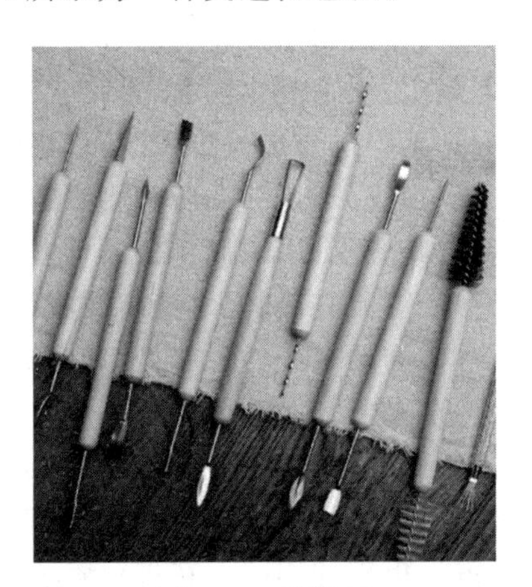

图 10-2 泥塑刀

图 10-3 陶艺彩绘毛笔

图 10-4 变速拉坯机

10.1.3 成形技法

1. 拉坯成形

拉坯成形是把揉好的泥料放在拉坯机正中,运用挤压、提拉等手法动作,配合拉坯机的旋转将泥拉升，最后制成所需的形状。一般圆形的器物都可以用此方法制成，有些变形的作品也是初步用此方法制作，然后再做改变。待坯有一定的硬度，表面的水分变干后，拿捏起来不发生变形时，就应及时修坯并进行装饰处理。一般将坯倒扣在转盘上打正，并用泥固定好，再一手按坯，一手用工具修坯。

1）揉泥

用手揉泥一是可以控制泥的软硬度，二是可使泥更加均匀，便于使用。一般采用羊头式揉泥手法，如图 10-5 所示。

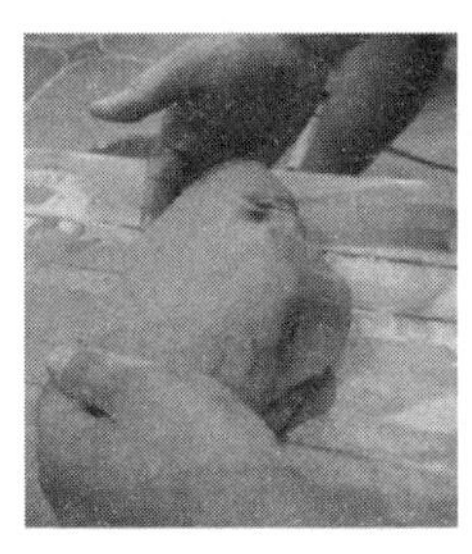
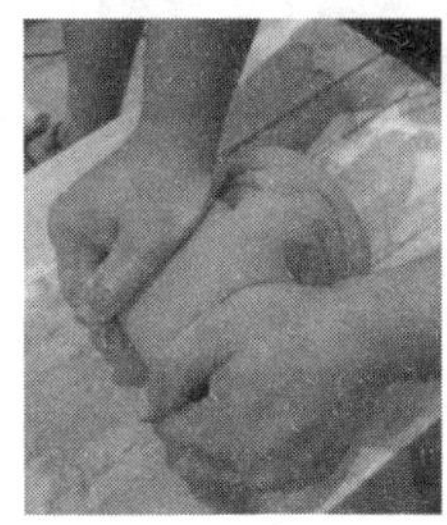

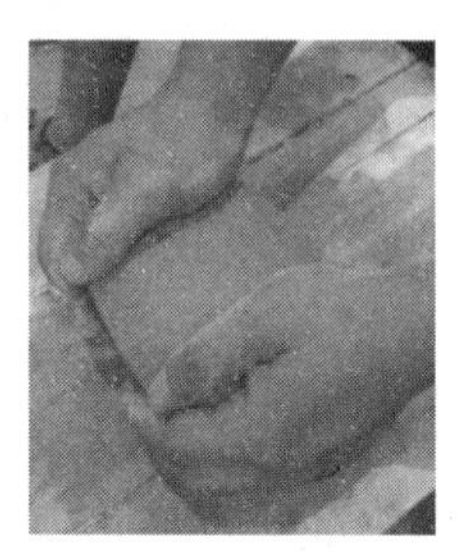

图 10-5 羊头式揉泥步骤

2）拉坯

拉坯所用的设备和工具包括拉坯机、海绵、木刀、钢丝线、水桶、刮片和钢针等。

（1）接通拉坯机电源，打开开关，调整其旋转方向。

（2）把揉好的泥巴固定在转盘中心，调整拉坯机的转速。图 10-6 所示为固定手法。

图 10-6 泥的固定手法

（3）找中心，润湿双手（少量多次沾水），双手握住泥巴，双肘顶住腿部膝盖以上 5cm 左右的位置，双手将泥巴上下反复揉和。其目的是为了调节泥巴的软硬程度，防止在拉坯过程中，由于泥巴干湿不均导致成形困难的问题。图 10-7 所示为定中心的手法。

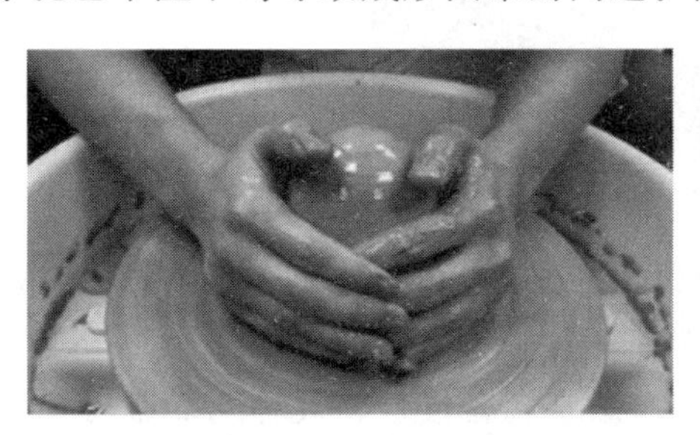

图 10-7 定中心手法

(4) 开口。泥巴在机器上找好了中心后,便可使用大拇指指腹,向下倾斜 45°往里抠,随后便可出现器形的雏形。注意:在开口时,一定要感受坯体底部的厚薄程度,建议初学者留 2cm 左右厚,不建议太薄,因为太薄易变形、穿底。图 10-8 所示为开口手法。

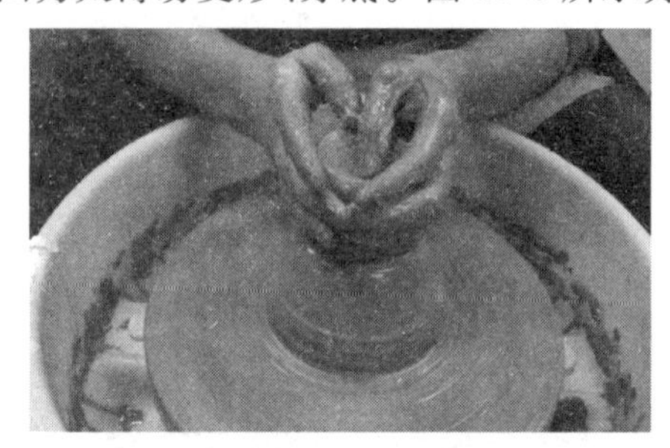

图 10-8 开口手法

(5) 拔高。开口完成之后,便可通过双手的挤压将泥巴由下往上拔高。在拔高的过程中,拉坯机的转速可以减至 120r/min 以内,因为速度缓慢可以提高拔高的成功率。图 10-9 所示为拔高手法。

图 10-9 拔高手法

(6) 修形。此时,拉坯机的转速还可以从"拔高"过程中的速度往下降一些。待制作的大造型确定后,单手需保持垂直状态,在坯体内壁上、下修形。外部可借助工具刮片,使得泥坯外表更加光滑、侧面的弧线造型更加圆润。器形由小向大的方向修整。图 10-10 所示为修形手法。

图 10-10 修形手法

(7) 修底。将拉坯机的转速调低,用木刀修整底部,将多余的泥巴分离,再用钢针沿着转盘将多余的泥巴削掉。图 10-11 所示为修底手法。

(8) 取下。取钢丝线光滑的部分,双手拉紧,贴紧转盘慢慢将坯体与转盘分离,夹住坯体底部移放至木板上晾干。

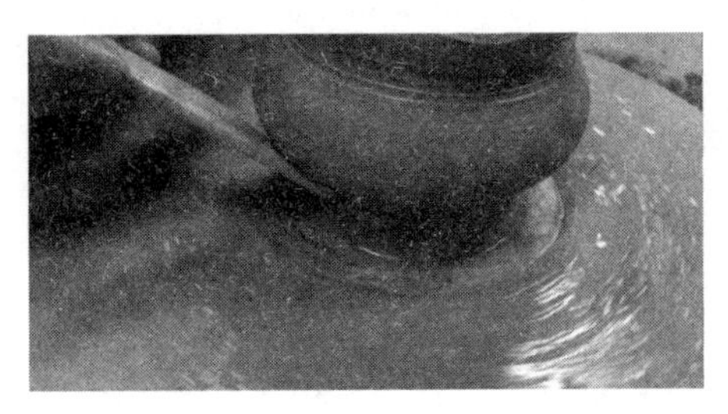

图 10-11　修底手法

(9) 清理拉坯机台面。

3) 修坯

图 10-12　修坯定中心手法

修坯所用设备和工具包括拉坯机、海绵、修坯刀、水桶。

(1) 找中心。将干燥程度适中的坯体倒放在转盘上,调低拉坯机的转速,双手轻轻扶住坯体,找到大概的中心。拉的坯越正则越好找中心。图 10-12 所示为修坯过程中的定中心手法。

(2) 固定。坯体的固定有泥粉固定法、湿泥三点式固定法,二者均有其优、缺点。运用时应根据具体需求确定。

① 泥粉固定法:坯体固定得比较牢固,不易甩飞,但是会对口沿造成一定程度的破坏,如图 10-13 所示。

② 湿泥三点式固定法:坯体固定得不是很牢固,易甩飞,但是不会对口沿造成破坏,如图 10-14 所示。

图 10-13　泥粉固定法

图 10-14　湿泥三点式固定法

(3) 造型。可进一步根据坯体不同位置的形状特征选择合适的工具,将坯体修薄并精确造型。通过敲击感受作品底部振动的方法来判断底部的薄厚。图 10-15 所示为精确造型手法。

图 10-15　精确造型手法

2. 泥条盘筑

泥条盘筑是指用手将泥搓制成粗细一致的泥条,按照一定的规律层层盘筑而上,最后连接在一起成形的陶瓷制作方法。运用此种方法,通过控制泥条的粗细就能够控制作品的厚度,方便制作时对作品的掌控。图 10-16 所示为泥条杯,图 10-17 所示为泥条所做的陶泥玩偶。

图 10-16　泥条杯

图 10-17　陶泥玩偶

有些陶艺创作中有意保留了泥条排列的痕迹,以此来增强造型的韵律和趣味。盘筑制作小型作品方便快捷,容易成形。制作大型作品时为防止一次垒筑太高,太多的泥量使作品底部无法承受而倒塌变形,则需分几个阶段盘筑成形。一般制作大型作品时需要随时用吹风机吹,以控制好底部的软硬度,这样上面的造型才能顺利盘筑完成。有时,作品需要同时制作几个部分,再组装起来。每次做完后要用塑料布包严,防止作品干燥。

3. 泥板成形

泥片、泥板的成形方式在陶艺创作中应用广泛,适合创作各类作品。一般是先用擀面杖将泥擀成一定的厚度,然后再依据造型要求裁切成各种形状,最后将它们粘接成最终造型。泥片体积较小,可以堆塑、衔接成想要的各种造型。泥板在较湿时,可以用来相互黏结扭曲成曲线变化丰富的造型,再添加上泥片装饰,使细节更加生动。较干的泥板可用来制作一些见棱见角的作品,比如方形、多棱角的造型,会更加突出造型的规则感和体量感。图 10-18

所示为泥片所组成的几何图形，图 10-19 所示为泥片所做的杯子。

图 10-18　泥片几何图形

图 10-19　泥片手工咖啡杯

4. 捏塑成形

捏塑成形是用手直接对泥料进行捏、挤、压、抹等操作，并加以简单的工具辅助，使泥料成形。不同大小的陶艺作品都可以通过捏塑的方法成形，十分简单直接。也可以将作品分成几个部分，分别捏制再统一粘接，这种成形方式可以训练制作者对泥土厚薄、软硬最直接的认知，通过这一系列的动作，使制作者与泥土之间产生最真切的交流，由泥土直接传达出制作者的情感。因为陶瓷最后要烧成，所以捏塑作品应符合一定的烧成要求，也就是作品要薄壁中空。这样才能在升温过程中使坯体各部分均匀受热，最终烧成。手工捏塑的作品如果壁厚超过 2cm，就要减少泥量或减慢烧成速度。图 10-20 所示为小怪兽，图 10-21 所示为捏塑人物。

图 10-20　小怪兽

图 10-21　捏塑人物

10.1.4　装饰技法

陶艺泥坯在成形过程中，经常会针对坯体表面做一些简单的装饰处理，使作品呈现出美感与艺术情趣，这就是坯体装饰的方法。它是利用一定的工具或与坯体相似的泥料对坯体表面进行装饰，在坯体上留下平面或立体的装饰痕迹，从而达到美化的目的，使作品更具有个性和新意。下面介绍一些典型的装饰技法。

1. 压印法

压印法是通过媒介物将其纹样转化到坯体上来形成肌理效果的。在现实生活中能转化形成肌理的媒介物不胜枚举，如自然界中各具特色的老树干、叶脉、枝丫或粗糙的石头等，日常生活中的竹帘、麻布、绳子等。在远古时期，先民就以绳纹、布纹、席纹、指甲纹、网纹等来装饰彩陶的肌理效果，构成了彩陶艺术中最为绚丽多彩的装饰纹样。压印的装饰手法比较容易掌握并且变化无穷，初学者可由此多作练习，不断拓宽陶艺装饰的表现语言。图 10-22 所示为常用的纹理压印。

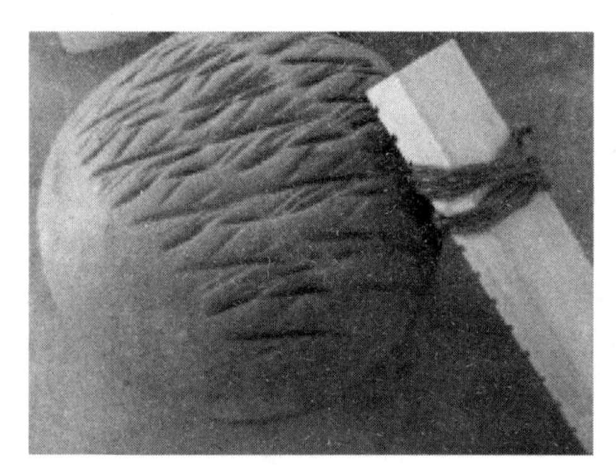
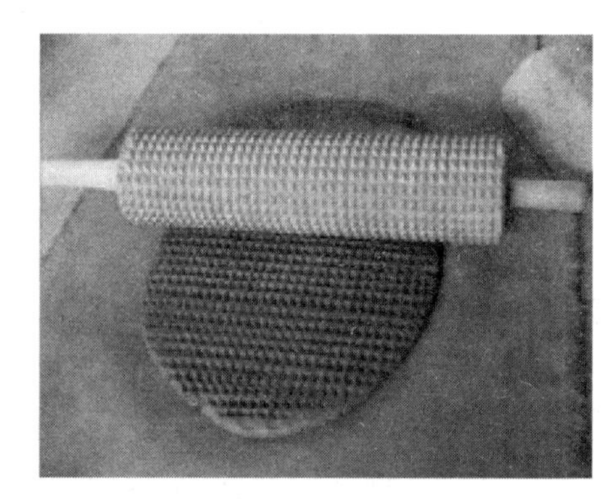

图 10-22 纹理压印

2. 切削法

切削是一种效果很好的装饰方法，使用不同的工具就会产生不同的视觉效果。切削的工具主要分为割线和刀具两类。其中，直线式割线是我们平时做陶艺最常用的，主要用于切割半成作品，尤其是拉坯成形后在作品的坯体表面所做的大面积切削处理，可以用直线式割线来突出棱角分明的块面感。

3. 绞胎

绞胎主要是将两种或两种以上颜色的泥混合在一起，且有意将其混合得不均匀，由它制成的坯体会呈现颜色相间、类似流水纹或木纹的装饰效果，然后再施以透明釉烧成，便形成了绞胎器。拉坯也可以做绞胎造型，但泥坯里外的花纹是不一致的，有时花纹会夹在泥层中间无法显现出来。

4. 绘画类

绘画是指在瓷器素坯上直接彩绘，再施以透明釉，一次性烧成即可，也称为釉下彩。其特点是：表面光滑细腻，能透出底部图案，釉面可以保护图案永不褪色。但是釉下彩存在运笔的问题：用毛笔在素烧坯上作画时，远远不如在纸上容易。因为素烧坯的孔洞粗糙，会大量吸收毛笔上的水分，造成运笔困难，表现为线条不够流畅、受阻或者截断等。最好的解决方法是把素烧坯浸入水中，它吸收了水分后，表面的孔洞就会减少，绘画起来也就容易些。或者在未完全干的生坯上直接作画，然后再素烧，这样就避免了以上问题。

5. 施釉

1）施釉前的注意事项

（1）上釉前要将坯体补水（除尘），复杂的捏雕类作品、釉下彩绘类作品不需要补水。应注意，海绵球水分要少，坯体吸水过多会导致其吸釉困难。

（2）要把釉料摇均匀、过滤。应注意，结晶釉不能过滤。

（3）釉的浓稠度要适当，待釉料搅拌均匀时，釉料流动的状态最好像纯牛奶一般，倘若像酸奶一般不容易流动则太浓，倘若像水一般一下子就从手上流走则太稀。太浓可加水调和，太稀只能等釉料沉淀后，将上面的水倒掉一些方可继续工作。

2）施釉的方法

（1）喷釉法。喷釉法使用的是万金油，基本上适用于所有类型的陶艺作品。图10-23所示为喷釉的步骤，即采用喷釉器将釉料雾化后喷到坯体表面。喷釉时，喷壶要和坯体保持15cm左右的距离，一手拿喷壶，一手均匀转动转盘。

图10-23 喷釉的步骤

（2）荡釉法。荡釉法是适用于作品内部的上釉方式，以拉坯类作品居多。图10-24所示为荡釉的步骤：首先将釉浆浇入坯体内，然后用手缓慢旋转，使釉在坯体内停留大概3s左右倒出，以便釉浆分布在坯体的内表面。

图10-24 荡釉的步骤

（3）浸釉法。浸釉法是适用于作品外部或者整体的上釉方式，以拉坯类作品居多。图10-25所示为浸釉的步骤：将坯体浸入釉中片刻（3s左右），马上拿出来，主要是利用坯体的吸水性使釉浆附着于坯体表面。

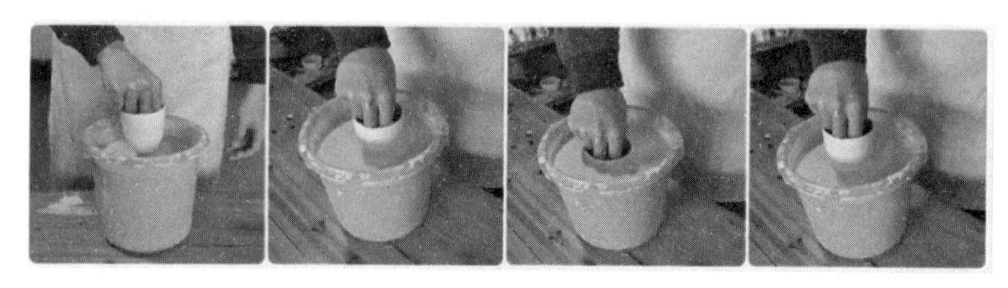

图 10-25 浸釉的步骤

（4）淋釉法。淋釉法是把釉料淋在坯体表面的一种方法，该方法使用比较少。图 10-26 所示为淋釉的步骤。

图 10-26 淋釉的步骤

（5）刷釉法。刷釉法几乎适用于所有类型的作品，但是根据釉流动性的强弱也会相对地留下笔触感。图 10-27 所示为刷釉的步骤。

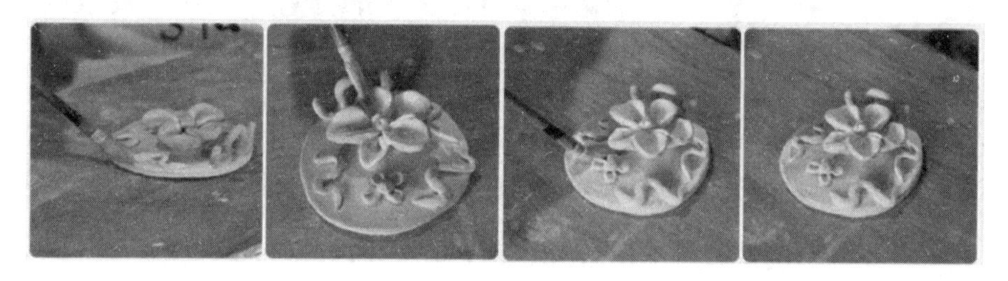

图 10-27 刷釉的步骤

注：上釉之后凡是跟板子接触的位置都要把釉擦干净，有圈足的只擦圈足，平底的则擦整个底面。

10.1.5 陶瓷的烧成

陶艺作品最终是在火中得以成形的，所以火的焙烧是最后一道工序，作品必须经过火的洗礼方可成为真实的存在。

陶瓷的烧成方法很多，有堆烧、坑烧、乐烧、盐烧、柴烧等。依据不同的需要将陶瓷的坯料与釉料结合烧制，同时完成一定的物理与化学变化，从而一次达到相应要求的是一次性烧成。有些陶瓷由于原料特殊要经过特定阶段烧成，一般是先不施釉高温烧坯，坯体烧结后再施釉，经二次入窑低温釉烧而成，如此称为二次烧成。一般而言，烧结的过程叫本烧，低温没烧结的叫素烧。此外还有低温的烤花等区分。但并不是每件作品都要经过素烧、本烧和烤花等所有阶段。

10.2　热转印技术

热转印技术起源于 20 世纪七八十年代,高速印花产品价格的大众化,使其成为当时中低档纺织品的主要印花方法,但是其承印织物的局限性使其在中高档纺织品市场上不可能成为主流印花方法,因此一度处于低潮。直至运动服装的兴起,使其又在运动服装市场上成为化学纤维印花方法的主流。

10.2.1　热转印技术的基础理论

1. 定义

热转印也称为热升华,是将人像、风景等任意图片使用热转印墨水打印在热转印纸上,再经过相应的热转印设备在数分钟内将其加热到一定的温度,从而把纸上的图像色彩逼真地转印到瓷杯、石板画、衣服、玻璃、鼠标垫、手机壳等材质上的一种特殊工艺。

2. 热转印的原理

热转印的原理是预先把彩色图案印在耐热基材薄膜上,再配合专用的转印设备,以烫印的方法转印到产品表面。热转印墨水在高温状态下可热升华,所以高温时纸上的染料会直接由固体经高温变为气体,使颜色由热转印纸转移到要转印的物品表面。

3. 热转印的特点

(1) 图片精美,用普通烫印机、热转印机即可完成。
(2) 应用 INKTRK 热转印墨水,图案一次成形,无须套色。
(3) 用 CAW 热转印纸,只需打印出来即可,操作简单,印工精致,生产成本低。
(4) 产品损耗低,附加值高,工艺装饰性强。
(5) 具有高遮盖力,附着力强。
(6) 符合绿色环保印刷标准,无环境污染。

4. 耗材

1) 热转印纸

普通的打印纸作为最终的载体,强调的是颜色的永久保持和不褪色;热转印纸则是作为热转印过程的一个中间载体,不仅能将颜色暂时固化在热转印纸上面,还能将颜色还原到最终产品上。热转印纸是热转印过程中必不可缺的常用耗材,其价格也是普通纸的几倍,甚至几十倍。其本质的原因就是热转印纸的表面有一层热转印涂层,使热转印纸的表面更加粗糙,并且有黏性。热转印纸又分为热熔胶型热转印纸和升华型热转印纸,其具体特点如下:

(1) 热熔胶型热转印纸也称胶膜热转印纸,含有起热熔黏结作用的涂层,可将热转印纸的图案面与被印物相贴,通过在纸背上适当加热加压,该涂层便可黏结到织物上,起到载体和转移作用。使用热熔胶型热转印纸会在被印物上不同程度地留下一层胶质，使得图文更加醒目、突出，但是会有手感。

(2) 升华型热转印纸可以将热升华转印油墨印刷到纸上，通过将印好图文的纸与织物重叠在一起加热、加压或减压，纸上的分散染料就呈气相状态升华转移到承印物上。其主要特点在于转印油墨中的染料受热升华，渗入物体表面，凝固后即形成色彩亮丽的图像，所以热转印产品无手感，图像不会脱落、龟裂，经久耐用。

2) 热转印墨水

热转印墨水也叫热升华墨，主要用于加温转移印制产品。热转印墨水可以通过热转印机加温后，将图案和文字清晰地印制在其他产品上，所以是热转印行业中必不可少的材料之一。与其他染料墨、颜料墨及水性墨相比，热转印墨水色泽鲜浓，密度高，打印在纸上的热转印墨图案浅淡清晰，通过热转印机加热转印后，图像清晰，色彩还原度高。

3) 涂层

热转印是通过加热后使打印出来的图像印制在介质上的特殊印刷工艺，在坚硬的物体，如陶瓷、玻璃等上进行热转印时，则要在物体上涂特殊涂层，这一层特殊涂层就是热转印涂层。需热转印的产品表面涂有这种特殊材料才可以转印上图案。

涂层的特点是：

(1) 可以长期反复清洗，图像不褪色，图案边缘清晰，颜色不扩散。

(2) 成分完全符合美国 FDA 标准，用于餐具可以直接盛放食物。

(3) 热牢度极佳。

(4) 转印时热升华油墨可与涂层发生交联反应，生成新的物质，颜料可牢牢地固定在涂层上，即使再加温，油墨也不会扩散到未转印区域。涂层的这一特点使其可以两次或多次在同一影像杯或用此材料的其他器物上随意转印所需要的图片。

10.2.2 热转印的实际应用

1. 常见的热转印产品

图 10-28 所示为热转印的鼠标垫，图 10-29 所示为热转印的马克杯。

图 10-28 鼠标垫

图 10-29 马克杯

2. 常用的热转印设备

1）烤杯机

图 10-30 所示为热转印烤杯机，又称数码烤杯机。其原理是利用加热加压将热升华墨水打印的图像或照片转印到特制的涂层杯上。烤杯机主要用于 DIY 杯子，有人像杯、影像杯、广告杯、音乐杯、变色杯、音乐变色杯、情侣杯、礼品杯、体育杯、魔术杯、闪光杯、动物杯等，可将任何彩色色标、人像照片、风景图案、企业 LOGO 等烤制在瓷杯上，特别适合用作广告、礼品、宣传活动等。同时也可作为个性化物品，兼艺术欣赏和实用性为一体。烤杯机操作方便快捷，立等可取，烤制单个杯子只需 1.2min。

（1）设备调整，包括压力、时间、温度的调整和设置。

压力：调整压力手柄的调节螺杆，以增加或减小压力。

时间、温度设置：打开（红色）电源开关，按“SET”键 3s，进入菜单，按“▲”或“▼”键设置参数。

具体符号的含义如下：t 为时间控制设定值，SP 为温度控制设定值，SC 为温度偏差修正值，范围为 ±20℃（部分仪表具有此项）。

1—压力手柄；2—智能温控箱；
3—开关按钮；4—烤杯垫。
图 10-30　烤杯机

按“SET”键退出设置，烤杯机开始按设定值工作，上排显示实际温度，同时“OUT”灯点亮，到达设定温度时，停止加热，“OUT”灯熄灭，此时下排显示器开始计时，到达设定时间时，停止计时并发出警报声。

（2）烤制方法。烤杯机只适用于热转印专用杯，实验参数以实验室烤杯机为主。具体步骤如下：

步骤 1　构思图片。

步骤 2　利用 Photoshop 软件制图，尺寸为长为 20.5cm、宽 8.5cm，300 像素。

步骤 3　将制作完成的图片打印在热转印纸上并裁剪，用高温胶带固定在杯子上，注意不要蹭掉墨水，粘贴时不要上下贴反。

步骤 4　调整烤杯机的温度为 300℃，时间为 45s，按启动键升温。

步骤 5　烤杯机蜂鸣声响起，推动压力手柄，将杯子放入固定位置，拉下压力手柄，升温至 330℃，开始倒计时 45s；时间到、蜂鸣声再次响起，关闭电源，取出杯子，揭掉胶带。注意，这时不要用手触摸高温的杯壁，为防止油墨继续扩散，应将杯子放入清水中浸泡数次，取出后擦干即可。

2）烫画机

图 10-31 所示为烫画机，可将各种图案经热转印烫在棉、麻、化纤等织物上，还可将彩色色标、人像照片、风景图案等烤制在瓷板、金属板上，特别适合制作奖牌、纪念证牌、文化衫等，经济实用，图案精美。该技术正在替代传统的刺绣和丝网印花，其成本和效果却大大低于和优于一般的刺绣和多色丝网印花。

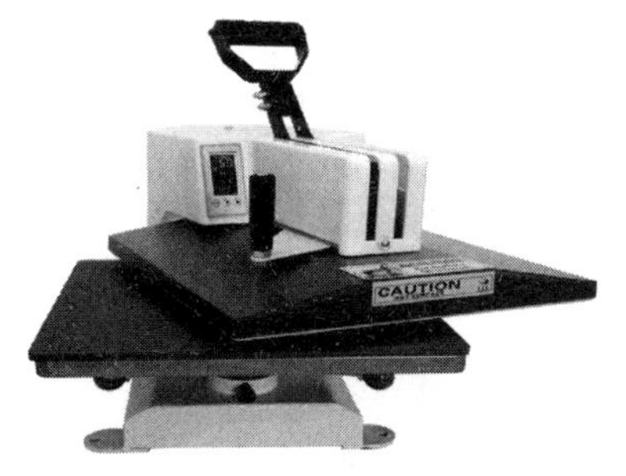

图 10-31　烫画机

(1) 烫画机烫印 T 恤的操作步骤如下：

步骤 1　构思图片，利用 Photoshop 软件制图。

步骤 2　将热转印纸(注意分清正反面)放入打印机，打印图案并修剪边缘。

步骤 3　打开烫画机，调整温度至 200℃，时间为 15s，调整压力。

步骤 4　待升温至 180℃左右时，将 T 恤平放到承印台上压一下以去除褶皱。

步骤 5　将修剪好的图案用高温胶带在 T 恤上固定好位置。

步骤 6　待升温至 200℃时，将 T 恤平放到承印台上，粘好图案的一面朝上，拉下压力手柄。

步骤 7　时间到，提示音响起，拉起压力手柄，关掉开关，取出 T 恤(戴上手套防止烫伤或等片刻，或待 T 恤冷却)，揭下纸和胶带。

步骤 8　检查图案是否有瑕疵，至此转印完成。

(2) 烫画机烫印石板画的操作步骤如下：

步骤 1　构思图片，利用 Photoshop 软件制图。

步骤 2　将热转印纸(注意分清正反面)放入打印机，打印图案并修剪边缘。

步骤 3　打开烫画机，调整温度至 280℃，时间为 400s，调整压力。

步骤 4　将修剪好的图案用高温胶带在石板上固定好位置。

步骤 5　待升温至 280℃时，将石板放到承印台上，粘好图案的一面朝上，拉下压力手柄。

步骤 6　时间到，提示音响起，拉起压力手柄，关掉开关，取出石板(戴上手套防止烫伤或等片刻，或待石板冷却)，揭下纸和胶带。

步骤 7　检查图案是否有瑕疵，至此转印完成。

常用软件介绍

在软件设计和电路设计时需要用到的软件包括单片机编译软件 Keil、STC-ISP 下载软件和电路板设计软件 Altium Designer，本章对这些常用软件以及常用绘图软件的基本功能、常用按键、配置设置等进行了介绍。

11.1 Keil 软件及 STC 单片机程序下载

11.1.1 Keil 简介

Keil C51 是美国 Keil Software 公司出品的 51 系列兼容单片机 C 语言软件开发系统。与汇编语言相比，C 语言在功能、结构性、可读性、可维护性上有明显的优势，易学易用。Keil 提供了包括 C 编译器、宏汇编、链接器、库管理和一个功能强大的仿真调试器等在内的完整开发方案，通过一个集成开发环境(μVision)将这些部分组合在一起。无论使用 C51 语言编程，还是汇编语言编程，其方便易用的集成环境、强大的软件仿真调试工具都会使使用者事半功倍。

进入 Keil 软件后，显示屏幕如图 11-1 所示，紧接着出现编辑界面，如图 11-2 所示。

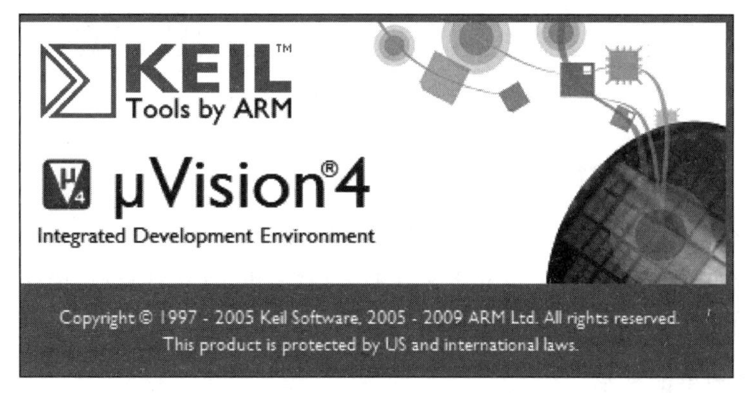

图 11-1　启动 Keil 软件的界面

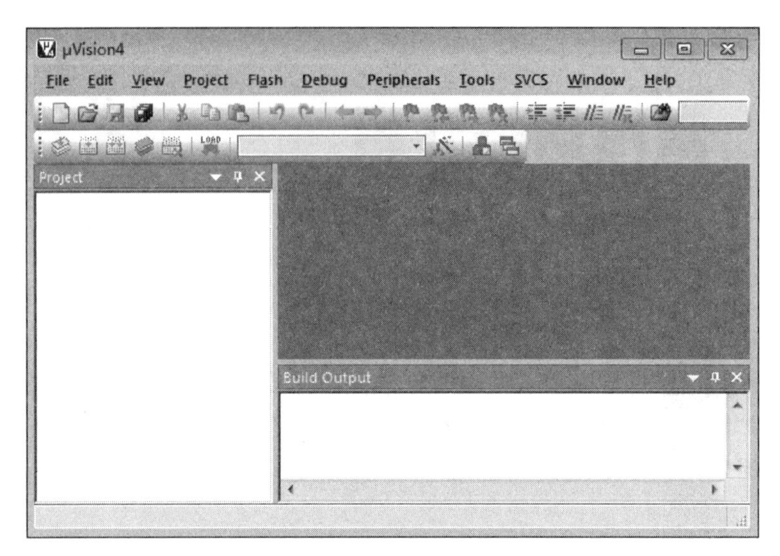

图 11-2　进入 Keil 软件后的编辑界面

11.1.2　Keil 工程的建立

1. 建立一个新工程

如图 11-3 所示，单击【Project】菜单中的【New μVision Project...】选项建立新工程。

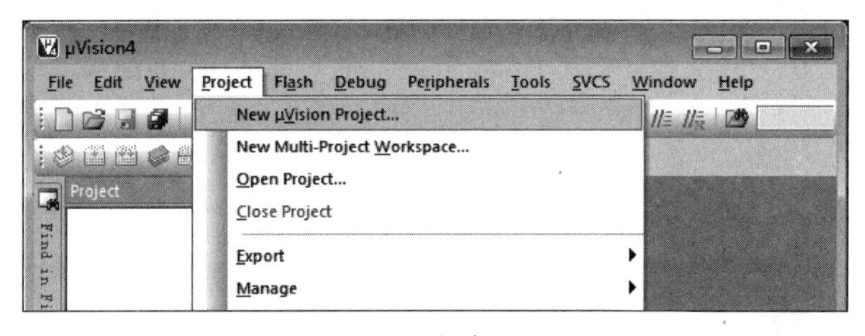

图 11-3　新建工程

2. 选择工程保存的路径，并输入工程名

Keil 的一个工程中含有很多小文件，为了方便管理，通常将一个工程放在独立文件夹下，比如保存到如图 11-4 所示的 proj_1 文件夹中，然后单击【保存】按钮保存。工程建立后，此工程名变为 proj_1. uvproj。

3. 单片机型号的选择

新工程建立后，会弹出一个对话框，要求用户选择单片机的型号，此时可根据用户使用的单片机来选择。Keil C51 几乎支持所有的 51 内核单片机，如项目中用的是 STC89C52 单片机，但在对话框中却未能找到这个型号的单片机，则任选一款 89C52 即可，因为 51 内核

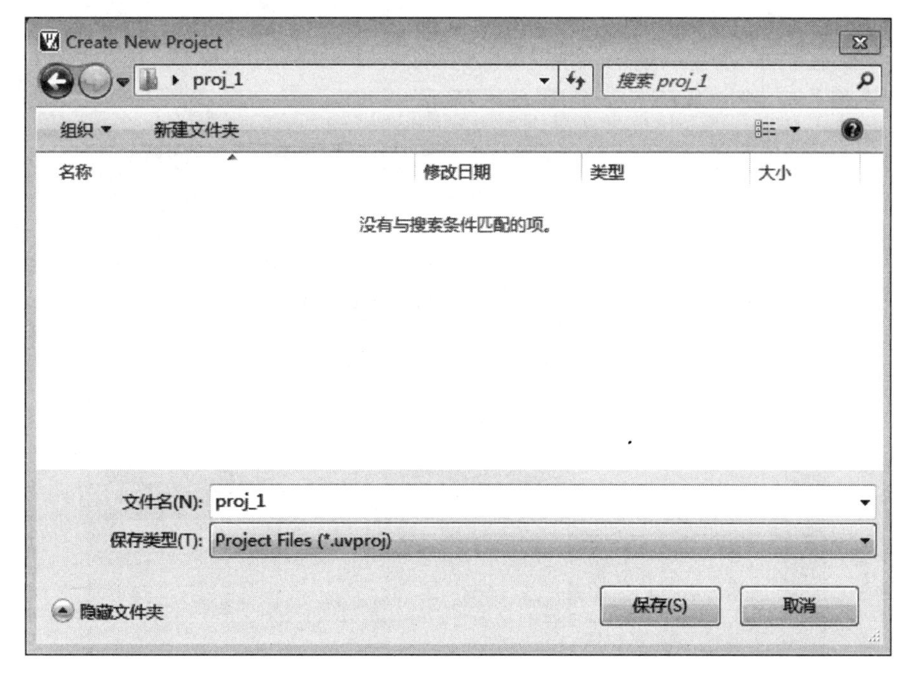

图 11-4　保存工程

单片机具有通用性，如图 11-5 所示，在这里选择 AT89C52。选择 AT89C52 之后，右边的“Description”栏里是对该型号单片机的基本说明，还可以单击其他型号的单片机浏览一下其功能特点，选好后单击【OK】按钮确定。

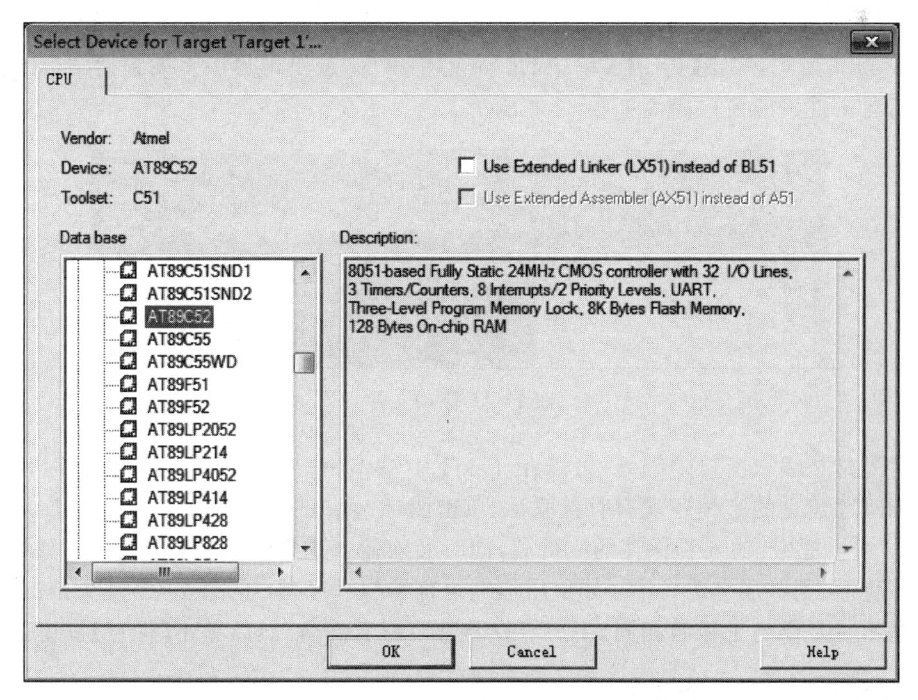

图 11-5　选择单片机型号

4. 工程建立完成

完成步骤3后，窗口界面显示如图11-6所示。

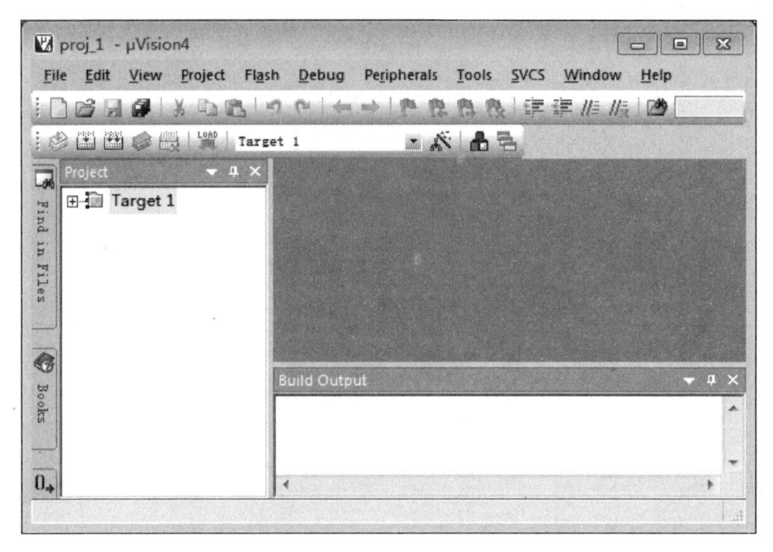

图 11-6 添加完单片机后的窗口界面

至此，已建立工程。但工程名有了，工程当中还没有任何文件及代码，接下来添加文件及代码。

5. 新建文件及保存

如图11-7所示，单击【File】菜单中的【New】菜单项，或单击界面上的快捷图标“ ”添加文件。新建文件后的窗口界面如图11-8所示。

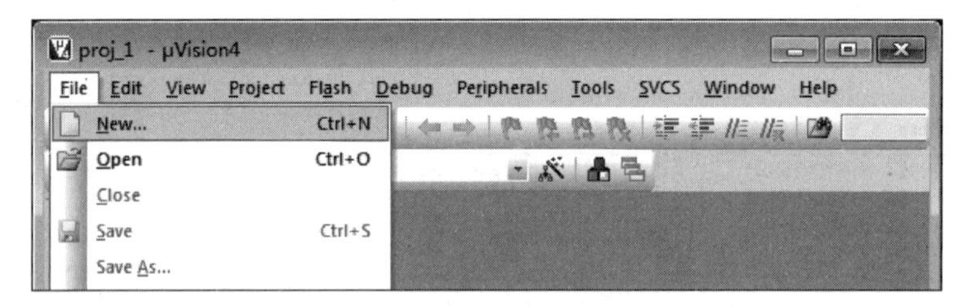

图 11-7 添加文件

此时光标在编辑窗口中闪烁，可以在Text1中输入用户的应用程序。但此时该新建文件与我们刚才建立的工程还没有直接联系，单击图标“ ”的窗口界面如图11-9所示，在“文件名(N)”编辑框中，输入要保存的文件名，同时必须输入正确的扩展名。注意：如果用C51语言编写程序，则扩展名为“.c”；如果用汇编语言编写程序，则扩展名必须为“.asm”。这里的文件名不一定要与工程名相同，用户可以随意填写文件名，然后单击【保存】按钮保存。

6. 将新建文件添加到工程中

回到编辑界面，单击【Target 1】前面的“＋”号，然后在【Source Group 1】选项上右击，弹

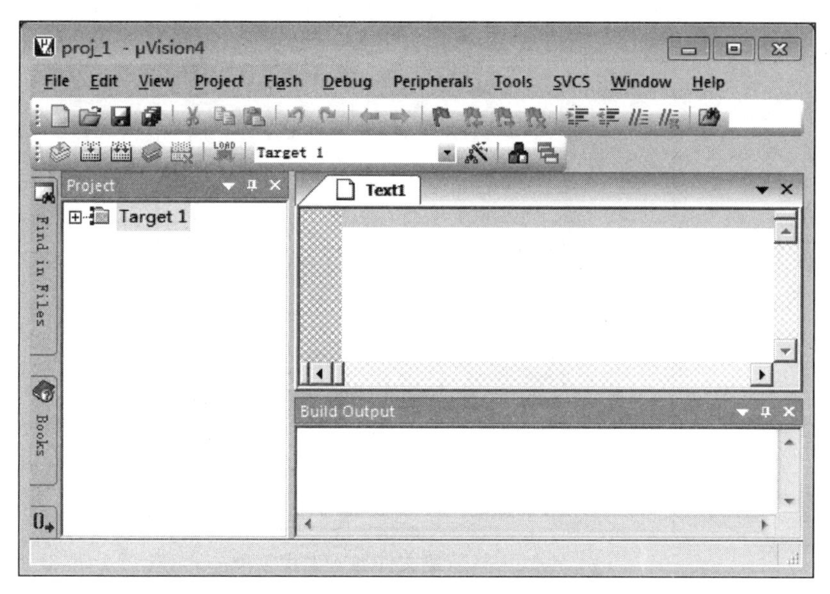

图 11-8　添加完文件后的窗口界面

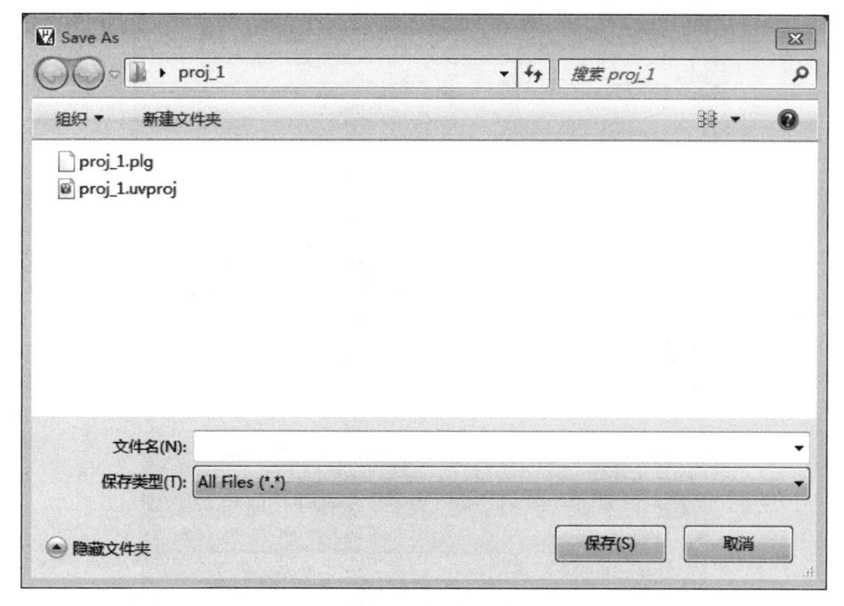

图 11-9　保存文件

出如图 11-10 所示的菜单，然后选择【Add Files to Group 'Source Group 1'】菜单项，其对话框如图 11-11 所示。

选中【proj_1. c】，单击【Add】按钮，再单击【Close】按钮，然后单击左侧【Source Group 1】前面的"＋"号，屏幕显示窗口如图 11-12 所示。

这时应注意在【Source Group 1】文件夹中多了一个子项【proj_1. c】，当一个工程中有多个代码文件时，都要加在这个文件夹下，此时源代码文件已与工程关联。

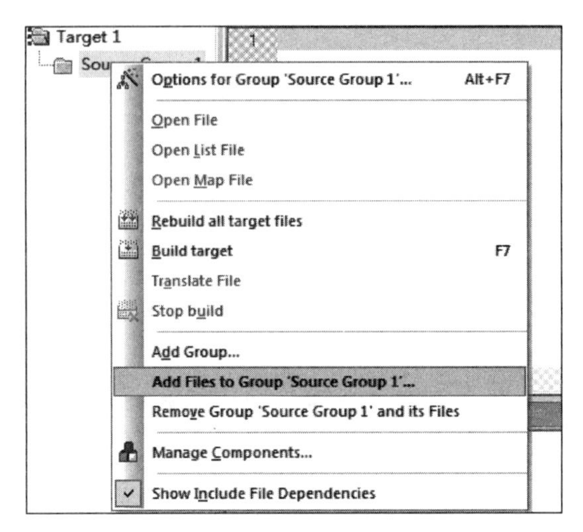

图 11-10　将新建文件加入工程菜单

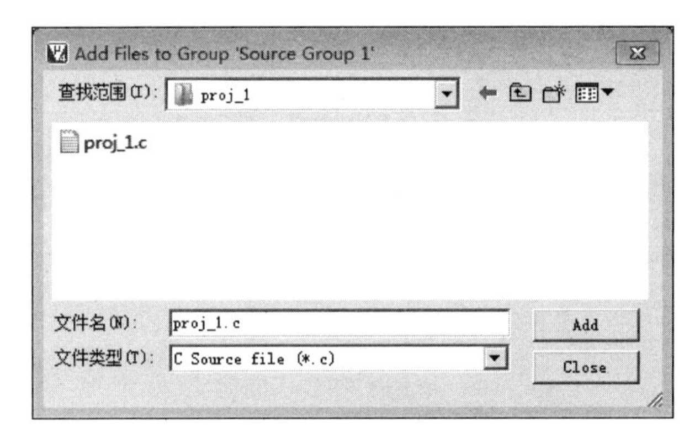

图 11-11　选中文件后的对话框

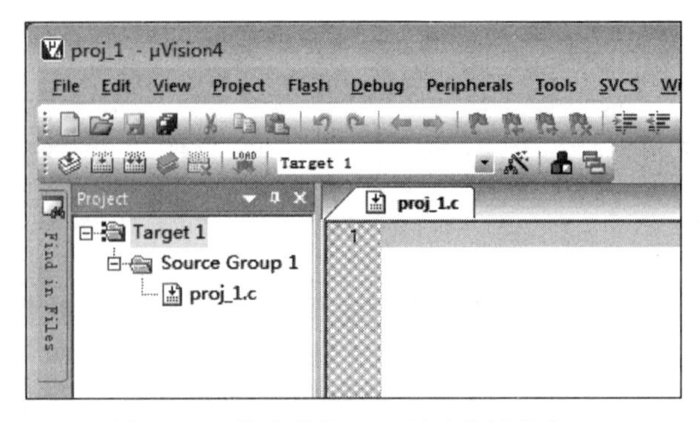

图 11-12　将文件加入工程后的屏幕窗口

11.1.3　主要功能键介绍

1. 配置设置图标“ ”

菜单下单击【Edit】→【Configuration...】，打开对话框后，有 6 个选项卡，分别为 Editor（编辑）、Color & Fonts（颜色和字体）、User Keywords（用户关键字）、Shortcut Keys（快捷键）、Templates（模板）、Other（其他），选项卡中大部分是不需要改变的，一般只需要对 Color & Fonts（颜色和字体）选项卡进行更改就可以了。如图 11-13 所示，在“Color & Fonts”选项中可以切换颜色和字体对话框。

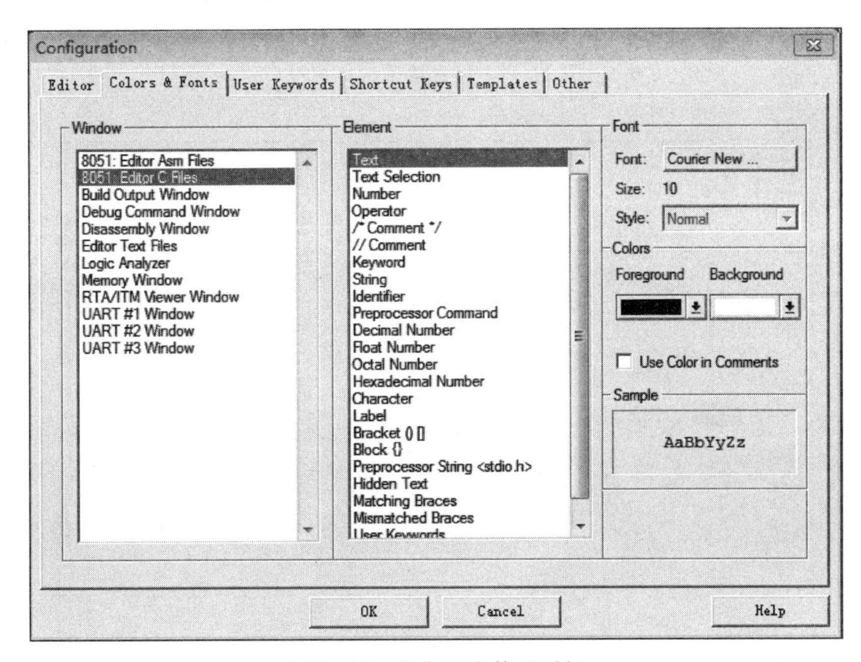

图 11-13　颜色和字体对话框

2. 设置输出文件格式键图标“ ”

菜单下单击【Project】→【Options for Target ‘Target1’...】，如图 11-14 所示。

如图 11-15 所示，在屏幕上弹出的窗口中，选择【Output】页面设置对话框，勾选【Great HEX File】选项后单击【OK】按钮，完成设置。此选项用于生成可执行代码文件，可以用编码器写入单片机芯片的“. hex”格式文件，文件的扩展名为“. hex”，默认情况下该项未被选中。

3. 编译功能键

图标“ ”用于编译正在操作的文件；图标“ ”用于编译修改过的文件，并生成应用程序供单片机直接下载；图标“ ”用于重新编译当前工程中的所有文件，并生成应用程序供单片机下载。

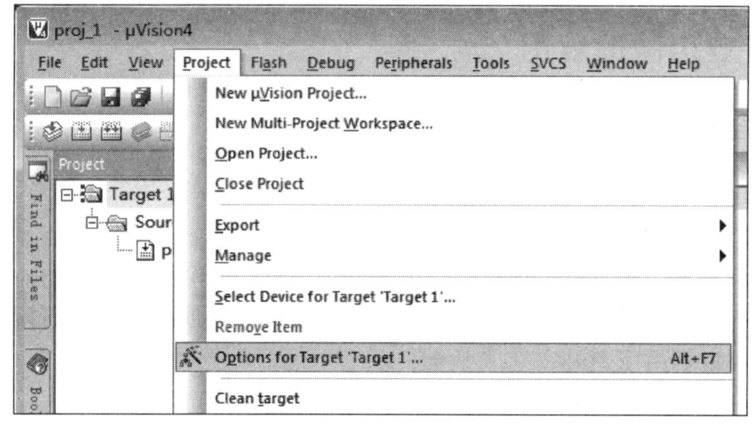

图 11-14 设置菜单选择窗口

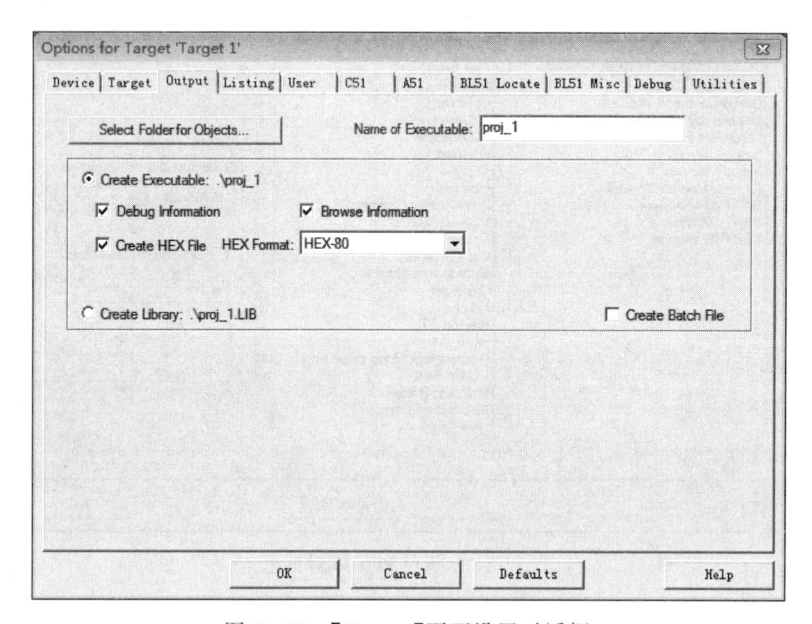

图 11-15 【Output】页面设置对话框

4. 信息输出窗口键"▤"(Build Output)

当进行程序编译时可通过输出信息窗口查看程序代码是否有错误。编译之后,0 错误、0 警告信息出现在输出窗口中则表示成功,如图 11-16 所示。如有错误,就会有错误报告出现,双击该行可定位出错的位置,对源程序反复修改之后,再次编译,直至成功。

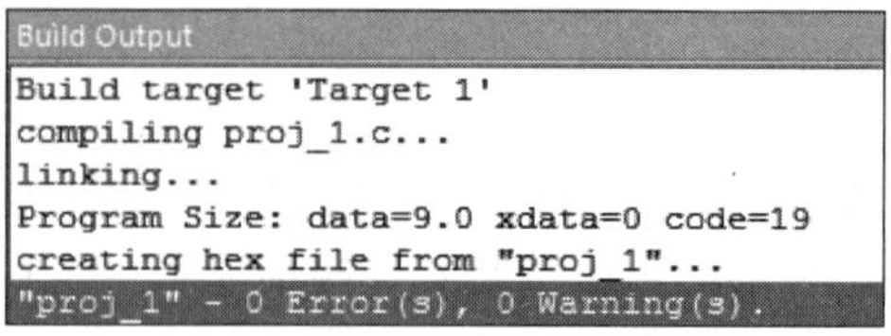

```
Build Output
Build target 'Target 1'
compiling proj_1.c...
linking...
Program Size: data=9.0 xdata=0 code=19
creating hex file from "proj_1"...
"proj_1" - 0 Error(s), 0 Warning(s).
```

图 11-16 编译完成后的信息窗口

11.1.4　STC 单片机程序下载

STC 单片机具有串口 ISP 下载功能，通过串口和单片机的最小系统连接就能将程序下载到单片机内。目前大部分计算机不带串口，需要通过转换工具，将计算机上的 USB 口转换成单片机的 TTL，如使用 CH340 芯片的下载器。

STC 单片机有免费的 ISP 下载软件，如图 11-17 所示，打开后需要进行设置，即单片机型号选相对应的型号；串口号的查找可以打开计算机的设备管理器，点开端口进行核对；添加程序文件时芯片只能识别“.hex”文件，所以在编译时要让编译器生成“.hex”文件；冷启动模式下载，先单击【下载/编程】按钮，然后再给单片机供电。

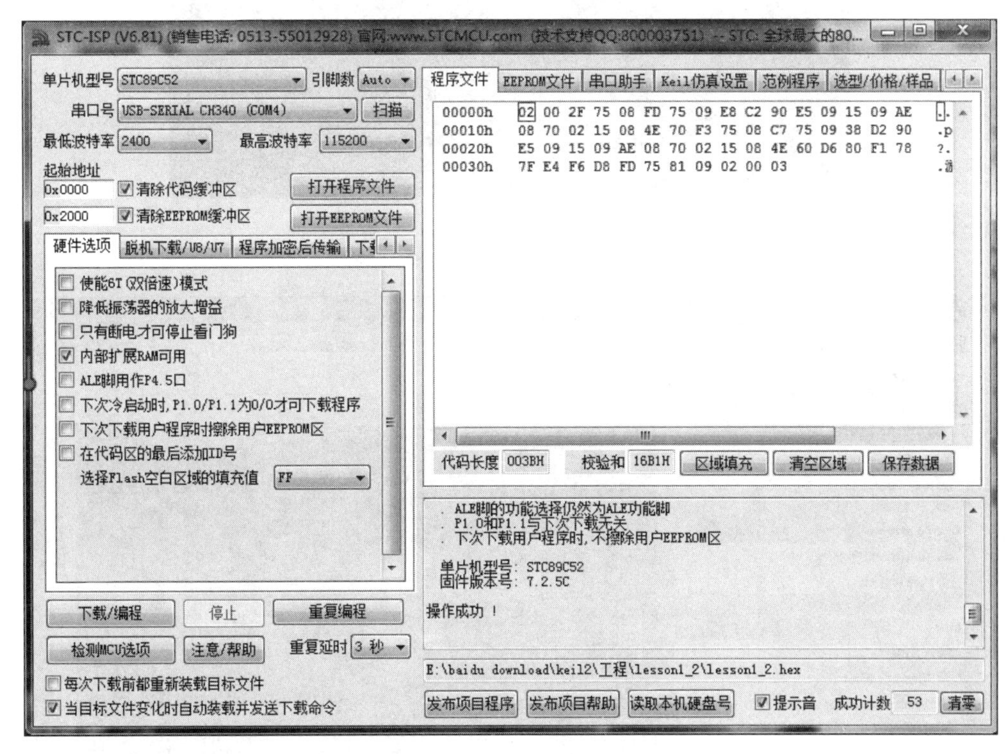

图 11-17　ISP 下载软件窗口

11.2　Altium Designer 软件

11.2.1　Altium Designer 简介

Altium Designer 软件是 Protel 软件开发商 Altium 公司推出的一体化电子产品开发系统，把为电子产品开发提供完整环境所需的工具全部整合在一个应用软件中。Altium Designer 包括所有设计任务所需的工具：原理图和 HDL 设计输入、电路仿真、信号完整性分析、PCB设计、拓扑逻辑自动布线、基于FPGA的嵌入式软件系统设计和开发。

启动 Altium Designer 软件后，屏幕显示如图 11-18 所示，之后进入主程序窗口，如图 11-19 所示。

图 11-18 启动 Altium Designer 软件的界面

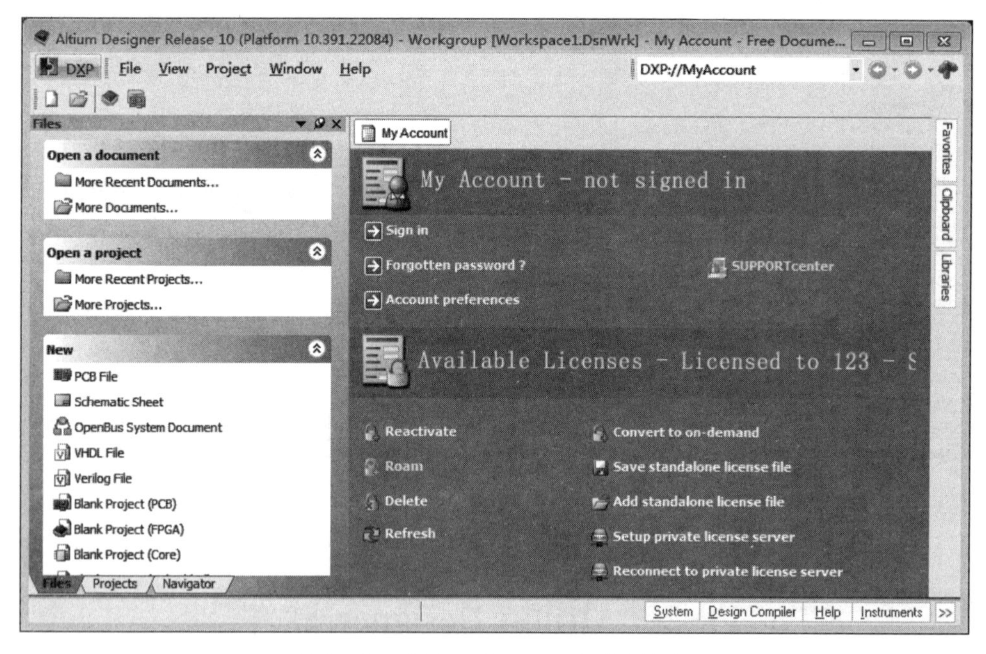

图 11-19 Altium Designer 主程序窗口

11.2.2 建立工程

1. 建立 PCB 工程

单击【File】→【New】→【Project】→【PCB Project】，建立 PCB 工程，如图 11-20 所示。

Projects 面板框如图 11-21 所示，新的工程文件 PCB_Project1. PrjPCB 中不带任何文件。

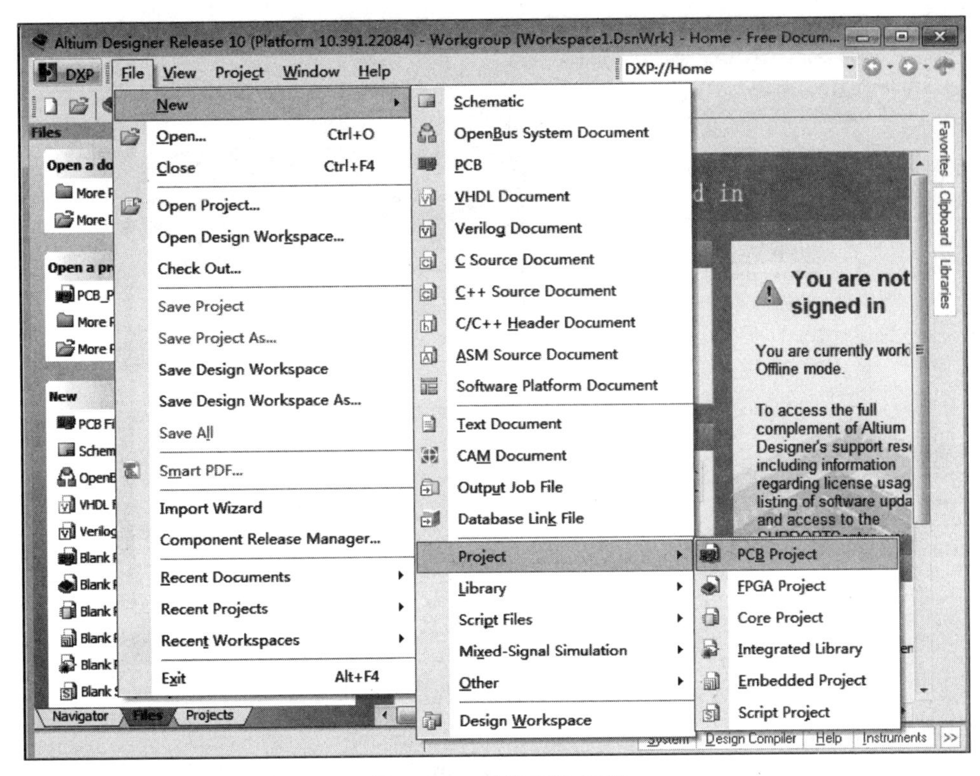

图 11-20　新建 PCB 工程

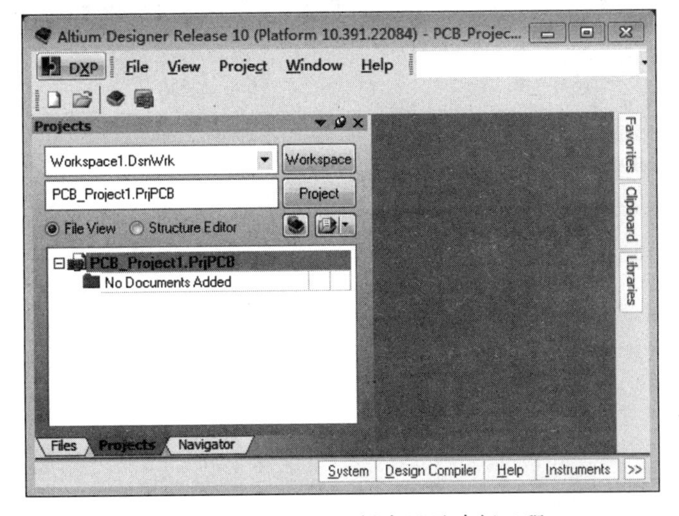

图 11-21　Projects 面板中显示建新工程

2. 添加原理图文件和 PCB 文件

如图 11-22 所示，在 Projects 面板框中右击【PCB_Project1. PrjPCB】，再用左键单击【Add New to Project】→【Schematic】，新建一个空的原理图文档，屏幕显示界面如图 11-23

所示。

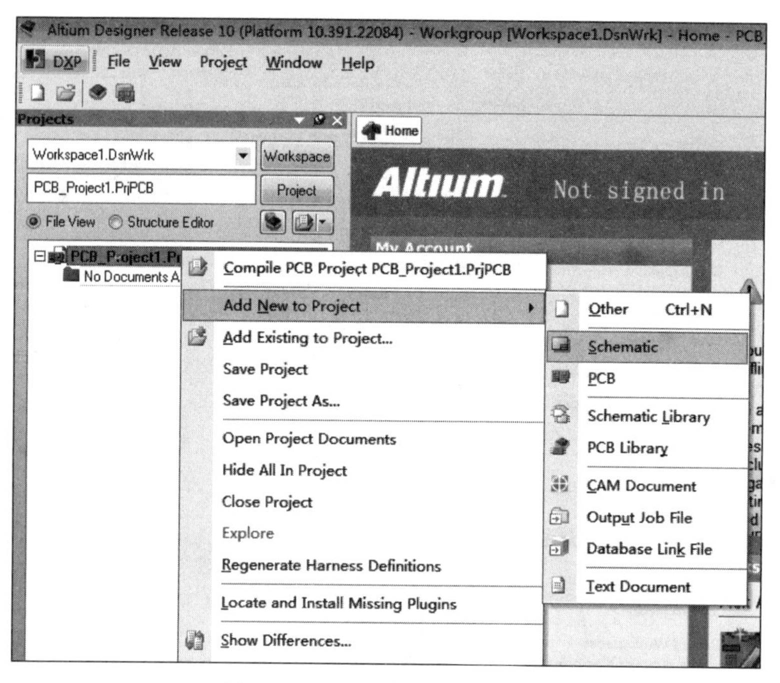

图 11-22　给新建工程添加文件

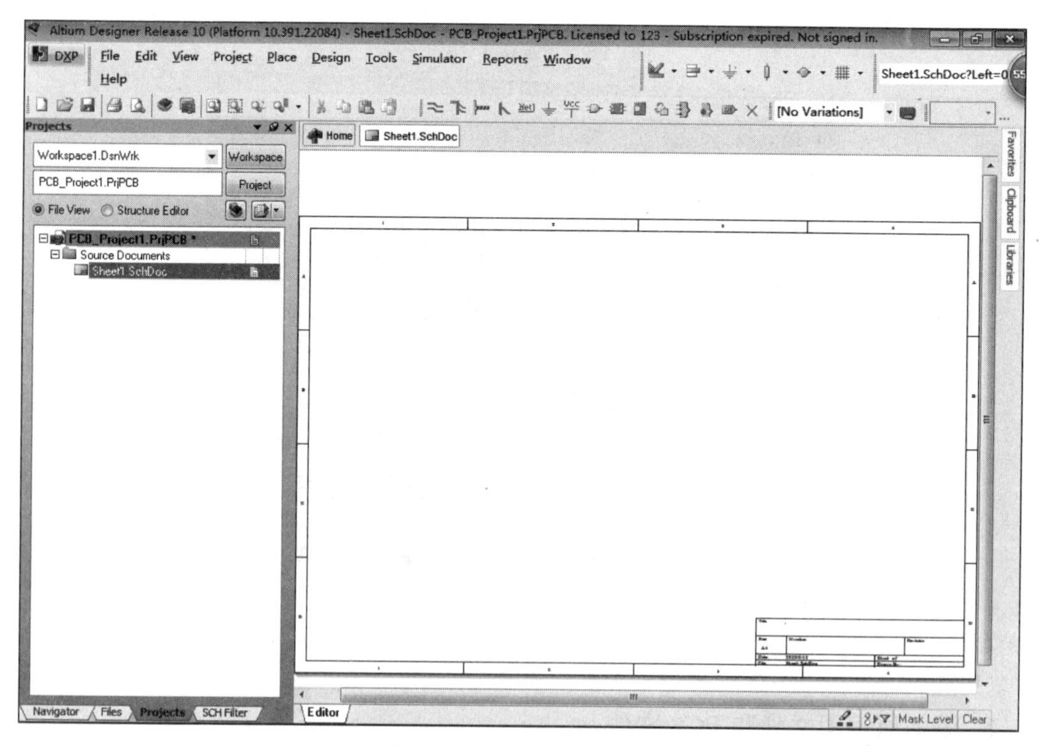

图 11-23　原理图文档界面

同理，如图 11-24 所示，可以选择【PCB】选项，新建一个空的 PCB 图文档。用同样的方法可以单击【Schematic Library】建立原理图库文件，再单击【PCB Library】建立 PCB 封装库文件。

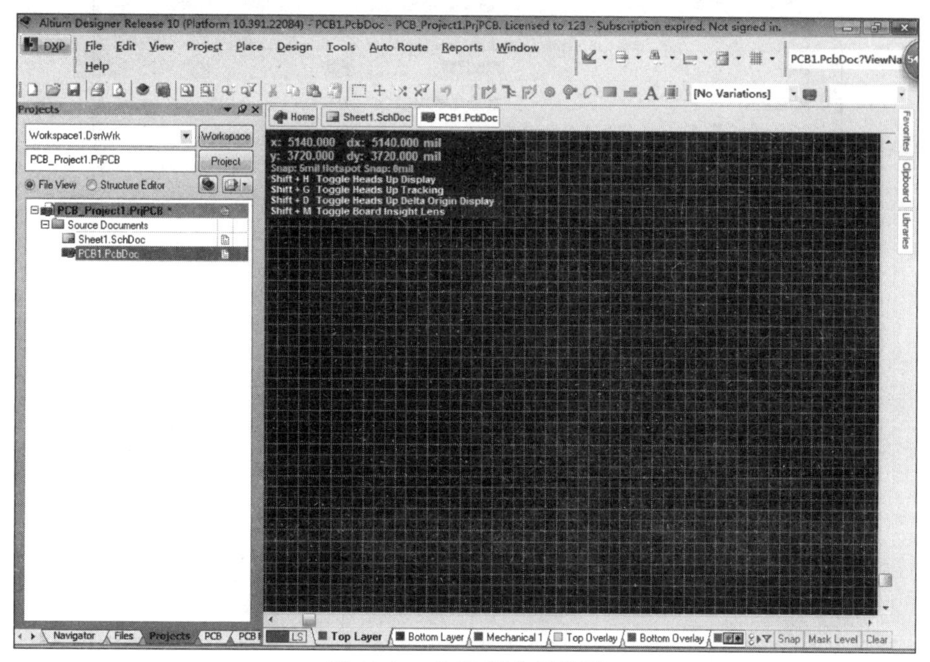

图 11-24　PCB 图文档界面

3. 保存新建工程及所添加的文件

在 Projects 面板框中，先右击【PCB_Project1. PrjPCB】，再用左键单击【Save Project】，弹出对话框后，选择保存路径，输入工程文件名，单击【保存】按钮保存。也可以直接单击工具栏中的"🖫"图标进行保存。如图 11-25 所示，为确保选择正确的保存类型，PCB 文件的扩展名为". PcbDoc"；如图 11-26 所示，原理图文件的扩展名为". SchDoc"；如图 11-27 所示，工程的扩展名为". PrjPcb"。

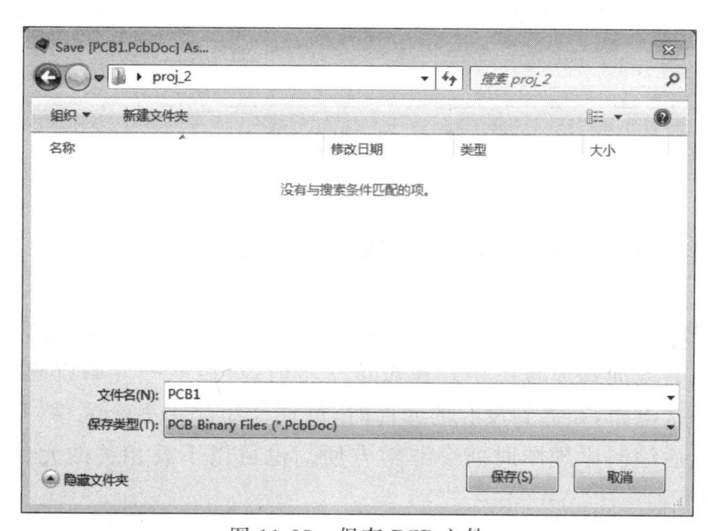

图 11-25　保存 PCB 文件

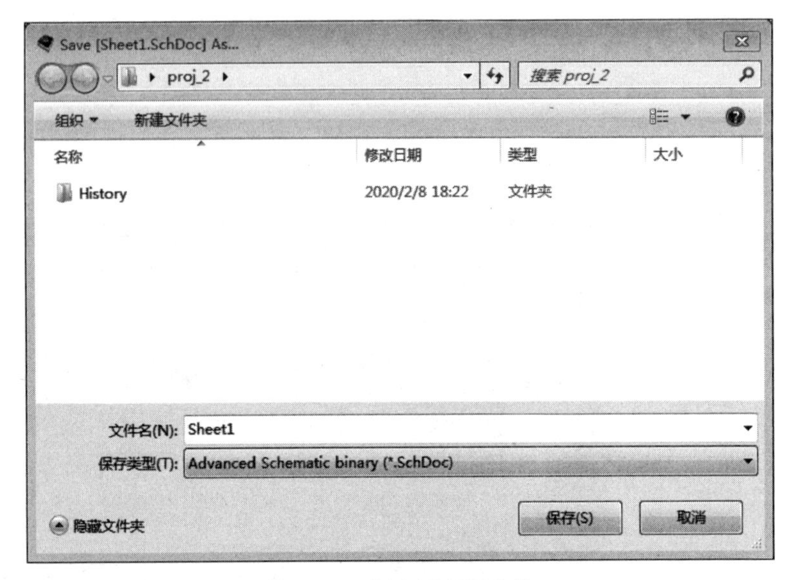

图 11-26　保存原理图文件

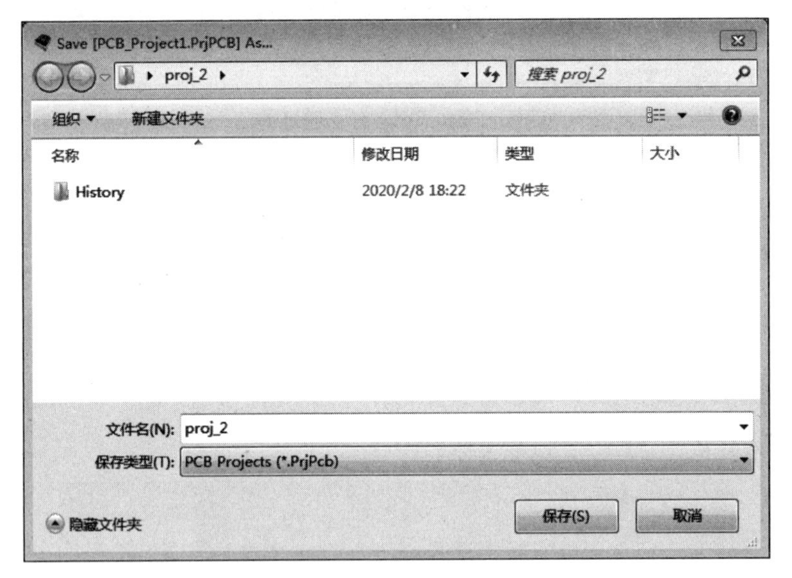

图 11-27　保存工程

11.2.3　制作元件库及添加元件库

在绘制原理图时，有些元件在当前的库文件里找不到时，需要手动绘制一个能表示实际元件的图形，并将其添加到原理图中。在做这一步时，可以从一开始就建立一个元件库文件，以后每设计一次电路，在遇到没有的元件时，就往库里添加一个元件，日积月累，元件库就会充实起来，以后绘制原理图时就会非常方便。也可以下载相关的元件库，添加到软件中。具体方法如下：

（1）如图 11-28 所示，在窗口中右击【PCB_Project1. PrjPCB】，再用左键单击【Add New Project】→【Schematic Library】，或者可以从菜单栏中单击【File】→【New】→【Library】→【Schematic Library】打开元件库窗口。

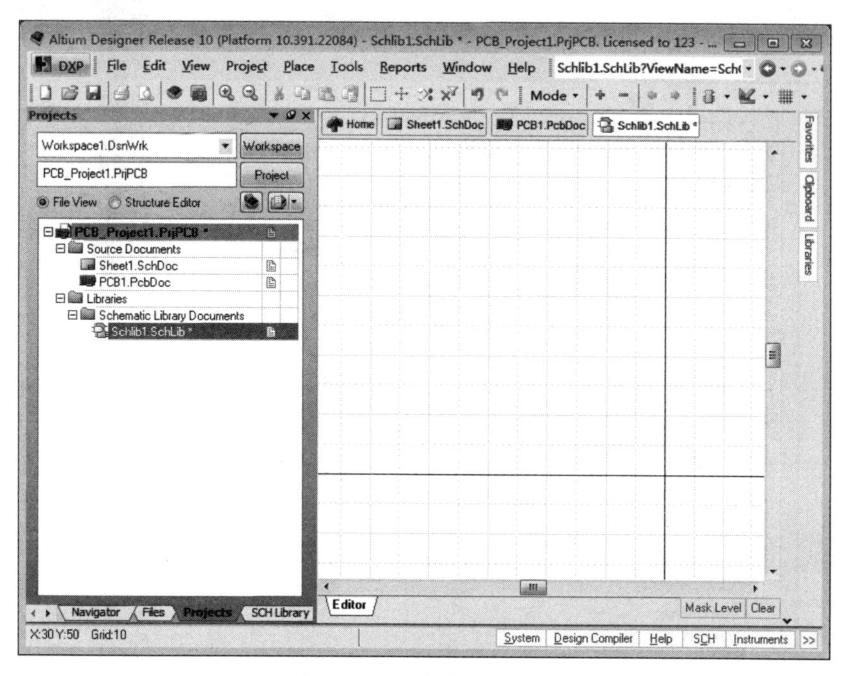

图 11-28　元件库窗口界面

（2）如图 11-29 所示，绘制元件时，单击菜单栏中的【Place】，可以选择放置边框【Rectangle】、引脚【Pin】等，也可以在工具栏上单击图标“”选择。

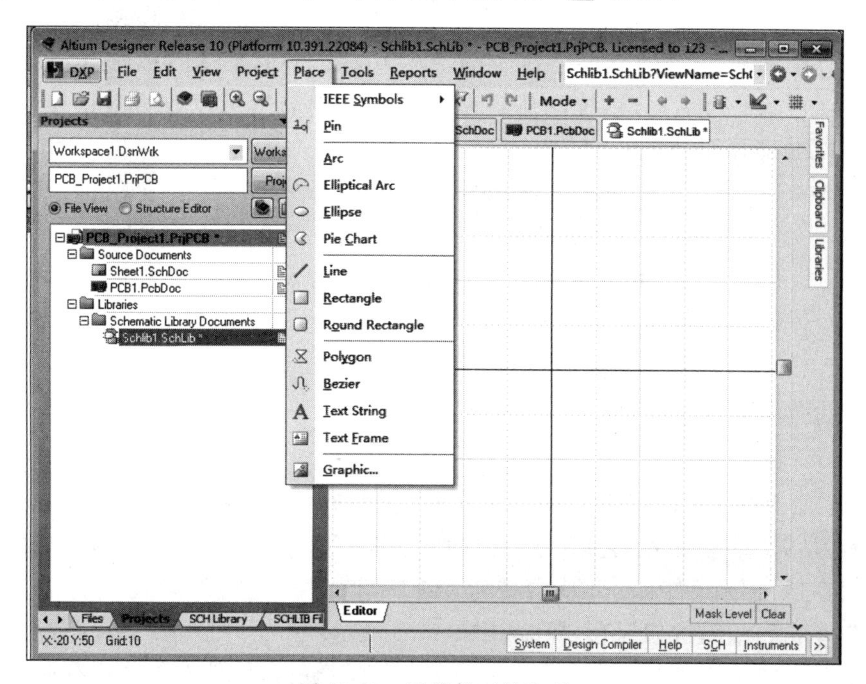

图 11-29　元器件工具选项

在放置引脚前，按下【Tab】键，弹出如图 11-30 所示的对话框，编辑引脚属性。Display Name 是引脚定义，Designator 是引脚序列号，其后的 Visible 表示是否可见。在文档中单击引脚，按空格键可以以 90°为增量旋转调整引脚方向。

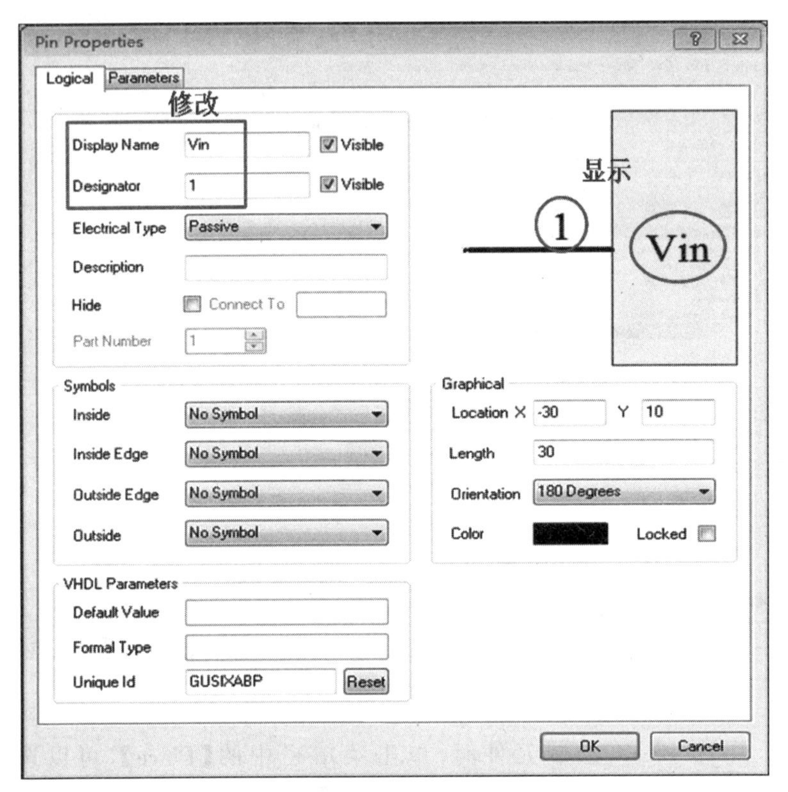

图 11-30　引脚属性对话框

（3）元件绘制好后，修改元件名，单击菜单栏中的【Tools】→【Rename Component】，弹出如图 11-31 所示的对话框，系统默认名为“Component_1”，可以改为自己绘制的元件名称，单击【OK】按钮保存。

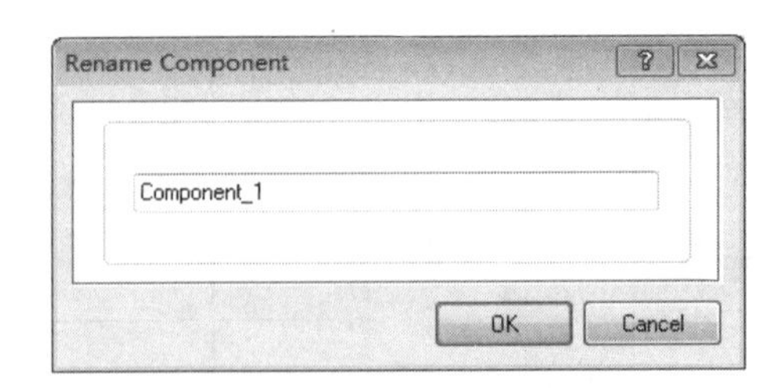

图 11-31　新建元件重命名

如图 11-32 所示，要在一个打开的库中再创建新的原理图元件时，单击菜单栏中的【Tools】→【New Component】之后，在弹出的对话框中填写元件名称，单击【OK】按钮保存。

（4）保存原理图元件库，可单击按钮“ ”，选择保存路径，填写文件名，扩展名为“. SchLib”，单击【保存】按钮保存，界面如图 11-33 所示。

（5）下载添加元件库。下载元件库后，先对其进行解压，软件右侧边栏有如图 11-34 所

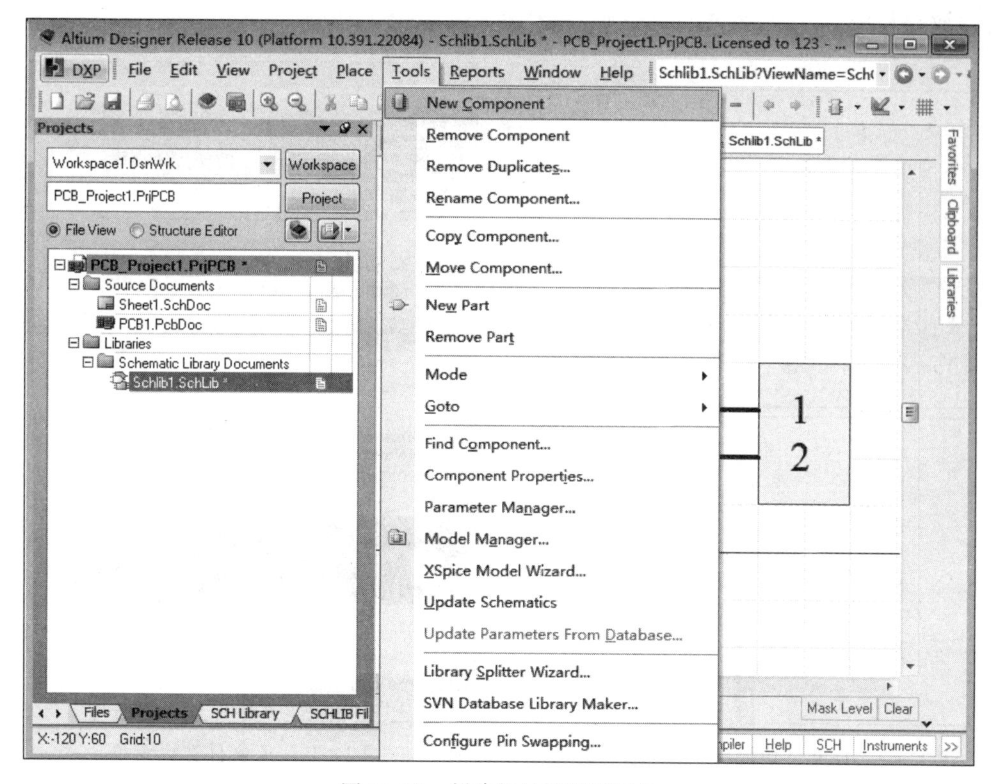

图 11-32　创建新的原理图元件

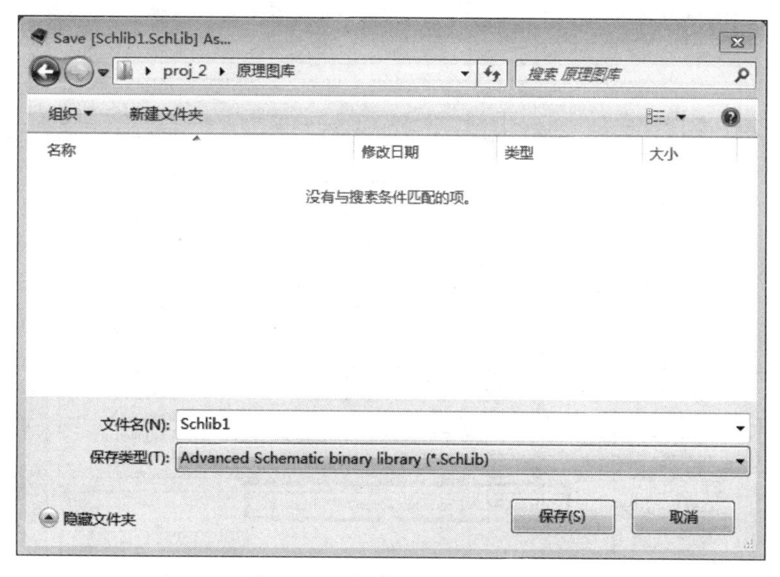

图 11-33　保存原理图元件库

示的【Libraries】标签，单击此标签后展开如图 11-35 所示的库文件选择框，单击【Libraries...】，复制如图 11-36 所示的元件库默认路径。然后打开“我的电脑”，将复制的路径粘贴到地址栏，单击【Enter】键，打开元件库默认的存放路径，将之前下载的元件库复制粘贴到元件库默认的存放路径中。

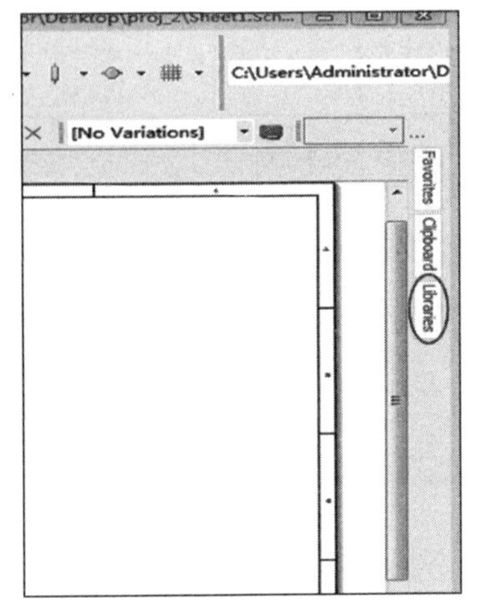

图 11-34　库文件快捷键位置

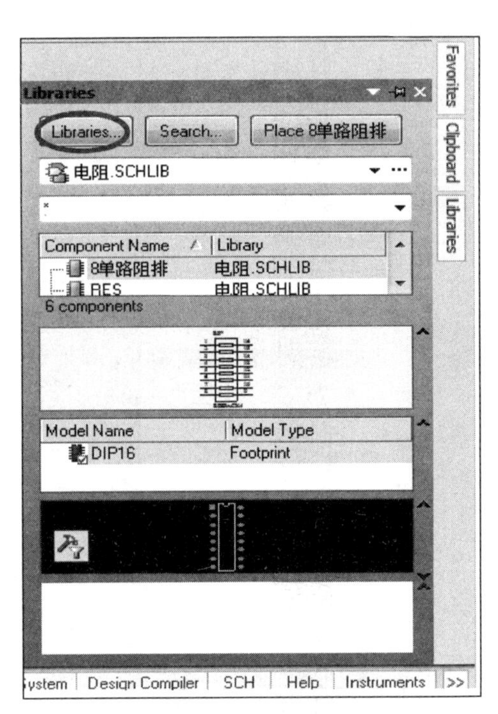

图 11-35　库文件选择菜单

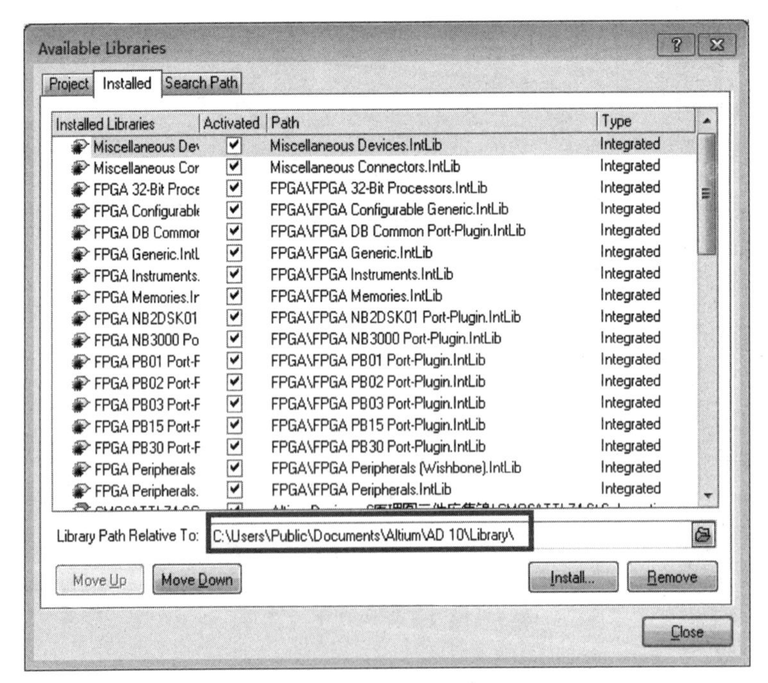

图 11-36　库元件安装路径

回到软件中，再次打开如图 11-36 所示的窗口，单击【Installed】，如图 11-37 所示，在弹出的对话框中选择之前复制进去的文件夹(如元件库大全)单击打开，选择所有此文件夹包含的元件，如图 11-38 所示，单击打开，最后完成添加元件库，如图 11-39 所示。

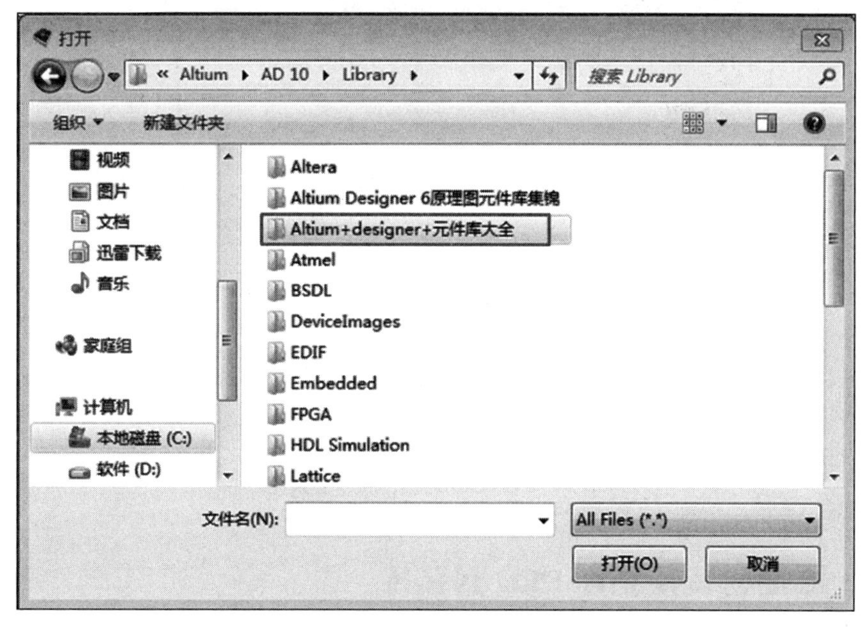

图 11-37　选择库文件

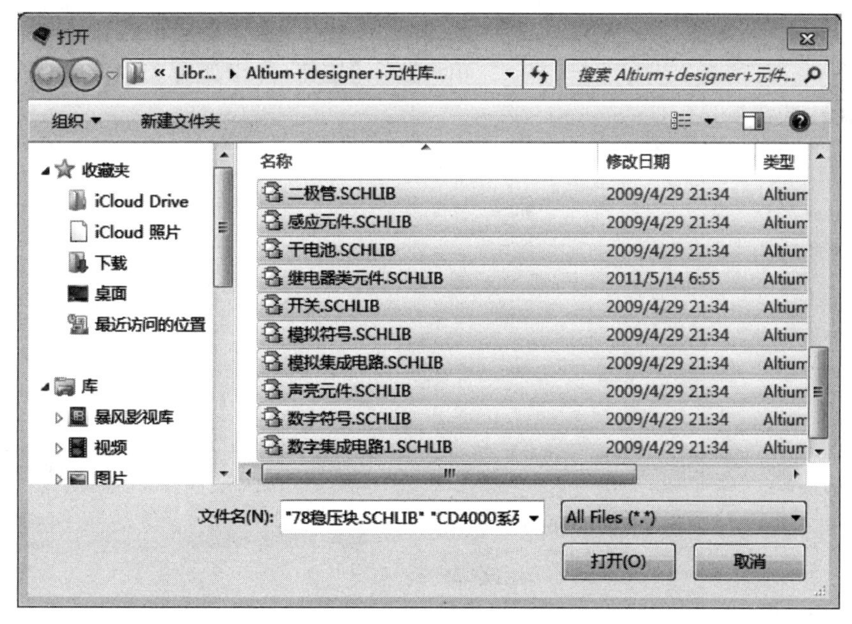

图 11-38　选择元件

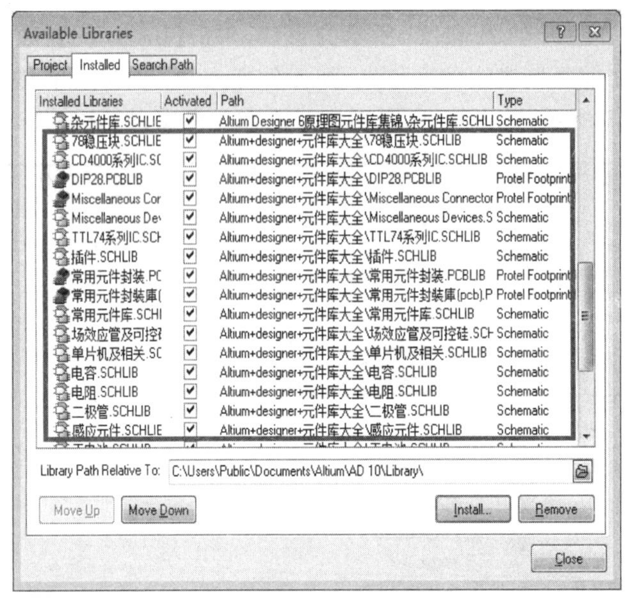

图 11-39 已添加的元件

11.2.4 添加封装及制作 PCB 封装库

1. 为原理图元件添加 PCB 封装

双击该原理图元件，弹出如图 11-40 所示的对话框，单击【Add...】添加模具，弹出如图 11-41 所示的对话框，选择“Footprint”，单击【OK】按钮，弹出如图 11-42 所示的对话框。

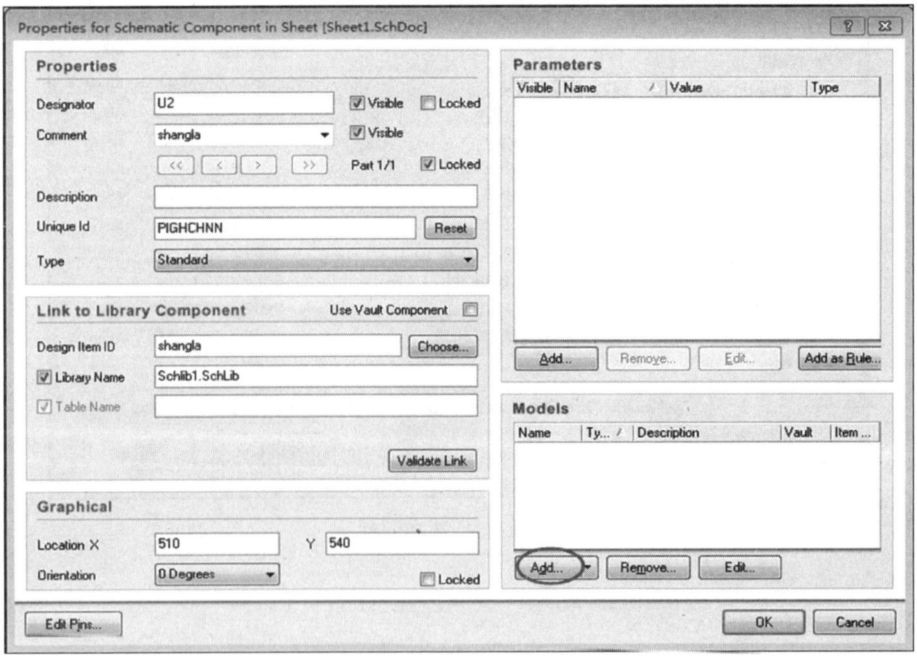

图 11-40 元件属性对话框

Add New Model
Model Type
Footprint
OK
Cancel

图 11-41　封装类型选择对话框

PCB Model
Footprint Model
Name
Model Name
Browse
Pin Map...
Description
Footprint not found
PCB Library
Any
Library name
Library path
Choose...
Use footprint from component library Schlib1.SchLib
Selected Footprint
Model Name not found in project libraries or installed libraries
Found in:
OK
Cancel

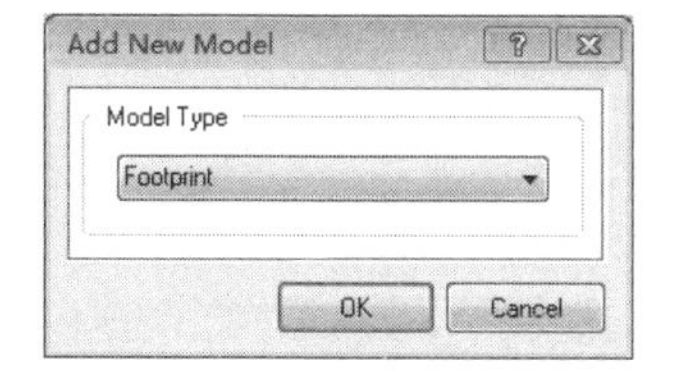

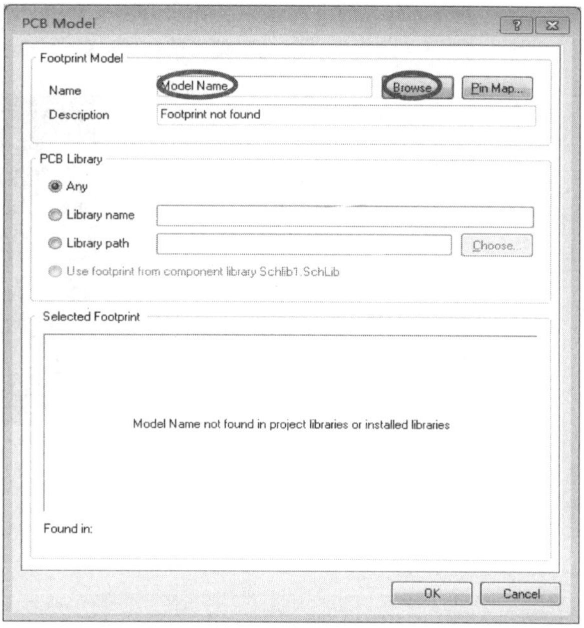

图 11-42　封装属性对话框

若知道封装的名称，在【Name】中输入封装名，例如图 11-43 所示的“sip9”的封装，或者单击【Browse...】浏览封装库找到如图 11-44 所示的已存在的封装模型，单击【OK】按钮后，封装添加成功。元件属性对话框如图 11-45 所示。

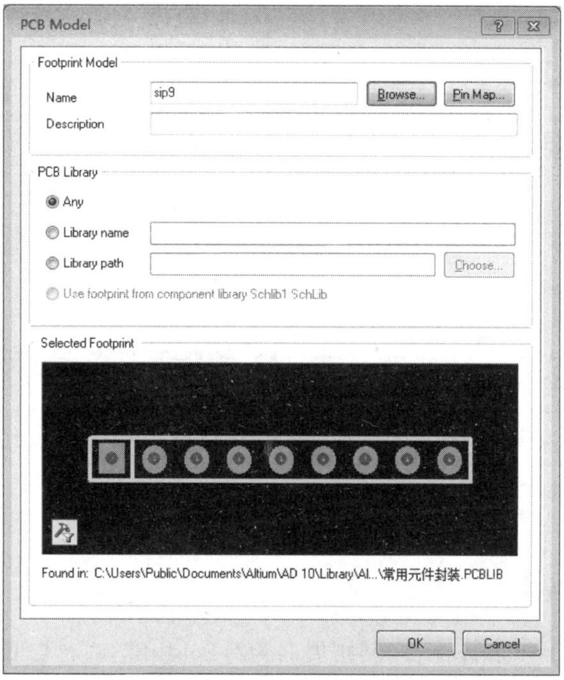

PCB Model
Footprint Model
Name
sip9
Browse...
Pin Map...
Description
PCB Library
Any
Library name
Library path
Choose...
Use footprint from component library Schlib1.SchLib
Selected Footprint
Found in: C:\Users\Public\Documents\Altium\AD 10\Library\Al...\常用元件封装.PCBLIB
OK
Cancel

图 11-43　搜索到的封装界面

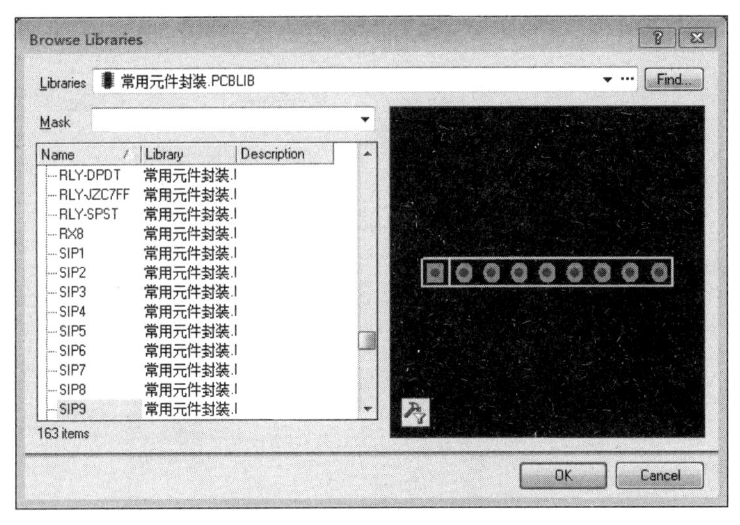

图 11-44　浏览封装库对话框

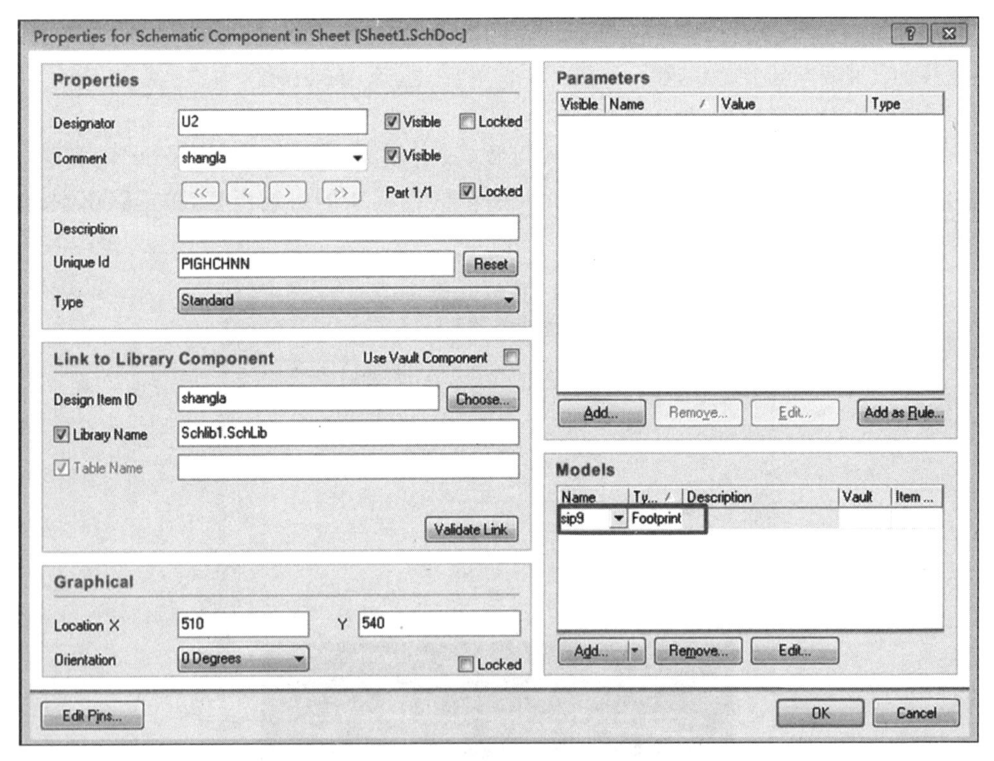

图 11-45　封装添加成功

2. 制作 PCB 封装库

(1) 新建一个空白 PCB 库文件，其扩展名为“. PcbLib”，右击【PCB_Project1. PrjPcb】，再用左键单击【Add New to Project】→【PCB Library】，打开如图 11-46 所示的 PCB 库编辑界面。

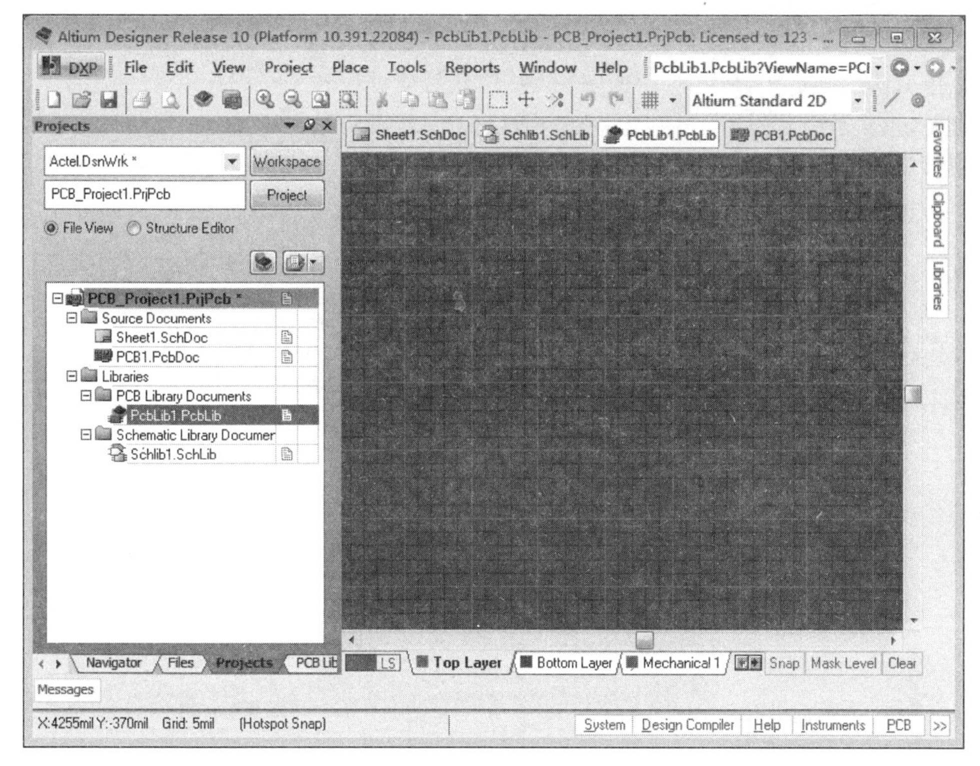

图 11-46 PCB 库编辑界面

(2) 绘制前设置最小移动间距 100Mil 或 2.54mm，单击如图 11-47 所示的工具栏图标“▦”，在弹出的如图 11-48 所示的对话框中输入 100。

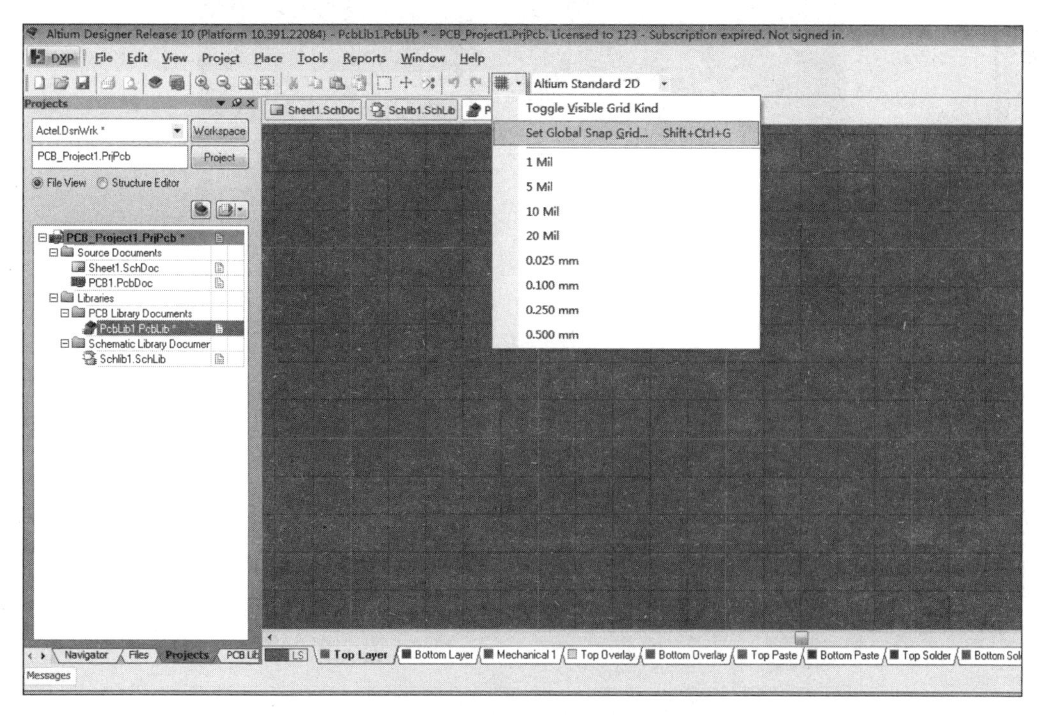

图 11-47 在工具栏中选择间距设置选项

在“Top-Layer”层放置焊盘，单击菜单栏的【Place】→【Pad】或者选择工具栏中如图 11-49 所示的图标“ ”，然后就可以选择位置了，单击放置焊盘，双击则焊盘进入如图 11-50 所示的焊盘属性设置对话框。

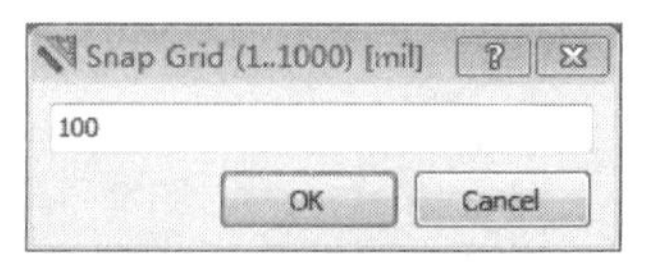

图 11-48 间距设置对话框

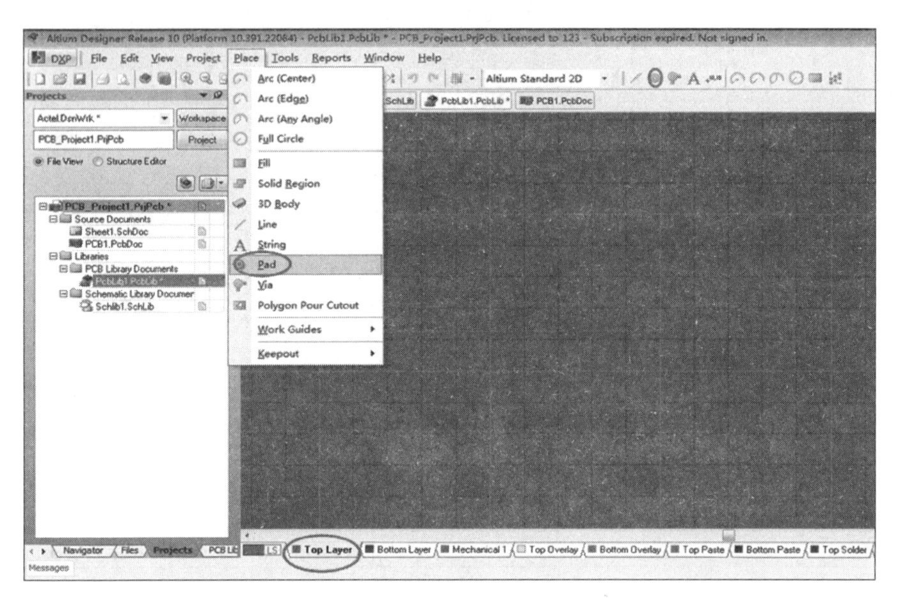

图 11-49 选择放置焊盘

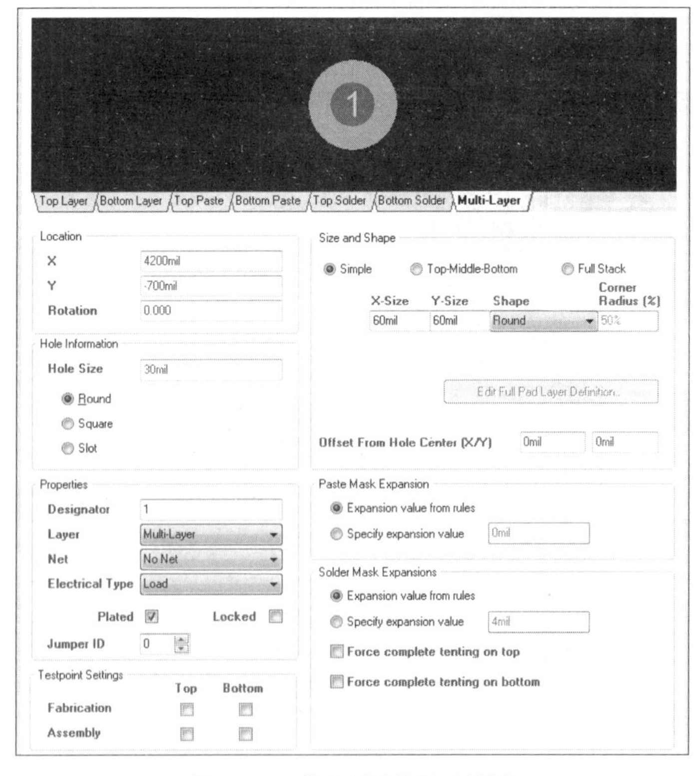

图 11-50 焊盘属性设置对话框

焊盘放置完毕后需要绘制元件的轮廓线，在窗口下方的标签栏选择“Top Overlay”层，线条在【Place】选项下选择。绘制完成后，单击【Edit】→【Set Reference】→【Pin1】或【Center】或【Location】，设置该封装的查考点，否则生成 PCB 图后，该元件在面板中的坐标不确定，移动元件时，元件会乱动。

（3）封装重命名，单击如图 11-51 所示的【Tools】→【Component Properties...】，弹出如图 11-52 所示的重命名对话框，输入名称，单击【OK】按钮保存。在创建新的封装时，可以单击【Tools】→【New Blank Component】。

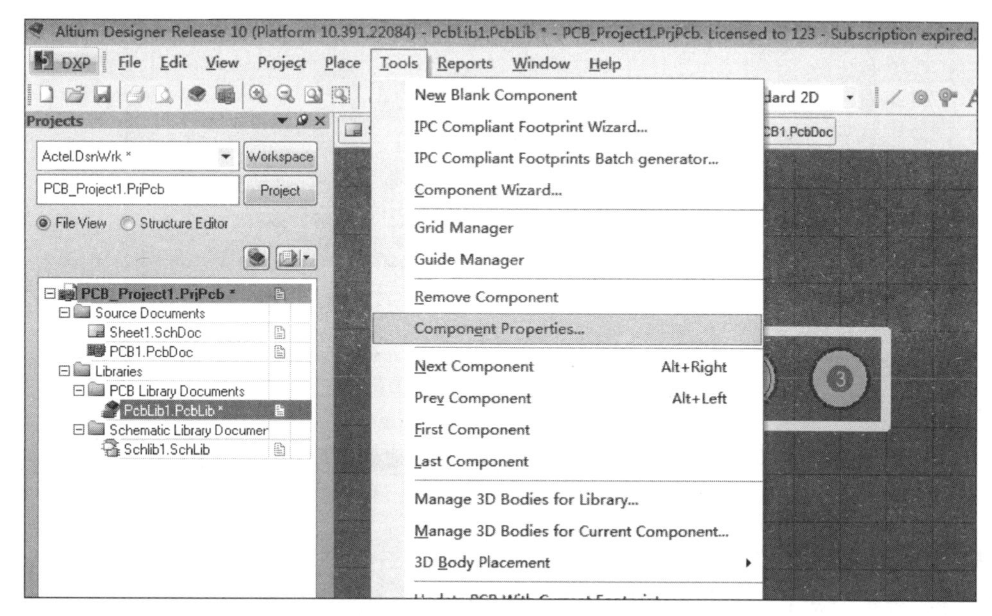

图 11-51　重命名选项界面

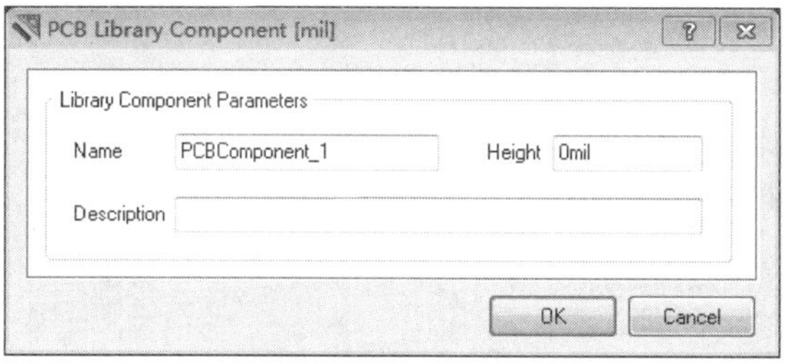

图 11-52　重命名对话框

（4）最后，单击保存图标“ ”，弹出如图 11-53 所示的保存 PCB 库文件对话框，输入库文件名，扩展名为“. PcbLib”。

11.2.5　错误检查及生成 PCB 图

绘制好原理图，添加好所有元件封装后，先对原理图进行编译，查看是否有错误。如图 11-54 所示，单击菜单栏中的【Project】→【Compile Document Sheetl. SchDoc】进行编译，

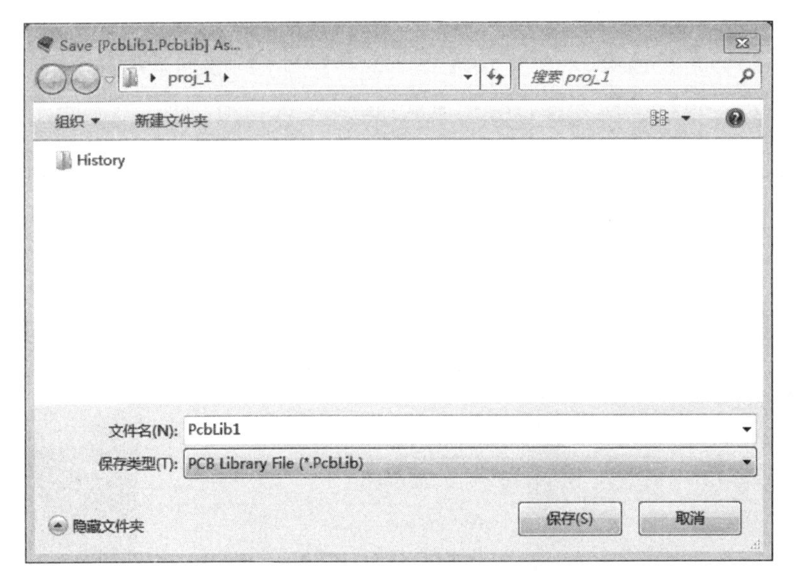

图 11-53 保存 PCB 库文件对话框

单击屏幕下方的【System】→【Message】,查看图 11-55 所示信息框的编译情况,若提示有错误,根据提示修改后,再次编译,直至没有错误为止。

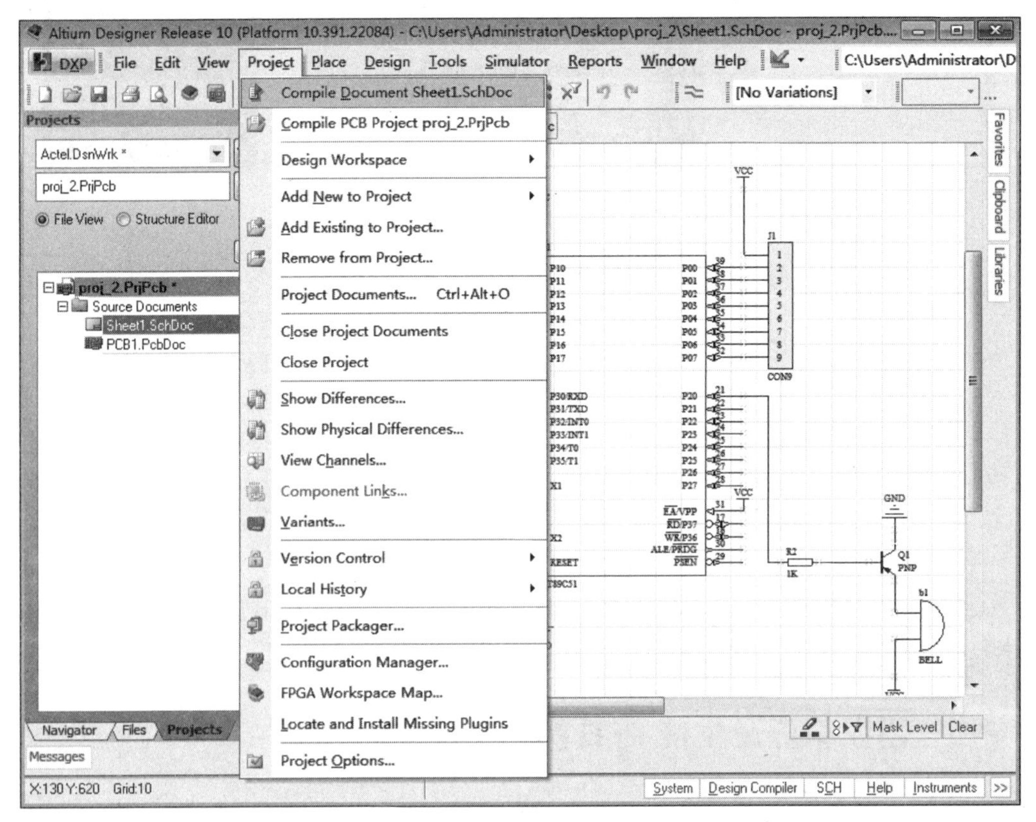

图 11-54 在菜单栏中选择编译

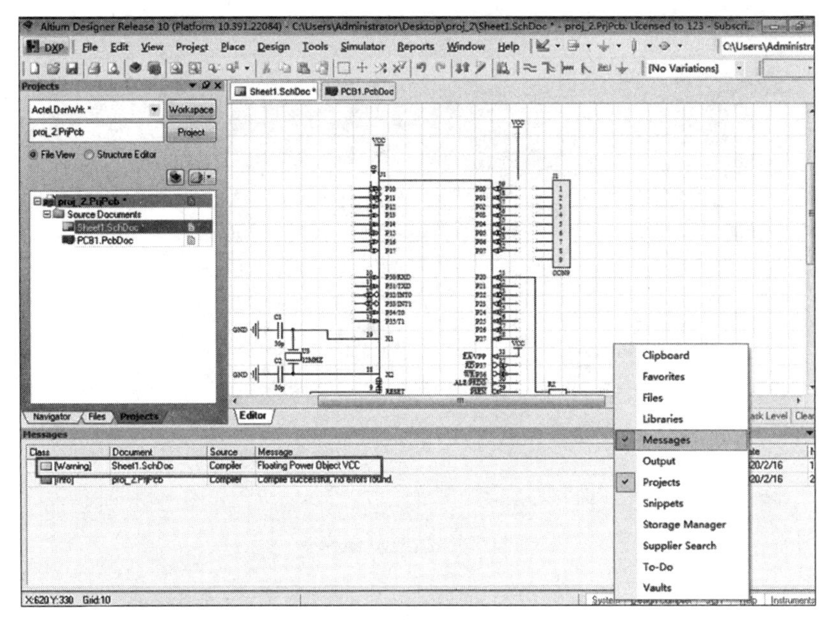

图 11-55　信息编译提示窗口

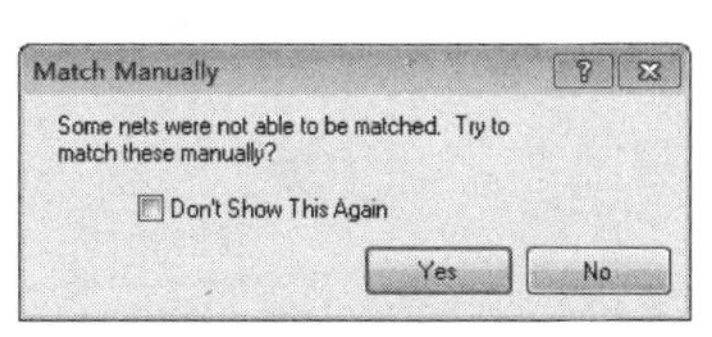

图 11-56　“Match Manually”对话框

单击菜单栏中的【Design】→【Update PCB Document. PcbDoc】，弹出如图 11-56 所示的“Match Manually”对话框，单击【Yes】按钮，弹出如图 11-57 所示的“Engineering Change Order”对话框，单击【Validate Changes】按钮，系统将扫描所有的更改操作项，验证能否在 PCB 上执行所有的更新操作。验证成功后，单击执行按钮【Execute Changes】，系统将完成 PCB 的导入，同时显示图 11-58 所示的以对号为标识的导入成功界面。如果该项更改操作是不可执行的，则将显示图 11-59 所示的错号内容，需返回以前的步骤中进行修改，然后重新更新验证。

Engineering Change Order

Ena...	Action	Affected Object		Affected Document	Ch...	Do...	Message
	Remove Pins From Nets(2)						
✓	Remove	C1-1 from GND	In	PCB1.PcbDoc			
✓	Remove	C2-1 from GND	In	PCB1.PcbDoc			
	Remove Nets(2)						
✓	Remove	NetC1_2	From	PCB1.PcbDoc			
✓	Remove	NetC2_2	From	PCB1.PcbDoc			
	Change Component Design I						
✓	Modify	-> AT89C51 [U1]	In	PCB1.PcbDoc			
✓	Modify	-> BELL [b1]	In	PCB1.PcbDoc			
✓	Modify	-> CAP [C1]	In	PCB1.PcbDoc			
✓	Modify	-> CAP [C2]	In	PCB1.PcbDoc			
✓	Modify	-> CON9 [J1]	In	PCB1.PcbDoc			
✓	Modify	-> CRYSTAL [U3]	In	PCB1.PcbDoc			
✓	Modify	-> RES [R1]	In	PCB1.PcbDoc			
✓	Modify	-> RES [R2]	In	PCB1.PcbDoc			
	Change Component Descript						
✓	Modify	-> Capacitor [CJ1]	In	PCB1.PcbDoc			
	Add Pins To Nets(5)						
✓	Add	C1-2 to GND	In	PCB1.PcbDoc			
✓	Add	C2-2 to GND	In	PCB1.PcbDoc			
✓	Add	Q1-B to NetQ1_B	In	PCB1.PcbDoc			
✓	Add	Q1-C to GND	In	PCB1.PcbDoc			

Validate Changes　Execute Changes　Report Changes...　Only Show Errors　Close

图 11-57　“Engineering Change Order”对话框

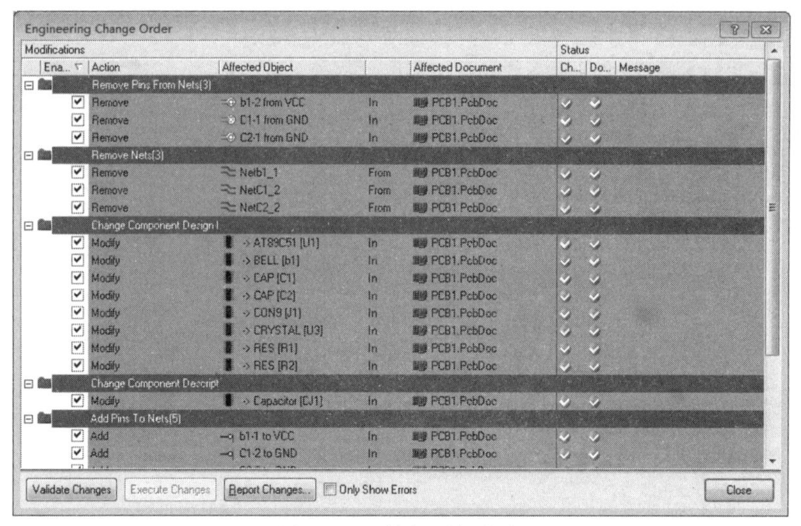

图 11-58　执行更新命令

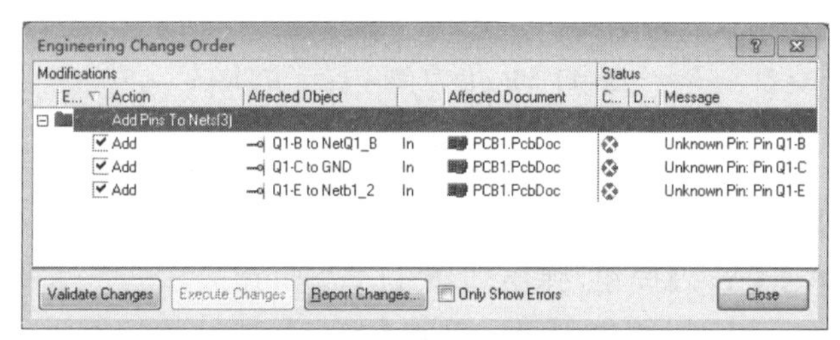

图 11-59　更新命令不可执行

最后单击【Close】按钮关闭该对话框。此时可以看到在 PCB 图编辑框中出现了导入的所有元件封装模型,各元件之间仍保持着图 11-60 所示的与原理图相同的电气连接特性。

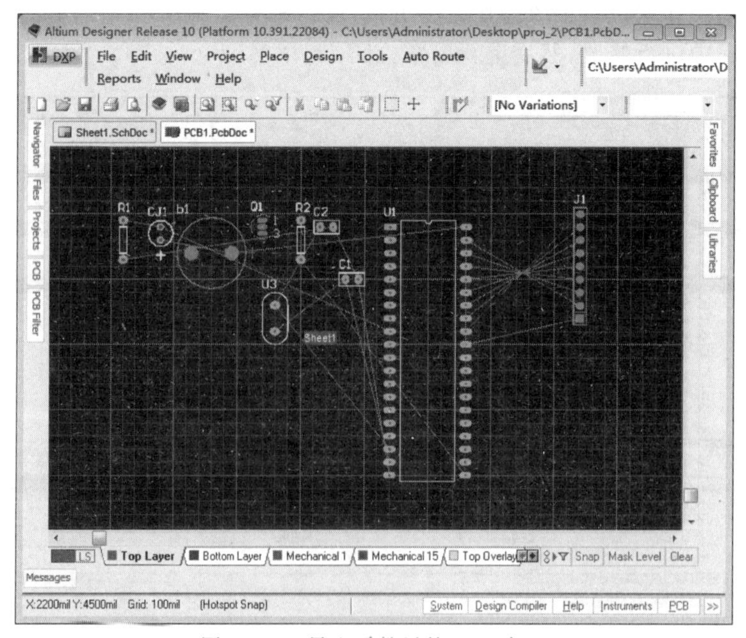

图 11-60　导入元件后的 PCB 窗口

11.2.6　自动布线和手动布线

元件封装导入 PCB 图后，先将原理图带进来的 ROOM 空间删除，然后将元器件摆放到工作区域中。在鼠标移动元器件时按空格键将元器件旋转到合适的方向，并放置到合理的位置。最后在“Keep-Outlayer”层画出如图 11-61 所示的可以布线的区域。

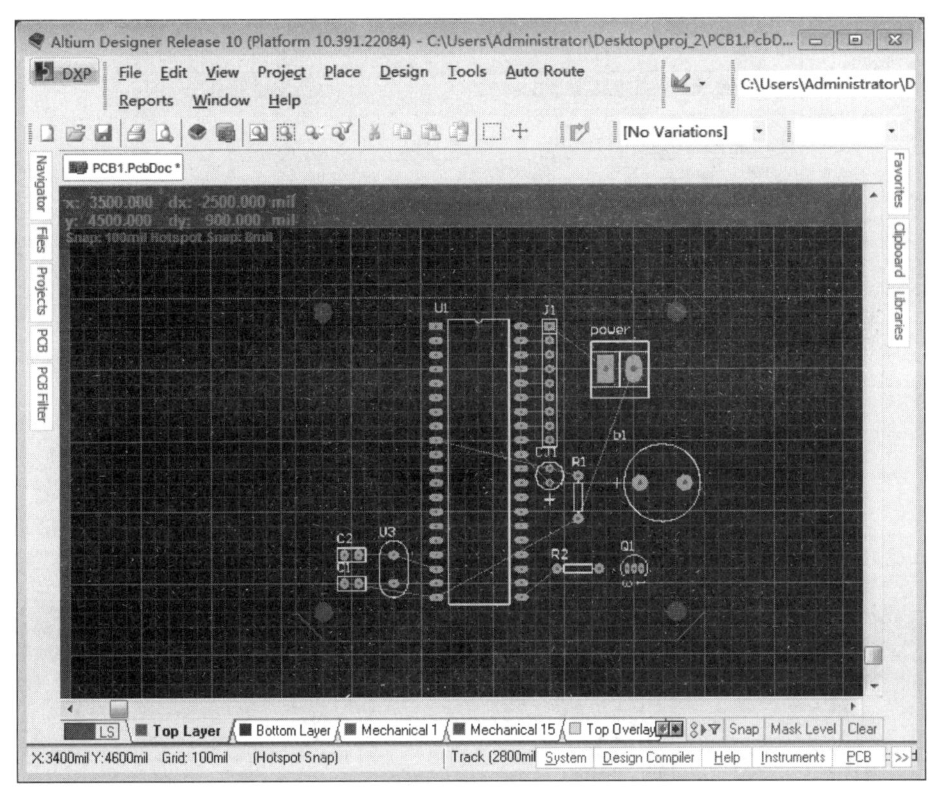

图 11-61　摆放好元件

自动布线时，单击菜单栏中的【Auto Route】→【All...】，弹出如图 11-62 所示的“Routing Setup Strategies”对话框，单击【Edit Rules... 】，弹出如图 11-63 所示的 PCB 自动布局参数设置对话框，根据需要更改布线的线宽、间距等参数，单击图 11-62 中的【Route All】等待布线完成，信息框显示如图 11-64 所示，布线完成后的 PCB 图如图 11-65 所示。若取消布线，则单击菜单栏中的【Tools】→【Un-Root】→【All...】。

手动布线时，对于双层电路板来讲，分别在两层走互相垂直的线，即如顶层走横线，那么底层就走纵向线。通过选择界面下面的【Top Layer】或【Bottom Layer】选项卡确定层面，然后在工具栏单击“ ”开始布线。布线完成后，如图 11-66 所示，单击菜单栏中的【Tools】→【Design Rule Check...】查看是否有错误提示。

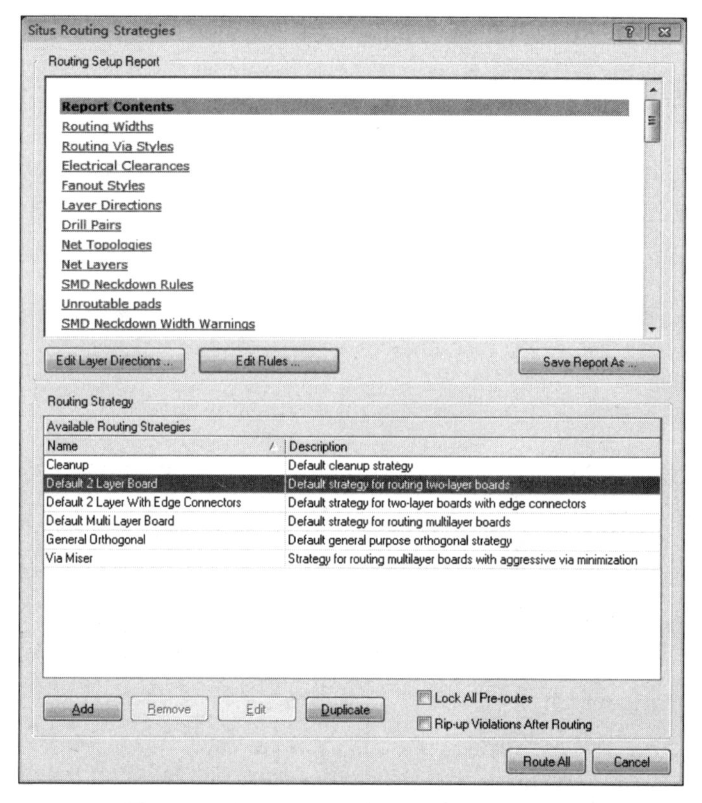

图 11-62 “Routing Setup Strategies”对话框

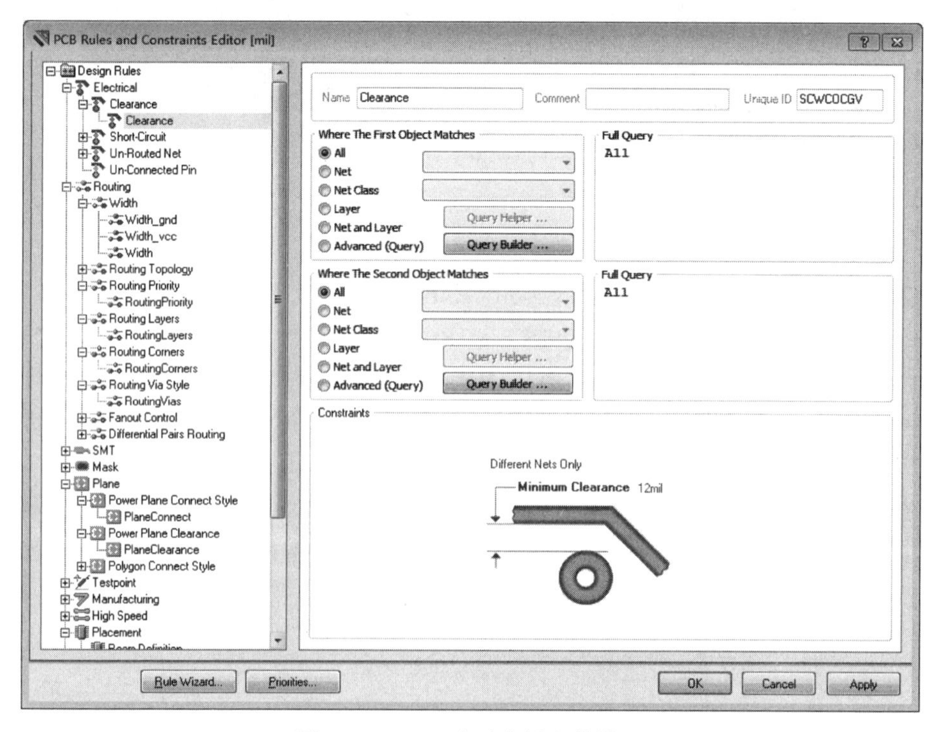

图 11 63 PCB 自动布局参数设置

Messages

Class	Document	Source	Message	Time	Date	N..
Situ...	PCB1.PcbD...	Situs	Routing Started	22:38:32	2020/2/16	1
Ro...	PCB1.PcbD...	Situs	Creating topology map	22:38:33	2020/2/16	2
Situ...	PCB1.PcbD...	Situs	Starting Fan out to Plane	22:38:33	2020/2/16	3
Situ...	PCB1.PcbD...	Situs	Completed Fan out to Plane in 0 Seconds	22:38:33	2020/2/16	4
Situ...	PCB1.PcbD...	Situs	Starting Memory	22:38:33	2020/2/16	5
Situ...	PCB1.PcbD...	Situs	Completed Memory in 0 Seconds	22:38:33	2020/2/16	6
Situ...	PCB1.PcbD...	Situs	Starting Layer Patterns	22:38:33	2020/2/16	7
Ro...	PCB1.PcbD...	Situs	Calculating Board Density	22:38:33	2020/2/16	8
Situ...	PCB1.PcbD...	Situs	Completed Layer Patterns in 0 Seconds	22:38:33	2020/2/16	9
Situ...	PCB1.PcbD...	Situs	Starting Main	22:38:33	2020/2/16	10
Ro...	PCB1.PcbD...	Situs	23 of 24 connections routed (95.83%) in 1 Second	22:38:33	2020/2/16	11
Situ...	PCB1.PcbD...	Situs	Completed Main in 0 Seconds	22:38:33	2020/2/16	12
Situ...	PCB1.PcbD...	Situs	Starting Completion	22:38:33	2020/2/16	13
Situ...	PCB1.PcbD...	Situs	Completed Completion in 0 Seconds	22:38:33	2020/2/16	14
Situ...	PCB1.PcbD...	Situs	Starting Straighten	22:38:33	2020/2/16	15
Situ...	PCB1.PcbD...	Situs	Completed Straighten in 0 Seconds	22:38:34	2020/2/16	16
Ro...	PCB1.PcbD...	Situs	24 of 24 connections routed (100.00%) in 1 Sec...	22:38:34	2020/2/16	17
Situ...	PCB1.PcbD...	Situs	Routing finished with 0 contentions(s). Failed to ...	22:38:34	2020/2/16	18

图 11-64　布线信息

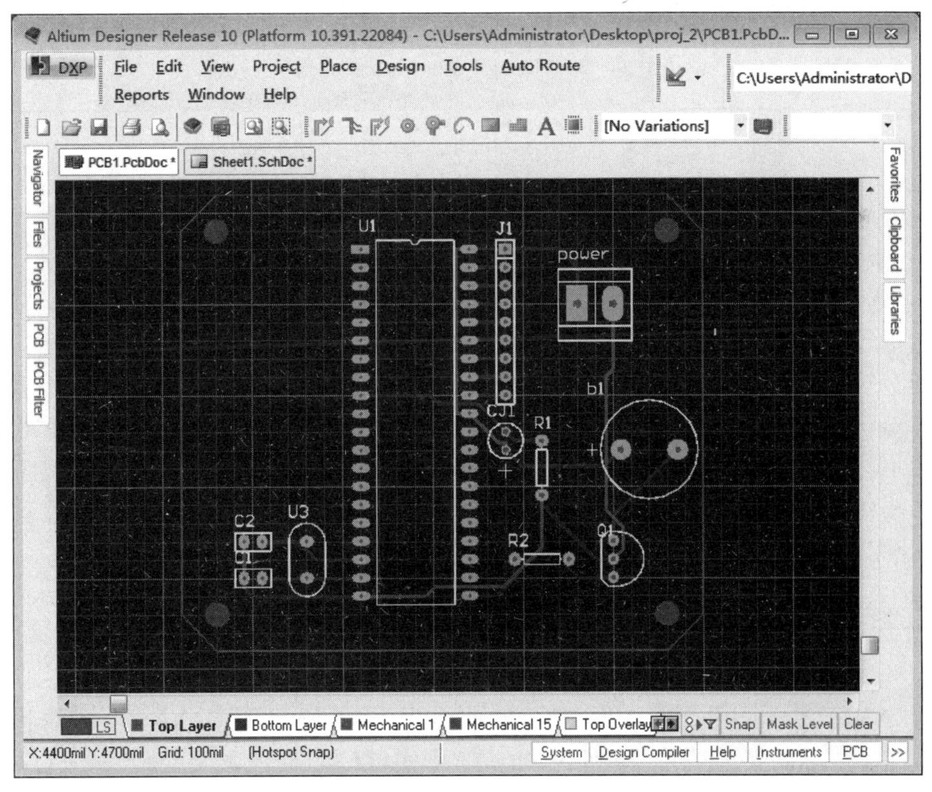

图 11-65　布线完成后的 PCB 图

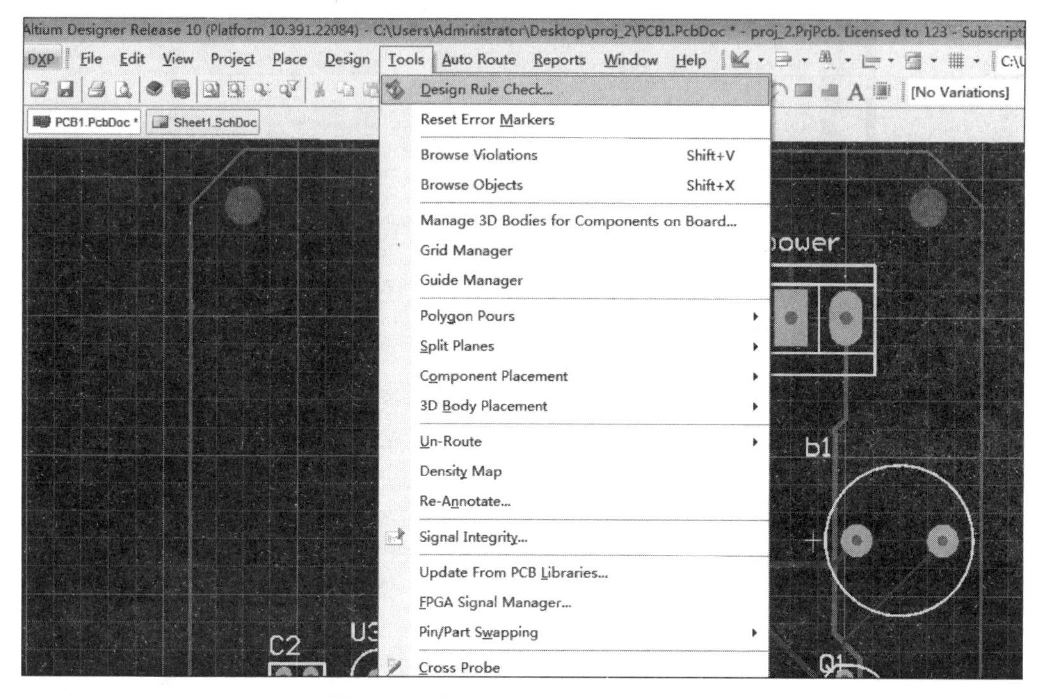

图 11-66 "Design Rule Check..."选项

11.3 CAXA 电子图板绘制基础

CAXA 电子图板(机械版)打造了全新的软件开发平台,并拥有多项专利技术,在多文档、多标准以及交互方式上给用户带来了全新体验,而且在系统综合性能方面进行了充分改进和优化,对于文件特别是大图的打开、储存、显示、拾取等操作的运行速度均可提升 100%以上,Undo/Redo 性能提升了 10 倍以上。动态导航、智能捕捉、编辑修改等处理速度的提升,给用户的设计绘图工作带来流畅、自如的感受。而且依据中国机械设计的国家标准和使用习惯,提供专业绘图工具和辅助设计工具,通过简单的绘图操作,将新品研发、改型设计等工作迅速完成,提升了工程师的专业设计能力。

11.3.1 用户界面

CAXA 电子图板的用户界面(以下简称界面)如图 11-67 所示,是 CAXA 绘图系统和用户进行交互和信息交换的媒介,它可将软件内部的信息形式与人类可以直观接受的形式进行转换。

1. 绘图区

绘图区是设计员进行绘图设计的工作区域(见图 11-67 的界面页面中的白色区域)。绘图区的中央设置有标准的直角坐标系,坐标系的原点是(0.0000,0.0000),移动光标出现在绘图区内。

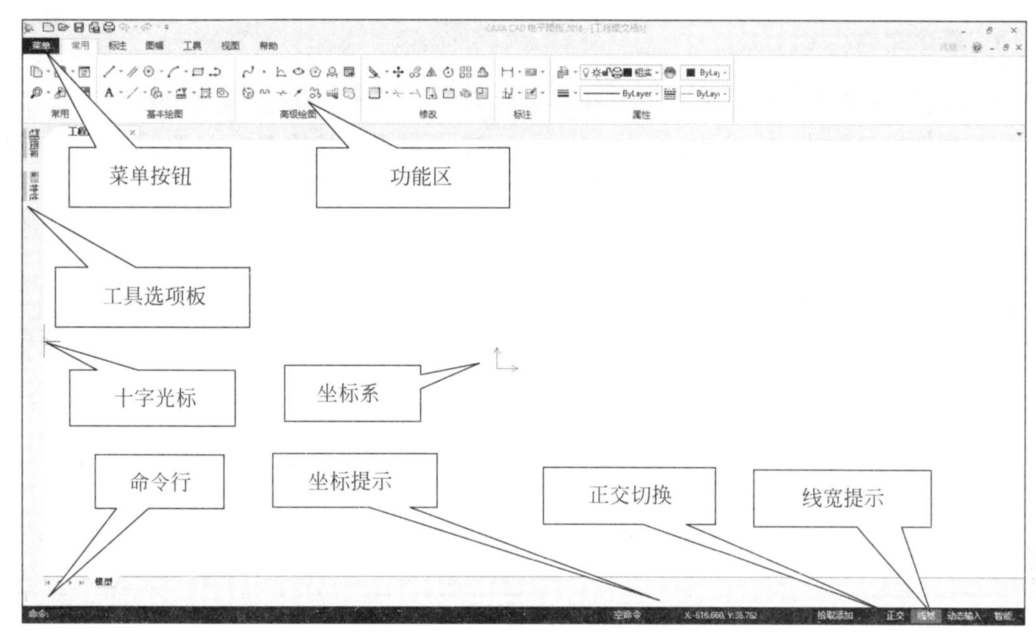

图 11-67　CAXA 电子图板界面简介

2. 标题栏

界面最上方中央部分为标题栏，标题栏右侧显示当前绘制的文件名称。在文件未保存之前，标题栏显示 CAXA 电子图板的名称、版本和“工程图文档 1”字样。

3. 按钮区

按钮区位于 CAXA 图标下方，包括【菜单】【常用】【标注】【图幅】【工具】【视图】【帮助】等按钮。用鼠标单击【菜单】按钮，其下方将会弹出子菜单，单击对应的选项，右侧弹出对应的子菜单。单击除【菜单】按钮外的其他按钮，按钮区下方对应按钮的控制面板将打开。

4. 状态栏

状态栏位于屏幕最下方，显示当前系统的操作状态。状态栏左侧是操作信息提示区域，提示此时命令执行的情况或提示命令输入；中间是状态显示区，显示此时光标对于点的捕捉状态以及此时光标的位置；最右侧是点捕捉方式显示区域，在此位置可设置光标点的捕捉方式。

5. 图库及特性

图库位于绘图区左侧边缘，使用者可以调用图库中的图以及修改特性。

11.3.2　文件管理

文件管理是 CAXA 操作系统的重要职能，主要对文件进行逻辑组织和物理组织，以及对目录进行结构和管理。

1. 新建文件

新建文件位于 CAXA 电子图板图标左边的第 1 个位置,单击并选择合适的系统模板后,新建文件的名称显示在绘图区上方,如图 11-68 所示。新建的文件未保存前,文件名称为“工程图文档 * ”(* 为数字),文件名称将按照建立顺序从左向右排序。

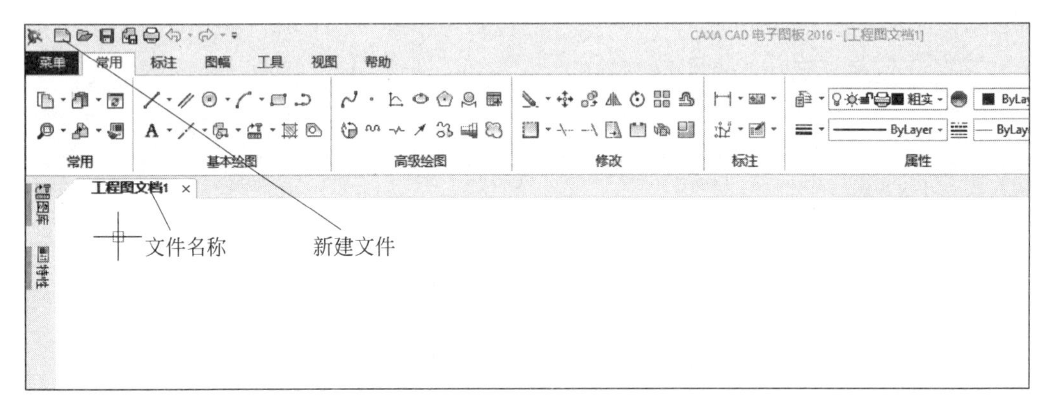

图 11-68 新建文件

2. 打开文件

打开文件位于 CAXA 电子图板图标右边的第 2 个位置,单击并选择保存的文件后,该文件的名称显示在绘图区上方,如图 11-69 所示。

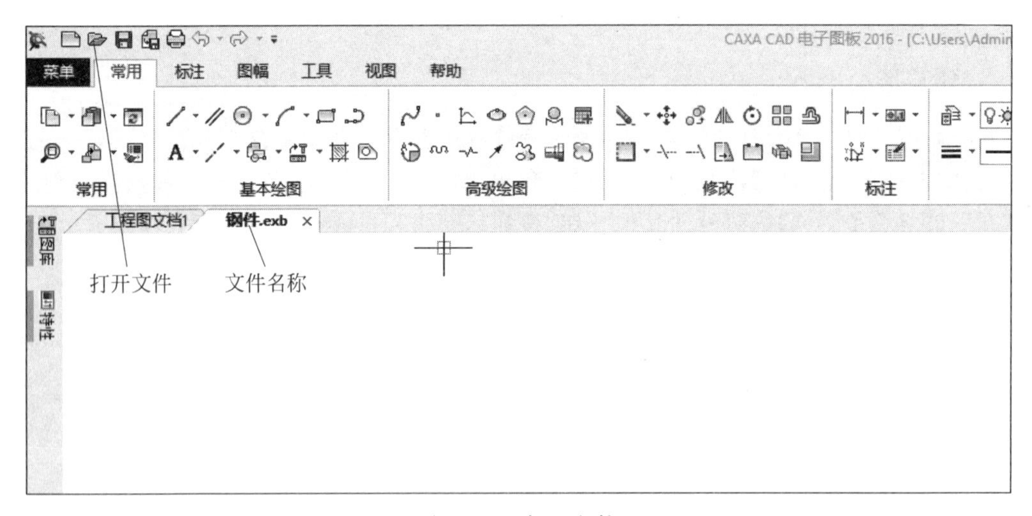

图 11-69 打开文件

3. 保存文件

保存文件位于 CAXA 电子图板图标右边的第 3 个位置,单击并选择文件保存的位置以及文件名和保存类型(保存不同的文件类型,适合用不同版本的 CAD 软件打开),如图 11-70 所示。

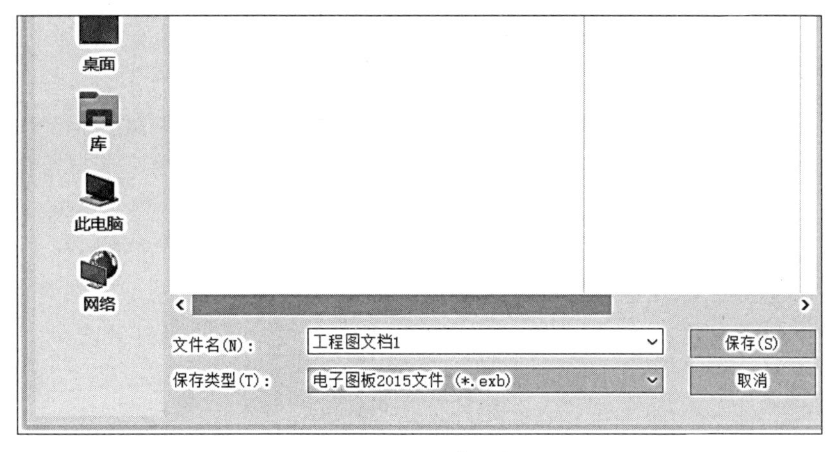

图 11-70　保存文件

4. 另存文件

另存文件位于 CAXA 电子图板图标右边的第 4 个位置，单击将文件另存为所要放置的新位置。

5. 打印文件

打印文件位于 CAXA 电子图板图标右边的第 5 个位置，单击之后出现文件打印窗口，如图 11-71 所示，修改相应的参数之后，可将文件打印并保存。

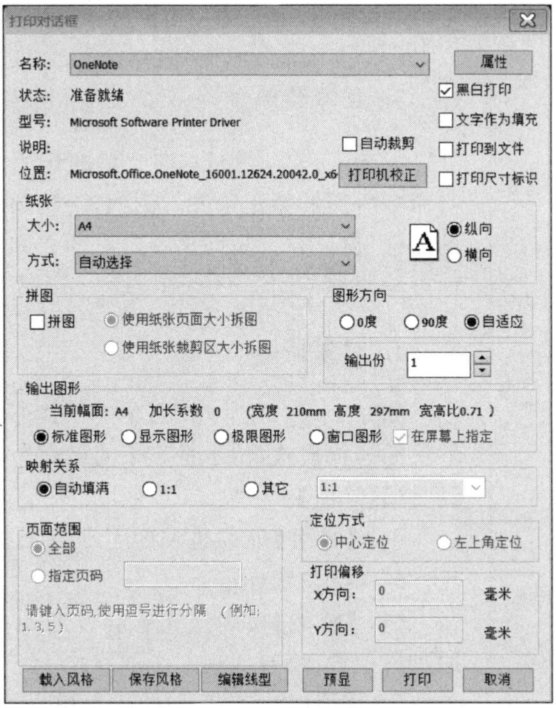

图 11-71　打印文件

6. 撤销操作

撤销操作位于 CAXA 电子图板图标右边的第 6 个位置，该命令可以撤销 CAXA 电子图板绘图中所使用的绘制命令。注意：文件保存重新打开之后，该命令不可执行。

7. 恢复操作

恢复操作位于 CAXA 电子图板图标右边的第 7 个位置，该命令可以恢复 CAXA 电子图板绘图中使用撤销操作命令撤销的操作。注意：文件保存重新打开之后，该命令不可执行。

11.3.3 基本操作

1. 点的输入

CAXA 电子图板具有 3 种输入点的方式：①通过键盘将点的坐标输入，注意 x、y 坐标之间用逗号隔开。②利用鼠标输入点，即移动鼠标十字光标选择需要设置点的位置，轻点鼠标左键，将该点的坐标输入。③捕捉工具点，即制图过程中利用十字光标捕捉图形中的特征点，如直线中点、切点、圆心点等。

2. 右键菜单功能

用鼠标选择一个或多个实体后，右击鼠标，CAXA 电子图板系统便弹出如图 11-72 所示的右键快捷菜单，常用到中间部分的【删除(D)】【平移(M)】等命令。

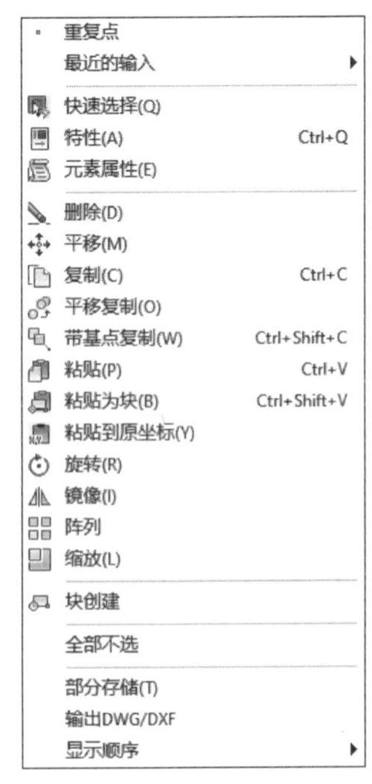

图 11-72 右键功能

3. 立即菜单

如图 11-73 所示，立即菜单的作用是绘制图形时，填入绘制命令所需的特定条件。例如，绘制圆时，用鼠标单击绘制圆的图标，窗口左下角即出现对应的立即菜单，修改相应的参数即可绘制出不同类型的圆。

4. 对象捕捉

如图 11-74 所示，CAXA 电子图板为屏幕点提供了 4 种默认的捕捉模式，位于状态条的最右边，分别为【自由】【智能】【栅格】【导航】。

(1)【自由】模式是关闭了所有的捕捉模式，输入点通过光标的实际位置确定。

(2)【智能】模式是光标会自动捕捉图形的一些特征点，如直线中点、端点、圆心、切点等。

(3)【栅格】模式是光标捕捉栅格点的位置并设置栅格点的可见与不可见。

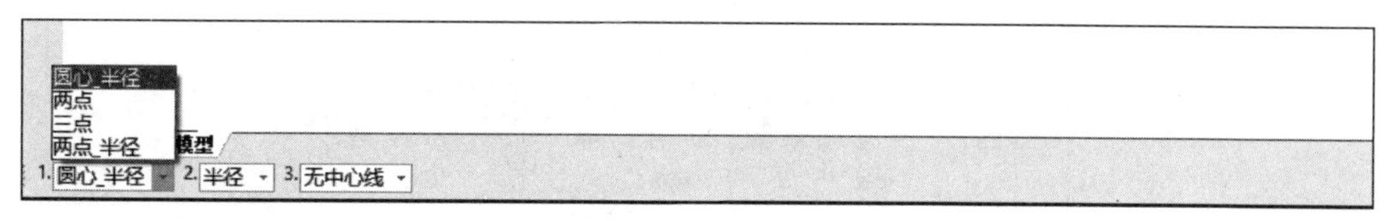

图 11-73　立即菜单

（4）【导航】模式是系统通过光标对各种特征点导航，如线段端点、线段中点、圆弧象限点等，使用导航的同时也可以对智能点捕捉，增强捕捉精度。

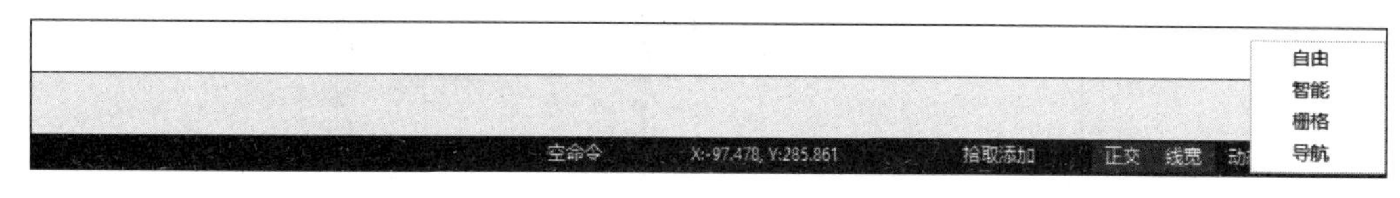

图 11-74　对象捕捉

5. 图形绘制

1）绘制直线

如图 11-75 所示，CAXA 电子图板 2016 提供了 7 种绘制直线的方法，分别为【两点线】【角度线】【角等分线】【切线/法线】【等分线】【射线】【构造线】，单击绘制直线命令图标右侧的小三角形图标，打开直线绘制种类菜单或单击直线绘制命令图标，可在绘图区下方的立即菜单中修改相关内容。

图 11-75　直线绘制立即菜单

（1）【两点线】命令是通过给定的两点绘制一条直线段或通过给定的连续条件绘制连续的直线段，每条线段都可以单独进行编辑。如图 11-76 所示，在正交情况下，绘制的直线段平行于当前坐标系的坐标轴。如图 11-77 所示，在非正交情况下，第一点和第二点可为任意位置的点。

（2）【角度线】设置如图 11-78 所示，就是根据给定的角度、长度绘制一条直线段。给定角度是指要绘制的直线和已知直线、x 轴或 y 轴所形成的夹角。在立即菜单中设置相关条件绘制角度线即可。

（3）【角等分线】设置如图 11-79 所示，就是根据给定的参数绘制一个具有夹角的等分直线。在立即菜单中设置相关条件绘制角等分线即可。

（4）【切线/法线】设置如图 11-80 所示，就是过给定点作已知曲线的切线或法线。在立即菜单中设置相关条件绘制切线/法线即可。

（5）【等分线】设置如图 11-81 所示，就是按两条线段之间的距离 n 等分绘制直线。在

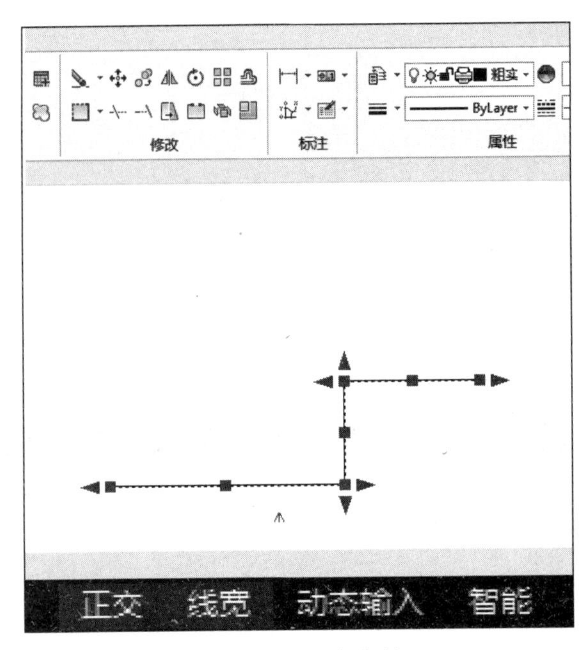

图 11-76　正交绘制

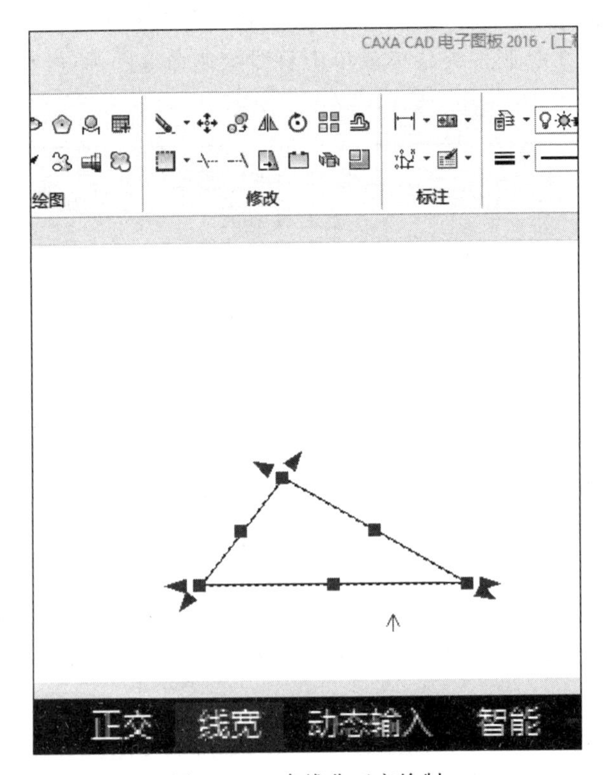

图 11-77　直线非正交绘制

立即菜单中设置相关条件绘制等分线即可。

(6)【射线】设置就是生成一条由特征点向一端无限延伸的射线。在立即菜单中设置相

图 11-78　角度线设置

图 11-79　角等分线设置

图 11-80　切线/法线设置

图 11-81　等分线设置

关条件绘制射线即可。

(7)【构造线】设置就是生成一条过特征点向两端无限延伸的构造线。在立即菜单中设置相关条件绘制构造线即可。

2) 绘制圆

如图 11-82 所示,圆有 4 种绘制方法,分别为【圆心_半径】【两点】【三点】【两点_半径】,可以指定圆心、半径、直径、圆周上的点和其他对象上的点的不同组合。根据绘制的不同要求,绘图中可以在绘制圆的立即菜单中选取圆上是否带有中心线,系统默认为无中心线。此命令在圆的绘制中可以选择。

图 11-82　绘制圆设置

(1)【圆心_半径】命令就是已知绘制圆的圆心和半径,绘制圆。

(2)【两点】命令就是已知绘制圆的圆弧上过直径的 2 点的位置,绘制圆。

(3)【三点】命令就是已知绘制圆的圆弧上任意 3 点的位置,绘制圆。

(4)【两点_半径】命令就是已知绘制圆的圆弧上任意 2 点以及圆的半径,绘制圆。

3) 绘制矩形

绘制矩形命令可以绘制矩形形状的闭合多义线。该命令有两种生成方式,分别为图 11-83 所示的【两角点】方式和图 11-84 所示的【长度和宽度】方式。

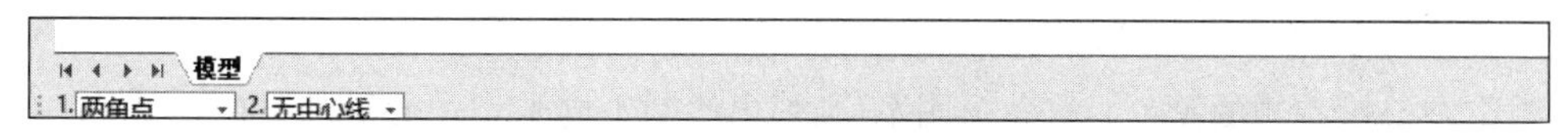

图 11-83　【两角点】命令绘制矩形

图 11-84 【长度和宽度】命令绘制矩形

4）绘制剖面线

绘制机械工程图时，常用到剖视等绘制方法，在剖视图中需要对封闭区域绘制剖面线，CAXA 电子图板中的剖面线命令可以实现该功能。如图 11-85 所示，单击【绘图】主菜单中的"▨"按钮，即打开绘制剖面线的命令。该命令有两种绘制方法，分别为【拾取点】绘制和【拾取边界】绘制，选择合适的拾取方式之后，根据绘制需要可以选择【选择剖面图案】。如果选择剖面图案，则拾取好封闭区域后，单击鼠标右键，将弹出剖面图案选择窗口，可以通过图 11-86 所示的窗口选择不同的剖面图案。

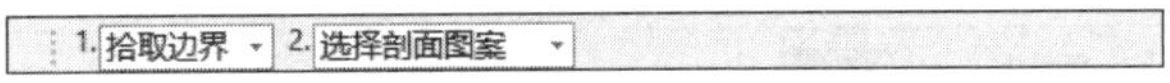

1. 拾取边界 2. 选择剖面图案

图 11-85 剖面线立即菜单

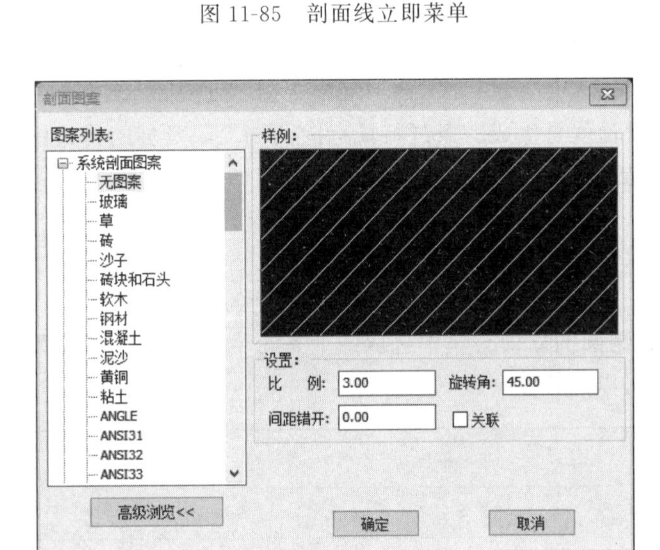

图 11-86 剖面图案选择窗口

（1）【拾取点】绘制是系统根据拾取点的位置，从右向左搜索最小的封闭区域，根据封闭区域生成剖面图案。如果拾取点在封闭区域外，则操作无效。

（2）【拾取边界】绘制是系统根据拾取到的曲线搜索封闭区域生成剖面图案。如果拾取到的曲线不能生成互不相交的封闭区域，则操作无效。

5）绘制中心线

中心线是用来标识中心的线条。表示中心的一组线段，常用点画线来表示。如图 11-87 所示，单击"⟍"图标，拾取圆、圆弧或椭圆，则生成相互正交的一对中心线。如果拾取两条相互平行或非平行线（如锥体），则生成这两条直线的中心线。

单击中心线右侧的黑色小三角形图案，则弹出绘制不同类型中心线的菜单，如图 11-88 所示，分别为【中心线】【圆形阵列中心线】【圆心标记】，根据绘制要求选择不同的绘制命令，在立即菜单中修改相应的参数，绘制中心线即可，如图 11-89、图 11-90 所示。

图 11-87　中心线选择实例

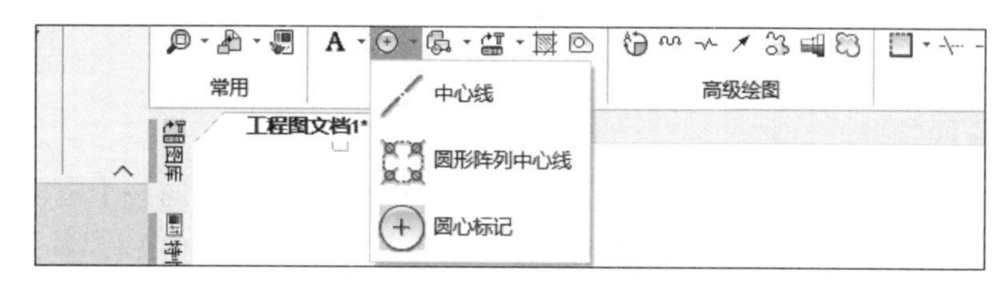

图 11-88　中心线设置

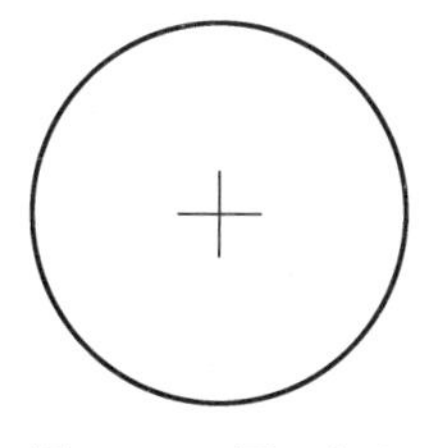

图 11-89　圆心标记

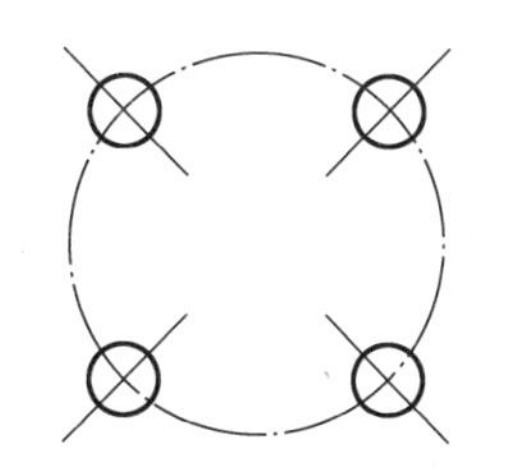

图 11-90　圆形阵列中心线

6）绘制等距线

如图 11-91 所示，绘制等距线命令“ ”可以对直线、圆弧、圆、椭圆等线型生成等距线。该命令具有链拾取功能，可以把首尾相连的图形元素作为一个整体进行等距，以提高绘图效率。

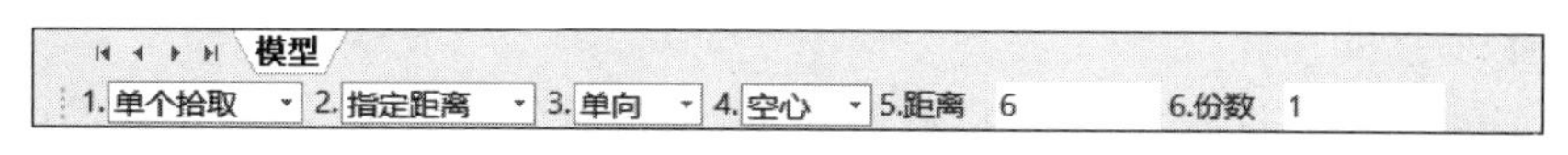

图 11-91　等距线设置

等距线命令中拾取曲线的方式有单个拾取和链拾取，如果选择单个拾取，则拾取时只拾取一个元素；如果是“链拾取”，则拾取首尾相连的元素。

在绘制等距线的立即菜单“2”中可以选择【指定距离】或者【过点方式】。【指定距离】是指通过选择箭头方向确定等距方向，根据设置的距离数值确定等距线的位置。【过点方式】是指过已知点绘制等距线。

在绘制等距线的立即菜单“3”中可以选择【单向】或者【双向】。【单向】是指在曲线一侧绘制等距线，【双向】是指在曲线两侧绘制等距线。

在绘制等距线的立即菜单“4”中可以选择【空心】或者【实心】。【实心】是指在原曲线与等距线之间进行填充，【空心】是指只画等距线，不进行填充。

6. 图形编辑

1）平移

该命令拾取到图形对象之后以指定的角度和方向对图形对象进行移动。如图 11-92 所示，单击【修改】主菜单中的“✥”按钮，调用【平移】功能，设置好立即菜单之后，拾取曲线，单击键盘上【Enter】键，可对曲线进行平移。

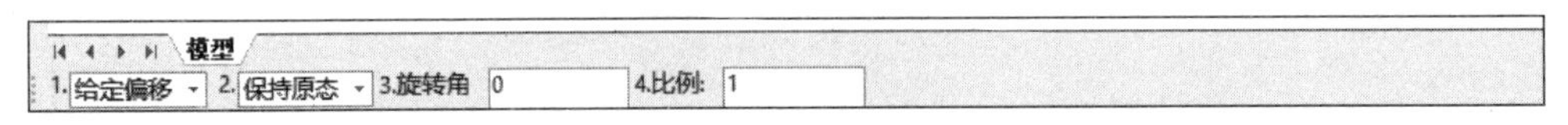

图 11-92　平移立即菜单

2）平移复制

该命令通过指定的角度和方向创建拾取图形对象的副本，是在同一个电子图板文件内对图形对象创建副本，所以拾取的对象并不存入 Windows 剪贴板。“复制”命令可以将所选图形存储到 Windows 剪贴板上，除了可以在不同文件中进行复制粘贴外，还可以粘贴到其他支持 OLE 的软件中。

单击【修改】主菜单中的“ ”按钮，调用【平移复制】功能，拾取要平移复制的图形对象，设置立即菜单中的相关参数并进行确认就可以完成对图形对象的平移复制了。

3）裁剪

如图 11-93 所示，“裁剪”命令可以便捷地裁剪绘制的对象，使该绘制的对象准确地终止于由其他绘制的对象定义的边界。单击【修改】主菜单中的“ ”按钮，调用【裁剪】功能。电子图板中的裁剪操作分为快速裁剪、拾取边界裁剪和批量裁剪 3 种裁剪方式，通过立即菜单的选项可以选择。

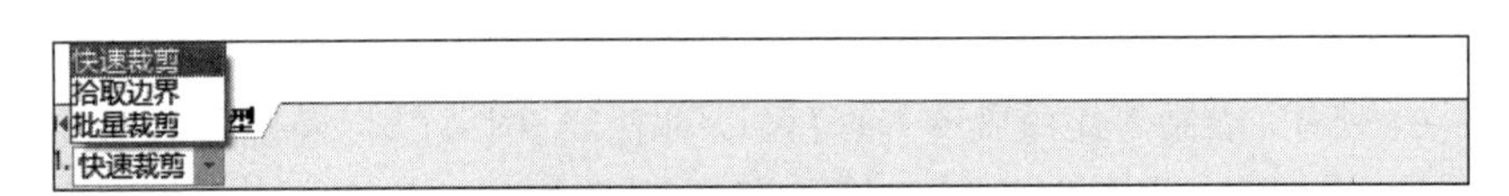

图 11-93　裁剪立即菜单

4）过渡

如图 11-94 所示，“过渡”命令可以修改对象，使该对象以圆角、倒角等方式连接。单击【修改】主菜单中的“ ”按钮，调用【过渡】功能。过渡操作分为圆角、多圆角、倒角、外倒角、内倒角、多倒角、尖角几种方式，可通过立即菜单选择。

图 11-94　过渡立即菜单

5）旋转

“旋转命令”可对拾取到的图形进行旋转或旋转复制。单击【修改】主菜单中的“ ”按钮，调用【修改】功能。根据提示拾取需要旋转的图形，可以单个拾取，也可以用窗口拾取，拾取结束后用右击确认。接下来用鼠标拾取旋转基点，下一步提示选择旋转角，可以由键盘输入旋转角度，也可以用鼠标移动来确定旋转角。

6）镜像

“镜像”命令可以将拾取到的图形对象以某一条直线为对称轴进行对称镜像或对称复制。如图 11-95 所示，单击【修改】主菜单中的“ ”按钮，调用【镜像】功能。根据提示拾取要镜像的图形对象，可单个拾取，也可用窗口拾取，拾取结束后右击确认。这时操作提示“选择轴线”，可用鼠标左键拾取一条作为镜像操作的对称轴线，一个以该轴线为对称轴的新的图形对象便镜像出来了，同时原图形即刻消失。在【镜像】立即菜单中的“2”对话框可以选择【镜像】或【拷贝】。

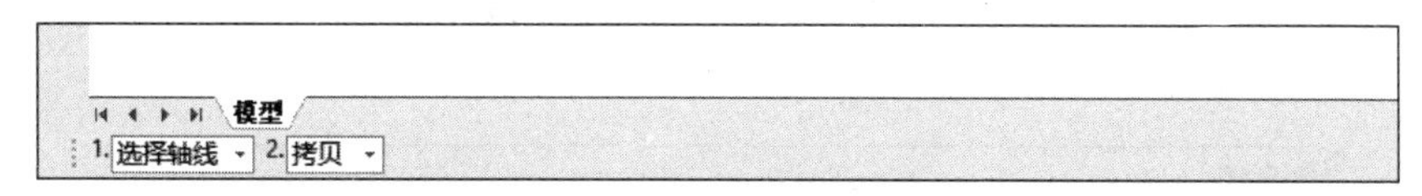

图 11-95　镜像立即菜单

7）比例缩放

“比例缩放”命令可以对拾取到的图素进行比例放大和缩小。如图 11-96 所示，单击【修改】主菜单中的“ ”按钮。调用【比例缩放】功能。根据绘制需要设置立即菜单参数，然后根据操作提示用鼠标拾取图形元素，拾取结束后单击【确认】按钮确认。

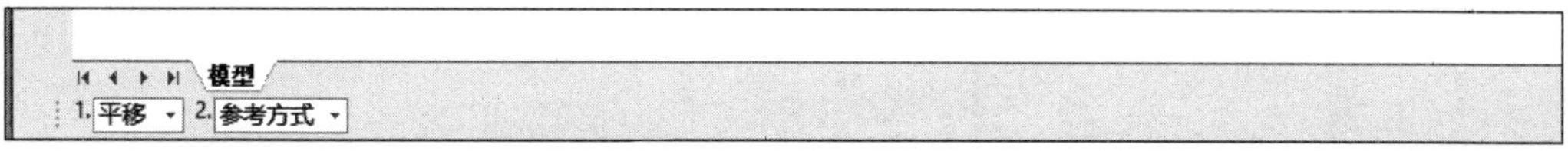

图 11-96　比例缩放立即菜单

8）阵列

“阵列”命令可以一次操作同时生成若干个相同的图形，以提高作图效率。如图 11-97 所示，单击【修改】主菜单中的“ ”按钮，调用【阵列】功能。在阵列立即菜单中可以看到阵列的方式有圆形阵列、矩形阵列和曲线阵列 3 种。

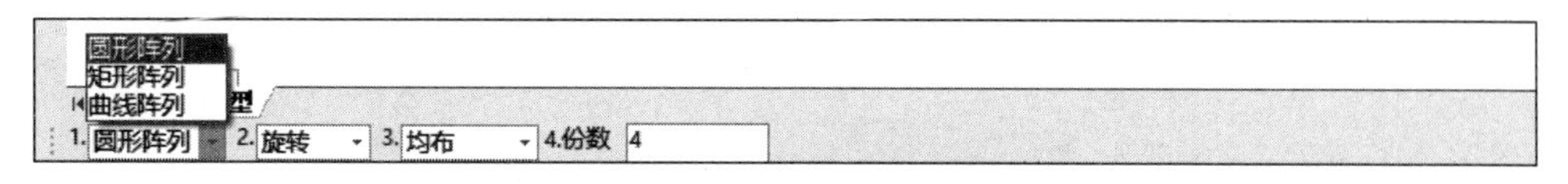

图 11-97　阵列立即菜单

7. 图层

工程图纸绘制中包含多种多样的信息，有确定图形形状的几何信息，表示线型、颜色等图形属性的非几何信息，以及各种尺寸和符号。这些内容集中在一张图纸上，给绘图工作带来了很大的负担。把相关信息集中在一起，或把某个零件、某个组件集中在一起单独绘制或编辑，需要的时候也可以组合或单独提取，会使绘图过程变得简单又方便。图层就具备了这种功能，可以采用分层的设计方式完成上述要求。图 11-98 所示为基本图层。

CAXA 电子图板预先定义了 8 个图层，8 个图层的层名分别为【0 层】【中心线层】【虚线

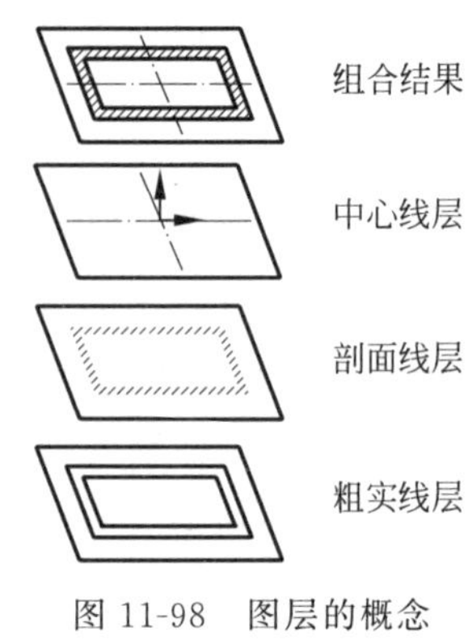

图 11-98　图层的概念

层】【细实线层】【粗实线层】【尺寸线层】【剖面线层】【隐藏层】,每个图层都按名称设置了相应的线型及颜色。

1）图层设置

如图 11-99 所示,单击【属性】主菜单中的“ ”按钮。进入“层设置”窗口,在该窗口中可以进行【新建(N)】【删除(D)】【合并(T)】【设为当前(C)】等图层修改命令。

2）图层颜色

每个图层可以设置一种颜色,图层颜色也是可以修改的。系统已为常用的图层设置了不同的颜色。在要改变颜色的图层的层状态颜色处,单击【颜色】按钮,系统弹出“颜色选取”对话框,如图 11-100 所示。

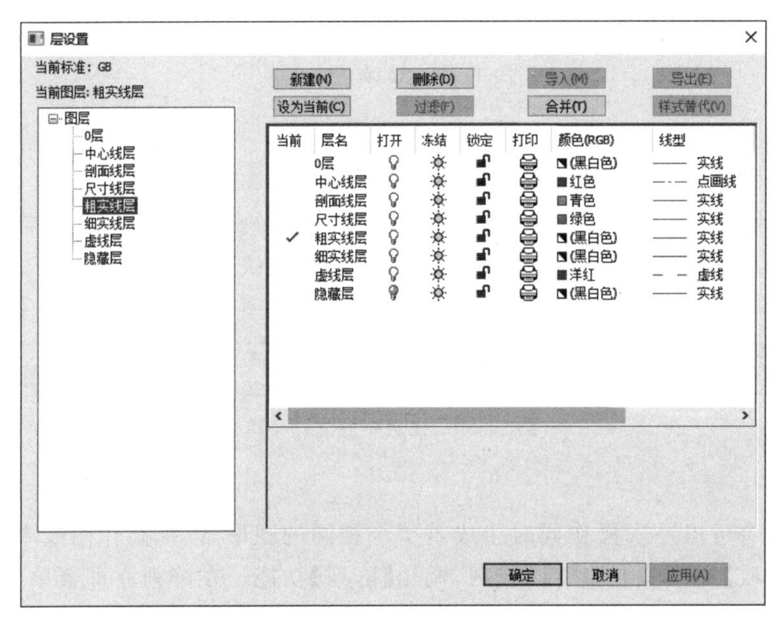

图 11-99　“层设置”窗口

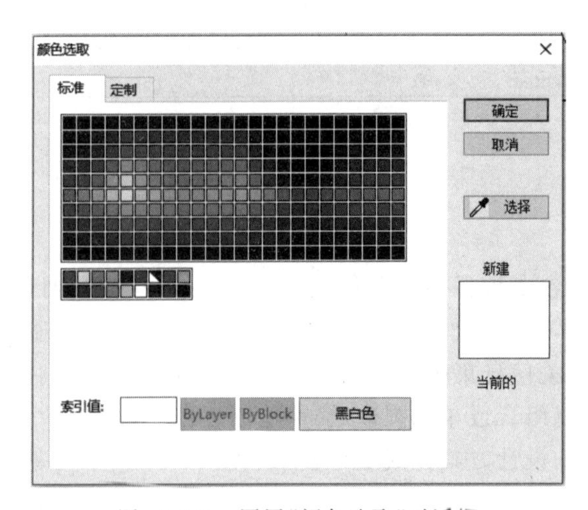

图 11-100　图层“颜色选取”对话框

3）图层线型

CAXA 系统为已设置的图层设置了不同的线型，所有的图层线型可以重新设置。在要改变线型的图层的层状态线型处，单击【线型设置】按钮，系统弹出“线型修改”对话框。如图 11-101 所示，用户可以根据绘制需要选择线型，单击【确定】按钮后返回层控制对话框。

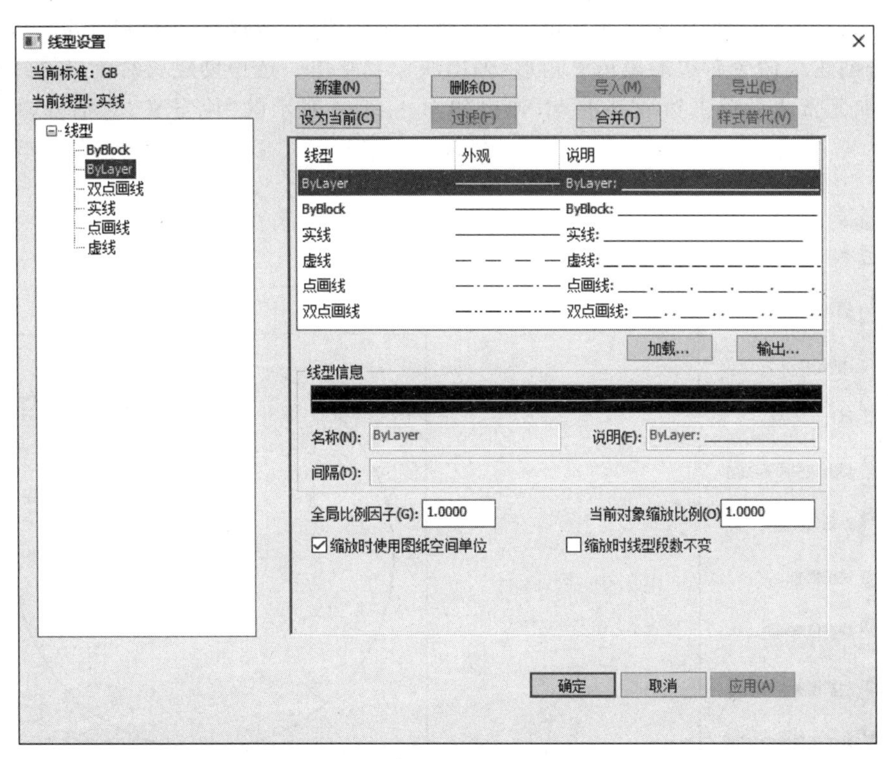

图 11-101　“线型设置”对话框

4）图层线宽

系统为已设置的图层设置了不同的线宽，所有的图层线宽可以重新设置。在要改变线型的图层的层状态线型处，单击【线型】按钮，系统弹出“线宽设置”对话框。如图 11-102 所示，用户可以根据绘制需要选择线宽，单击【确定】按钮后返回层控制对话框。

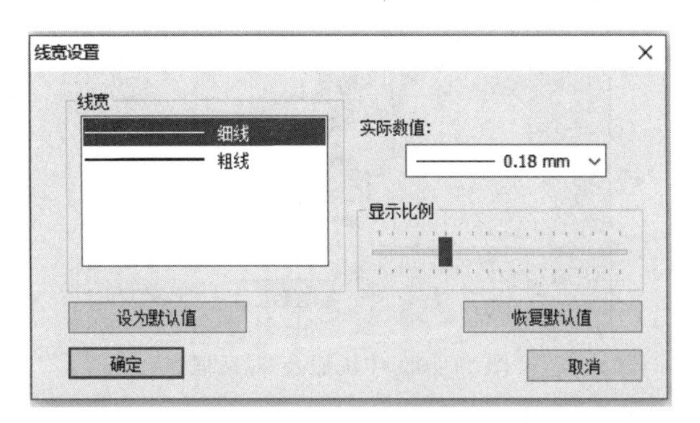

图 11-102　“线宽设置”对话框

8. 块

把一个、几个、几十个相关的图形组织在一起，即建立一个图形整体，这个图形整体就是“块”，方便绘图时随意移动。绘图时在图形中若多处用到同样的一批图形，则可将其做成块，当再次需要该批图形时，只要在指定位置插入该块即可，块设置如图 11-103 所示。

单击创建块命令右边的黑色三角形，弹出块设置菜单。选择创建块命令，根据提示拾取元素，拾取元素之后单击拾取基准点，弹出如图 11-104 所示的“块定义”对话框，可设置块名称。

图 11-103 块设置

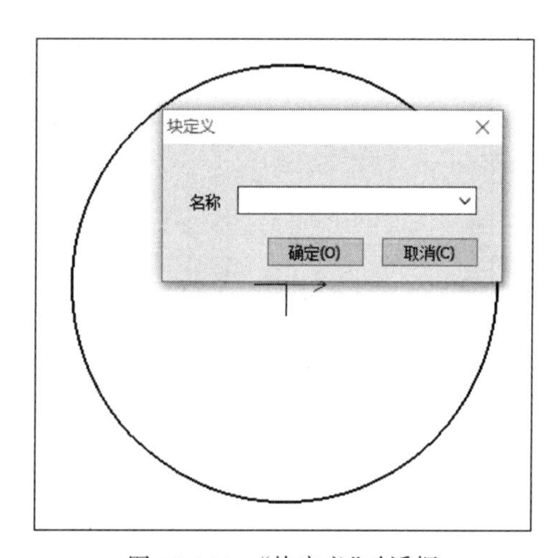

图 11-104 “块定义”对话框

当需要插入块时，单击插入块命令，弹出如图 11-105 所示的“块插入”对话框，选择所建立的块名称插入即可。

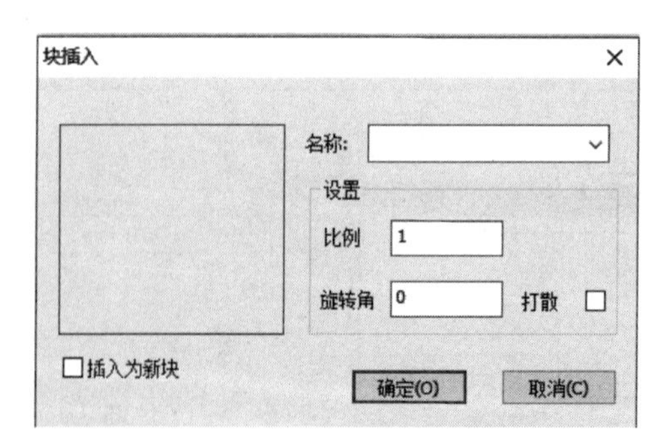

图 11-105 “块插入”对话框

9. 标注

在机械制图中，标注是工程制图的重要环节，CAXA 的子菜单中有尺寸、坐标、表面粗糙度等多种标注方式。标注需字体大小适中，清晰明了。

1）尺寸标注

制图过程中常用到尺寸标注以及其下拉菜单中的标注类型，这里主要介绍这些标注方式。

如图 11-106 所示，单击尺寸标注图标下方的黑色小三角，打开“尺寸标注”对应的子菜单，显示的标注方法如下：

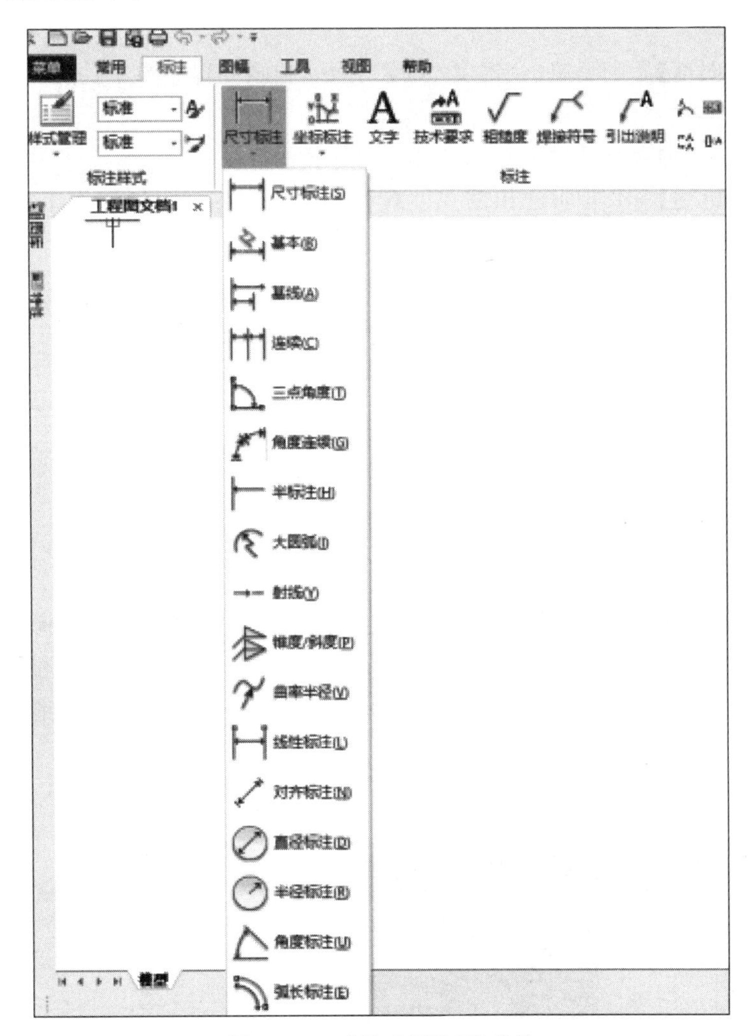

图 11-106　“尺寸标注”子菜单

（1）【基本】命令是快速生成线性尺寸、直径尺寸、半径尺寸等基本类型的标注。尺寸标注的类型非常多，基本标注命令可以根据光标拾取对象自动判别要标注的尺寸类型，智能又方便。

（2）【基线】命令是拾取一个线性尺寸，将该线性尺寸作为第一基准尺寸，并按拾取点的位置确定尺寸基准界线，从同一基点处引出多个标注。

（3）【连续】命令是通过标注生成一系列首尾相连的线性尺寸标注。

（4）【三点角度】命令是选择 3 个点，确定标注位置，生成一个三点角度标注。

(5)【角度连续】命令是通过拾取多个标注元素或角度尺寸,连续生成一系列角度标注。

(6)【半标注】命令是单击"半标注",根据立即菜单中的提示内容,设置相关参数,生成半标注。

(7)【大圆弧】命令是单击"大圆弧"标注,根据立即菜单中的提示内容,设置相关参数,生成大圆弧标注。

(8)【射线】命令是单击"射线"标注,根据立即菜单中的提示内容,设置相关参数,生成射线标注。

(9)【锥度/斜度】命令是单击"锥度/斜度"标注,根据立即菜单中的提示内容,设置相关参数,生成锥度/斜度标注。

(10)【曲率半径】命令是对样条线进行曲率半径的标注。

(11)【线性标注】命令是标注出的尺寸线与坐标系 x、y 轴平行,用于标注两点间的垂直距离或水平距离。

(12)【对齐标注】命令用于标注两点间的直线距离。

(13)【直径标注】命令专用于标注圆弧或圆的半径。

(14)【半径标注】命令专用于标注圆弧或圆的半径,标注时自动在尺寸值前加前缀"R"。

(15)【角度标注】命令用来标注圆弧的圆心角、圆的一部分圆心角、两直线间的夹角、三点角度。

(16)【弧长标注】命令专门用于标注圆弧的弧长。

2) 表面粗糙度标注

【粗糙度】命令可以标注表面粗糙度代号。如图 11-107 所示,单击【标注】主菜单中的【粗糙度】按钮,调用【粗糙度】标注功能。标注后,用双击表面粗糙度标注图形,弹出"表面粗糙度"窗口。在该窗口中可以设置表面粗糙度标注基本符号、纹理方向、上限值、下限值以及说明标注等。

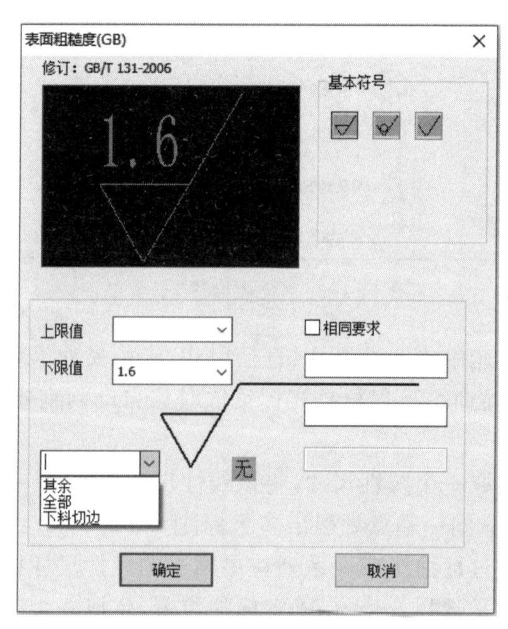

图 11-107 "表面粗糙度"窗口

3）公差标注

如图 11-108 所示，进入尺寸标注曲线后，双击要标注的尺寸，进入“尺寸标注属性设置”窗口，设置如图 11-109 和图 11-110 所示的公差输入形式和输出形式，用单击【高级】对话框，进入如图 11-111 所示的“公差查询”窗口进行公差设置。

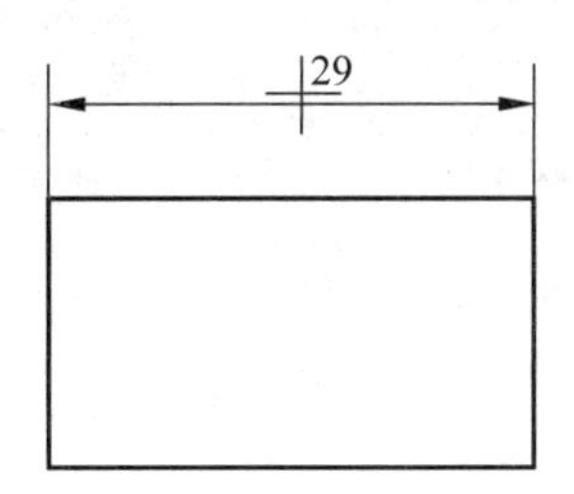

图 11-108　双击标注尺寸

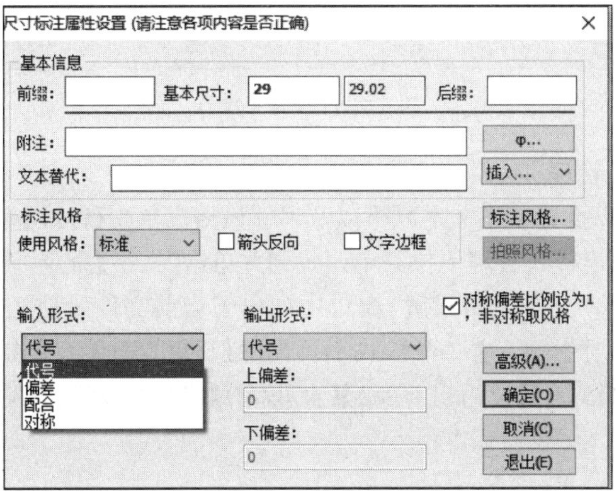

图 11-109　公差输入形式设置

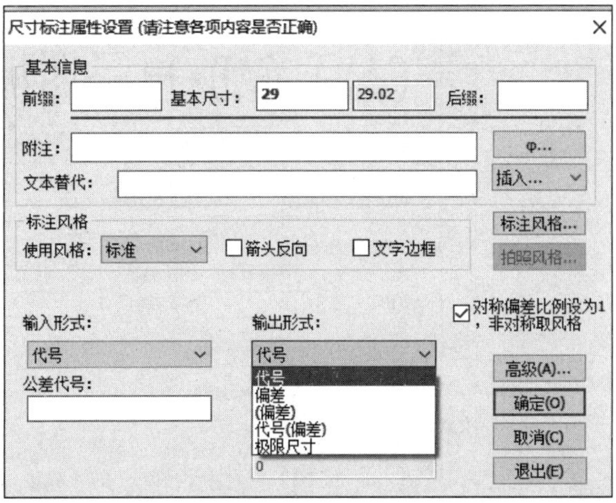

图 11-110　公差输出形式设置

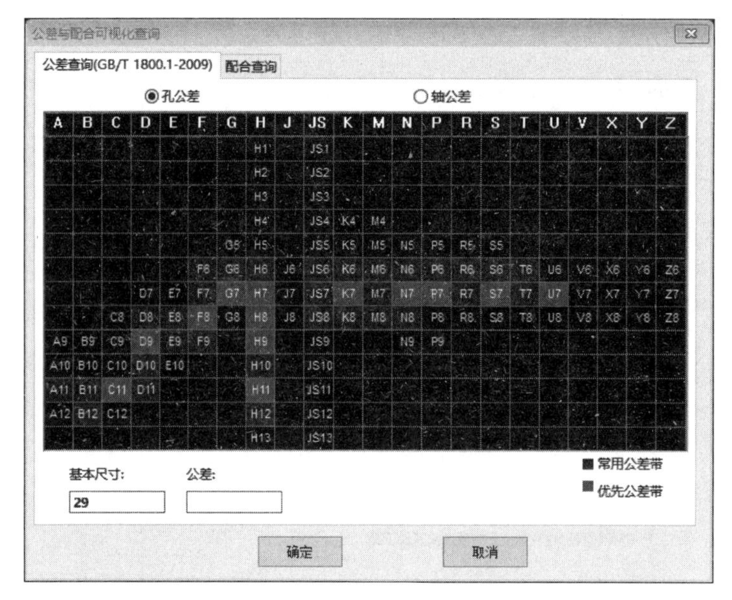

图 11-111 公差设置

4）尺寸标注样式管理

CAXA 标注中可以设置标注文本风格以及尺寸风格。单击【标注】命令中【样式管理】下方的黑色三角形图案，弹出样式管理下拉菜单。找到并单击【文字】命令，设置标注文本风格。

如图 11-112 所示，“文本风格设置”窗口中列出了当前文件所使用的文本风格。系统默认了【标准】和【机械】2 个样式，这 2 个样式不可删除但可以编辑。单击“文本风格设置”对话框中的【新建(N)】【删除(D)】【设为当前(C)】【合并(T)】按钮可以进行建立、删除、设为当前、合并操作。

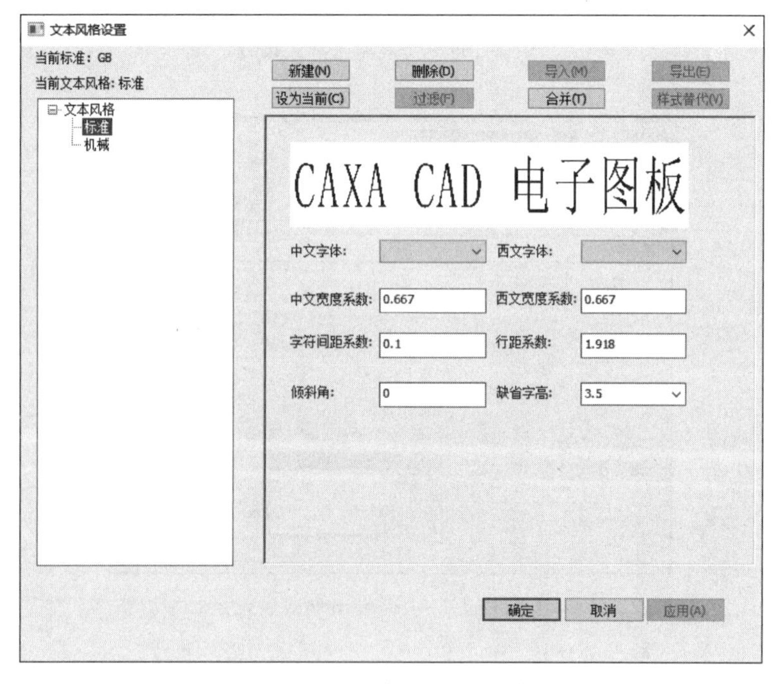

图 11-112 “文本风格设置”窗口

选中一种文本风格后，在对话框中可以设置字体、宽度系数、字符间距、倾斜角、字高等参数，并可在对话框中预览。

在样式管理下拉菜单中找到并单击【尺寸】命令，设置如图 11-113 所示的标注风格。

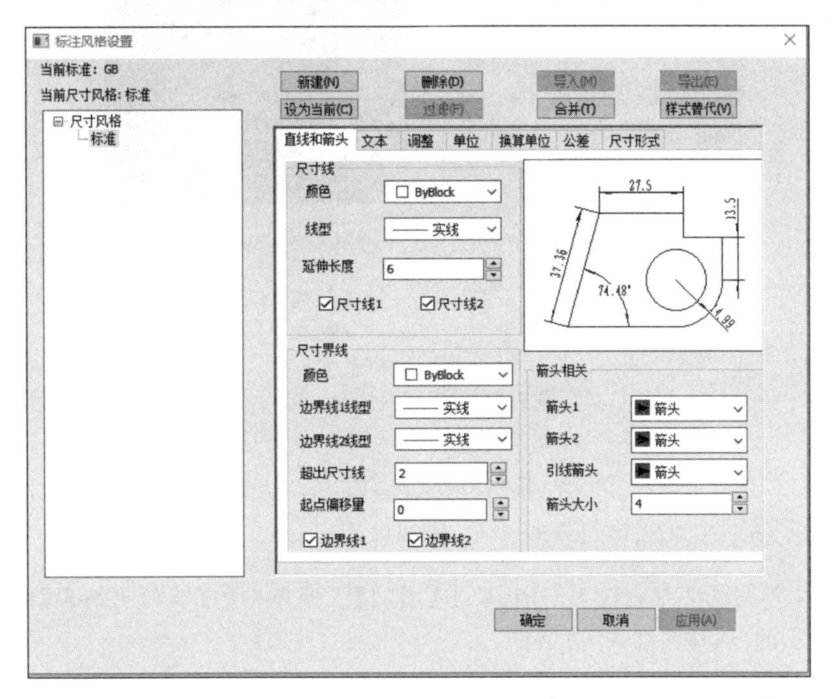

图 11-113　“标注风格设置”窗口

该窗口为尺寸标注设置各项参数，并控制尺寸标注的外观。尺寸风格通常可以控制尺寸标注的箭头样式、文本位置、尺寸公差、对齐方式等。

10. 图幅

1）图幅设置

图幅命令为图纸指定图纸尺寸、图纸方向、图纸比例等参数。在进行图幅设置时，除了可以指定图纸尺寸、图纸方向、图纸比例外，还可以调入图框和标题栏，并可以设置当前所绘装配图中的零件序号以及明细表风格等。

在图 11-114 所示的“图幅设置”对话框中，国家标准规定了 5 种基本图幅，分别为 A0、A1、A2、A3、A4 图纸。CAXA 中除了设置这 5 种基本图幅以及相应的图框、标题栏和明细栏外，还可以自定义图幅和图框。

单击【图幅】主菜单中的图幅设置按钮，进入图幅设置界面设置图幅参数。在对话框中可以设置幅面大小、绘图比例、调入标题栏、调入明细栏等参数。

2）零件序号及明细表

CAXA 生成的零件序号与当前图形中的明细表是关联的，在 CAXA 中生成零件序号的同时，可以在立即菜单中切换是否填写明细表中的属性信息。如果生成序号时指定的引出点是在从图库中提取的图符上，那么这个图符本身带有的属性信息将会自动填写到明细表中对应的字段上。

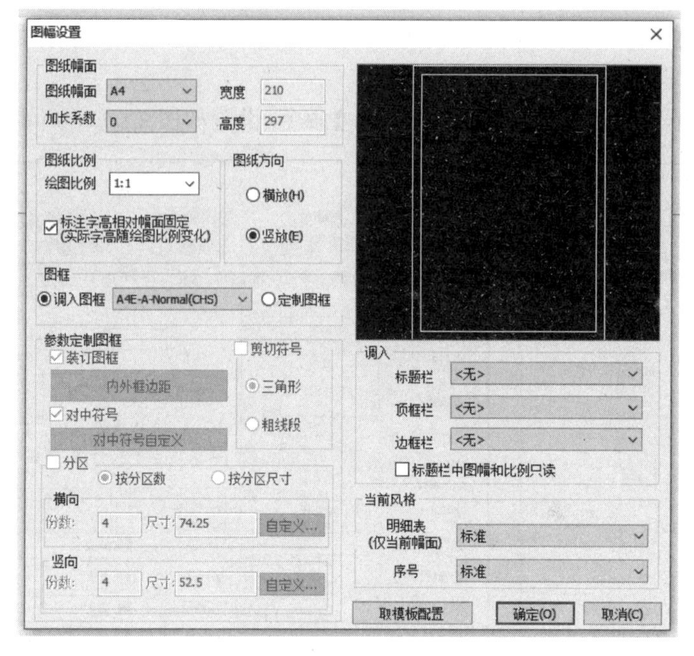

图 11-114 “图幅设置”对话框

CAXA 中填写的明细表较为简洁，单击【图幅】主菜单中的【填写明细表】按钮，弹出如图 11-115 所示的“填写明细表”对话框。

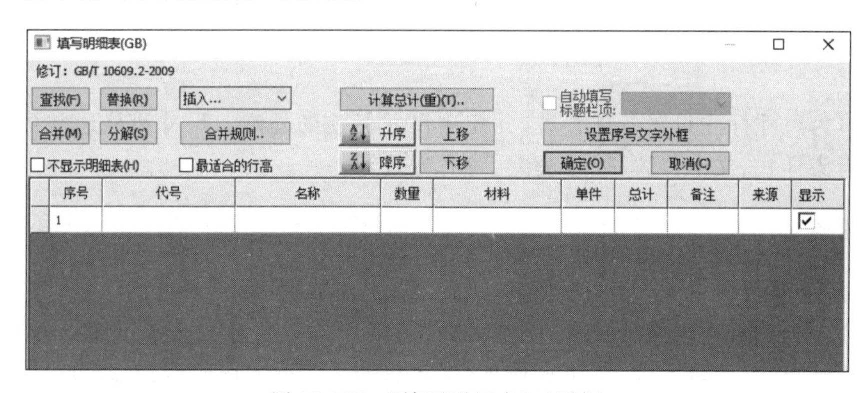

图 11-115 “填写明细表”对话框

在【图幅】主菜单中的明细表栏中，还有【明细表样式】【删除表项】【表格拆行】【插入空行】【数据库操作】【输出明细表】命令，使用这些命令可以对明细表进行编辑。

11.4 SolidWorks 绘图基础

11.4.1 基本操作

本节讲解 SolidWorks 2018 的基础知识，主要介绍该软件的操作界面和基本操作。

1. 认识软件工作界面

在 Windows 操作环境下，双击桌面上的 SolidWorks 2018 快捷方式图标，或者选择【开始】→【程序】→【SolidWorks 2018】命令，打开软件。图 11-116 为 SolidWorks 的启动界面。

图 11-116　SolidWorks 2018 启动界面

首次打开的时间会长一些，根据计算机配置的不同，启动时间也略有差异。加载一段时间后，系统进入图 11-117 所示的 SolidWorks 欢迎界面。

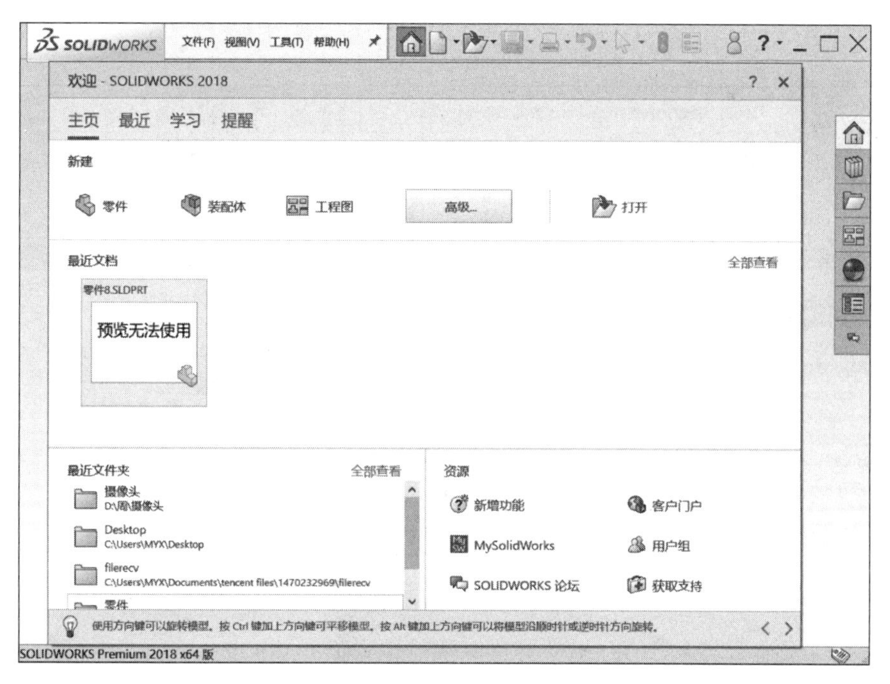

图 11-117　SolidWorks 2018 欢迎界面

2. 基本操作及操作界面

选择【文件】→【新建】命令，或者单击【标准】工具栏的【新建】按钮“ ”，如图 11-118

所示可打开"新建 SOLIDWORKS 文件"对话框。可以看到"新建 SOLIDWORKS 文件"对话框中有 3 个图标，分别是零件、装配体和工程图。选中相应的图标单击【确定】按钮。就可以创建所需的文件，并进入相应的工作环境。我们选择【零件】，单击【确定】按钮进入图 11-119 所示的 SolidWorks 2018 操作界面。

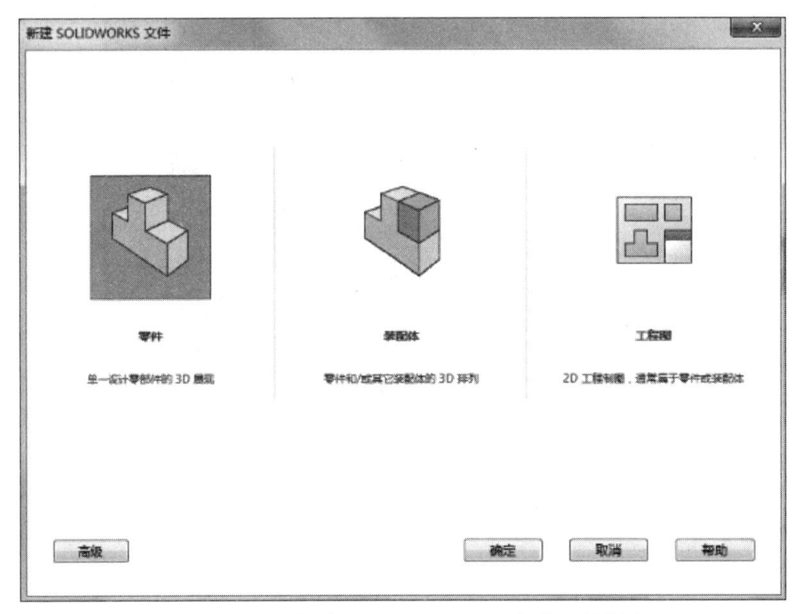

图 11-118 "新建 SOLIDWORKS 文件"对话框

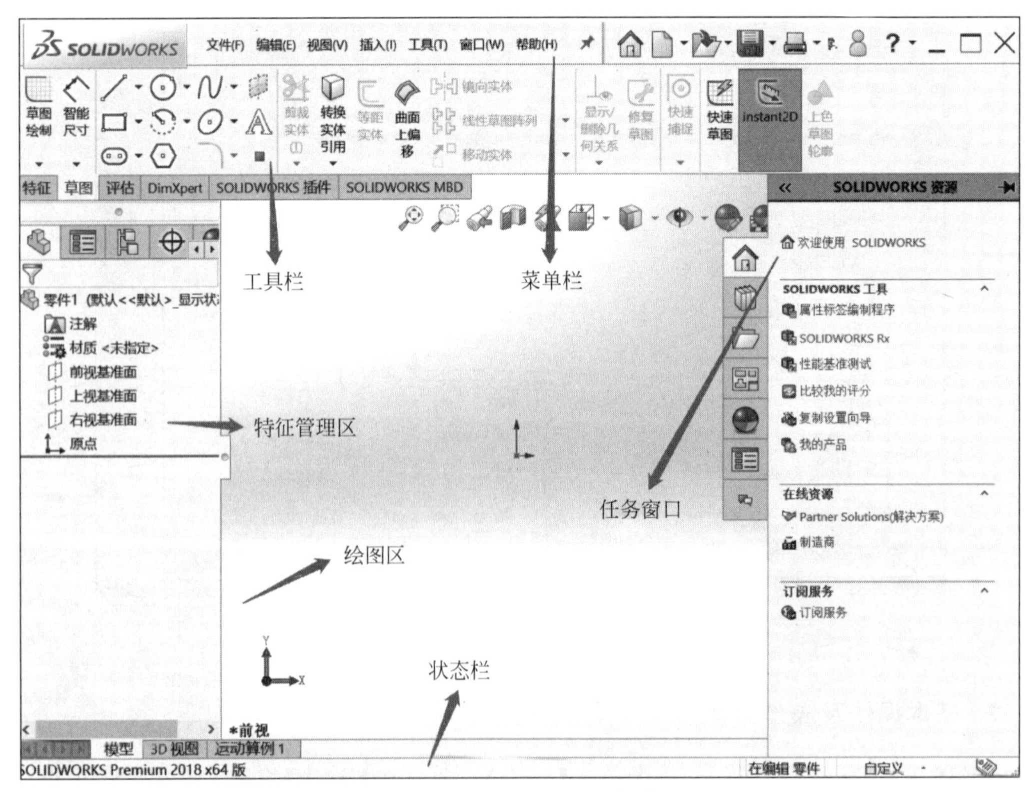

图 11-119 SolidWorks 2018 操作界面

1）菜单栏

SolidWorks 2018 的菜单栏包括【文件】【编辑】【视图】【插入】【工具】【窗口】【帮助】等命令，使用快捷键或者单击鼠标左键可以打开并执行相应的命令。

常用的快捷键有：新建“Ctrl＋N”，打开“Ctrl＋O”，保存“Ctrl＋S”，关闭文件“Ctrl＋W”，多文件之间切换“Ctrl＋Tab”。

2）工具栏

工具栏位于菜单栏的下方。工具栏上排为标准工具栏，如图 11-120 所示；工具栏下排为 Command Manager（命令管理器）工具栏，如图 11-121 所示。使用者可以打开“自定义”对话框自行定义命令。

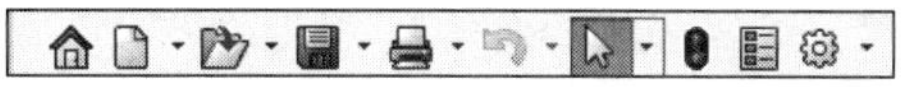

图 11-120　标准工具栏

图 11-121　Command Manager（命令管理器）工具栏

3）状态栏

状态栏显示正在操作对象的状态，如图 11-122 所示。

图 11-122　状态栏

状态栏主要提供以下信息：

（1）用户将鼠标指针拖到工具栏中的按钮上或者单击命令时进行简要的说明。

（2）用户对重建的草图、零件和装配体进行更改时，显示【重建模型】按钮图标“ ”。

（3）用户进行草图操作时，显示草图状态和指针的位置。

（4）显示用户正在装配体中编辑零件的信息。

4）特征管理区

特征管理区主要包含 6 部分：属性管理器、配置管理器、设计树、特征管理过滤器、渲染管理器、尺寸专家管理器。

5）任务窗口

图 11-123 所示为任务窗口选项卡，任务窗口主要包括 SolidWorks 资源、设计库、文件探索器、查看调色板、自定义属性、文件恢复等选项卡。

11.4.2　SolidWorks 草图绘制

使用 SolidWorks 软件进行设计是从草图绘制开始的，在草图绘制的基础上生成特征模型，从而生成需要的零件等。草图绘制是学习 SolidWorks 的重要环节之一，也是学习、使用该软件的基础。全部的草图命令按钮如图 11-124 所示。

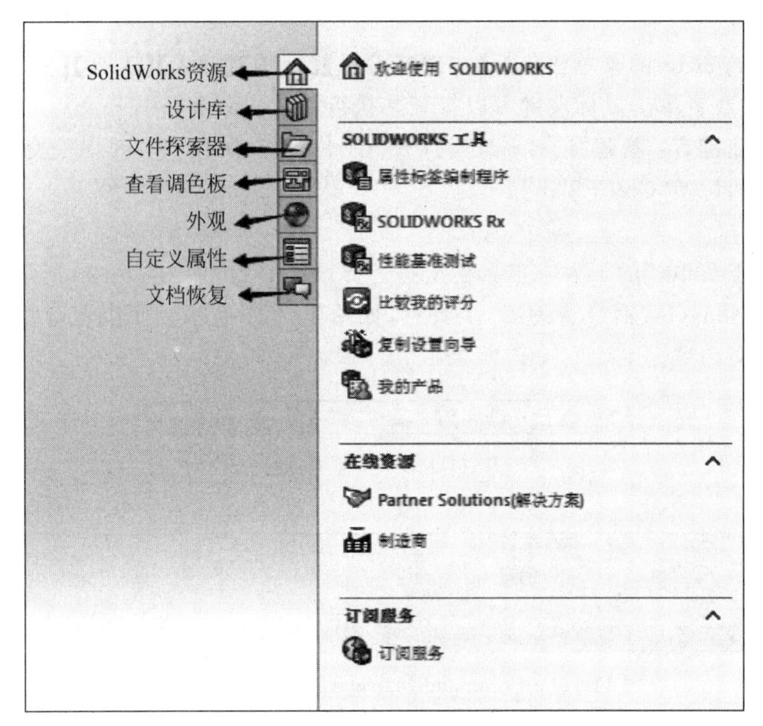

图 11-123　任务窗口选项卡

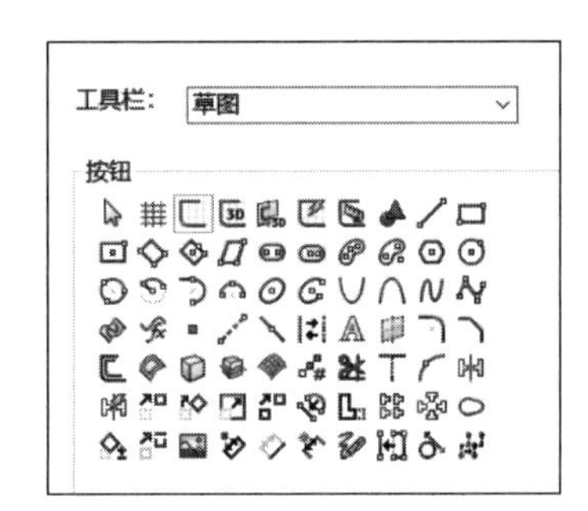

图 11-124　SolidWorks 草图命令按钮

部分常用的草图命令按钮及功能说明见表 11-1。

表 11-1　常用的 SolidWorks 草图命令按钮及功能说明

按钮图标	名　称	功能说明
	选择	用来选择草图实体、模型、特征的边线和面等，框选可以选择多个草图实体
	网格线/捕捉	对激活的草图或工程图选择显示草图网格线，并可设定网格线显示和捕捉功能选项
	草图绘制/退出草图	进入或者退出草图绘制状态
	直线	以起点、终点的方式绘制一条直线

续表

按钮图标	名　称	功能说明
	矩形	以对角线的起点和终点方式绘制一个矩形，其边为水平或竖直
	中心矩形	在中心点绘制矩形草图
	点边角矩形	以所选的角度绘制矩形草图
	点中心矩形	以所选的角度绘制带有中心点的矩形草图
	平行四边形	生成边不是水平或竖直的平行四边形及矩形
	直槽口	单击图标以指定槽口的起点。移动指针，然后单击以指定槽口长度，移动指针，然后单击以指定槽口宽度，绘制直槽口
	中心点直槽口	生成中心点槽口
	三点圆弧槽口	利用三点绘制圆弧槽口
	中心点圆弧槽口	通过移动指针指定槽口长度、宽度，绘制圆弧槽口
	多边形	生成边数在 3～40 范围内的等边多边形
	圆	以先指定圆心，然后拖动光标确定半径的方式绘制一个圆
	周边圆	以圆周直径的两点方式绘制一个圆
	圆心/起终点画弧	以按顺序指定圆心、起点以及终点的方式绘制一段圆弧
	切线弧	绘制一条与草图实体相切的弧线，可以根据草图实体自动确认是法向相切还是径向相切
	三点圆弧	以按顺序指定起点、终点及中点的方式绘制一段圆弧
	椭圆	以先指定圆心，然后指定长、短轴的方式绘制一个完整的椭圆
	部分椭圆	以先指定中心点，然后指定起点及终点的方式绘制部分椭圆
	抛物线	以先指定焦点，再拖动光标确定焦距，然后指定起点和终点的方式绘制一条抛物线
	样条曲线	以不同路径上的两点或多点绘制一条样条曲线，可以在端点处指定相切
	点	绘制一个点，可以在草图和工程图中绘制
	文字	在特征表面添加文字草图，然后拉伸或切除，生成文字实体

11.4.3 SolidWorks 实体特征设计

本节主要介绍拉伸特征、旋转特征、圆角特征、倒角特征、阵列特征和镜像特征等。全部特征命令按钮如图 11-125 所示。

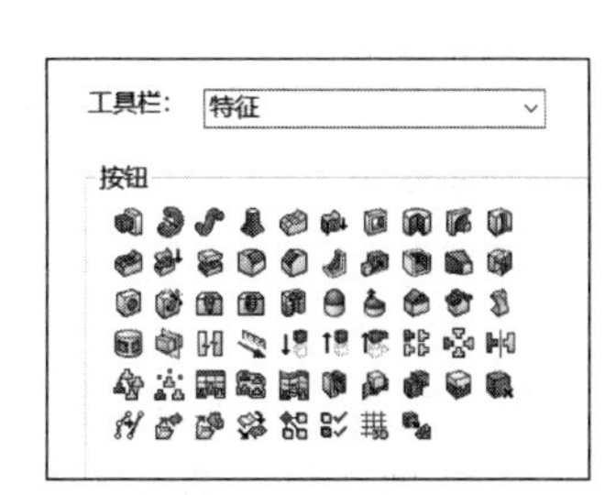

图 11-125　SolidWorks 特征命令按钮

1. 拉伸凸台/基体

该特征的建模过程可以理解为一个草图沿着给定的方向

移动一段距离，草图所扫掠过的空间即为所要生成的基本模型元素。拉伸的方式有多种，可以是单向拉伸、双向拉伸、两侧对称拉伸等。

2. 旋转凸台/基体

旋转凸台/基体特征一般用于旋转体的建模，建模过程可以理解为：一个草图绕一条直线旋转一定的角度，草图所扫掠过的空间即为要生成的基本模型元素，根据草图与旋转轴位置的不同，可以生成不同的实体模型。

3. 扫描

扫描特征通过沿一定的路径移动轮廓或者截面来生成基体，建模过程可以理解为：将一块木板穿在钢丝上，从钢丝一端滑至另一端，木板扫掠过的空间即为所要生成的基本模型元素。扫描特征比较复杂，至少需要两个草图，并且草图平面不能平行(包括重合)。

4. 放样凸台/基体

放样通过在轮廓之间进行过渡生成特征，可以使用两个或多个轮廓生成放样。对于多个轮廓生成放样，第一个或最后一个轮廓可以是点，也可以这两个轮廓均为点。

11.4.4 SolidWorks 装配

装配是 SolidWorks 除零件绘制之外的又一基本功能，装配体文件首要的功能是描述零件之间的配合关系，装配体环境提供了干涉检查、爆炸视图、测量、质量属性、运动算例等功能，能够方便地演示产品的设计效果及演示效果，从而增强了与设计师之间的交流。

1. 生成装配体

SolidWorks 可以生成由许多零部件组成的复杂装配体，这些零部件可以是零件也可以是其他装配体(称为子装配体)，对于大多数操作而言，零件和装配体的操作方式是相同的。

1) 新建装配体文件

在 SolidWorks 中新建一个装配体，装配体后缀名为 *.SLDASM。单击装配体工具栏中的【插入零部件】命令，打开插入零部件的属性设置，选择【要插入零件/装配体】选项组，通过单击浏览器按钮打开已有的零件文件。装配体设计的注意事项如下：

(1) 设定装配体的第一个“地”零件，零件的原点固定在装配体环境的原点位置，作为其他零件的参照。

(2) 将其他零部件调入装配体环境，这些零部件未指定装配关系，可以随意地移动和转动为浮动零件。

(3) 为浮动零件添加配合关系。

2) 添加零部件的方法

(1) 【插入】→【零部件】→【现有零部件】。

(2) 在“装配体”工具栏插入零部件。

(3) 从文件窗口导入：【窗口】→【横向平铺】。

(4) 生成拷贝：按【CTRL】键从设计树或者图形区中拖动。

3) 添加配合关系

每个零件在自由的空间中都具有 6 个自由度：3 个平移自由度和 3 个旋转自由度。

装配的过程就是设定零件相对于参照零件的几何约束关系，通过约束消除零件的自由度，从而使零件具有确定的运动方式或者空间位置。

几何约束关系包括平面约束、直线约束和点约束等。

常用的配合关系有平面重合、平面平行、平面间成角度、曲面相切、直线重合、同轴心和点重合等。

2. 生成装配体的方法

1) 自下而上

“自下而上”的设计法是比较传统的方法，它是先设计并造型零部件，然后将其插入装配体中，使用配合定位零部件。如果需要更改零部件，必须单独编辑，更改可以在装配体中反映。“自下而上”设计法对于先前制造、现售的零部件，或如金属器件、皮带轮、电动机等标准零部件而言属于优先技术。因为这些零部件不会因为设计的改变而更改其形状和大小。

2) 自上而下

在“自上而下”设计法中，零部件的形状、大小及位置可以在装配体中进行设计。“自上而下”设计法的优点是在设计更改发生时变动更少，零部件根据所生成的方法自我更新。可以在零部件的某些特征、完整零部件或整个装配体中使用“自上而下”设计法。设计师常在设计中使用“自上而下”设计法对装配体进行整体布局，并捕捉装配体特定的自定义零部件的关键环节。

3. 干涉检查

在一个复杂的装配体中，如果凭视觉检查零部件之间是否存在干涉是件困难的事情。在 SolidWorks 中，可以对装配体进行干涉检查，其功能如下：

(1) 确定零部件之间是否干涉。

(2) 显示干涉的真实体积为上色体积。

(3) 更改干涉和不干涉零部件的显示设置，以便于查看干涉。

(4) 选择忽略需要排除的干涉，如紧密配合、螺纹扣件的干涉等。

(5) 选择将实体之间的干涉包括在多实体零件中。

(6) 选择将子装配体看成单一零部件，这样子装配体零部件之间的干涉将不被报告。

(7) 将重合干涉和标准干涉区分开。

4. 爆炸视图

出于制造的目的，经常需要分离装配体中的零部件，以形象地分析它们之间的相互关系，装配体的爆炸视图功能可以分离其中的零部件以便查看该装配体。

一个爆炸视图由一个或者多个爆炸步骤组成，每一个爆炸视图保存在所生成的装配体配置中，而每个配置可以有一个爆炸视图。在爆炸视图中可以进行如下操作：

(1) 自动将零部件制成爆炸视图。

(2) 附加新的零部件到一个零部件的现有爆炸步骤中。
(3) 如果子装配体中有爆炸视图,则可以在更高级别的装配体中使用该爆炸视图。

11.5 Photoshop

Adobe Photoshop,简称“PS”,是 Adobe Systems 公司开发和发行的图像处理软件,是目前公认的最好的通用平面美术设计软件,主要处理像素构成的数字图像。该软件具有众多的编修与绘图工具,可以使用其有效地进行图片编辑工作。

11.5.1 Photoshop 基础理论

1. 特点

Photoshop 长于图像处理,而不是图形创作。图像处理是指对已有的位图图像进行编辑加工处理以及运用一些特殊效果,其重点在于对图像的处理加工。

2. 基础概念

1) 像素

在 PS 中,像素是组成图像的基本单元。一幅图像由许多像素组成,每个像素都有不同的颜色值,单位面积内的像素越多,分辨率(ppi)就越高,图像的效果越好。每个小方块为一个像素,也可以称为栅格。

2) 色彩模式

色彩模式不仅能确定图像中显示的颜色数量,还影响图像的文件大小。常见的色彩模式包括 RGB 模式和 CMYK 模式。

RGB 模式是由红(R)、绿(G)、蓝(B)三种颜色的光线构成的,主要应用于显示器屏幕的显示,也称为色光模式。

CMYK 模式是由青色(C)、洋红色(M)、黄色(Y)、黑色(K)4 种颜色的油墨构成的,主要应用于印刷品,因此也被称为色料模式。两两相加就形成了红、绿、蓝三色。

11.5.2 工作环境

1. 界面

图 11-126 所示为 Photoshop 的启动界面。

2. 菜单栏

菜单栏为整个环境下的所有窗口提供菜单控制,包括文件、编辑、图像、图层、选择、滤镜、视图、窗口和帮助 9 项。Photoshop 通过两种方式执行所有命令:一是菜单,二是快捷键。

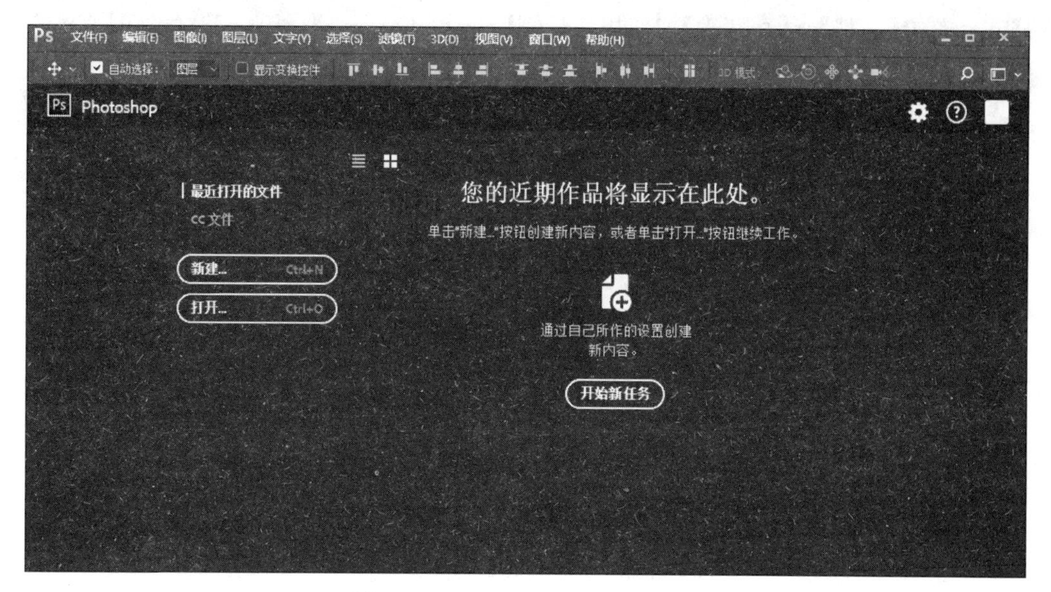

图 11-126　Photoshop 的启动界面

3. 工具栏

工具栏，也叫工具箱，用户从这里调用对图像的修饰以及绘图等工具。拖动工具箱的标题栏，可以移动工具箱。

4. 选项栏

选项栏（属性栏）主要显示工具栏中所选工具的选项信息，不同的工具有不同的选项。

5. 图像区

图像区用来显示制作中的图像，是 Photoshop 的主要工作区。同时打开两幅图像时，可通过单击图像窗口进行切换。

6. 活动面板

右边区域是活动面板，用来安放制作所需要的各种常用的调板，包括图层、历史记录等。这里的面板都可以最小化或者关闭。

11.5.3　操作过程

1. 基本操作

（1）新建文件。单击【文件】→【新建】或使用快捷键【Ctrl＋N】。

（2）打开图片。单击【文件】→【打开】或使用快捷键【Ctrl＋O】，也可以将图片直接拖到空白界面上。

（3）保存文件。单击【文件】→【保存】或使用快捷键【Ctrl＋S】，保存的是 Photoshop 文件格式。单击【文件】→【存储为】或使用快捷键【Shift＋Ctrl＋S】,可直接保存为图片格式。

2. 矩形选择/椭圆形选择(M)(选取物体,限制编辑范围)

(1) 按【Shift】键，由一边向另一边画正方形或正圆。
(2) 按【Alt】键,由中心向两侧画对称的形状。
(3) 按【Shift＋Alt】键,由中心向外画正方形或正圆。
(4) 按【Shift＋Ctrl＋I】键,反选。
(5) 取消选择,按【Ctrl＋D】键或在空白处单击。
(6) 单行选取工具。选取该工具后在图像上拖动可以确定一个像素高的选取区域。
(7) 单列选取工具。选取该工具后在图像上拖动可以确定一个像素宽的选取区域。
(8) 羽化。该工具使填充的颜色边界产生柔和虚化的效果。

3. 移动工具(V)

移动已选择的图像,没有选区的将移动整幅画面。

4. 套索工具(L)

(1) 套索：可任意按住鼠标左键不放并拖动选择一个不规则的范围,一般对于一些模糊的选择可用。

(2) 多边形套索：由直线连成选择范围,可用鼠标在图像上确定一点,然后用多线选中要选择的范围。

(3) 磁性套索：沿颜色的边界进行选择,确定一点后无须按鼠标左键而是直接移动鼠标,自动跟踪不同颜色的边界处,边界越明显磁力越强,将首尾连接后可完成选择,一般用于颜色差别比较大的图像选择。

5. 快速选择和魔棒工具(W)(可以快速抠图)

根据图像中颜色的相似度来选取图形。选项栏中可调整容差值,容差值越小,选取的颜色范围越小,反之,范围越大。

6. 裁切工具(C)

裁切工具用于裁切画面,删除不需要的图像。用鼠标对着节点进行缩放,鼠标对着框外可以对选择框进行旋转,鼠标对着选择框双击或按回车键即可以结束裁切。

7. 图像修复工具(J)

(1) 修复画笔：修复图像中的缺陷,并能使修复的结果自然融入周围图像。其方法是：按【Alt】键取样,到目标点拖动。

(2) 修补工具：可以从图像的其他区域或使用图案来修补当前选中的区域。

(3) 红眼工具：用来消除眼睛因灯光或闪光灯照射后瞳孔产生的红色。

8. 画笔工具(B)

(1) 画笔：用前景色在画布上绘画，模仿现实生活中的毛笔进行绘画，创建柔和的彩色线条。【Shift】键配合鼠标左键可画连接的直线，不透明度决定了颜色的深浅。

(2) 铅笔：用于创建硬边界的线条，模拟平时画画所用的铅笔，在图像内按住鼠标左键不放并拖动，即可以进行画线，笔头可以在右边的画笔中选取。

9. 仿制图章工具(S)

(1) 仿制图章：可将一幅图像复制到同一幅图像或另一幅图像中，用来修复损坏的图像、相片。选中工具后，先按【Alt】键取样，然后拖动到目标位置进行覆盖。

(2) 图案图章工具：可复制预先定好的一幅图案。

10. 历史画笔工具(Y)

(1) 历史记录画笔：将图像编辑中的某个状态还原出来。

(2) 历史记录艺术画笔：在画面中涂抹，产生印象派的绘画效果。

11. 橡皮擦工具(E)

(1) 橡皮擦工具：将图像擦除至工具箱中的背景色；抹除历史记录，恢复图像到打开时的状态。

(2) 背景橡皮擦工具：将图像上的颜色擦除至变成透明的效果。选项栏中可调整容差值，容差值越小，擦除的颜色范围越小，反之，范围越大。

(3) 魔术橡皮擦工具：根据颜色近似程度来决定图像擦除成透明的范围，去背景效果较好。选项栏中也可调整容差值，容差值越小，擦除的颜色范围越小，反之，范围越大。

12. 渐变工具(G)

渐变工具可以创建多种颜色间的逐渐过渡效果。使用方法：确定点后按住鼠标左键拖动，颜色可以从已有的渐变选框中选取，也可以自己编辑渐变，分为 5 种类型。

(1) 线性渐变：从起点到终点以直线方式逐渐改变，渐变的强烈程度与拖动距离的长短有关，鼠标左键配合【Shift】键可按 45°、水平、垂直方向拖动。

(2) 径向渐变：又称球形渐变，从起点到终点以圆形图案逐渐改变。确定一点往任意方向拖动，拖动距离为圆形半径的长度。

(3) 角度渐变：又称锥形渐变，围绕起点环绕逐渐改变。

(4) 对称渐变：以起点向两侧以对称方式改变。

(5) 菱形渐变：又称方形渐变，从起点向外以菱形图案逐渐改变。

13. 色调处理工具

(1) 模糊工具：可对图像进行局部模糊，按住鼠标左键不断拖动即可操作，一般用于对颜色与颜色之间比较生硬的地方加以柔和。

(2) 锐化工具：可使图像的色彩变强烈，使柔和的边界变清晰。

(3) 涂抹工具：可制作出一种被水抹过的效果，像水彩画一样产生一种模糊感。

(4) 减淡/加深：可调整图像的细节部分，使图像局部变淡、变深。曝光度值越大，减淡/加深的效果越明显。

(5) 海绵工具：可使色彩饱和度增加和降低。去色可降低图像颜色的饱和度；加色可提高图像颜色的饱和度。

14. 选择工具(A)

(1) 直接选择工具：选择点、移动点、调节曲线弧度。

(2) 路径选择工具：可选择整条线段。

注：在钢笔工具状态下，按【Alt】键可减去一边的方向线，按【Ctrl】键可转为"直接选择工具"。

15. 文字工具(T)

(1) 横排文字工具、直排文字工具：可建立横排、竖排文本，并创建一个单独的文本层。

(2) 横排文字蒙版、直排文字蒙版：可制作文字形状的选区，但是不创建文字图层。

(3) 转换图层：文本图层为特殊图层，任何绘图工具和编辑工具都不能在文本图层中使用。创建文本后可在属性栏中修改文本参数，也可将文字的活动面板调出，以方便对字体大小、行距、缩放比例、字符字距进行调整，进行基线偏移、加粗、倾斜、加大、缩上等操作，以及对上标、下标、下划线、删除线等进行修改。在图层上右击选中栅格化图层，可以将文字图层转变为图像图层，转换后将不能修改文本属性。

16. 钢笔工具(P)

(1) 钢笔工具：可创建精确的直线和平滑流畅的曲线；鼠标任意确定一点，再次单击可创建直线；按【Shift】键单击鼠标，可确定45°、90°、135°、180°、225°、270°、315°、360°位置上的线段。按【Esc】键，或按【Ctrl】键在线段以外单击可得开放线段；将光标放在第一点上，出现小圆圈标志后单击即可得到闭合线段；按鼠标拖动，会出现一条方向线，两个端点称为方向点，方向线的长度和斜度决定了曲线段的形状，其中两点之间弯曲的弧线称为橡皮带。

(2) 自由钢笔工具：用于与自由套索工具相似，可随鼠标的拖动绘制任意形状。

(3) 添加锚点工具：用于在一条已勾完的路径中增加一个节点以方便修改，用鼠标在路径的节点与节点之间对着路径单击一下即可。

(4) 删除锚点工具：用于在一条已勾完的路径中减少一个节点，用鼠标在路径上的某一节点上单击一下即可。

(5) 转换点工具：用于直线与曲线相互转换，并可调整曲线弧度。

17. 形状工具(U)

形状工具包括矩形工具、圆角矩形工具、椭圆工具、多边形工具、直线工具、自定义形状工具。这些工具全部可以在选定工具后拖动鼠标进行创建形状，在工具栏选项或者属性面板当中可以修改形状的高度和宽度、坐标、填充和描边颜色，以及描边的粗细和描边线的形状。

18. 吸管工具(I)

吸管工具用以吸取其他图片上的颜色。

19. 抓手工具(H)和缩放工具

(1) 放大：单击或者【Ctrl＋＋】。
(2) 缩小：【Alt】键＋单击或者【Ctrl＋－】。
(3) 局部放大：按鼠标键拖动框选。
(4) 双击：100％显示图像。

11.5.4 菜单栏

(1) “文件”菜单主要是基础的画布新建、保存、打印等。
(2) “编辑”菜单可以对照片进行初步编辑、变形等操作。
(3) “图像”菜单是对整个画布的大小、色调等进行设置。
(4) “图层”菜单集成了复制、变换、编辑图层等功能。
(5) “文字”菜单主要是针对文字编辑的功能工具。
(6) “3D”菜单可以制作许多立体效果，使图像看起来更加多维化。
(7) “视图”菜单主要是标尺、参考线等的设置，用以规范图像。
(8) “窗口”菜单可对程序中的面板进行显示隐藏等。
(9) “帮助”菜单可以引导使用者到官网完成注册、解决问题等。
(10) “滤镜”菜单可以为图像提供各种特效。

参考文献

[1] 沈任元，吴勇. 常用电子元器件简明手册[M]. 北京：机械工业出版社，2009.

[2] 郭天祥. 新概念51单片机C语言教程：入门、提高、开发、拓展全攻略[M]. 北京：电子工业出版社，2009.

[3] 王静霞. 单片机应用技术[M]. 3版. 北京：电子工业出版社，2015.

[4] 姜志海，赵艳雷. 单片机的C语言：程序设计与应用[M]. 北京：电子工业出版社，2008.

[5] 王东峰，王会良，董冠强. 单片机C语言应用100例[M]. 北京：电子工业出版社，2009.

[6] 王文雪，张志勇. 传感器原理及应用[M]. 北京：北京航空航天大学出版社，2004.

[7] 沈聿农. 传感器及应用技术[M]. 北京：化学工业出版社，2002.

[8] 黄春平，万其明，叶林. 基于51单片机的智能循迹小车的设计[J]. 仪表技术. 2011(2)：54-56.

[9] 成大先. 机械设计手册：第一卷[M]. 6版. 北京：化学工业出版社，2016.

[10] 郑勐. 机械工程技术综合实践[M]. 北京：机械工业出版社，2014.

[11] 王伯平. 互换性与测量技术基础[M]. 4版. 北京：机械工业出版社，2013.

[12] 马麟，张淑娟，张爱荣. 画法几何与机械制图[M]. 北京：高等教育出版社，2011.

[13] 葛学滨，刘慧. CAXA电子图板2016基础与实例教程[M]. 北京：机械工业出版社，2017.

[14] 杨君伟. 机械制图[M]. 北京：机械工业出版社，2007.

[15] 王学升，侯文军，吕美玉. 机械制图[M]. 2版. 北京：北京邮电大学出版社，2018.

[16] 果连成. 机械制图[M]. 6版. 北京：中国劳动社会保障出版社，2011.

[17] 闫邦椿. 机械设计手册：第3卷[M]. 5版. 北京：机械工业出版社，2010.

[18] 闫邦椿. 现代机械设计师手册：上册[M]. 北京：机械工业出版社，2012.

[19] 《机械设计手册》联合编写组. 机械设计手册：中册[M]. 2版. 北京：化学工业出版社，1982.

[20] 濮良贵，陈国定，吴立言. 机械设计[M]. 9版. 北京：高等教育出版社，2013.

[21] 孙恒，陈作模，葛文杰. 机械原理[M]. 8版. 北京：高等教育出版社，2013.

[22] 张爱荣，马麟，张淑娟. 画法几何与机械制图习题集[M]. 北京：高等教育出版社，2011.

[23] 丁瑜欣. 陶艺设计与制作30例[M]. 北京：化学工业出版社，2018.

[24] 程金城. 中国陶瓷美学[M]. 兰州：甘肃人民美术出版社，2008.

[25] 方若涛. 陶艺[M]. 武汉：华中科技大学出版社，2013.

[26] 孙长初. 陶瓷艺术：火炼旖旎[M]. 重庆：西南师范大学出版社，2009.

自 测 题